绿色环保新兴领域
"十四五"高等教育教材

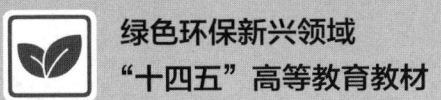

物理性污染控制

主　编　陈冠益

副主编　王丽萍　陈亚非

中国教育出版传媒集团

高等教育出版社·北京

内容提要

本书系统全面地阐述了噪声、振动、电磁辐射、放射性、光、热等物理性污染的基础知识、污染特性、评价方法及标准、控制原理与技术，并加强了实例分析，结构清晰完整，内容系统精练，能反映学科的先进技术应用与研究成果。

本书紧跟物理性污染控制技术的最新进展，可供高等学校环境科学与工程类相关专业的学生使用，也可供从事环境保护工作的多领域工程技术人员参考。

图书在版编目（CIP）数据

物理性污染控制 / 陈冠益主编 ； 王丽萍， 陈亚非副主编. -- 北京 ： 高等教育出版社， 2024. 8 . -- ISBN 978-7-04-062647-6

Ⅰ. X12

中国国家版本馆 CIP 数据核字第 2024BM6229 号

Wulixing Wuran Kongzhi

策划编辑 宋明玥	责任编辑 宋明玥	封面设计 李卫青	版式设计 明 艳
责任绘图 黄云燕	责任校对 马鑫蕊	责任印制 耿 轩	

出版发行	高等教育出版社	网 址	http://www.hep.edu.cn
社 址	北京市西城区德外大街 4 号		http://www.hep.com.cn
邮政编码	100120	网上订购	http://www.hepmall.com.cn
印 刷	山东临沂新华印刷物流集团有限责任公司		http://www.hepmall.com
开 本	787 mm×1092 mm 1/16		http://www.hepmall.cn
印 张	22.75		
字 数	590 千字	版 次	2024 年 8 月第 1 版
购书热线	010-58581118	印 次	2024 年 8 月第 1 次印刷
咨询电话	400-810-0598	定 价	42.60 元

本书如有缺页、倒页、脱页等质量问题，请到所购图书销售部门联系调换

前　言

物理性污染控制是环境类本科专业核心课程之一，也是面向社会的环境类基础知识通识课。本书基于编者团队多年教学经验及读者的意见和要求，紧跟相关领域最新科研成果编写而成。

本书由侯立安院士担任顾问，天津商业大学、天津大学陈冠益任主编，中国矿业大学王丽萍、浙江农林大学陈亚非任副主编。参加编写的人员有：

第一章　陈冠益、王晓华、李婉晴

第二章　陈亚非

第三章　黄勇

第四章　王丽萍、杨虹

第五章　张光辉、李宁

第六章　延卫、于娟

第七章　颜蓓蓓、程占军、乔治、李婉晴、孙昱楠、陶俊宇、周生权

第八章　陈冠益、颜蓓蓓、程占军、张光辉、李婉晴、李健、孙昱楠

本书在编写过程中，得到了教育部高等学校环境科学与工程类专业教学指导委员会主任委员贺克斌院士和秘书长胡洪营教授的鼓励、帮助及详细的指导，并参考了陈杰瑢主编的《物理性污染控制》（2007，高等教育出版社）和袁威、唐子腾、汪华林译的《环境物理学原理》（2019，华东理工大学出版社）等优秀教材。此外，还得到了很多兄弟院校及科研单位、相关企业的大力支持和帮助。宁平、熊鸿斌、蒋文举、童美萍、陈正雄等多位专家对本书进行了认真的审阅，多位教材团队的老师为本书的出版贡献了辛勤的劳动，天津大学和天津商业大学的同学们也为本书的完善做出了努力，在此一并表示感谢！

由于编者水平有限，书中不当之处，欢迎读者批评指正。

编者
2023 年 6 月于天津

目　　录

第三章 振动污染及其控制 **138**

■ 第五章　放射性污染及其控制　　　　214

第一章　绪论

本章对物理性污染控制进行概括介绍，主要内容包括：物理性污染概述、物理性污染的分类与特点、物理性污染的危害与控制、物理性污染控制与环境物理学等。通过学习本章内容，读者可对物理性污染的基本概念、分类特点、危害与控制等有整体性认识。

第一节　物理性污染

一、概述

自然界的各种物质都处于不停地运动变化中，通过重力场、地磁场、电场、辐射场等物理因素的作用，各种物质以不同的形式进行物质能量的交换和转化。物质能量的交换和转化过程构成了物理环境。人类总是生活在一定的物理环境中，在影响改造物理环境的过程中，会对环境造成污染和破坏。由物理因素引起的环境污染称为物理性污染。

物理环境可分为天然物理环境和人工物理环境。

（一）天然物理环境

天然物理环境即原生物理环境，其从地球诞生就存在。风、雨、雷电、台风、海啸、地震、火山喷发等自然现象都会产生声音和振动，在局部区域内形成自然声环境和振动环境；地球自身是一个巨大磁体，地球具有地磁场，火山喷发、太阳黑子与耀斑的发生引起的磁暴及雷电等现象会严重干扰自然电磁环境，地震会引起地磁场的快速变化，并与生物体磁场发生共鸣；地球表层许多有一定丰度的天然放射性元素在衰变过程中释放出 α、β、γ 射线，形成自然的放射性辐射环境；太阳的光辐射和热辐射为自然环境提供天然光源和天然热源，构成天然光环境和热环境。

自然声环境、振动环境、电磁辐射环境、放射性环境、光环境、热环境构成了天然物理环境。

（二）人工物理环境

人工物理环境是人类活动的物理因素不同程度地干预天然物理环境所形成的次生物理环境。各种人工物理环境与天然物理环境在地球表层交叠共存，相互作用。

人类的生活和生产离不开声音。清晰的语言交流和优美动听的音乐，构成人类需要的人工声环境；工业生产、交通运输、城市密集的人口产生的噪声是人类不需要的声音，形成人工噪声环境。振动即物体周期性往复运动的状态，是一种普遍的运动形式，在工业生产、施工现场、交通运输等场所广泛存在。工业振动源有锻压、铸造、切削、风动、破碎、球磨、动力等机械，以及矿山爆破、凿岩机打孔、空气压缩和高压鼓风等；施工振动源主要包括各类打桩机、振动机、碾压设备及爆破作业等。人类活动中的振动构成了人工振动环境。

近代，电子工业、无线电技术和通信设备飞速发展，广播电视发射塔、人造卫星通信系统地面站、雷达站、高压输电线路变电站、微波炉、手机等在人类生存的空间形成人工电磁场。由于无线电广播、电视及微波技术的发展，射频设备的功率不断增大，过度的人工电磁场给环境带来污染和危害。放射性同位素在医学、核工业、农业育种等科学研究中的利用，以及核武器试验、核电站等核工业的发展改变了局部区域的天然放射性辐射场，形成次生的人工放射性环境。过度的放射剂量或突发事故会引发放射性环境污染。

人工光源的迅速发展普及，形成了人工光环境。人工光环境较天然光环境更容易满足人类活动的需要，但光量过度容易形成光污染，对人们的生活、工作环境及人体健康产生不利影响。适宜人类生活的温度范围很窄，为适应自然界有剧烈的寒暑变化的天然热环境，人类创造了房屋、火炉、空调系统等建筑和设施，以降低外界气候变化的影响，获得生存所必需的人工热环境；现代工业生产和人类生活排放废热造成的环境热化，达到损害环境质量的程度，便成为热污染。

二、物理性污染的分类与特点

（一）物理性污染的分类

根据引起物理性污染的物理因素的不同，物理性污染可分为：噪声污染、振动污染、电磁辐射污染、放射性污染、光污染及热污染。

1. 噪声污染

人们用声波来传递信息和进行各种社会活动。超出一定的范围，对人们正常生活、工作和学习等产生危害的声音，称为噪声，从而形成噪声污染。噪声可以从很多方面来分类，根据噪声的发声机理可分为机械噪声、气体动力噪声、电磁噪声。根据噪声来源可分为交通运输噪声、工业生产噪声、建筑施工噪声和社会生活噪声。根据噪声频率可分为低频噪声、中频噪声和高频噪声。

2. 振动污染

振动是自然界最普遍的现象之一。各种形式的物理现象，如声、光、热等都包含振动；人的各种生命活动也离不开振动，如心脏的搏动、耳膜和声带的振动等。然而振动超过一定的界限会对人体健康产生损害，干扰人的生活和工作环境，或使机器、设备和仪表不能正常工作，即产生振动污染。

振动的来源可分为自然振动源和人工振动源两大类：自然振动源主要包括地震、海浪和风等；人工振动源主要包括工厂振动源、工程振动源、道路交通振动源、低频空气振动源等。振动污染源按其形式可分为两类：① 固定式单个振动源，如单台冲床或单台水泵等；② 集合振动源，如厂界环境振动、建筑施工场界环境振动、城市道路交通振动等均是各种振动源的集合作用。

3. 电磁辐射污染

电磁环境指某个存在电磁辐射的空间范围。电磁辐射以电磁波的形式在空间环境中传播，不能静止地存在于空间某处。人类工作和生活的环境充满了电磁辐射。电磁辐射污染指人类使用产生电磁辐射的器具而泄漏的电磁能量流传播到室内外空气中，其量超出环境本底值，且其性质、频率、强度和持续时间等综合影响而引起周围人群的不适感，并使其健康和福利受到损害。

电磁辐射污染源可分为天然源和人为源两大类。天然的电磁辐射污染是某些自然现象引起的，最常见的是雷电、火山喷发、地震和太阳黑子活动。人为的电磁辐射污染主要有：脉冲放电、工频交变电磁场、射频电磁辐射。目前，射频电磁辐射已成为电磁辐射污染的主要来源。

4. 放射性污染

环境中放射性的来源分为天然辐射源和人工辐射源。天然辐射源主要来自宇宙射线、地球和人体内的放射性物质，这种辐射通常称为天然本底辐射。

人工辐射源主要来自核试验、核能利用、工农业生产、医疗诊断、化石燃料燃烧、科学研究等，核试验、核事故会造成全球性放射性污染，核燃料循环、放射性同位素生产和应用可能导致气态或液态放射性物质直接释放进入环境，核材料贮存、运输或放射性固体废物处理处置和核设施退役等则可能造成放射性物质间接进入环境。工农业生产中使用辐射源进行无损探伤、育种、食品保鲜，医学中广泛使用电离辐射诊断、治疗等，使越来越多的作业人员及公众受到辐射影响。

5. 光污染

光环境是物理环境的一个组成部分，对于建筑物来说，光环境是由光照射于其内外空间所形成的环境，包括室内光环境和室外光环境。光环境中的光源包括自然光源和人工光源。自然光源指日光和月光；人工光源根据其发光机理，可分为热辐射光源、气体放电光源和其他光源。

光污染是现代社会中伴随着新技术的发展而出现的环境问题。光辐射过量会对人们的生活、工作环境及人体健康产生不利影响，称为光污染。根据光来源不同，光污染可分为自然光源污染和人工光源污染。自然光源对室外光环境的污染称为白亮污染，对室内光环境的污染称为昼光眩光。

人工光源污染可分为不可见光污染和可见光污染。不可见光污染以紫外光、红外光为代表，包括短波长光污染和长波长光污染；可见光污染根据人主观感觉，主要包括眩光、频闪、光入侵居室及人工白昼。目前，国际上一般将光污染分成四类，即白亮污染、人工白昼污染、彩光污染和眩光污染。

6. 热污染

热污染是人类某些活动使局部环境或全球环境发生温度升高，并可能对人类和生态系统产生直接或间接、即时或潜在的危害的现象。热污染的研究最初是针对水体的热污染，即指向水体排放废热造成的水体环境破坏。后来研究范围扩展到大气热污染，包括温室效应和热岛效应等。

人类主要从以下三个方面影响自然环境，从而引起热污染：人类活动改变大气的组成，从而改变太阳辐射和地球辐射的透过率；人类的部分活动改变地表状态和反射率，从而改变地表和大气间的换热过程；人类活动直接向环境释放热量。

（二）物理性污染的特点

与化学性污染和生物性污染不同，物理性污染是能量的污染。引发物理性污染的声、光、热、电磁波等在环境中普遍存在，其本身对人无害，只是在环境中的量过高或过低时，才会造成污染或异常。物理性污染与化学性污染和生物性污染相比，不同之处还表现在：

① 物理性污染是局部性的，区域性或全球性污染现象比较少见；

② 物理性污染在环境中不会有残余物质存在，在污染源停止运转或被移除后，污染也立即消失。

第二节 物理性污染的危害与控制

一、物理性污染的危害

（一）噪声污染危害

噪声会对人耳及全身其他系统产生危害，干扰人们的生活学习和工作，特强噪声对仪器设备和建筑结构会有危害。

① 噪声会使人感到刺耳，长时间遭受过强的噪声刺激，会引起内耳的退行性变化，导致器质性损伤，形成噪声性耳聋。在极强烈噪声作用下，可造成噪声外伤，鼓膜破裂出血，双耳完全失听。

② 噪声会使中枢神经失调，产生头痛、头晕、耳鸣、心悸、神经衰弱等症状，严重的甚至会产生精神错乱。噪声对心血管系统有明显损害，可致心肌损害（猝死）、血液中白细胞增加。噪声可使视觉灵敏度降低、视野清晰度下降。噪声还对基础代谢、免疫力、内分泌、皮肤温度、皮肤电阻等都有影响。

③ 噪声可干扰正常谈话，使注意力不能集中，工作效率降低；在噪声严重的环境中工作，容易产生工伤和交通事故。

④ 特强噪声会使建筑物出现门窗变形、墙面开裂、屋顶掀起、烟囱倒塌等；会导致电子仪器连接出现错动，引线产生抖动，元件失效或损坏，导致仪器发生故障。

（二）振动污染危害

环境中存在各种振动，而振动污染指对人体、设备及建筑带来有害影响的振动。

1. 振动的生理影响

振动的生理影响主要是损伤人的机体，引起循环系统、呼吸系统、消化系统、神经系统、代谢系统、感官的各种病症，损伤脑、肺、心、消化器官、肝、肾、脊髓、关节等。

2. 振动的心理影响

人们在感受到振动时，心理上会产生不愉快、烦躁、不可忍受等各种反应。除振动感受器官感受到振动外，有时也会看到电灯摇动或水面晃动，听到门窗发出的声响，从而判断房屋在振动。人对振动的感受很复杂，往往是包括若干其他感受在内的综合性感受。

3. 振动对工作效率的影响

振动引起人体的生理和心理变化会降低工作效率，如减退视力导致用眼工作时所花费的时间加长；使人反应滞后、妨碍肌肉运动、影响语言交谈，从而增加复杂工作的错误率等。

4. 振动对构筑物的影响

振动可通过地基传递到房屋等构筑物，破坏构筑物，导致构筑物基础和墙壁的龟裂、墙皮的剥落，地基变形、下沉，门窗翘曲变形等，严重时可使构筑物坍塌，影响程度取决于振动的频率和强度。共振的放大效应可将振动幅度放大数倍至数十倍，因此带来了更严重的破坏和危害。载重货车在路面上行驶时，往往对道路两侧的居民建筑物产生共振影响，使地面晃动和门窗抖动。

（三）电磁辐射污染危害

电磁辐射污染会对人体与生态、装置与设备等产生危害和影响。

1. 对人体的危害和影响

电磁辐射对人体的危害主要表现为非电离辐射的作用，非电离辐射主要指工频电磁场和射频电磁场。当工频电磁场和射频电磁场的强度超过一定限度时，其会与人体发生作用，主要是热作用。电磁场强度越大，热作用越明显。微波辐射会对人的大脑及中枢神经系统等产生影响，使人出现神经衰弱、心率不稳等症状，长期辐射可导致白内障、细胞突变等疾病。除此之外，电磁辐射还对内分泌系统，听觉系统、物质代谢等产生不良影响。

2. 对生态的危害和影响

人体的各种生理活动和新陈代谢，都伴随着电生理过程，必然会受到地球电磁环境的影响。人为产生的强大电磁波动必然会对地球原来的电磁场产生干扰，从而使地球的电磁环境发生变化，影响整个生态环境。

3. 对装置与设备的危害和影响

电磁辐射可通过空间干扰、线路传播和复合污染三种途径对电磁敏感装置与设备产生影响。空间干扰指电磁波在空间传播时可使电磁敏感设备产生电磁感应和电磁噪声。线路传播指当射频设备与其他设备共用一个电源供电或其间有电器连接时，电磁能量可通过导线传播而形成干扰。复合污染指通过空间干扰和线路传播的复合作用而形成电磁污染。

（四）放射性污染危害

放射性对生物的危害是十分严重的。放射性对人体的危害主要表现为射线过量照射引起的急性放射病和辐射导致的远期影响。

① 急性放射病是由大剂量的急性照射所引起的。如果人在短时间内受到大剂量的 X 射线、γ 射线和中子的照射，就会产生急性放射病，出现脱发、腹泻、呕吐、皮肤溃疡等症状，在极高剂量照射下甚至会出现死亡。

② 放射性的远期影响主要是慢性放射病和长期小剂量照射对人体健康的影响，多属于随机效应。慢性放射病是多次照射、长期累积的结果。通常在数年或数十年后出现白血病、恶性肿瘤、白内障、生育力降低等疾病。慢性放射病的辐射危害取决于受辐射的时间和剂量，属于随机效应。长期小剂量照射对人体健康影响的特点是潜伏期长、发生概率低，既有随机效应，也有确定性效应。要准确评估小剂量照射对人体健康的影响，需要进行大规模流行病学调查，才能得出有意义的结论。

（五）光污染危害

光污染的危害主要体现在对人和动植物两个方面的影响。

1. 光污染对人的影响

当照明设备的出射光线直接侵入窗户时，会使人感到烦躁，影响人的睡眠。当照明设备安装不合理时，会产生眩光污染，影响人们的视觉功能，造成交通事故。光污染还会对天文观测产生影响。

2. 光污染对动植物的影响

当街道两侧的植物在夜间受到过多的人工光线照射时，其自然生命周期受到干扰，从而影响植物的正常生长。当动物受到过多的人工光线照射时，其生活习性和新陈代谢都会受到影响，有时会引发一些异常行为，如马和羊等牲畜的繁殖具有明显的季节，过量的人工光线照射会影响其生殖周期，造成无法正常繁殖；光污染会改变鸟类的生活习性，影响鸟的飞行方向等。

（六）热污染危害

热污染的危害主要包括以下几个方面：

1. 直接危害水生生物

火电、钢铁、石油、化工等行业排放的循环冷却水和废水中均含有大量废热，导致水温显著升高，使水中溶解氧减少。同时水温升高使水生生物代谢率加快，需要的氧气量增大，从而导致水生生物在热效力作用下发育受阻或死亡，影响环境和生态平衡。

2. 导致气候异常

人类消耗的各种能量，最终会转化为热能释放到自然环境中，这会改变自然环境原有的能量循环平衡，从而导致温室效应、城市热岛等现象的发生，暴雨、干旱、严寒等极端天气的频繁出现，使全球气候发生异常变化。

3. 引发流行性疾病

热污染使水体温度升高，为蚊虫及其他病原体微生物等提供了良好的滋生繁殖条件，会引发各种流行性疾病。如澳大利亚曾流行一种脑膜炎，经科学家研究证实，是某电厂排放的冷却水造成水温升高，促使一种变形虫大量滋生繁殖而污染水源，再经饮用水、洗涤等途径进入人体，导致疾病发生。

二、物理性污染的控制

物理性污染的类型和危害各不相同，为实现对物理性污染的控制，需要遵循污染防治的基本原则，从污染源、污染途径、污染对象三个方面采取防控措施，进行综合防治。物理性污染是能量的污染，需要对能量的产生、传播和受体对象进行综合防治。

① 污染源控制。污染源控制是物理性污染控制的优先考虑措施，也是预防污染产生的根本措施。通过污染源控制，提高能量利用转化效率，从而减少能量浪费，减少对环境的污染。

② 污染途径控制。污染途径控制是物理性污染控制中普遍采用的防控措施。在能量传播过程中，可采用转化、吸收、隔离等技术手段以及污染源与受体对象的布局规划等措施，减少污染对受体对象的影响。

③ 污染受体对象防护。在污染源控制和污染途径控制的基础上，若仍不能解决污染问题，则需要对污染受体对象采取防护措施。针对污染受体对象的防护措施，通常需要结合上述两方面的控制措施进行综合考虑。

④ 综合防治。物理性污染同时包括污染源、污染途径、污染对象三个方面，需在整体分析的基础上，制定综合防治措施。对特定的物理性污染，要具体分析污染类型和特点，从上述三方面的多个环节同时采取防治措施。

物理性污染虽然能够利用技术手段进行控制，但各种控制技术会涉及经济、管理和立法等问题，因此要对控制技术进行综合研究，获得最佳方案。物理学的基本原理不仅能用来评估环境污染的程度，而且能用于控制污染、改善环境，为人类创造一个适宜的物理环境。

第三节　物理性污染控制与环境物理学

一、环境物理学的产生和发展

物理性污染控制是环境物理学的重要组成部分，随着环境物理学的发展而不断完善。环境物理学是研究物理环境与人类相互作用的科学，它从物理学的角度探讨环境质量的变化规律以及保护、改善环境的措施。环境物理学是在物理学的基础上发展起来的一门学科，是环境科学的重要组成部分。

20 世纪初，人们开始研究声、振动、电磁辐射、放射性、光、热等对人类生活和工作的影响，并逐渐形成了在建筑物内部为人类创造适宜的物理环境的学科，即建筑物理学。20 世纪 50 年代后，物理性污染日益严重，建筑物外部的物理环境对人类生存的影响越来越大，促使物理学的各分支学科，如声学、振动学、电磁学、放射学、光学、热学等开展对物理环境的影响与控制措施的研究，逐渐形成一门新兴的边缘学科——环境物理学。

二、环境物理学的学科体系

环境物理学按其研究的对象可分为环境声学、环境振动学、环境电磁学、环境放射学、环境热学、环境光学和环境空气动力学等分支学科。环境物理学是正在发展中的学科，其各个分支学科中较成熟的是环境声学。

（一）环境声学

1974 年第八届国际声学会议正式使用了"环境声学"这一术语。由于环境声学和人们的工作、生活密切相关，因此较早引起学术界的关注，发展较快。环境声学是研究声环境及其与人类活动相互作用的科学，涉及物理学、生理学、心理学、生物学、医学、建筑学、音乐、通信、法学、管理科学等诸多学科。其任务是研究人所需要的声音和人所不需要的声音（噪声），以改善人类的声环境。主要研究内容包括声音的产生、传播和接收及其对人体产生的生理、心理效应，尤其是噪声等对人类生活和工作造成的影响和危害，研究改善和控制声环境质量的技术和管理措施。声音是由固体振动、液体或气体的不稳定流动以及与固体相互作用形成的，因此与振动有关的理论与控制技术也是环境声学的研究内容。

（二）环境振动学

环境振动学是研究振动环境及其与人类活动相互作用的科学。环境振动学的任务是揭示振动的发生机制，追踪其传播和接收过程，评估其对不同受体的影响程度，提出有效的振动控制措施，从而减小振动的环境影响。环境振动学主要研究振动的产生、传播、测试、评价以及消除其危害的技术措施。

振动本身可形成噪声源，以噪声的形式影响和污染环境，因此环境振动学与环境声学是密切相关的科学。振动是一种危害人体健康的感觉公害，属于瞬时性的能量污染。

（三）环境电磁学

环境电磁学是环境物理学的一个新兴分支学科，是以电磁学各分支学科为基础发展起来的。其主要任务是研究各种电磁辐射源和电磁污染对人类生存环境的影响。电磁污染包括天然的和人为的各种电磁波干扰和有害电磁辐射。

环境电磁学研究的重要内容之一是提高电子仪器和电气设备在强电磁干扰环境中的工作稳定性及可靠性，另一个重要内容是高强度电磁辐射的物理、化学和生物效应，特别是对人体的作用和危害。

（四）环境放射学

环境放射学也称为环境辐射学，是环境物理学中的一个具有特殊性的重要分支学科。环境放射学主要研究放射性同位素污染及其特点、核污染的来源、控制核辐射危害和洗消核污染的对策及措施原则。

由于放射性同位素自身的特性，其半衰期从数分钟至数千年不等，放射性不受物理或化学作用影响，生物修复功能极弱，因而环境放射学与环境物理学中其他分支学科具有显著不同的特点，其环境影响具有持续性、长时效性、物理化学稳定性，以及公众无法直接感知性和危害作用效果的累积性等特点。

（五）环境热学

环境热学是研究热环境及其对人体的影响，以及人类活动与热环境相互作用的学科。研究适用于人类的热环境，揭示热环境和人类活动的相互作用，控制热污染，为人类创造舒适的热环境，是环境热学的重要任务。

人工热环境干扰了地球环境的热平衡，使环境遭受热污染，不仅影响全球气候，而且会对人类和生态产生长远的影响。全球性环境问题"温室效应"和"热岛效应"都是热环境污染的表现。

（六）环境光学

环境光学是在光度学、色度学、生理学、心理物理学、物理光学、建筑光学等学科的基础上发展起来的，是研究天然光环境和人工光环境对人的生理和心理的影响，光污染的危害和防治措施的科学。控制和改善人类需要的光环境，消除光污染的危害和影响，是环境光学的重要任务。

（七）环境空气动力学

环境空气动力学是研究户外大尺度空气运动的科学。地球的旋转作用和重力作用、大气密度和温度的分层结构、大气中的相变等对大气运动的影响，以及由此而产生的风、云、雨、雾等现象，是环境空气动力学的重要研究内容。此外，环境空气动力学研究的内容还包括环境污染（如烟雾污染、温室效应、热岛效应）对大气运动的影响，大气中或者水中的污染物在风、日光、重力和环流的作用下扩散或下沉，大气运动对人类的影响，以及对鸟类、昆虫的飞行等影响。

三、环境物理学的研究特点

物理环境和物理性污染的特征决定了环境物理学的研究特点主要是：① 物理环境的声、光、热、电等要素都是人类所必需的，因而环境物理学的研究与环境科学的其他分支学科不同，它不仅研究污染控制，而且研究适宜人类活动的声、光、热、电等物理条件；② 物理性污染程度是由声、光、热、电等在环境中的量决定的，因而环境物理学的研究与其他物理学科一样，注重物理现象的定量研究。

思考题与习题

1. 什么是物理环境？
2. 天然物理环境的构成要素有哪些？
3. 人工物理环境是如何形成的？其与天然物理环境有何关系？
4. 物理性污染主要包括哪几类？
5. 物理性污染的特点是什么？
6. 物理性污染控制应遵循的基本原则是什么？
7. 简述环境物理学的产生和发展。
8. 环境物理学的分支学科有哪些？

第二章　噪声污染及其控制

本章主要包含噪声标准与评价和噪声污染控制两大部分。噪声标准与评价部分首先介绍噪声及噪声污染的定义，然后在介绍声学基础知识的基础上，讲述噪声的标准与评价；噪声污染控制部分首先介绍吸声、消声、隔声三种声学控制措施，并简要介绍消除噪声污染的新技术，最后介绍几个相关的噪声污染控制应用实例。

第一节　概　　述

一、声音与噪声

（一）声音

物体的振动产生声波，声波可通过介质（气体或固体、液体）传播并能被人或动物的听觉器官感知，其中可以被人耳识别的部分（频率为 20~20 000 Hz）称为声音。

（二）噪声

根据 2021 年 12 月 24 日第十三届全国人民代表大会常务委员会第三十二次会议通过并于 2022 年 6 月 5 日生效的《中华人民共和国噪声污染防治法》，噪声指在工业生产、建筑施工、交通运输和社会生活中产生的干扰周围生活环境的声音。这个定义基本是从环境保护的角度出发的。同时，噪声还可以从生理学、物理学等不同角度来定义。从生理学的角度来说，人们不需要的声音统称为噪声；从物理学的角度来说，不和谐的声音称为噪声，它是各种不同频率和强度的声音无规则的杂乱组合，一般给人以烦躁的感觉，与乐音相比，它的波形曲线是无规则的。

二、噪声的特点与影响

（一）噪声的特点

噪声定义的主观性很强，有明显的相对性。例如，通常人们觉得很悦耳的音乐，但在需要安静地思考问题时却有可能觉得它很讨厌；典型的还有广场舞音乐，有些人甘之如饴，有些人却恨之入骨，即它随受体及受体的心理、主观感觉等的不同而不同。

（二）噪声污染及其特点

超过噪声排放标准或者未依法采取防控措施产生噪声，并干扰他人正常生活、工作和学习的现象，称为噪声污染。它的特点有四个：第一，噪声污染属于物理性污染，一般只会造成局部性污染，不会造成区域性和全球性污染，而水污染和大气污染有时会造成区域性或全球性污染，如美国的二氧化硫会随风飘到加拿大，造成大范围的污染；第二，噪声污染没有残余污染物，噪声源停止运行后，污染就很快消失；第三，噪声的声能是噪声源能量中很小的部分，噪声再利用的价值不大；第四，噪声一般不直接致命或致病，它的危害是慢性和间接的。

（三）噪声的种类

在噪声控制学的范畴里，噪声可以从很多方面来分类。例如，为区分由于自然现象和人为产生的噪声，噪声可分为自然噪声和人为噪声；按频率分布可把噪声分为低频噪声（<500 Hz）、中频噪声（500~1 000 Hz）和高频噪声（>1 000 Hz）。

① 客观环境里的噪声，按其总的来源可大体划分为自然噪声和人为噪声两大类。前者是大自然里人为因素之外的所有噪声，如风声、雨声等，而后者主要指随着工业和科学技术的发展，由于人为因素产生的各种机械、电器和交通噪声等。

② 按噪声的发声机理可分为机械噪声、空气动力性噪声和电磁噪声。由于机械的撞击、摩擦、转动而产生的噪声叫作机械噪声，如织机、球磨机、电锯等发出的声音；凡高速气流、不稳定气流以及气流与物体相互作用产生的噪声叫作空气动力性噪声，如通风机、空气压缩机进风口和排风口等发出的声音；电磁噪声是由电磁场的交替变化引起某些机械部件或空间容积振动产生的，如发电机、变压器等发出的声音。

③ 按城市环境噪声源分类，则噪声可分为交通运输噪声、工业生产噪声、建筑施工噪声和社会生活噪声。

（四）噪声的影响

1. 噪声对人耳的损害

当进入噪声环境时，人会感到噪声刺耳；离开噪声环境后，耳朵还嗡嗡作响，难以正常辨音；过段时间后，听力逐渐恢复，这种现象称为听觉适应，是人体对环境噪声的一种保护性反应。

听觉适应是有一定限度的。在较强的噪声持续作用下，听觉敏感性可以下降 15~50 dB；离开噪声环境后，听觉恢复时间需数小时，这种现象称为听觉疲劳，是听觉器官的功能性变化。

如果长时间遭受过强的噪声刺激，就会引起内耳的退行性变化，导致器质性损伤，形成噪声性耳聋。一般认为听力下降 30 dB 以上，就是发生噪声性耳聋的先兆。在极强烈的噪声作用下，可造成噪声外伤、鼓膜破裂出血、双耳完全失听。

2. 噪声对全身其他系统的损害

中枢神经长时间受噪声刺激时会导致神经失调，产生头痛、头晕、耳鸣、心悸、失眠或嗜睡、神经衰弱等症状，严重者甚至精神错乱。噪声对心血管系统有明显的损害。据报道，不仅噪声级较高的车间工作人员高血压发病率很高，而且在闹市中被噪声困扰的居民高血压发病率也较高。噪声可致心肌损害（猝死）、血液中白细胞增加。据统计，在噪声较大的行业里工作的人胃溃疡发病率高于安静环境者 5 倍。噪声可使视觉灵敏度降低 20%、色觉灵敏度发生变化，视野也受影响，清晰度下降。噪声对基础代谢、免疫力、内分泌、皮肤温度、皮肤电阻等都有影响。

3. 噪声干扰生活、学习和工作

有人曾做过研究，两组纺织工人在同一噪声环境中工作，其中一组戴上防止噪声的护耳器，而另一组不戴，结果第一组的产量比第二组的高。当噪声级达 80 dB 时，绝大多数工人工作效率降低。噪声对脑力工作干扰更甚，它使注意力不能集中，干扰甚至打断思路，影响作品创造和科学研究。有人对电话交换台进行调查，发现噪声从 50 dB 降至 30 dB，差错率减少 42%。在噪声严重的环境中工作，还容易产生工伤和交通事故。噪声对睡眠深度有明显的影响。噪声对谈话也有干扰，噪声级与谈话的声级接近时，可干扰正常谈话；超过 10 dB 交谈就很困难了。我国工业迅速发展，噪声急剧增加，若不及早防治，则将成为社会一大公害，因此应当积极贯彻我国噪声卫生标准，积极进行防护。

4. 特强噪声对仪器设备和建筑结构的危害

对建筑物的危害：在特强噪声作用下，建筑物会出现门窗变形、墙面开裂、屋顶掀起、烟囱倒塌等；当噪声级达到 140 dB 时，轻型建筑物会受到损害；剧烈的振动筛、空气锤、冲床、建筑打桩和爆破均会使周围建筑物受到损害。

对仪器设备的危害：当噪声级达到 135 dB 时，会导致电子仪器的连接出现错动，引线产生抖动，使仪器发生故障；当噪声级达到 150 dB 时，仪器的元件可能失效或损坏。

5. 噪声对危险信号的掩蔽效应

噪声对危险信号的掩蔽效应使人不容易察觉危险，造成工伤事故。

第二节　声学基础

一、声波的形成

声音是由物体的振动产生的，因此凡能产生声音的振动物体统称为声源。从物体的形态来分，声源可分为气体、液体和固体声源等。在弹性介质中，声音由近及远的振动传播称为声波。以空气为例，当声源振动时，会引起声源周围弹性介质——空气分子的振动，这些振动的分子又会使其周围的空气分子产生振动。这样，声源产生的振动通过空气分子的振动进行传播就是声波。声波的产生可以用图 2-1 来说明，图中 A、B、C、D 表示连续的弹性介质（如空气）被划分成的一个个小体积元。每个体积元包含具有一定质量的介质分子，每个体积元间存在着弹性作用。这样，介质相当于相互耦合的质量-弹簧-质量-弹簧的链形系统。

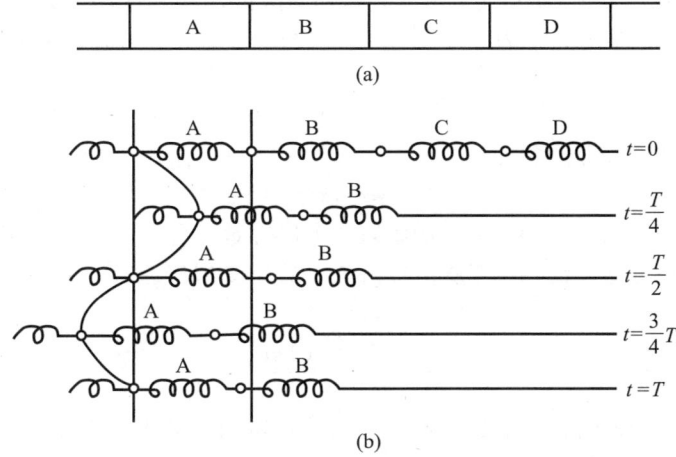

图 2-1　声音传播的物理过程

设想由于某一声源的振动，在弹性介质的某局部区域产生扰动，使这一区域的体积元 A 离开平衡位置，开始向 B 运动，并压缩 B 这个体积元。由于介质的弹性，被压缩的 B 产生一个反抗压缩的力，这个力作用于 A，并使 A 向原来所处的平衡位置运动。由于 A 具有质量，故具有惯性，当 A 运动到平衡位置时，惯性使 A 经过平衡位置继续向另一侧运动，以致又压缩另一侧的相邻体积元，该相邻体积元也会产生一个反抗压缩的力，使 A 又返回平衡位置。可见，由于介质的弹性和惯性作用，这个最初被扰动的介质体积元 A 在平衡位置附近来回振动，同样的原因，被 A 推动的介质体积元 B，以致更远的 C、D 等，也都在平衡位置附近振动起来，只是依次滞后一些时间。这种介质质点的机械振动，由近及远地传播出去，当传入人耳迫使耳膜做相应的振动时，人便能感觉到声音。可见，产生声音感觉的条件为：① 具有一定声能的振动；② 有传播声波的介质（气体、液体、固体）；③ 产生振动的频率须在 20~20 000 Hz。

弹性介质可以是气体、液体和固体。声波在上述介质中传播，相应地称为空气声、液体声和固体声。声波在气体和液体中传播，传声介质的质点振动方向与声传播方向相同的，称为纵波。传声介质的质点振动方向与声传播方向垂直的，称为横波。声波在固体中传播，质点振动方向和声传播方向可能相同（纵波），也可能垂直（横波）。

声源的振动使得介质的组成微粒在原有的杂乱运动中，附加一个有规律的运动，介质中出现稠密和稀疏的交替变化，声波的传播实际也就是这种疏密相间状态的传播。介质密集时，压强超过平衡状态的压强（静态压强）。介质稀疏时，压强低于静态压强。即在声波的传播过程中，空气压强随着声波做周期性变化。声场（有声波存在的区域）中某点在某一瞬时，由静态压强 p_0 改变到压强 p' 时所产生的压强增量称为该点的瞬时声压 p，即

$$p = p' - p_0 \tag{2-1}$$

式中：p——瞬时声压，Pa；

p'——压强，Pa；

p_0——介质的静态压强，Pa。

二、声波的基本物理量

声波的基本物理量包括频率、波长和声速等。

声波频率 f 是一秒钟内介质质点完成的完整振动的次数，单位为 Hz（赫兹）。质点完成一次完整振动所需要的时间称为周期，记为 T，单位为 s（秒）。频率 f 和周期 T 互为倒数，即

$$f = \frac{1}{T} \tag{2-2}$$

频率 f 与振动圆频率 ω 有关系式

$$\omega = 2\pi f \tag{2-3}$$

波长 λ 是两相邻波形对应相同点之间的距离，单位为 m（米）。声速是介质特性的函数，介质质点在声源激发下产生的振动状态在介质中自由传播的速度为声速，记为 c。波长 λ、频率 f 和声速 c 之间的关系如下

$$\lambda = \frac{c}{f} = cT = \frac{2\pi c}{\omega} \tag{2-4}$$

在一定的介质中，声速与介质的温度有关。因此在不同介质中，声速不一定相同。气体中的声速为

$$c = \left(\frac{\gamma p_0}{\rho_0} \right)^{0.5} \tag{2-5}$$

若气体为理想气体，则有

$$c = \left(\frac{\gamma R T}{M} \right)^{0.5} \tag{2-6}$$

空气的 $\gamma = 1.4$，则式（2-6）有如下形式

$$c = 20.05 T^{0.5} \quad 或 \quad c = 331.45 + 0.61t \tag{2-7}$$

式中：c——声速，m/s；

　　　ρ_0——介质的静态密度，kg/m^3；

　　　p_0——介质的静态压强，Pa；

　　　γ——比热比（γ = 定压比热容/定容比热容）；

　　　M——气体介质摩尔质量（对于空气为 0.029 kg/mol），kg/mol；

　　　R——摩尔气体常数，$R = 8.314$ J/(mol·K)；

　　　T——热力学温度，K；

　　　t——温度，℃。

液体和固体中的声速与气体中的声速相差较大。表 2-1 列出一些常见介质在室温下的声速近似值。一般计算时，空气中的声速可取 340 m/s（15 ℃），就能满足一般工程精度要求。

表 2-1　一些常见介质在室温下的声速近似值

介质	空气	水	混凝土	玻璃	铁	铅	钢	硬木	软木
声速/(m·s^{-1})	344	1 372	3 048	3 658	5 182	1 219	5 182	4 267	3 353

三、声音的频谱

（一）频程

在可听声频率范围内，频率高的声音，人感觉到音调高，频率低则感觉到音调低。例如，男子与女子讲话的声，听起来前者比后者音调低，这是因为男子的语音基频是 140 Hz，女子的语音基频是 280 Hz。人的可听声频率范围十分宽，一般为 20～20 000 Hz。为了研究和实用上的需要，在声学学科中，把宽广的声频范围划分成若干小区间，称其为频程、频段或频带。

实测发现，两个不同频率的声音作相对比较时，具有决定意义的是两个频率的比值，而不是它们的差值。例如，音乐中 C 调的 6，基音频率是 220 Hz；6 是 440 Hz；6 是 880 Hz。听起来 6 的音调较 6 提高 1 倍，6 又较 6 提高 1 倍，称 6 和 6 相差 1 倍频程，6 和 6 相差 2 倍频程。频程倍数 n 与频率的关系是

$$\frac{f_2}{f_1} = 2^n \quad 或 \quad n = \log_2 \frac{f_2}{f_1} \tag{2-8}$$

式中：f_2、f_1——任一频程的上限频率和下限频率，Hz。

n 为正实数，当 $n = 1/3$ 时，称为 1/3 倍频程；当 $n = 1$ 时，称为 1 倍频程（简称为倍频程）；当 $n = 2$ 时，称为 2 倍频程。1/3 倍频程和 1 倍频程用得比较多。

各倍频程的中心频率值 f 是上、下限频率的几何平均值，即

$$f = \sqrt{f_1 f_2} \tag{2-9}$$

联解式（2-8）和式（2-9），得到

$$f_2 = \sqrt{2^n}f = 2^{n/2}f \qquad\qquad (2-10a)$$

$$f_1 = \frac{f}{\sqrt{2^n}} = 2^{-n/2}f \qquad\qquad (2-10b)$$

若 $f_2 - f_1 = \Delta f$，则称 Δf 为绝对带宽，即

$$\Delta f = \left(\sqrt{2^n} - \frac{1}{\sqrt{2^n}} \right)f \qquad\qquad (2-11)$$

当频程倍数 n 一定时，绝对带宽按一定比例随中心频率的增加而增加。

国际标准化组织（ISO）规定的 1 倍频程和 1/3 倍频程的上、下限频率及中心频率列于表 2-2。

表 2-2　1 倍频程和 1/3 倍频程的上、下限频率及中心频率

1 倍频程			1/3 倍频程		
下限频率/Hz	中心频率/Hz	上限频率/Hz	下限频率/Hz	中心频率/Hz	上限频率/Hz
11	16	22	14.1	16	17.8
			17.8	20	22.4
22	31.5	44	22.4	25	28.2
			28.2	31.5	35.5
			35.5	40	44.7
44	63	88	44.7	50	56.2
			56.2	63	70.8
			70.8	80	89.1
88	125	177	89.1	100	112
			112	125	141
			141	160	178
177	250	355	178	200	224
			224	250	282
			282	315	355
355	500	710	355	400	447
			447	500	562
			562	630	708
710	1 000	1 420	708	800	891
			891	1 000	1 122
			1 122	1 250	1 413
1 420	2 000	2 840	1 413	1 600	1 778
			1 778	2 000	2 239
			2 239	2 500	2 818

续表

1 倍频程			1/3 倍频程		
下限频率/Hz	中心频率/Hz	上限频率/Hz	下限频率/Hz	中心频率/Hz	上限频率/Hz
			2 818	3 150	3 548
2 840	4 000	5 680	3 548	4 000	4 467
			4 467	5 000	5 623
			5 623	6 300	7 079
5 680	8 000	11 360	7 079	8 000	8 913
			8 913	10 000	11 220
			11 220	12 600	14 130
11 360	16 000	22 720	14 130	16 000	17 780
			17 780	20 000	22 390

注：表中的中心频率是按式（2-9）计算后略做修改得到的，使用时以表中所给数据为准。

（二）频谱

频率是描述声音特性的主要参数之一，因此研究声音强度（声压级、声强级等，将在后面叙述）随频率的分布是必要的。声频谱是指组成复音（频率不同的简谐成分合成的声波）的强度随频率而分布的图形，频谱的形状大体可分为三种，见图 2-2。

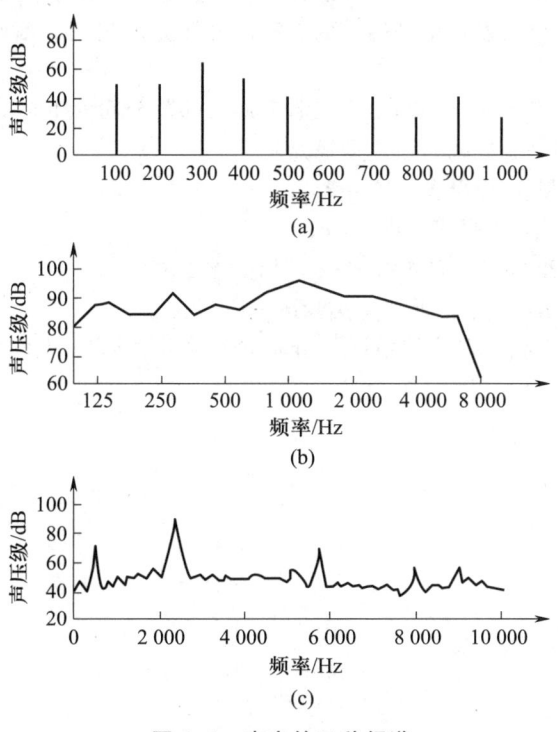

图 2-2 声音的三种频谱

（a）线状谱；（b）连续谱；（c）复合谱

线状谱是由一些离散频率成分形成的谱，在频谱图上是一系列竖直线段［见图 2-2（a）］，一些乐器发出的声音属于线状谱。连续谱是一定频率范围内含有连续频率成分的谱，在频谱图中是一条连续曲线［见图 2-2（b）］，大部分噪声属于连续谱。复合谱是连续频率成分和离散频率成分组成的谱［见图 2-2（c）］，有调噪声属于复合谱。

在噪声控制中，对于连续谱的噪声，一般用 1 倍频程或 1/3 倍频程中心频率值为横坐标，声压级为纵坐标绘出的折线来表示噪声的频谱。例如，流量为 120 m^3/min 的罗茨鼓风机，在进口轴向 1 m 处噪声各倍频程声压级如表 2-3 所示。

表 2-3　罗茨鼓风机 1 倍频程声压级

中心频率/Hz	63	125	250	500	1 000	2 000	4 000	8 000
声压级/dB	120	111	110	112	108	108	108	95

在机械设备噪声的治理中，首先要测量噪声各中心频率下的声压级。噪声频谱能清晰地表示出一定频率范围内声压级的分布情况。从噪声频谱中分析了解噪声的成分和性质，称为频谱分析。频谱分析时，通常要了解峰值噪声在低频、中频还是高频范围，为噪声控制提供依据。

四、声音的波动方程

声振动作为宏观物理现象，必须满足三个基本的物理定律，即牛顿第二定律、质量守恒定律以及描述压强、温度、体积等状态参数的状态方程。应用这三个定律，可以分别导出声波传播中的运动方程、连续性方程和物态方程。为使问题简化，做如下假设：

① 介质为理想流体，即介质中不存在黏滞性，声波在这种介质中传播时没有能量耗损。

② 没有声扰动时，介质在宏观中是静止的，同时介质是均匀的，因此介质的静态压强 p_0、静态密度 ρ_0 都是常数。

③ 声传播时，声过程产生的温度差不会引起介质相邻部分间发生热交换，即为绝热过程。

④ 假设介质中传播的是小振幅声波，即满足：

瞬时声压 p 比静态压强 p_0 小得多，即 $p \ll p_0$；

质点振动速度 u 比声速 c 小很多，即 $u \ll c$；

质点位移 ξ 比波长 λ 小得多，即 $\xi \ll \lambda$；

介质密度的相对变化远小于 1，即 $(\rho - \rho_0)/\rho_0 \ll 1$。

在实际中，上述假设在相当普遍的情况下都很容易满足，因此以下得到的三个基本方程并不失普遍意义。

（一）运动方程

$$\left. \begin{array}{l} -\dfrac{\partial p}{\partial x} = \rho_0 \dfrac{\partial u_x}{\partial t} \\[2mm] -\dfrac{\partial p}{\partial y} = \rho_0 \dfrac{\partial u_y}{\partial t} \\[2mm] -\dfrac{\partial p}{\partial z} = \rho_0 \dfrac{\partial u_z}{\partial t} \end{array} \right\} \tag{2-12}$$

式中：　　　p——瞬时声压，Pa；

ρ_0——介质的静态密度，kg/m^3；

t——时间，s；

∂u_x、∂u_y、∂u_z——介质质点振动速度 u 沿 x、y、z 方向的分量，m/s。

式（2-12）反映了不同地点和不同时刻的瞬时声压变化规律。

（二）连续性方程

$$\frac{\partial \rho}{\partial t} = -\rho_0 \left(\frac{\partial u_x}{\partial x} + \frac{\partial u_y}{\partial y} + \frac{\partial u_z}{\partial z} \right) \quad 或 \quad \frac{\partial \rho}{\partial t} = -\rho_0 \nabla \cdot u \qquad (2-13)$$

式中：　　ρ——瞬时密度，kg/m^3；

ρ_0——介质的静态密度，kg/m^3；

t——时间，s；

∂u_x、∂u_y、∂u_z——介质质点振动速度 u 沿 x、y、z 方向的分量，m/s；

∇——哈密顿算符，在直角坐标系中 $\nabla = \frac{\partial}{\partial x} + \frac{\partial}{\partial y} + \frac{\partial}{\partial z}$。

式（2-13）反映了质点振动速度与流体密度之间的变化关系。

（三）物态方程

$$\frac{\partial p}{\partial t} = c^2 \frac{\partial \rho}{\partial t} \quad 或 \quad \frac{\partial p}{\partial \rho} = c^2 \qquad (2-14)$$

式中：p——瞬时声压，Pa；

ρ——瞬时密度，kg/m^3；

c——声速，m/s；

t——时间，s。

式（2-14）反映了声场中瞬时声压随时间的变化与密度随时间的变化关系。

五、平面声波、球面声波和柱面声波

　　声波在传播过程中，同一时刻相位相同的质点集合称为波阵面。当声波的波阵面是垂直于传播方向的一系列平面时，就称其为平面声波。活塞在管中运动所辐射的声波是典型的平面声波。若声源的几何尺寸很小，并且比声波波长小得多，则这样的声源可视为点声源。点声源在各向同性的均匀介质中辐射声波，这时波向各个方向传播的速度相等，形成以声源为中心的一系列同心球面，这样的波称为球面声波。简言之，波阵面为同心球面的波称为球面声波。波阵面是同轴圆柱面的声波称为柱面声波，其声源一般可视为"线声源"，如繁忙的公路、比较长的运输线等。

（一）声压波动方程

　　声波在传播过程中，介质中的声扰动应满足前述运动方程、连续性方程和物态方程。振动声源处于三维空间中，振动将向四面八方传播，因此有关声学量用空间坐标 x、y、z 三个变量来表示。如果声场在空间的 y、z 两个方向是均匀的，那么瞬时声压 p 和质点振动速度 u 等物理量在垂直于 x 轴的平面上都相等，这时三维问题就只有一维了，可用一个坐标 x 来描述声场。这种情况下，运动方程应为

$$\rho_0 \frac{\partial u}{\partial t} = -\frac{\partial p}{\partial x} \qquad (2-15)$$

连续性方程为

$$\frac{\partial \rho}{\partial t} = -\rho_0 \frac{\partial u}{\partial x} \qquad (2-16)$$

物态方程仍为式（2-14）。联立求解式（2-14）、式（2-15）和式（2-16），从中消去 p、u、ρ 三个变量中的两个，就可得到第三个变量的波动方程，因此声波的声压波动方程为

$$\frac{\partial^2 p}{\partial x^2} = \frac{1}{c^2} \times \frac{\partial^2 p}{\partial t^2} \qquad (2-17)$$

式（2-17）的一般解为

$$p = \varphi_1(ct-x) + \varphi_2(ct+x) \qquad (2-18)$$

式中，φ_1、φ_2 是任意函数，$\varphi_1(ct-x)$ 代表声速 c 向 x 轴正方向传播的波，而 $\varphi_2(ct+x)$ 代表声速 c 向 x 轴负方向传播的波。

（二）瞬时声压和有效声压

1. 平面声波的瞬时声压和有效声压

声源在理想介质中，在单一频率下做简谐振动，使得介质中各质点也随之做同一频率的简谐振动。当介质质点做简谐振动、声波沿 x 轴正方向传播时，$\varphi_1(ct-x)$ 取余弦函数，则瞬时声压 p 对时间和位移的函数关系是

$$p(x, t) = p_A \cos(\omega t - kx) \qquad (2-19a)$$

声波沿 x 轴负方向传播时

$$p(x, t) = p_A \cos(\omega t + kx) \qquad (2-19b)$$

$$k = \frac{\omega}{c} = \frac{2\pi}{\lambda} \qquad (2-20)$$

式中：p——声场中某位置 $x(\mathrm{m})$ 和某时间 $t(\mathrm{s})$ 时的瞬时声压，Pa；

　　p_A——振幅，Pa；

　　ω——振动圆频率或角频率，rad/s；

　　k——圆波数或波数，1/m。

式（2-19a）、式（2-19b）中的 $(\omega t - kx)$ 和 $(\omega t + kx)$ 称为相位，kx 称为初相位。当时间 t 一定时，瞬时声压 p 随空间位置 x 的变化见图 2-3（a）。当空间位置 x 一定时，瞬时声压 p 随时间 t 的变化见图 2-3（b）。

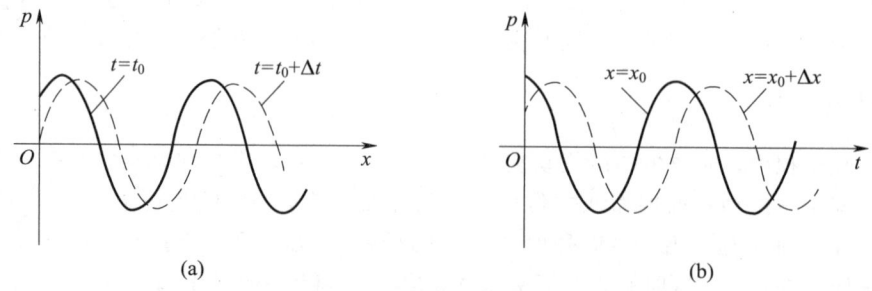

图 2-3　瞬时声压随空间位置和时间的变化曲线

（a）瞬时声压随空间位置的变化；（b）瞬时声压随时间的变化

瞬时声压传入人耳，由于耳膜的惯性作用，分辨不出瞬时声压的起伏，听到的是一个稳定的有效值，称为有效声压。有效声压 p_e 是瞬时声压对时间 t 取均方根值，即

$$p_e = \sqrt{\frac{1}{T}\int_0^T p^2 \mathrm{d}t} \tag{2-21}$$

将式（2-19a）代入式（2-21），经积分和开方得

$$p_e = \frac{p_A}{\sqrt{2}} \tag{2-22}$$

式中：p_A——振幅，Pa；

　　　　t——时间（t 是周期的整数倍，或足够长以使平均结果基本保持不变），s。

对于平面声波，其声压振幅不随传播距离而变化。

2. 球面声波的瞬时声压

对于在各向同性的均匀介质中传播的球面声波，其在各半径、各方向上的传播都一样，因此在三维空间中，只须取某点至声源的距离，也就是同心球的半径 r 为参数，便可确定声场。球面声波的瞬时声压 p 与半径 r 和时间 t 的函数关系为

$$p(r,\ t) = \frac{A\cos(\omega t - kr)}{r} = p_A\cos(\omega t - kr) \tag{2-23}$$

式（2-23）中已令 $p_A = A/r$，称 p_A 为振幅。球面声波的振幅不是一个定值，它与半径 r 成反比。p_A 随 r 的增大而减小，瞬时声压也随距离增大而减小，故离声源越远，声音越小。式（2-23）中的 A 是声源辐射声波能力的常数，它与声源的几何尺寸和振动速度幅值有关，对于给定的点声源，其 A 为常数。

3. 柱面声波的瞬时声压

对于最简单的柱面声波，其声场与坐标系的角度和轴向长度无关，仅与径向半径 r 相关，其波动方程为

$$\frac{1}{r}\frac{\partial}{\partial r}\left(r\frac{\partial p}{\partial r}\right) = \frac{1}{c^2}\frac{\partial^2(rp)}{\partial t^2} \tag{2-24}$$

对于远场简谐柱面声波有

$$p(r,\ t) \cong P_0\sqrt{\frac{2}{\pi kr}}\cos(\omega t - kr) \tag{2-25}$$

式中：P_0——柱面声波的声源辐射常数，Pa。

从中可以看出，其振幅随径向距离的增加而减少，与距离的平方根成反比。

（三）质点振动速度和声阻抗率

1. 平面声波的质点振动速度和声阻抗率

将式（2-19a）代入式（2-15）的积分式，则有 $u = -\dfrac{1}{\rho_0}\displaystyle\int\dfrac{\partial p_A\cos(\omega t - kx)}{\partial x}\mathrm{d}t$，积分结果得

$$u = \frac{p_A}{\rho_0 c}\cos(\omega t - kx) = u_A\cos(\omega t - kx) \tag{2-26}$$

式（2-26）中已设

$$u_A = \frac{p_A}{\rho_0 c} \tag{2-27}$$

u_A 称为质点振动速度的幅值。

将式（2-19b）代入式（2-15），经同样方法处理，可得到声波沿 x 轴负方向质点振动速度为

$$u = \frac{-p_A \cos(\omega t + kx)}{\rho_0 c} = u_A \cos(\omega t + kx) \tag{2-28}$$

式（2-28）中已设

$$u_A = \frac{-p_A}{\rho_0 c} \tag{2-29}$$

注意，u_A 前的负号表示沿 x 轴负方向运动的平面声波的声压与质点振动速度相位正好相反，即相位差为 π。

质点振动速度对时间取均方根值，称为质点振动速度的有效值 u_e。式（2-26）和式（2-28）取均方根值，得

$$u_e = \frac{u_A}{\sqrt{2}} \tag{2-30}$$

质点振动速度与声速不同，在声场中质点以速度 u 振动，这种振动过程以速度 c 传播出去。

声阻抗率 Z_s 也称特性声阻抗，定义为

$$Z_s = \frac{p}{u} \tag{2-31}$$

对沿 x 轴正向传播的平面声波，将式（2-19a）和式（2-26）代入式（2-31），并结合式（2-27）得

$$Z_s = \rho_0 c \tag{2-32}$$

对沿 x 轴负向传播的平面声波，将式（2-19b）和式（2-28）代入式（2-31），并结合式（2-29）得

$$Z_s = -\rho_0 c \tag{2-33}$$

声阻抗率的单位是 Pa·s/m。声阻抗率与声波频率、幅值等无关，仅与介质密度和声速有关，是介质固有的一个常数。对于空气，压强为 101.325 kPa、温度为 0 ℃时，$\rho_0 = 1.29$ kg/m^3，$c = 332$ m/s，$\rho_0 c \approx 428$ Pa·s/m；当温度为 20 ℃时，$\rho_0 = 1.21$ kg/m^3，$c = 343$ m/s，则 $\rho_0 c \approx 415$ Pa·s/m。对水来说，当温度为 20 ℃时，$\rho_0 = 998$ kg/m^3，$c = 1\,480$ m/s，则 $\rho_0 c \approx 1.48 \times 10^6$ Pa·s/m。

2. 球面声波的振动速度和声阻抗率

将式（2-23）代入运动方程的积分式 $u = -1/\rho_0 \int \partial p / \partial x \, \mathrm{d}t$，经积分得

$$u = \frac{1}{\rho_0 c} \times \frac{A}{r} \sqrt{\frac{1 + (kr)^2}{(kr)^2}} \cos(\omega t - kr - \theta) \tag{2-34}$$

因为 $k = 2\pi/\lambda$，所以 $kr = 2\pi r/\lambda$，当 $r \gg \lambda$ 时，$kr \gg 1$，因此式（2-34）中的 $\sqrt{[1+(kr)^2]/(kr)^2} \approx 1$。又因为式中 $\theta = \arctan(1/kr)$，当 $kr \gg 1$ 时，$\theta \approx 0$，所以式（2-34）可简化为

$$u = \frac{1}{\rho_0 c} \frac{A}{r} \cos(\omega t - kr) = u_A \cos(\omega t - kr) \tag{2-35}$$

式中，u_A 为介质质点振动速度幅值，即

$$u_A = \frac{A}{\rho_0 cr} \tag{2-36}$$

由式（2-36）看出，点声源辐射的球面声波与平面声波不一样，振动速度幅值不是一个常数，而与波的传播距离成反比。

将式（2-23）和式（2-35）代入声阻抗率定义式 $Z_s = p/u$，则得满足远场条件 $kr \gg 1$ 的球面声波的声阻抗率

$$Z_s = \rho_0 c \tag{2-37}$$

可见平面声波和远场球面声波的声阻抗率表达式相同。

前面关于平面声波的有关各式均适用于球面声波。球面声波的声强为

$$I = \frac{p_e^2}{\rho_0 c} = \frac{p_A^2}{2\rho_0 c} = \frac{1}{2\rho_0 c \left(\dfrac{A}{r} \right)^2} \tag{2-38}$$

从式（2-38）看出，球面声波的声强 I 与距离 r 的平方成反比，有效声压 p_e 与距离 r 成反比。
均匀辐射的球面声波的声功率为

$$W = IS = 4\pi r^2 I = \frac{2\pi A^2}{\rho_0 c} \tag{2-39}$$

式中：S——球的表面积，m^2。

从式（2-39）看出，声功率与介质的声阻抗率和声源辐射声波能力常数 A 有关。

六、声压级、声强级和声功率级

（一）声能量、声强、声功率

1. 声能量

声波在介质中传播，一方面使介质质点在平衡位置附近往复运动，产生动能。另一方面又使介质产生压缩和膨胀的疏密过程，使介质具有形变势能。这两部分能量之和就是由于声扰动介质所得到的声能量。

空间中存在声波的区域称为声场。声场中单位体积介质所含有的声能量称为声能密度，记为 D，单位为 J/m^3。

2. 声强

声场中某点处，与质点速度方向垂直的单位面积上在单位时间内通过的声能称为瞬时声强，它是一个矢量。在指定方向 n 的声强 I_n 等于 $I \cdot n$。对于稳态声场，声强是瞬时声强在一定时间 T 内的平均值。声强的符号为 I，单位为 W/m^2。

3. 声功率

声源在单位时间内发射的总能量称为声源功率，记为 W，单位为 W。

对于在自由空间中传播的平面声波

声能密度：

$$\overline{D} = \frac{p_e^2}{\rho_0 c^2} \tag{2-40}$$

声强：

$$\overline{I} = \frac{p_e^2}{\rho_0 c} \tag{2-41}$$

声功率：

$$\overline{W} = \overline{I}S \qquad (2-42)$$

式中：符号顶部的"—"表示对一定时间 T 的平均；

    p_e——有效声压，对于简谐声波 $p_e = \dfrac{p_A}{\sqrt{2}}$，Pa；

    S——平面声波波阵面的面积，m^2。

声强 I 与声能密度 D 的关系见图 2-4。假设介质体积为 V，垂直于 x 方向的截面为 S，厚度为 Δx，声波从 x_1 向右移到 x_2，经过时间 Δt。按声强定义应有如下关系：

$$I = \frac{\overline{D}V}{S\Delta t} = \overline{D}c \qquad (2-43)$$

因为理想介质中，平面声波的声能密度 $\overline{D}$ 与距离无关，所以声强也与距离无关。

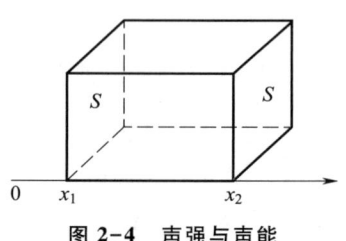

图 2-4　声强与声能
密度的关系

（二）声压级、声强级和声功率级

引起人耳听觉的可听声的频率一般为 20～20 000 Hz。大量实测指出，一定频率声波的声压或声强有上、下两个限值。在下限以下的声音，人耳听不到，在上限以上的声音，人耳会有疼痛的感觉。频率不同，上、下限量值不同。一般称下限值为听阈值，上限值为痛阈值。空气中传播的声波，在 1 000 Hz 时，正常人耳的听阈声压是 2×10^{-5} Pa、痛阈声压是 20 Pa，对应的听阈声强为 10^{-12} W/m^2、痛阈声强为 1 W/m^2。对人的听觉来说，从听阈到痛阈所感觉到的声音的强弱变化范围非常宽。例如，1 000 Hz 时，痛阈声压是听阈声压的 10^6 倍，痛阈声强是听阈声强的 10^{12} 倍。由此可见，人耳的听觉特性在一个相当宽广的范围内。一方面用声压和声强的绝对值来衡量声音的强弱很不方便，而且要实现一定精度的测量也很难，另一方面人耳对声音强度的感觉并不正比于强度的绝对值，而更接近正比于其对数值，因此在声学中普遍使用对数坐标，并引进"级"的概念，用它来衡量声音的相对强弱。

用对数坐标时，先选定基准量（或参考量）然后对被量度与基准量的比值求对数，则这个对数值就是被量度的"级"。通常，取对数以 10 为底，则级的单位为贝尔（B）。由于贝尔单位过大，故常把 1 贝尔分为 10 挡，每一挡的单位称为分贝（dB）。

如果取对数是以 $e=2.718\ 28$ 为底，那么级的单位称为奈培（Np）。奈培与分贝的相互关系为

$$1\ \text{Np} = 8.686\ \text{dB}$$

声音的声压级等于该声音的声压与基准声压之比的常用对数乘以 20。声压级 L_p 的定义式是

$$L_p = 20\ \lg \frac{p_e}{p_0} \qquad (2-44)$$

式中：p_e——有效声压，Pa；

    p_0——基准声压，$p_0 = 2\times10^{-5}$ Pa。

将 $p_0 = 2\times10^{-5}$ Pa 代入式（2-44），则

$$L_p = 20\ \lg p_e + 94 \qquad (2-45)$$

由于人耳感觉到的声压以及声学仪器测量到的声压都是有效声压，在实际运用中和本书后面的章节中，若没有另加说明，则声压 p 即指有效声压，并省去脚注"e"。

听阈声压级 $L_p = 0$ dB，痛阈声压级 $L_p = 120$ dB，这样就把声压一百万倍的变化范围，改变为 0 dB 到 120 dB 的变化范围。

一个声音的声强级 L_I 是该声音的声强与基准声强之比的常用对数乘以 10，其定义式如下

$$L_I = 10 \lg \frac{I}{I_0} \tag{2-46}$$

式中：I——声强，W/m^2；

I_0——基准声强，$I_0 = 10^{-12}$ W/m^2。

所选的基准声强是 1 000 Hz 听阈声压对应的听阈声强，把基准声强代入式（2-46），得

$$L_I = 10 \lg I + 120 \tag{2-47}$$

一个声源的声功率级，等于这个声源的声功率与基准声功率之比的常用对数乘以 10，即声功率级 L_W 为

$$L_W = 10 \lg \frac{W}{W_0} \tag{2-48}$$

式中：W——声功率，W；

W_0——基准声功率，$W_0 = 10^{-12}$ W。

在自由声场中，平面声波和球面声波的声强级与声压级的关系经以下变换得到，即

$$L_I = 10 \lg\left(\frac{I}{I_0}\right) = 10 \lg\left(\frac{p^2}{p_0^2} \times \frac{p_0^2}{I_0 \rho c}\right) = L_p + 10 \lg\left(\frac{p_0^2}{I_0 \rho c}\right) = L_p + b \tag{2-49}$$

式中修正值 b 为

$$b = 10 \lg\left(\frac{p_0^2}{I_0 \rho c}\right) \text{ 或 } b = 10 \lg\left(\frac{\rho_0 c_0}{\rho c}\right) = 10 \lg\left(\frac{400}{\rho c}\right) \tag{2-50}$$

b 值与声阻抗率 Z_s 有关，因此其值与气温、气压有关，关系式为

$$b = -10 \lg\left[\left(\frac{293}{273+t}\right)^{1/2} \times \frac{p}{100}\right] \tag{2-51}$$

式中：p——大气压，kPa；

t——气温，℃。

当 $t = 20$ ℃时，不同海拔的修正值见表 2-4。

因为正常人耳对声音的分辨能力为 0.5 dB，所以从表 2-4 中可看出，在海拔小于 1 000 m 时，b 小于 0.5 dB，可以忽略不计；在高原地区，$b > 1$ dB，必须加以考虑。

表 2-4　20 ℃时不同海拔高度下的修正值 b

海拔/m	100	500	1 000	1 500	2 000	2 500	3 000
大气压/kPa	100	95.4	89.8	84.5	79.5	74.7	70.1
修正值 b/dB	0	0.2	0.5	0.7	1.0	1.2	1.5

声源的声功率，仅是声源总功率中以声波形式辐射出来的一小部分功率。例如，一台大型发电机的输出电功率可能高达几十万千瓦，但辐射出的声功率也许只有几瓦，表 2-5 是一些典型噪声源的声功率和声功率级。声源工作状况一定时，辐射的声功率是一个恒量。

表 2-5　一些典型噪声源的声功率和声功率级

噪声源	宇宙火箭	喷气飞机	大型鼓风机	气锤	织布机	汽车 (72 km/h)	轻声耳语
声功率/W	4×10^7	10^4	10^2	1	10^{-1}	10^{-1}	10^{-9}
声功率级/dB	196	160	140	120	110	110	30

在自由声场中，对于均匀辐射的声源 $W=IS$，将该式代入式（2-48），得

$$L_W = 10 \lg\left(\frac{I}{I_0}\right) + 10 \lg\left(\frac{S}{S_0}\right)$$

S_0 为基准声功率对应的基准面积，一般取 $S_0 = 1 \ \text{m}^2$，由此得声功率级 L_W 与声强级 L_I 的关系式

$$L_W = L_I + 10 \lg S \tag{2-52}$$

式中：S——垂直于声波传播方向的声源的封闭面积，m^2。

对于确定的声源，其声功率和声功率级是不变的。但空间各处的声压级和声强级是变化的。在自由声场中，球面声波的半径为 r 时，则

$$L_W = L_I + 10 \lg(4\pi r^2) = L_I + 20 \lg r + 11 \tag{2-53}$$

如果将点声源放在刚性反射面上，声波只向半空间辐射，其波阵面为 $2\pi r^2$，那么这种声场称为半自由声场，此时

$$L_W = L_I + 20 \lg r + 8 \tag{2-54}$$

将式（2-49）分别代入式（2-53）和式（2-54），得声功率级与声压级的关系式，对于球面声波

$$L_W = L_p + 20 \lg r + 11 + b \tag{2-55}$$

对于半球面声波

$$L_W = L_p + 20 \lg r + 8 + b \tag{2-56}$$

在 $b < 0.5$ dB 时，其值可忽略不计，式（2-55）、式（2-56）可写为

$$L_W = L_p + 20 \lg r + 11 \tag{2-57}$$

$$L_W = L_p + 20 \lg r + 8 \tag{2-58}$$

当在同一个测点或同一个测量面上测得 L_p 有多个测量值时，式（2-55）至式（2-58）中的 L_p 应取多个测量值的平均值（$\bar{L}_p$）。

对于恒定声功率的点声源发出的球面声波，在离开声源不同距离 r 处声强级是不同的。在自由声场中，距离 r 增加 1 倍，声强级和声压级减少 6 dB。

七、声波的传播特性

（一）声波的叠加

前面所讨论的平面声波或球面声波，都是单个给定频率的简谐波，而且只是单列波。事实上，一个噪声源发出的噪声，一般都包含多个频率的声波。此外，还有多个噪声源都会发出各自的声波。这些情况都涉及声波的叠加。声波的叠加原理是，多列声波合成声场的瞬时声压等于每列波瞬时声压之和。用数学式表示为

$$p_t = p_1 + p_2 + \cdots + p_n = \sum_{i=1}^{n} p_i \tag{2-59}$$

式中：p_t——合成声场的瞬时声压，Pa；

　　　p_i——第 i 列波的瞬时声压，Pa。

1. 相干波

为简化问题，首先讨论频率相同的两列波的合成。设声场中某点至两声源的距离为 x_1、x_2。按式（2-19a），两列波的瞬时声压是

$$p_1 = p_{A1} \cos(\omega t - kx_1) = p_{A1} \cos(\omega t - \Phi_1)$$

$$p_2 = p_{A2} \cos(\omega t - kx_2) = p_{A2} \cos(\omega t - \Phi_2)$$

式中：p_1、p_2——分别表示第 1 列波和第 2 列波的声压，Pa；

　　　p_{A1}、p_{A2}——分别表示第 1 列波和第 2 列波的振幅，Pa；

　　　Φ_1、Φ_2——分别表示第 1 列波和第 2 列波的初相位，即 $\Phi_1 = kx_1$、$\Phi_2 = kx_2$。

应用叠加原理，合成声压 p_t 为

$$p_t = p_1 + p_2 = p_{A1} \cos(\omega t - \Phi_1) + p_{A2} \cos(\omega t - \Phi_2) = p_{At} \cos(\omega t - \Phi_0) \tag{2-60}$$

式中

$$p_{At}^2 = p_{A1}^2 + p_{A2}^2 + 2 p_{A1} p_{A2} \cos(\Phi_2 - \Phi_1) \tag{2-61}$$

$$\Phi_0 = \tan^{-1}\left(\frac{p_{A1} \sin \Phi_1 + p_{A2} \sin \Phi_2}{p_{A1} \cos \Phi_1 + p_{A2} \cos \Phi_2}\right) \tag{2-62}$$

这两列频率相同波的相位差 $\Delta\Phi$ 为

$$\Delta\Phi = (\omega t - \Phi_1) - (\omega t - \Phi_2) = \Phi_2 - \Phi_1 = \frac{2\pi(x_2 - x_1)}{\lambda} \tag{2-63}$$

从式（2-63）看出，$\Delta\Phi$ 与时间 t 无关，又因为在声场中某固定点的 x_1、x_2 为定值，所以 $\Delta\Phi$ 为定值。这种具有相同频率、相同振动方向和固定相位差的声波称为相干波，若上述三个条件有一个不具备，则称为不相干波。相干波在合成声场中的声能密度，可由式（2-61）除以 $2\rho_0 c^2$ 导出，即

$$\frac{p_{At}^2}{2\rho_0 c^2} = \frac{p_{A1}^2}{2\rho_0 c^2} + \frac{p_{A2}^2}{2\rho_0 c^2} + \frac{2 p_{A1} p_{A2} \cos(\Phi_2 - \Phi_1)}{2\rho_0 c^2}$$

运用有效声压与振幅关系式 $p = \dfrac{p_A}{\sqrt{2}}$，上式可写成

$$\frac{p_t^2}{\rho_0 c^2} = \frac{p_1^2}{\rho_0 c^2} + \frac{p_2^2}{\rho_0 c^2} + \frac{p_{A1} p_{A2} \cos(\Phi_2 - \Phi_1)}{\rho_0 c^2}$$

根据式（2-40），则有

$$\overline{D} = \overline{D}_1 + \overline{D}_2 + \frac{p_{A1} p_{A2}}{\rho_0 c^2} \cos(\Phi_2 - \Phi_1) \tag{2-64}$$

式（2-64）说明，两列相同频率、相同振动方向和具有固定相位差的声波，在合成声场中任一位置的平均声能密度并不等于两列波平均能量之和，还需要加 $\dfrac{p_{A1} p_{A2}}{\rho_0 c^2} \cos(\Phi_1 - \Phi_2)$，此项与两列波相遇时的相位差有关。

当 $\Phi_2 - \Phi_1 = 0$，$\pm 2\pi$，$\pm 4\pi$，$\cdots$时，即在声场中任一点上，两列波均以相同相位到达，则

$$p_{At} = p_{A1} + p_{A2} \tag{2-65}$$

$$\overline{D}_t = \overline{D}_1 + \overline{D}_2 + \frac{p_{A1}p_{A2}}{\rho_0 c^2} \tag{2-66}$$

式（2-65）和式（2-66）说明，在 $\Delta\Phi = \Phi_2 - \Phi_1 = \pm 2n\pi$（其中 $n = 0$，1，2，…）的位置上，声波加强，合成振幅为两列波振幅之和；平均声能密度为两列声波平均声能密度之和再加一项增量 $\frac{p_{A1}p_{A2}}{\rho_0 c^2}$。

当 $\Delta\Phi = \Phi_2 - \Phi_1 = \pm\pi$，$\pm 3\pi$，$\pm 5\pi$，…时，表明两列声波始终以相反相位到达，则

$$p_{At} = |p_{A1} - p_{A2}| \tag{2-67}$$

$$\overline{D}_t = \overline{D}_1 + \overline{D}_2 - \frac{p_{A1}p_{A2}}{\rho_0 c^2} \tag{2-68}$$

式（2-67）和式（2-68）表明两列波在 $\Delta\Phi = \pm(2n+1)\pi$（其中 $n = 0$，1，2，…）的位置上，合成振幅为两列波振幅之差；平均声能密度为两列声波平均能量密度之和减去 $\frac{p_{A1}p_{A2}}{\rho_0 c^2}$。

上述两种情况说明，两列相干波在空间某些地方振动始终加强，而在另一些地方振动始终减弱，这种现象称为干涉现象。这种声压值随空间不同位置有极大值和极小值分布的周期波称为驻波，其声场称为驻波声场。驻波的极大值和极小值分别称为波腹和波节。当 p_{A1} 与 p_{A2} 相等时，驻波现象最明显。

2. 不相干波

以两列具有相同频率，而不存在固定相位差的声波为例，讨论合成声场的声能密度。按声波的叠加原理，得到形式上与式（2-60）、式（2-61）、式（2-62）和式（2-64）相同的公式，但相位差 $\Delta\Phi$ 随时间无规则变化。对式（2-64）的 $\cos(\Phi_2 - \Phi_1)$ 取足够长时间的平均值，可得到合成声场的平均声能密度 $\overline{D}_t = \overline{D}_1 + \overline{D}_2 + \frac{p_{A1}p_{A2}}{\rho_0 c^2}\overline{\cos(\Phi_2 - \Phi_1)}$。若所取的平均时间足够长，则 $\overline{\cos(\Phi_2 - \Phi_1)} = 0$，因此得

$$\overline{D}_t = \overline{D}_1 + \overline{D}_2 \tag{2-69}$$

式（2-69）说明，具有相同频率，而相位差无规则变化的声波，叠加后的平均声能密度等于每列声波平均声能密度之和，这说明两列波不发生干涉，称这两列波为不相干波。

对于具有不同频率且有固定相位差的两列波，以及具有不同频率且有无规则变化相位差的两列波，用上述方法，同样得到 $\overline{D}_t = \overline{D}_1 + \overline{D}_2$。因此，这两种情况的声波也不发生干涉，也称其为不相干波。

由两列不相干波可以推广到 n 列不相干波，此时

$$\overline{D}_t = \overline{D}_1 + \overline{D}_2 + \overline{D}_3 + \cdots + \overline{D}_n \tag{2-70}$$

运用式（2-40），则得合成噪声的总声压与各列波声压的关系式

$$p_t^2 = p_1^2 + p_2^2 + p_3^2 + \cdots + p_n^2 = \sum_{i=1}^{n} p_i^2 \tag{2-71}$$

一般由多个噪声源发出的声波或同一噪声源发出的不同频率成分的波都互不干涉，因此合成噪声的总声压通常可用式（2-71）计算。

（二）平面声波的反射、透射和折射

声波在传播途径中会遇到障碍物，这时一部分声波会在界面发生反射，一部分则透射到第二种介质中去。点声源辐射球面声波，在两种介质界面上反射和折射的有关公式推导起来比较复杂，这里仅讨论平面声波的反射和透射。

1. 垂直入射的反射和透射

平面声波垂直入射的反射和透射见图 2-5。当平面声波在介质 1 中垂直入射到两种介质的分界面上时，设入射声波为 p_i，反射声波为 p_r，通过界面进入介质 2 的透射声波为 p_t。在介质 1 中，总声压为 p_1，则

$$p_1 = p_i + p_r = p_{Ai}\cos(\omega t - k_1 x) + p_{Ar}\cos(\omega t + k_1 x) \qquad (2-72)$$

在介质 2 中，仅有透射声波，所以

$$p_2 = p_t = p_{At}\cos(\omega t - k_2 x) \qquad (2-73)$$

由于分界面是无限薄的，因此声压在边界是连续的，故在 $x = 0$ 处有

$$p_1 = p_2 \qquad (2-74)$$

因此得到

$$p_{Ai} + p_{Ar} = p_{At} \qquad (2-75)$$

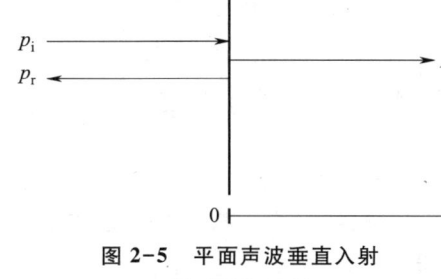

图 2-5　平面声波垂直入射
的反射和透射

由于两种介质保持恒定接触，因此在分界面处的法向质点振动速度连续，故在 $x = 0$ 处，有

$$u_1 = u_2 \qquad (2-76)$$

而

$$u_1 = u_i + u_r = u_{Ai}\cos(\omega t - k_1 x) + u_{Ar}\cos(\omega t + k_1 x) \qquad (2-77)$$

$$u_2 = u_{At}\cos(\omega t - k_2 x) \qquad (2-78)$$

式中的 u_{Ai}、u_{Ar}、u_{At} 分别表示入射、反射、透射声波介质质点的振动速度幅值。将式（2-77）、式（2-78）代入式（2-76），得到介质分界面（$x = 0$）处的质点振动速度式

$$u_{Ai} + u_{Ar} = u_{At} \qquad (2-79)$$

将式（2-27）、式（2-29）代入式（2-79），得

$$\frac{p_{Ai}}{\rho_1 c_1} - \frac{p_{Ar}}{\rho_1 c_1} = \frac{p_{At}}{\rho_2 c_2} \qquad (2-80)$$

定义声压的反射系数 r_p 为反射振幅 p_{Ar} 与入射振幅 p_{Ai} 之比，即 $r_p = \dfrac{p_{Ar}}{p_{Ai}}$。

式（2-80）乘以 $\dfrac{\rho_1 c_1 \rho_2 c_2}{p_{Ai}}$ 得

$$\frac{p_{Ai}\rho_2 c_2 - \rho_2 c_2 p_{Ar}}{p_{Ai}} = \frac{\rho_1 c_1 p_{At}}{p_{Ai}} \qquad (2-81)$$

式（2-75）代入式（2-81），经整理得

$$r_p = \frac{p_{Ar}}{p_{Ai}} = \frac{\rho_2 c_2 - \rho_1 c_1}{\rho_2 c_2 + \rho_1 c_1} \qquad (2-82)$$

定义声压透射系数 τ_p 为透射振幅 p_{At} 与入射振幅 p_{Ai} 之比，即 $\tau_p = \dfrac{p_{At}}{p_{Ai}}$。将 $p_{Ar} = p_{At} - p_{Ai}$ 代入式

（2-81），得

$$\tau_p = \frac{p_{At}}{p_{Ai}} = \frac{2\rho_2 c_2}{\rho_1 c_1 + \rho_2 c_2} \tag{2-83}$$

式（2-82）和式（2-83）说明，声波在分界面上反射和透射的大小与入射、反射和透射声波声压大小无关，仅与两介质的声阻抗率有关，这说明声阻抗率对声波的传播有着重要的影响。

声强反射系数 r_I 指反射声强 I_r 与入射声强 I_i 之比，即 $r_I = \dfrac{I_r}{I_i}$。运用声强与声压关系式，得

$$r_I = \frac{\dfrac{p_r^2}{\rho_1 c_1}}{\dfrac{p_i^2}{\rho_1 c_1}} = \frac{p_{Ar}^2}{p_{Ai}^2} = r_p^2$$

或

$$r_I = \frac{(\rho_2 c_1 - \rho_1 c_1)^2}{(\rho_2 c_2 + \rho_1 c_1)^2} \tag{2-84}$$

声强透射系数 τ_I 指透射声强 I_t 与入射声强 I_i 之比。根据该定义，并运用式（2-41）和式（2-83），可得

$$\tau_I = \frac{I_t}{I_i} = \frac{\dfrac{p_t^2}{\rho_2 c_2}}{\dfrac{p_i^2}{\rho_1 c_1}} = \frac{p_{At}^2}{p_{Ai}^2} \times \frac{\rho_1 c_1}{\rho_2 c_2} = \frac{\tau_p^2 \rho_1 c_1}{\rho_2 c_2}$$

或

$$\tau_I = \frac{4\rho_1 c_1 \rho_2 c_2}{(\rho_1 c_1 + \rho_2 c_2)^2} \tag{2-85}$$

式中：p_i、p_r、p_t——分别为入射、反射、透射声波的有效声压，Pa；

p_{Ai}、p_{Ar}、p_{At}——分别为入射、反射、透射声波的振幅，Pa。

用式（2-84）和式（2-85）相加，则可得

$$r_I + \tau_I = 1 \tag{2-86}$$

符合能量守恒定律。

当 $\rho_1 c_1 = \rho_2 c_2$ 时，$r_p = 0$、$\tau_p = 1$、$r_I = 0$、$\tau_I = 1$，说明声波没有反射，而是全部透射。可以看出，两种不同的传声介质，只要声阻抗率相等，那么对声的传播就好像不存在分界面一样。

当 $\rho_2 c_2 > \rho_1 c_1$ 时，介质 2 比介质 1 "硬"。当 $\rho_2 c_2 \gg \rho_1 c_1$ 时，介质 2 对介质 1 来说是十分"坚硬"的，如声波从空气中入射到空气与水（或墙）的界面上，就近似这种情况，此时 $r_p \approx 1$、$r_I \approx 1$、$\tau_p \approx 2$、$\tau_I \approx 0$。因此，在介质 1 中声波发生全反射，并且入射与反射声波相位相同、频率相同，形成驻波，界面处形成声压波腹，其值为 $2p_{Ai}$；在介质 2 中，介质 2 的质点并未因介质 1 质点的冲击而运动，质介 2 中存在的压强，只是分界面处压强（$p_{At} = 2p_{Ai}$）的静态传递，并不出现疏密交替的声压，故在介质 2 中没有声波的传播，如人在空气中讲话，讲话声不可能透过水面在水中传播。

当 $\rho_1 c_1 > \rho_2 c_2$ 时，介质 2 比介质 1 "软"。当 $\rho_1 c_1 \gg \rho_2 c_2$ 时，边界十分"柔软"。此时 $\tau_p \approx 0$、$\tau_I \approx 0$，说明在介质 2 中没有透射声波；$r_I \approx 1$、$r_p \approx -1$，说明声波在介质 1 中发生全反射，并且入射波与反射波相位相反，两列波形成驻波，在分界面处出现声压波节。声波从水中传播到水与空气的界面

上的反射就近于这种情况。

2. 斜入射的反射和折射

图 2-6 是平面声波斜入射时的反射和折射。从图中看出，平面声波不是沿分界面的法线方向（x 方向）入射，而是与法线形成入射角 θ_i。这种斜入射比垂直入射情况要复杂一些。当入射声波 p_i 以 θ_i 斜入射于分界面时，一部分声波 p_r 将按一定的反射角 θ_r 反射回介质 1，透射声波 p_t 通过界面在介质 2 中传播，此时透射声波不再按入射声波的方向传播，而是偏转一定的角度，与法线形成折射角 θ_t 而发生折射。

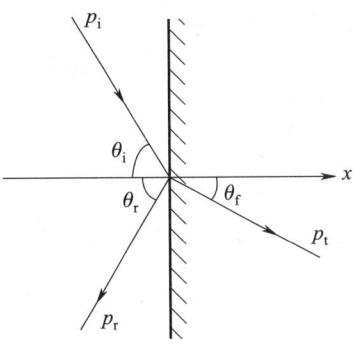

**图 2-6　平面声波斜入射
时的反射和折射**

运用声压连续和质点法向振动速度连续的边界条件，得到著名的斯涅尔（Snell）反射和折射定律。

反射定律：反射线在入射面（入射线与界面法线所在的面）内，且与入射线位于界面法线的两边，入射角与反射角相等，即

$$\theta_i = \theta_r \tag{2-87}$$

折射定律：折射线在入射面内，且入射角正弦与折射角正弦之比等于介质 1 声速 c_1 与介质 2 声速 c_2 之比。折射定律可写为

$$\frac{\sin \theta_i}{\sin \theta_t} = \frac{c_1}{c_2} \tag{2-88}$$

按式（2-88），当 $c_1 > c_2$ 时，$\theta_i > \theta_t$，即折射线靠向法线；当 $c_1 < c_2$ 时，$\theta_i < \theta_t$，即折射线远离法线。可见，两种介质声速不同，声波将发生折射。即使是同一种介质，因某种原因引起声速分布不同，也会发生折射。

当 $c_1 < c_2$ 时，$\theta_t > \theta_i$。当 θ_i 增至某角 θ_c 时，$\theta_t = 90°$，即折射波沿界面传播，称 θ_c 为全反射临界角。当 $\theta_i > \theta_c$ 时，$\theta_t > 90°$，无透射波，入射波全部反射回介质 1。

在大气中声速分布不同将引起折射。例如，在晴朗的白天，大气温度随高度增高而下降，声速将随高度增加而减小，声线向上空弯曲，声源辐射的噪声在距声源一定距离的地面上方掠过，在较远处形成声影区（声线不能到达的区域），见图 2-7（a）。在夜晚大气温度随高度增高而上升时，声速也随高度增高而增大，声传播方向将向地面弯曲，见图 2-7（b）。

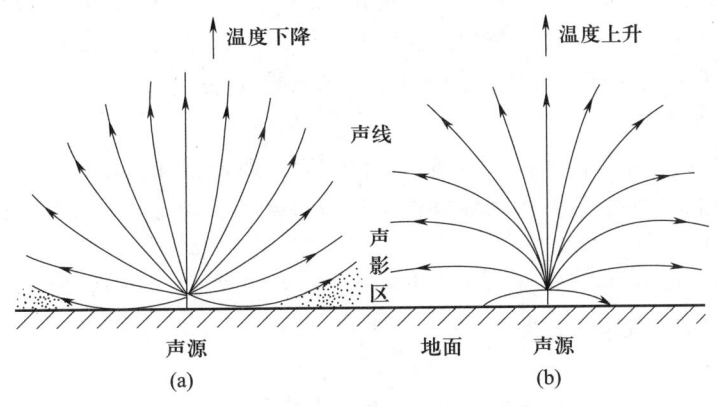

图 2-7　温度梯度对声波的折射

声传播时，有风的情况下也会引起声速的不均匀分布，由此而导致的声线弯曲的情形见图 2-8。有风时，声速应叠加上风速。由于风速一般随高度增加而增大，因此顺风时，叠加的结果使声速随高度增加而增大，声线向地面弯曲；逆风时，叠加的结果正好相反，声线将向上空弯曲，在距声源一定距离处形成声影区。

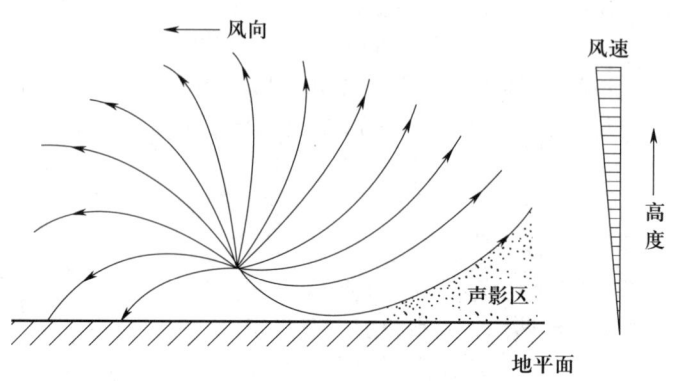

图 2-8　风速梯度对声波的折射

（三）声波的衍射（绕射）

声波在传播过程中，遇到障碍物（或孔洞），能够绕过障碍物（或孔洞）继续传播的现象称为声波的衍射或绕射。

声波的衍射与声波频率、波长和障碍物大小有关。若声波频率较低，即波长较长，而障碍物（或孔洞）的尺寸比波长小很多，则衍射现象比较明显；若声波频率较高，即波长较短，而障碍物（或孔洞）的尺寸又比波长大很多，则衍射现象不明显。

房屋的墙或隔声屏上有孔缝等时，因声波的衍射，其隔声能力会变差。高、低频声波的衍射能力不同，因此采用屏障隔声时，对高频噪声有较好的降噪效果，而低频噪声可以绕过屏障传到较远的地方，降噪效果差。

（四）声波在传播中的衰减

人们可以感觉到，离声源近时，声音大；离声源远时，声音小。这是因为声波在传播过程中会衰减，这些衰减通常包括声能随距离的扩散引起的衰减 A_d，空气吸收引起的衰减 A_a，地面吸收引起的衰减 A_g，屏障引起的衰减 A_b 和气象条件引起的衰减 A_m 等。

1. 扩散引起的衰减 A_d

声源在辐射声波时，声波向四面八方传播，波阵面随距离增加而增大，声能分散，因而声强将随传播距离的增加而衰减。这种由于波阵面扩展而引起声强减弱的现象称为扩散衰减，也称几何发散衰减，记为 A_{div} 或 A_d。

对点声源辐射的球面声波或半球面声波的扩散衰减，运用式（2-57）式（2-58）可得声压从 r_1 到 r_2 处随距离衰减的关系式，即

$$A_d = L_{p1} - L_{p2} = 20 \lg \frac{r_2}{r_1} \qquad (2-89)$$

式中：L_{p1}——离声源 r_1 处的声压级，dB；

L_{p2}——离声源 r_2 处的声压级，dB。

从式（2-89）可以看出，在自由声场或半自由声场中，当 $r_2 = 2r_1$ 时，声压级降低约 6 dB，即离声源的距离加倍时，声压级降低约 6 dB。

汽车噪声、火车噪声、输送管道的噪声可近似看作线声源噪声。设声源长 l，当 $r_1 \leqslant l/3$ 且 $r_2 \leqslant l/3$ 时，声源可视为无限长线声源，声压从 r_1 到 r_2 处随距离的衰减为

$$A_d = L_{p1} - L_{p2} = 10 \lg\left(\frac{r_2}{r_1}\right) \qquad (2-90)$$

当 $r_1 > l/3$ 且 $r_2 > l/3$ 时，可把线声源视为点声源，声压的衰减按式（2-89）计算。

假设声源为一个矩形的面声源（如图 2-9），其边长为 a、b，且 $a<b$，设测点 A 距声源中心距离为 r_0。当 $r_0 \leqslant a/\pi$ 时，声源辐射平面声波，声压级衰减值为 0 dB，即距离声源近时，声压级不衰减；当 $a/\pi \leqslant r_0 < b/\pi$ 时，声压级的衰减按无限长线声源考虑，即按式（2-90）计算；当 $r_0 \geqslant b/\pi$ 时，按点声源考虑，即按式（2-89）计算。

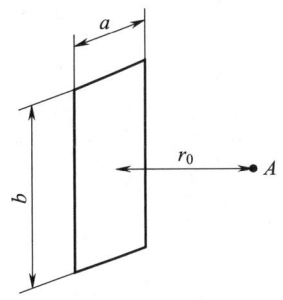

图 2-9　面声源

2. 空气吸收引起的衰减 A_a

空气吸收之所以能引起衰减是因为：声波在空气中传播时，空气中相邻质点的运动速度不同而产生黏滞力，使声能转变为热能；声波传播时，空气产生压缩和膨胀的变化，相应地出现温度的升高和降低，温度梯度的出现，将以热传导方式发生热交换，声能转变为热能；空气中的主要成分是双原子分子的氧和氮，一定状态下，分子的平动能、转动能和振动能处于一种平衡状态，当有声扰动时，这三种能量发生变化，打破原来的平衡，建立新的平衡，这需要一定的时间，这种由原来的平衡到建立新平衡的过程，称为热弛豫过程，热弛豫过程使声能耗散。上述三个原因，使得声波在空气中传播时出现衰减，这就是空气吸收引起的衰减。这部分衰减与空气的温度、湿度和声波的频率有关，声级衰减常数单位为 dB/m，即在空气中声波传播 1 m 衰减的分贝数。

声波在空气中传播，从 r_1 到 r_2 处空气吸收引起的衰减 A_a 可按下式计算

$$A_a = \alpha(r_2 - r_1) \qquad (2-91)$$

式中：α——空气中的声衰减系数，dB/hm。

标准大气压下空气中的声衰减系数 α 如表 2-6 所示。

表 2-6　标准大气压下空气中的声衰减系数 α　　　　单位：dB/hm

温度/℃	湿度/%	频率					
		125 Hz	250 Hz	500 Hz	1 000 Hz	2 000 Hz	4 000 Hz
30	10	0.09	0.19	0.35	0.82	2.60	8.80
	20	0.06	0.18	0.37	0.64	1.39	4.19
	30	0.04	0.15	0.38	0.68	1.20	3.01
	50	0.03	0.10	0.33	0.75	1.30	2.53
	70	0.02	0.08	0.27	0.74	1.41	2.25
	90	0.02	0.06	0.24	0.70	1.50	2.06

续表

温度/℃	湿度/%	频率					
		125 Hz	250 Hz	500 Hz	1 000 Hz	2 000 Hz	4 000 Hz
20	10	0.08	0.15	0.38	1.21	4.09	10.92
	20	0.07	0.15	0.27	0.62	1.86	6.70
	30	0.05	0.14	0.27	0.51	1.29	4.12
	50	0.04	0.12	0.28	0.50	1.04	2.65
	70	0.03	0.10	0.27	0.54	0.96	2.31
	90	0.02	0.08	0.26	0.56	0.99	2.14
10	10	0.07	0.19	0.61	1.99	4.50	7.01
	20	0.06	0.11	0.29	0.94	3.02	9.09
	30	0.05	0.11	0.22	0.61	2.10	7.02
	50	0.04	0.11	0.20	0.41	1.17	4.20
	70	0.04	0.10	0.20	0.38	0.92	2.76
	90	0.03	0.10	0.21	0.38	0.81	2.28
0	10	0.10	0.30	0.89	1.81	2.30	2.61
	20	0.05	0.15	0.50	1.48	3.78	5.79
	30	0.04	0.10	0.31	1.08	3.23	7.48
	50	0.04	0.08	0.19	0.60	2.11	6.70
	70	0.04	0.08	0.16	0.42	1.40	5.12
	90	0.03	0.08	0.15	0.36	1.03	4.10

【例题 2-1】 点声源在空气相对湿度 20%、气温 20 ℃下辐射噪声。已知距声源 20 m 处的 500 Hz 和 4 000 Hz 的声压级均为 100 dB，问考虑扩散引起的衰减和空气吸收引起的衰减后，120 m 和 800 m 处的声压级各为多少？

解：解的过程列于表 2-7。表中 r_1 为 20 m。计算结果见表中第 6 行 L_{p2}。

表 2-7　例题的解的过程

传播距离 r_2/m	120		800	
频率/Hz	500	4 000	500	4 000
$20\lg(r_2/r_1)$/dB	15.6	15.6	32.0	32.0
声衰减系数/(dB·hm^{-1})	0.27	6.7	0.27	6.7
$A(r_2-r_1)$/dB	0.3	6.7	2.1	52.3
L_{p2}/dB	84.1	77.7	65.9	15.7

由例题看出，离声源较近处，扩散引起的衰减占主导地位；离声源较远处，空气吸收使高频噪声衰减很快，而低频噪声衰减不明显。可见，低频噪声能传播到较远的地方，会在很大范围内形成噪声污染，故对低频噪声要给予充分注意。

3. 地面吸收引起的衰减 A_g

当声波沿地面长距离传播时，会受到各种复杂地面条件的影响。开阔的平地、大片的草地、灌木树丛、丘陵、河谷等均会对声波传播产生附加衰减。

当地面是非刚性表面时，地面吸收将会对声波传播产生附加衰减，但短距离时（30～50 m）可忽略其衰减，而在 70 m 以上时应予以考虑。声波在厚的草地上或穿过灌木丛传播时，频率为 1 000 Hz 的附加衰减可高达 23 dB/100 m。附加衰减量的近似计算公式为

$$A_g = (0.181 \lg f - 0.31) d \tag{2-92}$$

式中：f——频率，Hz；

d——传播距离，m。

树木和草坪对传播的声波有一定的衰减，树干对高频率的声波起散射作用，树叶的周长接近和大于声波波长时，有较大的吸收作用。绿化带的降噪效果与林带宽度、高度、位置及树木种类等有密切关系。结构良好的林带，有明显的降噪效果。日本近年的调查结果表明，40 m 宽的结构良好的林带，可以降低噪声 10～15 dB。

绿化带声衰减的实测数据差别很大，衰减量的计算只能用经验公式进行估算。声波穿过树木密集程度不同，衰减量差别较大。例如，声波经过 100 m 的稀疏树林，大约只有 3 dB 的衰减量；对于浓密森林（同是 100 m），可达 15～20 dB 的衰减量。平均值 A_g 可按下式估算

$$A_g = 0.01 f^{1/3} d \tag{2-93}$$

如果绿化带不是很宽，那么衰减声波的作用不明显，但对人的心理有重要的作用，它能给人以宁静的感觉。

4. 屏障引起的衰减 A_b

当声源与接收点之间存在密实材料形成的障碍物时，会产生显著的附加衰减。这样的障碍物称为声屏障。声屏障可以是专门建造的墙或板，也可以是道路两旁的建筑物或低凹路面两侧的路堤等。声波遇到屏障时会产生反射、透射和衍射三种传播现象。屏障的作用就是阻止直达声的传播，隔绝透射声，并使衍射声有足够的衰减。一般而言，屏障越高，声源及接收点离屏障越近，声波频率越高，声屏障的附加衰减越大。后文将有专题介绍声屏障的设计原则。

5. 气象条件引起的衰减 A_m

空气中的尘粒、雾、雨、雪对声波的散射会引起声能的衰减。雾、雨、雪引起的衰减很小，声波传播 100 m 约衰减 0.5 dB，可忽略不计，但风和温度梯度对声波传播的影响很大。

八、声压级计算

（一）级的叠加

有几个噪声源的情况下，通常要计算声场中某点的总声压级，有时还需要计算一个噪声源发出的各种频率声波的总声压级、总声强级和总声功率级。上述这些计算都离不开声级的叠加。一般情况下，噪声是由不同频率、无固定相位差的声波组成的，因此不发生干涉现象，也就是说，噪声一般属于不相干波。声级的叠加可运用不相干波的总声压计算式（2-71），即

$$p_t^2 = p_1^2 + p_2^2 + \cdots + p_n^2 = \sum_{i=1}^{n} p_i^2$$

式中：　　　p_t——总声压，Pa；

p_1、p_2、$\cdots$、p_n——第 1、2、$\cdots$、n 个声源在某点单独产生的声压或一个声源在某点不同频率下的声压，Pa。

按声压级定义，有

$$p = p_0 \times 10^{L_p/20} \tag{2-94}$$

将式（2-94）代入式（2-71），得

$$10^{L_{pt}/10} = 10^{L_{p1}/10} + 10^{L_{p2}/10} + \cdots + 10^{L_{pn}/10}$$

等式两边取对数，并经整理得

$$L_{pt} = 10 \lg \left(\sum_{i=1}^{n} 10^{0.1 L_{pi}} \right) \tag{2-95}$$

若 $L_{p1} = L_{p2} = \cdots = L_{pn} = L_p$，则

$$L_{pt} = L_p + 10 \lg n \tag{2-96}$$

式中：L_{pt}——总声压级，dB；

　　　L_{pi}——在某点各声源产生的声压级或一个声源某频率下的声压级，dB；

　　　n——声压级的总个数。

当 $n = 2$ 时，$L_{pt} - L_p = 3$ dB，说明两个相同声压级的叠加是增加 3 dB，而不是增加一倍。

对于两个声压级（分别为 L_{p1}、L_{p2}，假设 $L_{p1} > L_{p2}$）进行叠加的情况，也可以利用图 2-10 进行计算。其横坐标 $\triangle L_p = L_{p1} - L_{p2}$，则 $L_{pt} = \triangle L' + L_{p1}$。

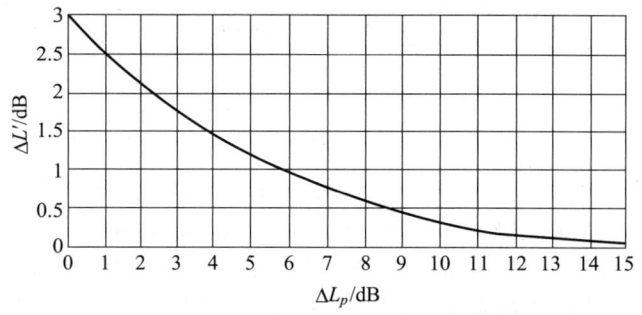

图 2-10　级的叠加计算图

（二）级的相减

本底噪声（除待测噪声之外的其他声音的总称）亦称为背景噪声。在有本底噪声的环境里，被测对象的噪声是无法测定的，只能测到机器运转的声压级与机器停止时的本底噪声声压级之和。如何才能从测量结果中扣去本底噪声，从而得到机器真实的声压级，这就涉及级的相减。

若设背景噪声为 L_{pB}、背景噪声和机器噪声的总声压级为 L_{pt}、机器真实的声压级为 L_{ps}。由式（2-95）可得

$$L_{pt} = 10 \lg \left[10^{0.1 L_{ps}} + 10^{0.1 L_{pB}} \right] \tag{2-97}$$

解式（2-97）得

$$L_{ps} = 10 \lg \left[10^{0.1 L_{pt}} - 10^{0.1 L_{pB}} \right] \tag{2-98}$$

除可以用式（2-98）来计算声级的相减外，还可用图或表进行计算。设修正值为

$$\Delta L_{ps} = L_{pt} - L_{ps} \qquad (2\text{-}99)$$

将式（2-97）和式（2-98）代入式（2-99），并经整理得

$$\Delta L_{ps} = L_{pt} - L_{pB} - 10 \lg [10^{0.1(L_{ps}-L_{ps})} - 1] \qquad (2\text{-}100)$$

从式（2-100）看出，ΔL_{ps} 由可测量的 L_{pt} 和 L_{pB} 的差值计算得到，这时 L_{ps} 按式（2-99）即可求出。表 2-8 表示出 L_{pt} 与 L_{pB} 各差值所对应的修正值 ΔL_{ps}。

注意，当 $L_{pt}-L_{pB}<3$ dB 时，虽然按式（2-98）仍可计算出 L_{ps}，但由于噪声测量的误差通常达 ±0.5 dB，且噪声本身并非稳定，这样计算的 L_{ps} 往往有很大的误差。

表 2-8　声级相减的修正值

$(L_{pt}-L_{pB})$/dB	3	4	5	6	7	8	9	10
ΔL_{ps}/dB	3	2.3	1.7	1.3	1	0.8	0.6	0.45

第三节　噪声标准与评价

一、噪声相关法律、标准及测量方法

《中华人民共和国环境噪声污染防治法》于1996年10月经第八届全国人民代表大会常务委员会第二十二次会议通过，并于1997年3月1日起施行，这是我国首次就噪声问题进行立法。2021年12月24日第十三届全国人民代表大会常务委员会第三十二次会议通过了《中华人民共和国噪声污染防治法》，并于2022年6月5日起施行，该法为防治噪声污染，保障公众健康，保护和改善生活环境，维护社会和谐，推进生态文明建设，促进经济社会可持续发展而制定，共分九章九十条，从噪声污染防治标准和规划、噪声污染防治的监督管理、工业噪声污染防治、建筑施工噪声污染防治、交通运输噪声污染防治、社会生活噪声污染防治及法律责任等方面做出了规定，是制定各项噪声标准的基础。

由于人们对于噪声的主观感觉与噪声响度、噪声的频率、噪声随时间的变化有关，同时噪声对人体的影响表现在很多方面，因此，噪声要降到什么样的水平（即制定怎样的噪声标准）人们才能接受是个很复杂的问题。制定标准必须从噪声对人体影响的主要方面进行研究，找出噪声级大小、噪声持续时间、起伏状况等参数对人体诸方面影响的定量关系，为制定标准提供可靠的科学依据。根据可靠的科学依据，同时结合技术、经济上的可行性制定的噪声标准，才能创造一个适合人们活动的声环境。遗憾的是，目前许多国家制定的噪声标准，大都以听力损伤为评价依据，缺少对人体全面影响的数据，目前一些国家正在开展噪声对人体多方面影响的研究，未来可能会有更科学的标准制定出来。但即便在目前的评价体系下，评价量和评价方法也有很多，因此各国相应的评价标准也就很多，本书主要介绍我国的一些评价标准及测量方法，同时简要介绍 ISO标准。

（一）工作场所有害因素职业接触限值　第2部分：物理因素

《工作场所有害因素职业接触限值　第2部分：物理因素》（GBZ 2.2—2019）规定了噪声职业接触限值的卫生标准。具体内容为：每周工作5 d，每天工作8 h，稳态噪声限值为85 dB(A)，非

稳态噪声等效声级的限值为 85 dB(A)；每周工作 5 d，每天工作时间不等于 8 h，需计算 8 h 等效声级，限值为 85 dB(A)；每周工作日不是 5 d，需计算 40 h 等效声级，限值为 85 dB(A)，见表 2-9。

表 2-9 工作场所噪声职业接触限值

接触时间	接触限值/dB(A)	备注
5 d/w，=8 h/d	85	非稳态噪声计算 8 h 等效声级
5 d/w，≠8 h/d	85	计算 8 h 等效声级
≠5 d/w	85	计算 40 h 等效声级

(二) 声环境质量标准

我国自 1982 年发布《城市区域环境噪声标准》(GB 3096—82) 后，先后进行几次修订，即 1993 年公布的《城市区域环境噪声标准》(GB 3096—93) 和 2008 年公布的《声环境质量标准》(GB 3096—2008)。该标准规定了五类声环境功能区的环境噪声限值及测量方法，适用于声环境质量评价与管理，但机场周围区域受飞机（起飞、降落、低空飞越）噪声的影响不适用该标准。

各类声环境功能区的环境噪声限值见表 2-10。

0 类声环境功能区：指康复疗养区等特别需要安静的区域。

1 类声环境功能区：指以居住住宅、医疗卫生、文化教育、科研设计、行政办公为主要功能，需要保持安静的区域。

2 类声环境功能区：指以商业金融、集市贸易为主要功能，或者居住、商业、工业混杂，需要维护住宅安静的区域。

3 类声环境功能区：指以工业生产、仓储物流为主要功能，需要防止工业噪声对周围环境产生严重影响的区域。

4 类声环境功能区：指交通干线两侧一定距离之内，需要防止交通噪声对周围环境产生严重影响的区域，包括 4a 类和 4b 类两种类型。4a 类为高速公路、一级公路、二级公路、城市快速路、城市主干路、城市次干路、城市轨道交通（地面段）、内河航道两侧区域，4b 类为铁路干线两侧区域。该标准还规定：表 2-10 中 4b 类声环境功能区环境噪声限值，适用于 2011 年 1 月 1 日起环境影响评价文件通过审批的新建铁路（含新开廊道的增建铁路）干线建设项目两侧区域；在穿越城区的既有铁路干线（指 2010 年 12 月 31 日前已建成运营的铁路或环境影响评价文件已通过审批的铁路建设项目）和对穿越城区的既有铁路干线进行改建、扩建的铁路建设项目的铁路干线两侧区域不通过列车时的环境背景噪声限值按昼间 70 dB(A) 和夜间 55 dB(A) 执行；各类声环境功能区夜间突发噪声，其最大声级不得高于相应标准限值 15 dB(A)。

表 2-10 环境噪声限值　　　　　　　　　单位：dB(A)

声环境功能区类别	昼间	夜间
0 类	50	40
1 类	55	45
2 类	60	50

声环境功能区类别		昼间	夜间
3 类		65	55
4 类	4a 类	70	55
	4b 类	70	60

（三）国际标准化组织（ISO）的环境噪声标准

ISO 公布的各类环境标准，一般以 A 声级 35~45 dB 为基本值，对不同时间和不同地区的室外噪声标准分别按表 2-11 和表 2-12 修正；对住宅区室内噪声，用时间和地区修正后的值，再用表 2-13 修正。例如，某工业区的住宅在白天开窗时的室内，按 ISO 的环境噪声标准应为 40+0+25-10 dB(A)= 55 dB(A)。ISO 提出的非住宅区室内噪声标准见表 2-14。

表 2-11　对不同时间噪声标准修正值

时间	修正值/dB(A)
白天	0
晚上	-5
深夜	-10 ~ -15

表 2-12　对不同地区的噪声标准修正值

地区	修正值/dB(A)
乡村住宅、医院、疗养区	0
郊区住宅、小马路	+5
市区住宅	+10
居住、工商业和交通混合区	+15
城市中心（商业区）	+20
工业区	+25

表 2-13　住宅区室内噪声标准修正值

窗户条件	修正值/dB(A)
开窗	-10
关闭的单层窗	-15
关闭的双层窗或不能开的窗	-20

表 2-14 非住宅区室内噪声标准

场所	标准/dB（A）
办公室、商店、小餐厅、会议室	35
大餐厅、带打字机的办公室、体育馆	45
大的打字机室	55
车间（根据不同用途）	45～75

（四）工业企业噪声控制设计规范

《工业企业噪声控制设计规范》（GB/T 50087—2013）规定了工业企业噪声控制设计标准（表 2-15）以及设计中为达到这些标准所应采取的措施。

表 2-15 工业企业厂区各类地点噪声标准

地点类别		限制值/dB（A）
生产车间及作业场所（工人每天连续接触噪声 8 h）		90
高噪声车间设置的值班室、观察室、休息室（室内背景噪声级）	无电话通信要求时	75
	有电话通信要求时	70
精密装配线、精密加工车间的工作地点、计算机房（正常工作状态）		70
车间所属办公室、实验室、设计室（室内背景噪声级）		70
主控制室、集中控制室、通信室、电话总机室、消防值班室（室内背景噪声级）		60
厂部所属办公室、会议室、设计室、中心实验室（包括试验、化验、计量室）（室内背景噪声级）		60
医务室、教室、哺乳室、托儿所、工人值班宿舍（室内背景噪声级）		55

表 2-14 规定了工业企业厂区各类地点的噪声标准。表中噪声限制值为工作 8 h 的情况，若工作不满 8 h，则按噪声暴露时间减半、噪声限制值增加 3 dB（A）处理。表中所述室内背景噪声，指室内无声源发声的条件下，从室外经由墙、门、窗（门窗启闭状态为常规状况）传入室内的室内平均噪声级。

该规范第 1.0.6 条同时规定：工业企业噪声控制设计，除执行本规范规定外，还应符合国家现行的其他有关标准规范的规定。前面介绍的《工作场所有害因素职业接触限值第 2 部分：物理因素》（GBZ 2.2—2019）规定：计算每天 8 h 等效声级或者每周 40 h 等效声级的工作场所噪声职业接触限值为 85 dB。因此，生产车间及作业场所（每天连续接触噪声 8 h）的噪声限值目前应执行 85 dB 标准，而不是本规范中的 90 dB 标准。

（五）工业企业厂界环境噪声排放标准

《工业企业厂界环境噪声排放标准》（GB 12348—2008）是由《工业企业厂界噪声标准》（GB 12348—90）和《工业企业厂界噪声测量方法》（GB 12349—90）经第一次修订而来的。该标准规定了工业企业和固定设备厂界环境噪声排放限值及其测量方法，适用于工业企业噪声排放的管理、评价及控制，机关、事业单位、团体等对外环境排放噪声的单位也适用该标准。

1. 环境噪声排放限值

（1）工业企业厂界环境噪声排放限值

工业企业厂界环境噪声排放不得超过表 2-16 规定的排放限值。

表 2-16　工业企业厂界环境噪声排放限值　　　　　　单位：dB（A）

厂界外声环境功能区类别	时段	
	昼间	夜间
0 类	50	40
1 类	55	45
2 类	60	50
3 类	65	55
4 类	70	55

该标准还规定了夜间频发噪声的最大声级超过限值的幅度不得高于 10 dB（A），夜间偶发噪声的最大声级超过限值的幅度不得高于 15 dB（A）。当工业企业位于未划分声环境功能区的区域内时，若厂界外有噪声敏感建筑物则由当地县级以上人民政府参照《声环境质量标准》（GB 3096—2008）和《声环境功能区划分技术规范》（GB/T 15190—2014）的规定确定厂界外区域的声环境质量要求，并执行相应的厂界环境噪声排放限值；当厂界与噪声敏感建筑物距离小于 1 m 时，厂界环境噪声应在噪声敏感建筑物的室内测量，并将表 2-16 相应的噪声限值减 10 dB（A）作为评价依据。

（2）结构传播固定设备室内噪声排放限值

当固定设备排放的噪声通过建筑物结构传播至噪声敏感建筑物室内时，噪声敏感建筑物室内等效声级不得超过表 2-17、表 2-18 规定的限值。

该标准还规定 A 类房间和 B 类房间的区分原则：A 类房间是以睡眠为主要目的，需要保证夜间安静的房间，包括住宅卧室、医院病房、宾馆客房等；B 类房间是主要在昼间使用，需要保证思考与精神集中、正常讲话不被干扰的房间，包括学校教室、会议室、办公室、住宅中卧室以外的其他房间等。

表 2-17　结构传播固定设备室内噪声排放限值（等效声级）　　单位：dB（A）

噪声敏感建筑物所处声环境功能区类别	A 类房间		B 类房间	
	昼间	夜间	昼间	夜间
0 类	40	30	40	30

续表

噪声敏感建筑物所处声环境功能区类别	A 类房间		B 类房间	
	昼间	夜间	昼间	夜间
1 类	40	30	45	35
2、3、4 类	45	35	50	40

表 2-18　结构传播固定设备室内噪声排放限值（倍频程声压级）　单位：dB（A）

噪声敏感建筑物所处声环境功能区类别	时段	房间类型	室内噪声倍频程声压级限值				
			31.5	63	125	250	500
0 类	昼间	A、B 类房间	76	59	48	39	34
	夜间	A、B 类房间	69	51	39	30	24
1 类	昼间	A 类房间	76	59	48	39	34
		B 类房间	79	63	52	44	38
	夜间	A 类房间	69	51	39	30	24
		B 类房间	72	55	43	35	29
2、3、4 类	昼间	A 类房间	79	63	52	44	38
		B 类房间	82	67	56	49	43
	夜间	A 类房间	72	55	43	35	29
		B 类房间	76	59	48	39	34

2. 测量方法

（1）测量仪器

该标准规定了测量时仪器精度应为 Ⅱ 型及 Ⅱ 型以上的积分平均声级计或环境噪声自动监测仪器，其性能须符合《电声学　声级计　第 1 部分：规范》(GB/T 3785.1-2023) 的规定，并定期校验测量仪器和声校准器；测量 35 dB 以下的噪声应使用 Ⅰ 型声级计，且测量范围应满足所测量噪声的需要；当需要进行噪声的频谱分析时，仪器性能应符合《电声学　倍频程和分数倍频程滤波器》(GB/T 3241-2010) 中对滤波器的要求；测量前后使用声校准器校准仪器的示值偏差不得大于 0.5 dB（A），否则测量无效。

（2）测量时间和气象条件

测量应在无雨雪、无雷电、风速 5 m/s 以下进行；测量时传声器应加防风罩；仪器时间计权特性设为 "F" 挡，采样时间间隔不大于 1 s。测点时段分别在昼间、夜间两个时段测量。夜间有频发、偶发噪声影响时同时测量最大声级；被测声源是稳态噪声时，监测时间为 1 min 的等效声级；被测声源是非稳态噪声时，监测时间为有代表性时段的等效声级（必要时测量被测声源整个正常工作时段的等效声级）。

（3）测点位置

测点布设应根据工业企业声源、周围噪声敏感建筑物的布局和毗邻区域类别布设多个测点，其中应包括距噪声敏感建筑物较近和受被测声源影响较大的位置。测点位置一般选在工业企业厂界外 1 m、距地面 1.2 m 以上、距任一反射面距离不小于 1 m 的位置。当厂界外有围墙且周围有受影响的噪声敏感建筑物时，测点应选在厂界外 1 m、高于围墙 0.5 m 以上的位置；当厂界无法测量到声源的实际排放状况时（如声源位于高空、厂界设有声屏障等），应在工业企业厂界外 1 m、高度 1.2 m 以上、距任一反射面距离不小于 1 m 的位置设置测点，且在受影响的噪声敏感建筑物户外 1 m 处另设测点；在室内噪声测量时，室内测点设在距任一反射面至少 0.5 m、距地面 1.2 m 处，在受噪声影响方向的窗户开启状态下测量；固定设备结构传声至噪声敏感建筑物室内，在噪声敏感建筑物室内测量时，测点设在距任一反射面至少 0.5 m、距地面 1.2 m、距外窗 1 m 以上处，窗户关闭时测量。

（4）背景噪声修正

测量背景噪声时，测量环境应不受被测声源影响，且其他声环境与测量被测声源时保持一致，测量时间的长度与被测声源测量的时间长度相同；背景噪声值比噪声测量值低 10 dB（A）以上时，噪声测量值不做修正；噪声测量值与背景噪声值相差 3～10 dB（A）时，噪声测量值须进行背景修正——将噪声测量值与背景噪声值的差值取整后，按表 2-19 进行修正；噪声测量值与背景噪声值相差小于 3 dB（A）时，应采取措施降低背景噪声后，视情况按表 2-19 进行修正，仍无法满足前两条要求的，应按环境噪声监测技术规范的有关规定执行。

表 2-19　测量结果修正表　　　　　　　　　　　　　　单位：dB（A）

差值	3	4～5	6～10
修正值	−3	−2	−1

工业企业厂界环境噪声各测点的测量结果应该单独参与评价，同一测点每天的测量结果按昼间、夜间分别进行评价。最大声级 L_{max} 直接评价。

（六）社会生活环境噪声排放标准

《社会生活环境噪声排放标准》（GB 22337—2008）规定了营业性文化娱乐场所和商业经营活动中可能产生环境噪声污染的设备、设施边界噪声排放限值及其测量方法。该标准适用于对营业性文化娱乐场所和商业经营活动中使用的向环境排放噪声的设备和设施的管理、评价及控制。

1. 边界噪声排放限值

社会生活噪声排放源边界噪声不得超过表 2-20 规定的排放限值。

表 2-20　社会生活噪声排放源边界噪声排放限值　　　　　单位：dB（A）

边界外声环境功能区类别	时段	
	昼间	夜间
0 类	50	40
1 类	55	45
2 类	60	50

续表

边界外声环境功能区类别	时段	
	昼间	夜间
3 类	65	55
4 类	70	55

该标准规定，在社会生活噪声排放源边界处无法进行噪声测量或测量的结果不能如实反映其对噪声敏感建筑物的影响程度的情况下，噪声测量应在可能受影响的噪声敏感建筑物窗外 1 m 处进行；当社会生活噪声排放源边界与噪声敏感建筑物距离小于 1 m 时，应在噪声敏感建筑物的室内测量，并将表 2-20 中相应的限值减 10 dB(A) 作为评价依据。

2. 结构传播固定设备室内噪声排放限值

在社会生活噪声排放源位于噪声敏感建筑物内的情况下，噪声通过建筑物结构传播至噪声敏感建筑物室内时，噪声敏感建筑物室内等效声级不得超过表 2-17 和表 2-18 规定的噪声排放限值。

该标准还规定对于在噪声测量期间发生非稳态噪声（如电梯噪声等）的情况，最大声级不得超过排放限值的 10 dB(A)。

（七）建筑施工场界环境噪声排放标准

《建筑施工场界环境噪声排放标准》（GB 12523—2011）是由《建筑施工场界噪声限值》（GB 12523—90）和《建筑施工场界噪声测量方法》（GB 12524—90）经第一次修订而来的。该标准规定了建筑施工场界环境噪声排放限值及测量方法，适用于周围有噪声敏感建筑物的建筑施工噪声排放的管理、评价及控制。市政、通信、交通、水利等其他类型的施工噪声排放可参照本标准执行，但不适用于抢修、抢险施工过程中产生噪声的排放监管。

建筑施工过程中场界环境噪声不得超过表 2-21 规定的排放限值。

表 2-21　建筑施工场界环境噪声排放限值　　　　　　单位：dB(A)

昼间	夜间
70	55

该标准规定，夜间噪声最大声级超过限值的幅度不得高于 15 dB(A)；当场界距噪声敏感建筑物较近，其室外不满足测量条件时，可在噪声敏感建筑物室内测量，并将表 2-21 中相应的限值减 10 dB(A) 作为评价依据。

（八）汽车定置噪声限值

《汽车定置噪声限值》（GB 16170—1996）对城市道路允许行驶的在用汽车规定了汽车定置噪声的限值。定置是车辆不行驶，发动机处于空载运转的状态。定置噪声可评价、检查机动车辆的主要噪声源——排气噪声和发动机噪声水平。标准中规定的对各类汽车的噪声限值如表 2-22 所示。

表 2-22　汽车定置噪声限值　　　　　　　　　　　单位: dB(A)

车辆类型	燃料种类		车辆出厂日期	
			1998 年 1 月 1 日前	1998 年 1 月 1 日起
轿车	汽油		87	85
微型客车、货车	汽油		90	88
轻型客车、货车 越野车	汽油	$n_r \leqslant 4\ 300$ r/min	94	92
		$n_r > 4\ 300$ r/min	97	95
		柴油	100	98
中型客车、货车 大型客车	汽油		97	95
	柴油		103	101
重型货车	N≤147 kW		101	99
	N>147 kW		105	103

注: N——按生产厂家规定的额定功率,车辆分类按《汽车、挂车及汽车列车的术语和定义第 1 部分:类型》(GB/T 3730.1—2022)执行。

(九)　其他噪声的测量方法

噪声测量是对环境噪声进行监测、评价和控制的重要手段。为了对噪声进行正确的测量和分析,必须了解测量仪器的性能和作用,明确测量分析的目的,选择适当的测量方法和规范。我国颁布的《声环境质量标准》(GB 3096—2008)、《工业企业厂界环境噪声排放标准》(GB 12348—2008)、《建筑施工场界环境噪声排放标准》(GB 12523—2011)和《社会生活环境噪声排放标准》(GB 22337—2008)都把各个标准相应的测量方法作为该标准的一部分涵盖进去,下面主要介绍一些其他噪声的测量方法。

1. 城市道路交通噪声测量方法

测点应选在市区交通干线一侧的人行道上,距马路沿 20 cm 处。此处距两端的交叉路口均应大于 50 m。交通干线指机动车辆流量不小于每小时 100 辆的马路。这样该测点的噪声可以代表两路口间该段马路的噪声。测量时,使用声级计"快"挡,垂直指向马路,测点每次测量 20 min 的等效 A 声级,以及累计百分数声级 L_5'、L_{10}'、L_{50}'、L_{90}'、L_{95}'(L_{95}'代表声级序列的 95 分位值,其余类同),同时记录车流量(辆/h)。测量结果按 5 dB 分挡绘制道路两侧区域中的道路交通噪声等声级线,并可绘出道路交通噪声污染空间分布图。以全市各交通干线的等效声级和累计百分声级的加权平均值、最大值和标准偏差来表示全市的交通噪声水平,并用于城市间交通噪声的比较。交通噪声的等效声级和累计百分数声级的平均值应采用加权算术平均的方法来计算,即

$$\bar{L} = \frac{1}{l} \sum_{i=1}^{n} l_i L_i \qquad (2-101)$$

式中: l——全市交通干线的总长度,km;

l_i——第 i 段干线的长度,km;

L_i——第 i 段干线测得的等效声级或累计百分数声级,dB(A)。

交通噪声的声级起伏通常能很好地符合正态分布，这时等效声级可用式（2-102）近似计算，即

$$L_{eq} = L'_{50} + \frac{d^2}{60}$$ (2-102)

式中，$d = L'_{10} - L'_{90}$。

标准偏差可用式（2-103）计算，即

$$\sigma = 1/2 \left(L'_{16} - L'_{84} \right)$$ (2-103)

式中，L'_{16}、L'_{84}的意义与L'_{10}、L'_{50}、L'_{90}相同，分别代表所测序列的 16 和 84 分位值。为严谨起见，常作正态概率坐标图来验证声级的起伏是否符合正态分布。

2. 生产环境（车间）的噪声测量

车间（室内）噪声测量是在正常工作时，将传声器置于操作人员耳朵附近，或在工人观察和管理生产过程中经常活动的范围内，在人耳高度处选择数个测点进行测量。声级计采用 A 计权网络"慢"挡。对于稳态噪声直接读取 A 声级。

车间内部各点声级分布变化小于 3 dB 时，只须在车间选择 1~3 个测点；若声级分布差异大于 3 dB，则应按声级大小将车间分成若干区域，使每个区域内的声级差异小于 3 dB，相邻两个区域的声级差异应大于或等于 3 dB，并在每个区域选取 1~3 个测点。这些区域必须包括所有工人观察和管理生产过程中经常活动的地点范围。测量记录按表 2-23 的格式填写。

表 2-23 生产环境（车间）噪声测量记录表

公司_____ 车间_____ 厂址_____ 年 月 日

	名称	型号	校准方法	备注
测量仪器				

	机器名称	型号	功率	运转状态	备注
				开 停 （台）（台）	
设备状况					

设备分布及测点示意图

续表

测点	声级					1 倍频程声压级/dB				
	A　C	31.5	63	125	250	500	1 000	2 000	4 000	8 000
数据记录										

如果生产环境（车间）噪声是非稳态噪声，那么应测量等效连续 A 声级。这可以用积分声级计直接测量，也可以测量不同 A 声级下的暴露时间，然后计算等效连续 A 声级。测量时仍用 A 计权网络"慢"挡，测点选取与稳态噪声测量时相同。将测得的声级从小到大顺序排列并分成数段，每段相差 5 dB，以其算术中心声级表示为 80 dB、85 dB、90 dB、95 dB、…、115 dB。80 dB 表示 78~82 dB 段，85 dB 表示 83~87 dB 段，以此类推。然后将一个工作日内各段声级的总暴露时间统计出来并填入表 2-23。以每个工作日 8 h 为基础，低于 78 dB 的不予考虑，则一个工作日的等效连续 A 声级可按下式计算

$$L_{eq} = 80 + 10 \lg \frac{\sum_n (10^{\frac{n-1}{2}} \cdot T_n)}{480}$$

式中：n——中心声级分段序号，$n = 1 \sim 8$，如表 2-24 所示；

　　　T_n——各段中心声级暴露时间，min；

　　　480——8 h 的分钟数。

表 2-24　等效连续 A 声级记录表

中心声级分段序号 n	1	2	3	4	5	6	7	8
各段中心声级 L_n/dB(A)	80	85	90	95	100	105	110	115
各段中心声级暴露时间 T_n/min	T_1	T_2	T_3	T_4	T_5	T_6	T_7	T_8

3. 工业企业现场机器噪声的测量

机器噪声的现场测量应遵照各有关测试规范（包括国家标准、行业标准、专业规范）进行，必须设法避免或减小测量环境的背景噪声和反射声的影响。例如，使测点尽可能接近机器噪声源、除待测机器外关闭其他无关机器设备、减少测量环境的反射面、增加吸声面积等。对于室外或高大车间内的机器噪声，在没有其他声源影响的条件下，可选较远的测点。一般情况下可按如下原则选择测点：

小型机器（外形尺寸小于 0.3 m），测点距表面 0.3 m。

中型机器（外形尺寸为 0.3~1 m），测点距表面 0.5 m。

大型机器（外形尺寸大于 1 m），测点距表面 1 m。

特大型机器或有危险性的设备，可根据具体情况选择较远位置作为测点。

测点数目可视机器的大小和发声部位的多少选取 4 个、6 个、8 个不等。测点高度以机器一半

高度为准或选择在机器轴水平线的水平面上,传声器对准机器表面,测量 A、C 声级和倍频程声压级,并在相应测点上测量背景噪声。

对于空气动力性的进、排气噪声测量,进气噪声测点应取在进气口轴线上,距管口平面 0.5 m 或 1 m（或等于一个管口直径）处;排气噪声测点应取在排气口轴线 45°方向上或管口平面上,距管口中心 0.5 m 或 1 m（或等于一个管口直径）处,见图 2-11。进、排气噪声应测量 A、C 声级和倍频程声压级,必要时测量 1/3 倍频程声压级。

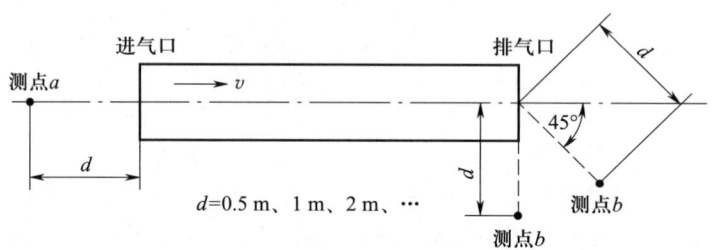

a. 进气口噪声测点；b. 排气口噪声测点
图 2-11　进、排气噪声测点位置示意图

机器设备噪声的测量,由于测点位置的不同,所得结果也不同。为了便于对比,各国的测量规范对测点的位置都有专门的规定。由于具体情况不能按照规范要求布置测点时,应注明测点的位置,必要时还应将测量场地的声学环境表示出来。

4. 厂（场）区的噪声测量

对厂（场）区内部环境噪声的测量,常采用点阵法选择测点。首先在厂（场）区总平面布置图上选择一条厂（场）区总轴线（可选择主干道的中心线）作为坐标基准线,然后按经纬坐标关系将厂（场）区按 10~40 m 等间距划成若干方形网格,各个网格节点（除落在建筑物上的以外）即为厂（场）区噪声的测点。

对于厂（场）区边界噪声的测量,测点数目按厂（场）区占地面积的大小确定。对于小型厂（场）区,沿边界每隔 10~20 m 选择一个测点;对于较大厂（场）区（面积超过 10 hm²）,测点间距可增大到 50 m。测点应是等间距的,并应在距墙 2 m 远的地方进行测量。测量结果可以用方格图或等声级线表示。

厂（场）区的噪声对厂（场）区外居民区的影响常常引起纠纷,因此对厂（场）边界噪声的测量是非常重要的。对影响较为严重的地方,还要选择一定数量的测点进行昼夜监测,以便掌握噪声污染的程度与规律。

二、噪声评价

（一）噪声评价量

人们对噪声的主观感觉与噪声强弱、噪声频率、噪声随时间的变化有关。如何才能把噪声的客观物理量与人的主观感觉结合起来,得出与主观响应相对应的评价量,用以评价噪声对人的干扰程度,这是一个复杂的问题。目前的评价方法已有几十种,就是对同一类噪声,不同的国家也会有不同的评价方法。一些评价方法在实践中不断地修改完善,一些评价方法被淘汰。本节所叙述的内容是已基本公认的评价量和评价方法。

1. 响度级、响度、等响曲线和斯蒂文斯响度

（1）响度级

为了定量地确定声音响的程度，通常采用响度级这一参量。以 1 000 Hz 的纯音作标准，使其和某个声音听起来一样响，那么此 1 000 Hz 纯音的声压级就定义为该声音的响度级。响度级的符号为 L_N，单位为方（phon），当人耳感到某声音与 1 000 Hz 单一频率的纯音同样响时，该声音声压级的分贝数即为其响度级。响度级的 phon 值，实质上是 1 000 Hz 声音声压级的 dB 值。

（2）响度

声音的强弱程度叫作响度。响度是感觉判断的声音强弱，即声音响亮的程度，符号为 N，单位为宋（sone）。响度是与主观判断声音强弱程度成正比的参量，它是衡量声音强弱程度的一个最直观的量。其定义为正常听者判断一个声音比响度级为 40 phon 参考声强响的倍数。规定响度级为 40 phon 时响度为 1 sone。响度取决于声波振幅大小，同时与频率有关，根据它可以把声音排成由轻到重的序列。响度的大小主要依赖于声强，也与声音的频率有关。对于同一频率的声音，响度不随声强呈线性增加，响度和响度级的关系为

$$N = 2^{0.1(L_N - 40)} \tag{2-104a}$$

或

$$L_N = 40 + 10 \log_2 N = 40 + 33.22 \lg N \tag{2-104b}$$

式中：N——响度，sone；

　　L_N——响度级，phon。

响度级每增加 10 phon，其响度增加 1 倍。例如，响度级为 50 phon 的响度为 2 sone，响度级为 60 phon 时，其响度为 4 sone。

（3）等响曲线

为了使不同声压级、不同频率的声音在人耳中感觉响的程度能量化，在一定条件下，研究人员测试了 18~25 岁听力正常者对不同频率、不同声压级声音的主观感觉，得到一系列达到同样响度级时频率与声压级的等响关系曲线，即等响曲线（见图 2-12）。图 2-12 中每一条曲线都是用频率为 1 000 Hz 的纯音对应的声压级数值作为该曲线的响度级，单位为 phon。每一条曲线表示不同频率、不同声压级的纯音具有相同的响度级。最下面的曲线（虚线）是听阈曲线，即零方响度级曲线，这条曲线上的点表明人耳刚能听到的声音的频率和声压级，一般这条曲线下方的点所表示的相应频率和声压级的声音人耳都听不到。120 phon 的曲线是痛觉的界限，称为痛阈曲线，超过此曲线的声音，人耳感觉到痛。从任意一条曲线均可看出，低频部分对应的声压级高，高频部分对应的声压级低（尤其是 2 000~5 000 Hz），说明人耳对低频噪声不敏感，而对高频噪声敏感。当声压级高于 100 dB 时，等响曲线逐渐拉平，说明人耳分辨高、低频声音的能力变差，此时声音的响度级与频率关系不大，而主要取决于声压级。

（4）斯蒂文斯响度

上面讲到的仅是简单的纯音响度、响度级与声压级的关系。然而，大多数实际声源产生的声波是宽频带噪声，并且不同的频率噪声之间还会产生掩蔽效应。斯蒂文斯（Stevens）和茨维克（Zwicker）注意到并研究了这种复合声的响度的掩蔽效应，得出如图 2-13 所示的等响指数线。该线对带宽掩蔽效应考虑了计权因素，认为响度指数最大的频带贡献最大，而其他频带声音被掩蔽。

因此，对宽频带噪声，总响度计算方法为：

① 测出频带声压级（1 倍频程、1/2 倍频程或 1/3 倍频程）；

② 从图 2-13 中查出各频程声压级对应的响度；

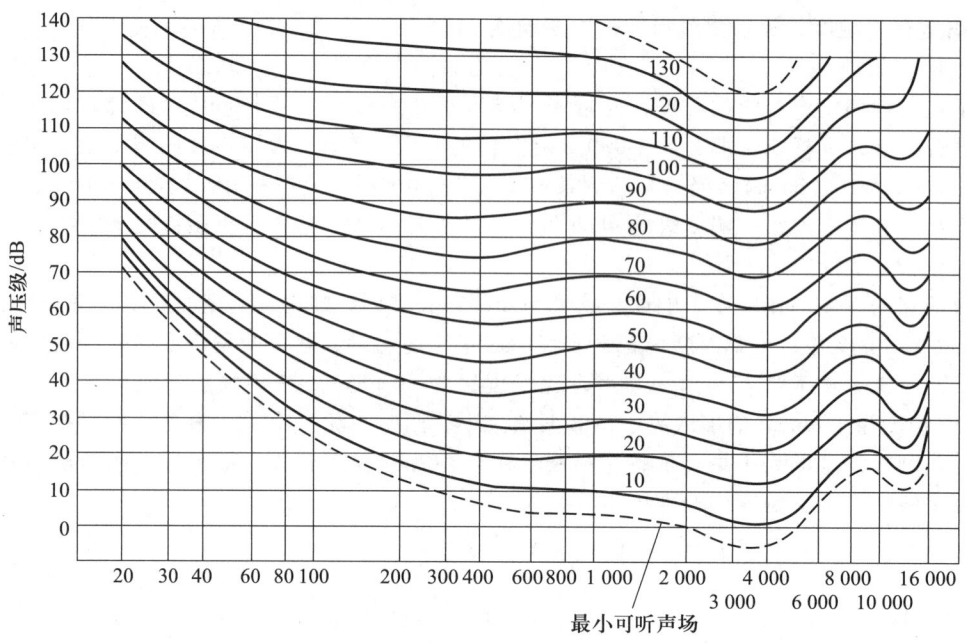

图 2-12　等响曲线

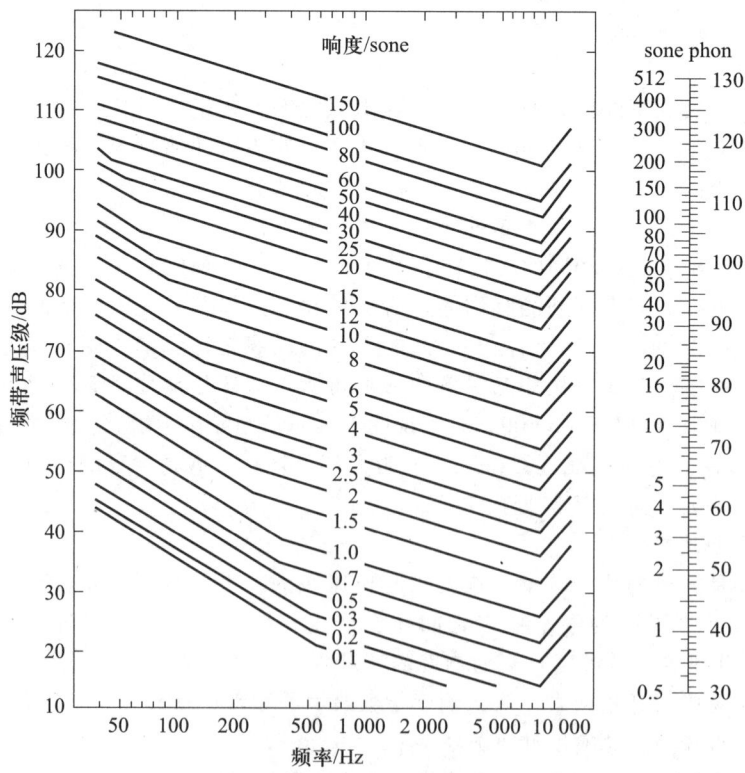

图 2-13　等响指数线

③ 找出响度序列中的最大值 N_{max}，从各频带响度总和中扣除最大值 N_{max}，再乘以相应的计权因子 F，最后与 N_{max} 相加即为噪声的总响度 N_t，用数学表达式可表示为

$$N_t = N_{max} + F\left(\sum N_i - N_{max}\right) \tag{2-105}$$

式中：N_t——噪声的总响度，sone；

N_i——某频率和声压级对应的响度，sone；

N_{max}——N_i 中最大的一个响度，sone；

F——计权因子，它与频带宽有关，对于 1 倍频程，$F=0.3$；对于 1/2 倍频程，$F=0.2$；对于 1/3 倍频程，$F=0.15$。

有时用响度下降百分率来衡量噪声治理后的效果，响度下降的百分率 η 为

$$\eta = \frac{(N_1 - N_2)}{N_1} \times 100\% \tag{2-106}$$

式中：N_1、N_2——噪声治理前和治理后的响度，sone。

【例题 2-2】 某声源在指定测点处，测得治理前、治理后的声压级如表 2-24 所示。计算治理前、治理后的总响度和响度下降的百分率。

解：由图 2-13 查到各频率和声压级对应的响度列于表 2-25。

表 2-25 测点处频率、声压级及响度

频率/Hz	500	1 000	2 000	4 000	8 000
治理前声压级/dB	85	95	93	90	80
治理后声压级/dB	75	85	85	80	75
治理前响度/sone	19	50	53	50	30
治理后响度/sone	10	23	28	24	22

治理前

$$N_t = 53 + 0.3 \times (202 - 53) \, (\text{sone}) = 97.7 \, (\text{sone})$$

治理后

$$S_t = 28 + 0.3 \times (107 - 28) \, (\text{sone}) = 51.7 \, (\text{sone})$$

响度下降百分率

$$\eta = \frac{97.7 - 51.7}{97.7} \times 100\% \approx 47.1\%$$

2. A 声级

从等响曲线看出，人耳对低频噪声不敏感，对高频噪声敏感。为了使声音的客观量度和人耳的听觉主观感受近似取得一致，在测量仪器中，通常通过安装一套滤波器（亦称为计权网络），对不同频率声音的声压级经某种特定的加权修正后，再叠加计算可得噪声总的声压级，此声压级称为计权声级。

计权网络是近似以人耳对纯音的响度级频率特性而设计的，通常采用的有 A、B、C 三种计权网络（见图 2-14）。其中 A 计权网络相当于 40 phon 等响曲线的倒置；B 计权网络相当于 70 phon 等响曲线的倒置；C 计权网络相当于 100 phon 等响曲线的倒置。B、C 计权网络已较少被采用。A 计权网络的频率响应与人耳对宽频带声音的灵敏度相当。

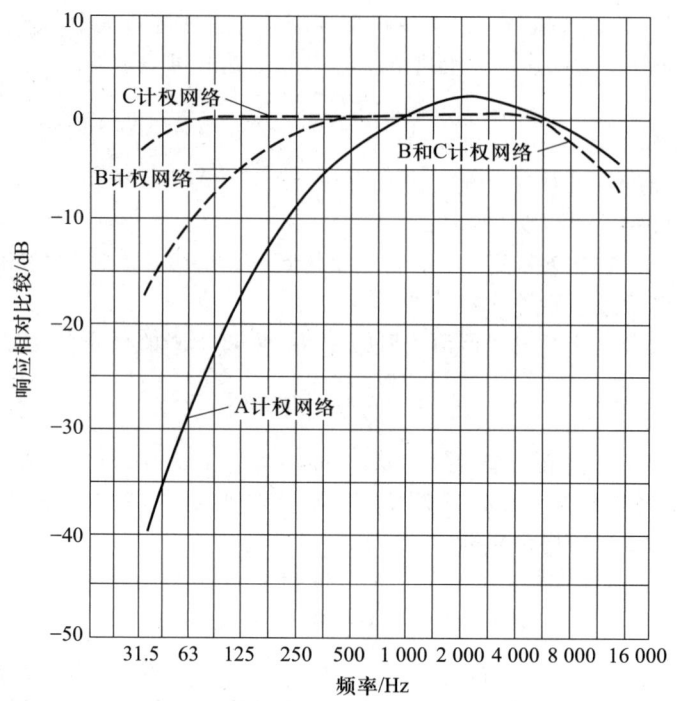

图 2-14 A、B、C 计权网络的频率响应

用 A、B 和 C 计权网络测得的分贝数，分别称为 A 声级、B 声级和 C 声级，单位分别记为 dBA 或 dB(A)、dBB 或 dB(B)、dBC 或 dB(C)。A 声级、B 声级、C 声级与频率的关系见表 2-26。各频率下的声级等于相应的声压级加计权值。

表 2-26　A 声级、B 声级、C 声级与频率的关系

频率/Hz	A 声级/dB(A)	B 声级/dB(B)	C 声级/dB(C)
10	−70.4	−38.2	−14.3
12.5	−63.4	33.2	−11.2
16	−56.7	−28.5	−8.5
20	−50.5	−24.2	−6.2
25	−44.7	−20.4	−4.4
31.5	−39.4	−17.1	−3.0
40	−34.6	−14.2	−2.0
50	−30.2	−11.6	−1.3
63	−26.2	−9.3	−0.8
80	−22.5	−7.4	−0.5
100	−19.1	−5.6	−0.3

频率/Hz	A 声级/dB（A）	B 声级/dB（B）	C 声级/dB（C）
125	−16.1	−4.2	−0.2
160	−13.4	−3.0	0.1
200	−10.9	−2.0	0
250	−8.6	−1.3	0
315	−6.6	−0.8	0
400	−4.8	−0.5	0
500	−3.2	−0.3	0
630	−1.9	−0.1	0
800	−0.8	0	0
1 000	0	0	0
1 250	+0.6	0	0
1 600	+1.0	0	−0.1
2 000	+1.2	−0.1	−0.2
2 500	+1.3	−0.2	−0.3
3 150	+1.2	−0.4	−0.5
4 000	+1.0	−0.7	−0.8
5 000	+0.5	−1.2	−1.3
6 300	−0.1	−1.9	−2.0
8 000	−1.1	−2.9	−3.0
10 000	−2.5	−4.3	−4.4
12 500	−4.3	−6.1	−6.2
16 000	−6.6	−8.4	−8.5
20 000	−9.3	−11.1	−11.2

3. 等效连续 A 声级

人们工作的环境，可能是稳态的噪声（噪声的强度和频率基本上不随时间而变）环境，也可能是不稳态的噪声环境。例如，某人在稳态噪声 85 dB（A）下工作 8 h；而另一人在 85 dB（A）下工作 3 h、95 dB（A）下工作 1 h、75 dB（A）下工作 4 h，此人就处于一种不稳态的噪声环境中。如何来评价这两个人谁受到的干扰大？这就需要将不稳态噪声换算为等效连续 A 声级才能进行比较。等效连续 A 声级又称为等能量 A 计权声级，它等效于在相同的时间间隔 T 内与不稳定噪声能量相等的连续稳定噪声的 A 声级，其符号为 $L_{Aeq,T}$ 或 L_{eq}，数学表达式为

$$L_{eq} = 10 \lg \left[\frac{1}{T} \int_0^T 10^{0.1L_A} \mathrm{d}t \right] \tag{2-107}$$

式中：L_{eq}——等效连续 A 声级，dB(A)；

　　　t——噪声暴露时间，h 或 min 或 s；

　　　L_A——时间 t 内的 A 声级，dB(A)。

当测量值 L_A 是非连续离散值时，式（2-106）可写为

$$L_{eq} = 10 \lg \left[\frac{1}{\sum\limits_i t_i} \sum\limits_i \left(t_i 10^{0.1 L_{Ai}} \right) \right] \tag{2-108}$$

式中：t_i——第 i 段时间，h 或 min 或 s；

　　　L_{Ai}——t_i 时段内的 A 声级，dB(A)。

对于等时间间隔取样，若时间划分的段数为 N，则式（2-108）可写为

$$L_{eq} = 10 \lg \left[\frac{1}{N} \sum 10^{0.1 L_{Ai}} \right] \tag{2-109}$$

在对不稳态噪声的大规模调查中，已证明等效连续 A 声级与人的主观反应有很好的相关性。不少国家的噪声标准中，都规定用等效连续 A 声级作为评价指标。

4. 昼间等效声级、夜间等效声级和昼夜等效声级

近年来在等效声级的基础上发展为采用昼夜等效声级来评价城市环境噪声。

昼间等效声级（L_d）定义式为

$$L_d = 10 \lg \left[\frac{1}{16} \sum_{i=1}^{16} 10^{0.1 L_i} \right] \tag{2-110a}$$

夜间等效声级（L_n）定义式为

$$L_n = 10 \lg \left(\frac{1}{8} \sum_{j=1}^{8} 10^{0.1 L_j} \right) \tag{2-110b}$$

由于人们对夜间噪声比较敏感，因此在计算昼夜等效声级时，对夜间等效声级加 10 dB 处理。昼夜等效声级（L_{dn}）定义式为

$$L_{dn} = 10 \lg \left[\frac{2}{3} \cdot 10^{0.1 L_d} + \frac{1}{3} \cdot 10^{0.1 (L_n + 10)} \right] \tag{2-111}$$

式中：L_{dn}——昼夜等效声级，dB(A)；

　　　L_d——昼间（06：00—22：00）等效声级，dB(A)；

　　　L_n——夜间（22：00—06：00）等效声级，dB(A)；

　　　L_i——昼间 16 h 中第 i 小时的等效声级，dB(A)；

　　　L_j——夜间 8 h 中第 j 小时的等效声级，dB(A)。

5. 累计百分声级

对于道路交通噪声这种连续、随机起伏的噪声，其随时间的变化特性在噪声控制中采用累计概率来表示，称为累计百分声级（也称为统计声级）。

累计百分声级用 L_x 表示，指在测量时间内有 $x\%$（x 是 100 以内的自然数）的时间 A 声级超过的值。例如，$L_{90} = 70$ dB(A)，表示整个测量时间内有 90% 的测量时间噪声超过 70 dB(A)，通常把它看作背景噪声；$L_{50} = 74$ dB(A)，表示 50% 的测量时间噪声超过 74 dB(A)，称它为中间值噪声；$L_{10} = 80$ dB(A)，表示 10% 的测量时间噪声超过 80 dB(A)，称 L_{10} 为峰值噪声。累计百分声级的结果常用图 2-15 的形式表示，曲线 1 是累计分布曲线，它表示在测量时间里超过某个声级的时间百分数；直方图 2 表示在测量时间里，以每 5 dB(A) 为一挡，声级所占的时间百分数，如超过

75 dB（A）的时间占 88%，超过 95 dB（A）的时间占 1%。

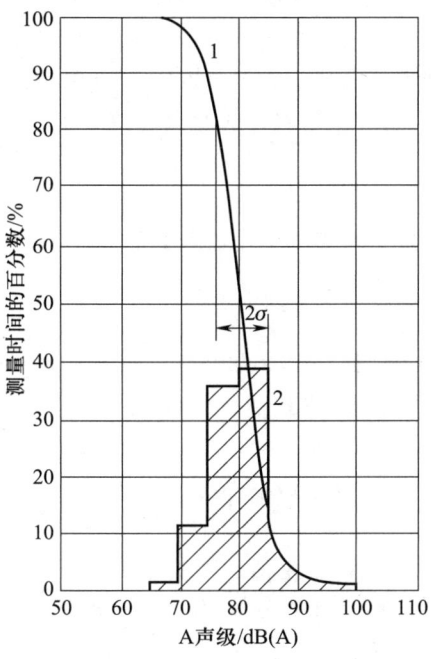

1. 累积分布曲线；2. 统计分布直方图

图 2-15 累计百分声级

累计百分声级的标准偏差 σ，用下式计算

$$\sigma = \sqrt{\frac{1}{n-1}\sum_{i=1}^{n}(L_i - \overline{L})^2} \tag{2-112}$$

式中：L_i——第 i 个声级，dB（A）；

$\overline{L}$——所有声级的算术平均值，dB（A）；

n——测得声级的总个数。

交通噪声常采用累计百分声级作为评价量，一些国家以 L_{10} 作为交通噪声的评价量，近年来也有采用 L_5、L_{95} 的。由于交通噪声基本符合正态分布，可用下式计算等效连续 A 声级 L_{eq}

$$L_{eq} = L_{50} + \frac{d^2}{60} \tag{2-113}$$

式中，$d = L_{10} - L_{90}$。

累计百分声级的标准偏差 σ 可通过下式计算

$$\sigma = \frac{L_{16} - L_{84}}{2}$$

由等间隔测量数据求累计百分声级，可将测到的 100 个数据从大到小排列，第 11 个数据即为 L_{10}，第 51 个数据即为 L_{50}，第 91 个数据即为 L_{90}。

6. 噪声污染值（LKZ）

LKZ 是德语 Lärm Kenn Ziffer 的缩写，可译作"噪声识别数"或"噪声污染值"，是汉堡噪声研究所在 1997 年提出的概念。它的含义是：某点的噪声超标值与在该点受此超标噪声污染影响的人数的乘积。LKZ 比原来 L_{eq} 的概念明显进了一步，既考虑超标值，又考虑受影响的人数，更全面地反映了噪声污染的影响。他们开发出了相关的应用软件，可以计算每条街区或整个城市的 LKZ，还可以模拟在采取某种减噪措施后各点及全市的 LKZ 变化，为城市的噪声污染防治工作提供技术支持。现在，他们已将此概念和方法向整个德国（2000 年 9 月德国噪声防治会议，海德堡）以及欧盟其他国家推广（从 2000 年 2 月在柏林召开的专家组会议开始）。

7. 城市环境噪声评价

（1）算术平均值法

把全市各等距离网格（如 500 m×500 m）中心测到的 L_{10}、L_{50}、L_{90}、L_{eq} 分别相加，求算术平均值，即

$$\overline{L} = \frac{1}{N}\sum_{i=1}^{n} L_i \tag{2-114}$$

式中：$\overline{L}$ 表示由 L_{10}、L_{50}、L_{90}、L_{eq} 求出的平均值，dB(A)；

　　　N——等距离网格数，一般应大于 100；

　　　L_i——表示第 i 个网格测到的 L_{10}、L_{50}、L_{90}、L_{eq}，dB(A)。

（2）污染分布模式

对各类噪声源（如交通、工业、社会生活、建筑施工等）按环境噪声测量方法测得 A 声级，计算出各测点的等效连续 A 声级，然后计算各类噪声源全部测点的等效声级的平均值，再根据下式计算全市的平均等效连续 A 声级 L_{eq}。

$$L_{eq} = L_T A_T + L_I A_I + L_C A_C + L_H A_H + L_d A_d \tag{2-115}$$

式中：L_T、L_I、L_C、L_H、L_d——分别表示交通、工业、社会生活、建筑施工和其他噪声的等效连续
　　　　　　　　　　　　　　A 声级的平均值，dB(A)；

　　　A_T、A_I、A_C、A_H、A_d——分别表示交通、工业、社会生活、建筑施工和其他噪声污染覆盖面
　　　　　　　　　　　　　　的百分率，%。

（3）噪声污染指数（noise pollution index，简称为 NPI）

以室外高烦恼噪声级 75 dB(A) 为基准，用被测 A 声级 L_i 除以 75 dB(A) 得到噪声污染指数 NPI，即

$$NPI = \frac{L_i}{75} \tag{2-116}$$

计算出 NPI 后，可按表 2-27 查出环境噪声影响的等级。表 2-27 还提供了等效连续 A 声级对应的环境噪声影响等级。

表 2-27　环境噪声影响等级

环境噪声影响等级	分级名称	NPI	L_{eq}/dB(A)
一	很好	<0.6	<45
二	好	0.6~0.67	45~50
三	一般	0.67~0.75	50~56
四	坏	0.75~1.0	56~75
五	恶化	>1.0	>75

（4）噪声冲击指数（noise impact index，简称为 NII）

区域环境噪声污染的评价，除考虑声级大小外，还须考虑受噪声危害的人数，为此提出噪声冲击指数，用以评价区域环境噪声。噪声冲击指数 NII 用下式计算

$$NII = \frac{TW_i P_i}{\sum_i P_i} = \frac{\sum_i W_i P_i}{\sum_i P_i} \tag{2-117}$$

式中：$TW_i P_i$——噪声冲击的总计权人口数，$TW_i P_i = \sum W_i P_i$，人；

$\qquad P_i$——全年或某时段内，昼夜等效声级 L_{dni} 影响的人数，人；

$\qquad \sum_i P_i$——总人口数，人；

$\qquad W_i$——昼夜等效声级 L_{dni} 的干扰计权因子，W_i 见表 2-28。

利用噪声冲击指数，可以对两个城市或两个地区的噪声影响进行比较，也可以比较采取噪声控制后的效果。噪声冲击指数大，表明噪声污染严重，利用噪声冲击指数可按表 2-29 确定噪声影响的等级。

表 2-28 干扰计权因子

L_{dni}/dB(A)	W_i	L_{dni}/dB(A)	W_i
35~40	0.01	65~70	0.54
40~45	0.02	70~75	0.83
45~50	0.05	75~80	1.20
50~55	0.09	80~85	1.70
55~60	0.18	85~90	2.31
60~65	0.32		

表 2-29 城市噪声影响评价等级

NII	≤0.03	≤0.07	≤0.25	≤0.44	≤1	>1
等级	1	2	3	4	5	6
评价结果	优	良	合格	差	很差	恶化

8. 噪声评价数（noise rating number，简称为 NR）

国际标准化组织于 1961 年公布了一组噪声评价数（NR）曲线（见图 2-16）。噪声评价数曲线以 1 000 Hz 倍频程声压级值作为噪声评价数（NR 数），其他倍频程声压级与噪声评价数的关系可由下式计算

$$L_{pi} = a + b NR_i \tag{2-118}$$

式中：a、b——不同倍频程中心频率的系数，见表 2-30；

$\qquad L_{pi}$——第 i 个倍频程声压级；

$\qquad NR_i$——第 i 个倍频程噪声评价数。

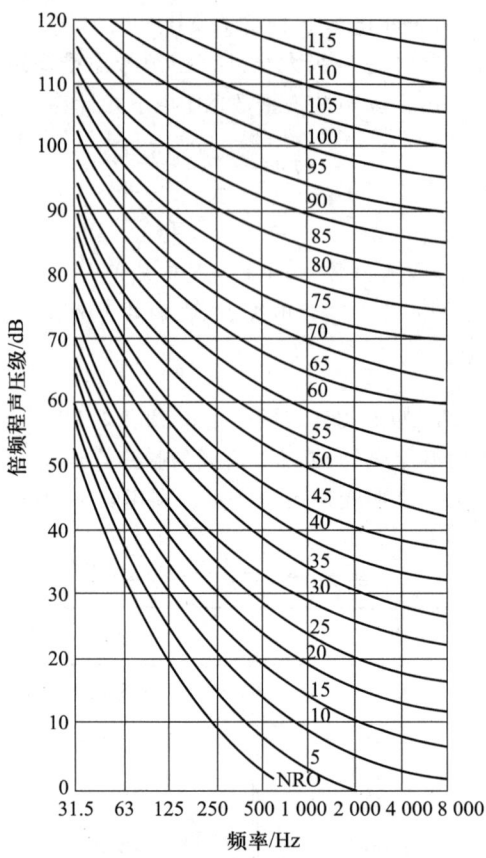

图 2-16 噪声评价数 (NR) 曲线

求 NR 的方法为:

① 将测得噪声的各倍频程声压级与 NR 曲线进行比较, 得出各倍频程的 NR_i;

② 取其中的最大值 NR_m (取整数);

③ 将最大值 NR_m 加 1 即得所求环境的 NR。

表 2-30 不同倍频程中心频率的系数

倍频程中心频率/Hz	a	b
63	35.5	0.790
125	22.0	0.870
250	12.0	0.930
500	4.8	0.974
1 000	0	1.000
2 000	-3.5	1.015
4 000	-6.1	1.025
8 000	-8.0	1.030

9. 噪声地图 （noise mapping）

随着噪声自动监测的迅速发展，出现了一项新型的城市噪声预测方法——噪声地图 （noise mapping）。噪声地图是利用噪声源强、噪声预测软件、地理信息系统、声学仿真模拟软件等绘制并通过噪声实际测量数据检验校正，最终生成的地理平面和建筑立面上的噪声值分布图，一般以不同颜色的噪声等高线、网格和色带来表示。噪声地图是近二十年来在欧洲迅速发展起来的一项新型城市噪声管理方法，其特点是比较直观地提供某一状况下某一地区的噪声污染情况，既可以让公众上网查询噪声地图，了解城市不同区域的噪声情况，有利于公众更深入了解声环境状况，参与监督，又可以为政府部门在城市总体规划、交通发展、噪声污染控制方面提供决策参考依据。英国伯明翰市是最早制作全城范围噪声地图的城市，该市在英国政府环境保护部门的支持下，已于 2000 年完成噪声地图的绘制，2004 年又启动了一个地图更新的项目。2005 年英国出版了一本世界上最大的官方噪声地图——《伦敦道路交通噪声地图》。在噪声地图上，不同的颜色代表不同的声压级，人们只要登录噪声地图网站并输入邮编，就可以知道相关街道上噪声的大小。

绘制一张噪声地图首先需要进行噪声源数据、地理数据、建筑的分布状况、道路状况、公路、铁路和机场等信息采集，选择噪声预测软件对特定区域的噪声地图进行绘制，再通过噪声实际测量数据检验校正预测模型，通过几次校正，最终生成地理平面和建筑立面上的噪声值分布图。因此，噪声地图也就是应用现代计算机技术，将噪声源数据、地理数据、建筑的分布状况、道路状况、公路、铁路和机场等交通资料以及相关地理信息综合、分析和计算后生成的反映城市噪声水平状况的数据地图。该方法主要以噪声预测数据为基础，建立合理、高效、明确的城市噪声管理体系，使噪声管理有计划、有重点、有效果。

（二） 声环境影响评价工作程序和要求

绝大部分技术项目都会在建设及运行阶段不同程度地发出噪声，影响周围人群学习、工作和正常生活休息。噪声影响评价是确定拟规划或建设项目发出的噪声对人群和生态环境影响的范围和程度，评价影响的重大性，提出避免、消除和减少其影响的措施，为开发行动或建设项目方案的优化选择提供依据。

1. 技术工作程序

《环境影响评价技术导则　声环境》（HJ 2.4—2021） 中声环境影响评价工作程序见图 2-17，本书主要依据该导则对噪声影响评价部分进行简要介绍。

环境噪声影响评价第一阶段是开展现场踏勘、了解环境法规和标准的规定、确定评价级别与评价范围和编制环境噪声评价工作大纲；第二阶段是开展声环境质量现状调查与评价；第三阶段是选择预测模型，进行声环境影响预测及评价，并根据预测结果提出噪声防治对策措施、投资估算及效果分析；第四阶段是提出声环境影响评价结论和建议，编写环境噪声影响的专题评价报告。

2. 评价等级的划分和工作要求

噪声评价工作等级划分的依据包括建设项目所在区域的声环境功能区类别、建设项目建设前后所在区域的声环境质量变化程度和受建设项目影响人口的数量。

声环境影响评价工作等级一般分为三级：一级为详细评价；二级为一般性评价；三级为简要评价。评价范围内有适用于《声环境质量标准》（GB 3096—2008） 规定的 0 类声环境功能区，或建设项目建设前后评价范围内声环境保护目标噪声级增高量达 5 dB（A） 以上 ［不含 5 dB（A）］，或受噪声影响人口数量显著增加时，按一级评价；建设项目所处的声环境功能区为《声环境质量标准》（GB 3096—2008） 规定的 1 类、2 类声环境功能区，或建设项目建设前后评价范围内声环境保护目标

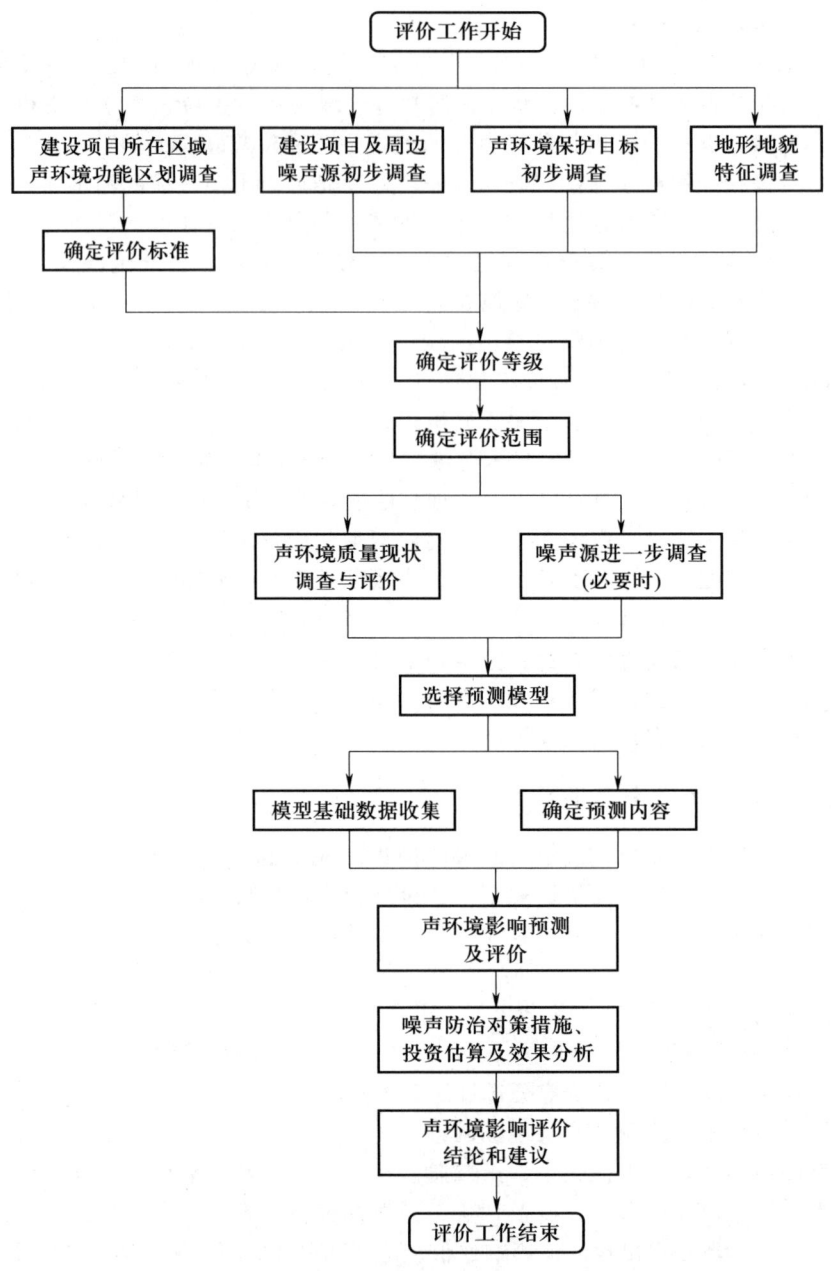

图 2-17　声环境影响评价工作程序

噪声级增量达 3~5 dB(A)，或受噪声影响人口数量增加较多时，按二级评价；建设项目所处的声环境功能区为《声环境质量标准》(GB 3096—2008) 规定的 3 类、4 类声环境功能区，或建设项目建设前后评价范围内声环境保护目标噪声级增量在 3 dB(A) 以下 [不含 3 dB(A)]，且受噪声影响人口数量变化不大时，按三级评价；在确定评价等级时，若建设项目符合两个等级的划分原则，则按较高等级评价；机场建设项目航空器噪声影响评价等级为一级。

3. 评价范围

（1）对于以固定声源为主的建设项目（如工厂、码头、站场等）

① 满足一级评价的要求，一般以建设项目边界向外 200 m 为评价范围；

② 二级、三级评价范围可根据建设项目所在区域和相邻区域的声环境功能区类别及声环境保护目标等实际情况适当缩小；

③ 若依据建设项目声源计算得到的贡献值到 200 m 处，仍不能满足相应功能区标准值时，则应将评价范围扩大到满足标准值的距离。

（2）对于以移动声源为主的建设项目（如公路、城市道路、铁路、城市轨道交通等地面交通）

① 满足一级评价的要求，一般以线路中心线外两侧 200 m 以内为评价范围；

② 二级、三级评价范围可根据建设项目所在区域和相邻区域的声环境功能区类别及声环境保护目标等实际情况适当缩小；

③ 若依据建设项目声源计算得到的贡献值到 200 m 处，仍不能满足相应功能区标准值时，则应将评价范围扩大到满足标准值的距离。

（三）噪声源和声环境现状调查与分析评价

1. 噪声源调查与分析

（1）调查与分析对象

① 噪声源调查包括拟建项目的主要固定声源和移动声源。给出主要声源的数量、位置和强度，并在标准规范的图中标识固定声源的具体位置或移动声源的路线、跑道等位置。

② 噪声源调查内容和工作深度应符合环境影响预测模型对噪声源参数的要求。

③ 一、二、三级评价均应调查分析拟建项目的主要噪声源。

（2）源强获取方法

① 噪声源源强核算应按照《污染源源强核算技术指南　准则》（HJ 884—2018）的要求进行，有行业污染源源强核算技术指南的应优先按照指南中规定的方法进行；无行业污染源源强核算技术指南，但行业导则中对源强核算方法有规定的，优先按照行业导则中规定的方法进行。

② 对于拟建项目噪声源源强，当缺少所需数据时，可通过声源类比测量或引用有效资料、研究成果来确定。采用声源类比测量时应给出类比条件。

③ 噪声源需获取的参数、数据格式和精度应符合环境影响预测模型输入要求。

2. 声环境现状调查与评价

（1）一、二级评价

① 调查评价范围内声环境保护目标的名称、地理位置、行政区划、所在声环境功能区、不同声环境功能区内人口分布情况、与建设项目的空间位置关系、建筑情况等。

② 评价范围内具有代表性的声环境保护目标的声环境质量现状需要现场监测，其余声环境保护目标的声环境质量现状可通过类比或现场监测结合模型计算给出。

③ 调查评价范围内有明显影响的现状声源的名称、类型、数量、位置、源强等。评价范围内现状声源源强调查应采用现场监测法或收集资料法确定。分析现状声源的构成及其影响，对现状调查结果进行评价。

（2）三级评价

① 调查评价范围内声环境保护目标的名称、地理位置、行政区划、所在声环境功能区、不同声环境功能区内人口分布情况、与建设项目的空间位置关系、建筑情况等。

② 对评价范围内具有代表性的声环境保护目标的声环境质量现状进行调查，可利用已有的监测资料，无监测资料时可选择有代表性的声环境保护目标进行现场监测，并分析现状声源的构成。

（3）声环境质量现状调查方法

现状调查方法包括：现场监测法、现场监测结合模型计算法、收集资料法。调查时，应根据评价等级的要求和现状噪声源情况，确定需采用的具体方法。声环境质量现状监测执行 GB 3096—2008；机场周围飞机噪声测量执行 GB/T 9661—88；工业企业厂界环境噪声测量执行 GB 12348—2008；社会生活环境噪声测量执行 GB 22337—2008；建筑施工场界环境噪声测量执行 GB 12523—2011；铁路边界噪声测量执行 GB 12525—90。

（4）现状评价

① 分析评价范围内既有主要声源种类、数量及相应的噪声级、噪声特性等，明确主要声源分布。

② 分别评价厂界（场界、边界）和各声环境保护目标的超标和达标情况，分析其受到既有主要声源的影响状况。

（5）现状评价图、声环境保护目标调查表、声环境现状评价结果表要求

① 现状评价图：一般应包括评价范围内的声环境功能区划图，声环境保护目标分布图，工矿企业厂区（声源位置）平面布置图，城市道路、公路、铁路、城市轨道交通等的线路走向图，机场总平面图及飞行程序图，现状监测布点图，声环境保护目标与项目关系图等；图中应标明图例、比例尺、方向标等，制图比例尺一般应不小于工程设计文件对其相关图件要求的比例尺；线性工程声环境保护目标与项目关系图比例尺应不小于 1∶5 000，机场项目声环境保护目标与项目关系图底图应采用近 3 年内空间分辨率不低于 5 m 的卫星影像或航拍图，声环境保护目标与项目关系图不应小于 1∶10 000。

② 声环境保护目标调查表：列表给出评价范围内声环境保护目标的名称、户数、建筑物层数和建筑物数量，并明确声环境保护目标与建设项目的空间位置关系等。

③ 声环境现状评价结果表：列表给出厂界（场界、边界）、各声环境保护目标现状值及超标和达标情况分析，给出不同声环境功能区或声级范围（机场航空器噪声）内的超标户数。

（四）声环境影响预测和评价

1. 预测范围

声环境影响预测范围应与评价范围相同。

2. 预测点和评价点确定原则

建设项目评价范围内声环境保护目标和建设项目厂界（场界、边界）应作为预测点和评价点。

3. 预测基础数据规范与要求

（1）声源数据

建设项目的声源资料主要包括：声源种类、数量、空间位置、声级、发声持续时间和对声环境保护目标的作用时间等，环境影响评价文件中应标明噪声源数据的来源。工业企业等建设项目声源置于室内时，应给出建筑物门、窗、墙等围护结构的隔声量和室内平均吸声系数等参数。

（2）环境数据

影响声波传播的各类参数应通过资料收集和现场调查取得，各类数据如下：

① 建设项目所处区域的年平均风速和主导风向、年平均气温、年平均相对湿度、大气压强；

② 声源和预测点间的地形、高差；

③ 声源和预测点间障碍物（如建筑物、围墙等）的几何参数；

④ 声源和预测点间树林、灌木等的分布情况及地面覆盖情况（如草地、水面、水泥地面、土质地面等）。

4. 预测方法

声环境影响可采用参数模型、经验模型、半经验模型进行预测，也可采用比例预测法、类比预测法进行预测。详细请参见《环境影响评价技术导则　声环境》(HJ 2.4—2021) 附录 A、B。

5. 预测和评价内容

① 预测建设项目在施工期和运营期所有声环境保护目标处的噪声贡献值和预测值，评价其超标和达标情况。

② 预测和评价建设项目在施工期和运营期厂界（场界、边界）噪声贡献值，评价其超标和达标情况。

③ 铁路、城市轨道交通、机场等建设项目，还须预测列车通过时段内声环境保护目标处的等效连续 A 声级、单架航空器通过时在声环境保护目标处的最大 A 声级。

④ 一级评价应绘制运行期代表性评价水平年噪声贡献值等声级线图，二级评价根据需要绘制等声级线图。

⑤ 对工程设计文件给出的代表性评价水平年噪声级可能发生变化的建设项目，应分别预测。

⑥ 典型建设项目噪声影响预测要求可参见《环境影响评价技术导则　声环境》(HJ 2.4—2021) 附录 C。

6. 预测评价结果图表要求

① 列表给出建设项目厂界（场界、边界）噪声贡献值和各声环境保护目标处的背景噪声值、噪声贡献值、噪声预测值、超标和达标情况等。分析超标原因，明确引起超标的主要声源。机场项目还应给出评价范围内不同声级范围覆盖下的面积。

② 判定为一级评价的工业企业建设项目应给出等声级线图；判定为一级评价的地面交通建设项目应结合现有或规划保护目标给出典型路段的噪声贡献值等声级线图；工业企业和地面交通建设项目预测评价结果图制图比例尺一般不应小于工程设计文件对其相关图件要求的比例尺；机场项目应给出飞机噪声等声级线图及超标声环境保护目标与等声级线关系局部放大图，飞机噪声等声级线图比例尺应和环境现状评价图一致，局部放大图底图应采用近 3 年内空间分辨率一般不低于 1.5 m 的卫星影像或航拍图，比例尺不应小于 1∶5 000。

（五）噪声防治对策措施

1. 噪声防治措施的一般要求

① 坚持统筹规划、源头防控、分类管理、社会共治、损害担责的原则。加强源头控制，合理规划噪声源与声环境保护目标布局；从噪声源、传播途径、声环境保护目标等方面采取措施；在技术经济可行条件下，优先考虑对噪声源和传播途径采取工程技术措施，实施噪声主动控制。

② 评价范围内存在声环境保护目标时，工业企业建设项目噪声防治措施应根据建设项目投产后厂界噪声影响最大噪声贡献值及声环境保护目标超标情况制定。

③ 交通运输类建设项目（如公路、城市道路、铁路、城市轨道交通、机场项目等）的噪声防治措施应针对建设项目代表性评价水平年的噪声影响预测值进行制定。铁路建设项目噪声防治措施还应同时满足铁路边界噪声限值要求。结合工程特点和环境特点，在交通流量较大的情况下，铁路、城市轨道交通、机场等项目，还须考虑单列车通过、单架航空器通过时噪声对声环境保护目标的影响，进一步强化控制要求和防治措施。

④ 当声环境质量现状超标时，属于与本工程有关的噪声问题应一并解决；属于本工程和工程外其他因素综合引起的，应优先采取措施降低本工程自身噪声贡献值，并推动相关部门采取区域综合整治等措施逐步解决相关噪声问题。

⑤ 当工程评价范围内涉及主要保护对象为野生动物及其栖息地的生态敏感区时，应从优化工程设计和施工方案、采取降噪措施等方面强化控制要求。

2. 防治途径

（1）规划防治对策

主要指从建设项目的选址（选线）、规划布局、总图布置（跑道方位布设）和设备布局等方面进行调整，提出降低噪声影响的建议。如根据"以人为本""闹静分开"和"合理布局"的原则，提出高噪声设备尽可能远离声环境保护目标、优化建设项目选址（选线）、调整规划用地布局等建议。

（2）噪声源控制措施

噪声源控制措施主要包括：

① 选用低噪声设备、低噪声工艺；

② 采取声学控制措施，如对声源采用吸声、消声、隔声、减振等措施；

③ 改进工艺、设施结构和操作方法等；

④ 将声源设置于地下、半地下室内；

⑤ 优先选用低噪声车辆、低噪声基础设施、低噪声路面等。

（3）噪声传播途径控制措施

噪声传播途径控制措施主要包括：

① 设置声屏障等措施，包括直立式、折板式、半封闭、全封闭等类型声屏障。声屏障的具体类型根据声环境保护目标处超标程度、噪声源与声环境保护目标的距离、噪声敏感建筑物高度等因素综合考虑来确定；

② 利用自然地形物（如利用位于声源和声环境保护目标之间的山丘、土坡、地堑、围墙等）降低噪声。

（4）声环境保护目标自身防护措施

声环境保护目标自身防护措施主要包括：

① 声环境保护目标自身增设吸声、隔声等措施；

② 优化调整建筑物平面布局、建筑物功能布局；

③ 声环境保护目标功能置换或拆迁。

（5）管理措施

管理措施主要包括：提出噪声管理方案（如合理制订施工方案、优化调度方案、优化飞行程序等），制订噪声监测方案，提出工程设施、降噪设施的运行使用、维护保养等方面的管理要求，必要时提出跟踪评价要求等。

3. 典型建设项目的噪声防治措施

典型建设项目的噪声防治措施可参见《环境影响评价技术导则　声环境》（HJ 2.4—2021）附录 C。

4. 噪声防治措施图表要求

① 给出噪声防治措施位置、类型和规模、关键声学技术指标（包括实施效果）、责任主体、实施保障，并估算噪声防治投资。

② 结合声环境保护目标与项目关系，给出噪声防治措施的布置平面图、设计图、位置、范围等。

（六）噪声监测计划

① 一级、二级项目评价应根据项目噪声影响特点和声环境保护目标特点，提出项目在生产运行阶段的厂界（场界、边界）噪声监测计划和代表性声环境保护目标监测计划。

② 监测计划可根据噪声源特点、相关环境保护管理要求制订，可以选择自动监测或者人工监测。

③ 监测计划中应明确监测点位置、监测因子、执行标准及其限值、监测频率、监测分析方法、质量保证与质量控制、经费估算及来源等。

（七）声环境影响评价结论与建议

根据噪声预测结果、噪声防治对策和措施可行性及有效性评价，从声环境影响角度给出拟建项目是否可行的明确结论。

（八）建设项目声环境影响评价表格要求

噪声源调查、声环境保护目标调查、声环境保护目标噪声预测结果、噪声预测参数清单、噪声防治措施及投资等表格要求参见《环境影响评价技术导则　声环境》（HJ 2.4—2021）附录 D。

声环境影响评价完成后，应对声环境影响评价主要内容与结论进行自查。建设项目声环境影响评价自查表内容与格式参见《环境影响评价技术导则　声环境》（HJ 2.4—2021）附录 E。

（九）规划环境影响评价中声环境影响评价要求

1. 资料分析

收集规划文本、规划图件和声环境影响评价的相关资料，分析规划方案的主要声源及可能受影响的声环境保护目标集中区域的分布等情况。

2. 现状调查、监测与评价

（1）现状调查以收集资料为主，当资料不全时，可视情况进行必要的补充监测

（2）现状调查的主要内容

① 声环境功能区划调查。调查评价范围内不同区域的声环境功能区划及声环境质量现状；

② 调查规划评价范围内现有主要声源及主要声环境保护目标集中分布区；

③ 说明规划及其影响范围内不同区域的土地使用功能和声环境功能区划；

④ 利用现状调查资料，进行规划及其影响范围内的声环境现状评价，重点分析评价范围内高速公路、城市道路、城市轨道交通、铁路、机场、大型工矿企业等影响较大的声源对声环境保护目标集中分布区的综合噪声影响情况。

3. 声环境影响分析

通过规划资料及环境资料的分析，分析规划实施后评价范围内声环境质量的变化趋势。

4. 噪声控制优化调整建议

规划环评的噪声控制优化调整建议可在"以人为本""闹静分开"和"合理布局"的原则指导下，从选址、选线、线路敷设方式、规划用地布局及功能、建设规模、建设时序等方面提出有效、可行的对策和措施。

第四节　吸　　声

在未做任何声学处理的车间或房间内，壁面和地面多是一些硬而密实的材料，如混凝土天花板、抹光的墙面及水泥地面等。这些材料与空气的特性声阻抗相差很大，很容易发生声波的反射。当室内声源向空间辐射声波时，接收者听到的不仅有从声源直接传来的直达声，还会有一次或多次反射形成的反射声。通常将经过一次或多次反射后到达收声点的反射声的叠加称为混响声。就人的听觉而言，当两个声音到达人耳的时间差在 50 ms 之内时，就分辨不出是两个声音，因而直达声与混响声的叠加会增强接收者听到的声强度。因此同一机器在室内时，常感到比在室外响得多。试验证明，在室内离噪声源较远处，噪声一般可比室外提高十余分贝。

若用可以吸收声能的材料或结构装饰在房间内表面，则可吸收部分入射到内表面的声能，使反射声减弱，接收者此时听到的是直达声和已减弱的混响声，使总噪声级降低，这便是吸声降噪的基本思路。

能够吸收较高声能的材料或结构称作吸声材料或吸声结构。利用吸声材料和吸声结构吸收声能以降低室内噪声的办法称作吸声降噪，通常简称吸声。

吸声处理一般可使室内噪声降低 3~5 dB，使混响声很严重的车间降噪 6~10 dB。吸声是一种最基本的控制声传播的技术措施。

一、吸声系数和吸声量

（一）吸声系数

吸声材料或结构吸声能力的大小通常用吸声系数 α 表示。当声波入射到吸声材料或结构表面上时（图 2-18），部分声能被反射，部分声能被吸收，还有部分声能透过它继续向前传播，故吸声系数的定义为材料或结构吸收的声能（包括透过材料或结构继续传播的声能）与入射到材料上的总声能之比，计算式为

$$\alpha = \frac{E_a + E_t}{E} = \frac{E - E_r}{E} = 1 - r \qquad (2-119)$$

式中：E——入射总声能，J；

　　　E_a——被材料或结构吸收的声能，J；

　　　E_t——透过材料或结构的声能，J；

　　　E_r——被材料或结构反射的声能，J；

　　　r——反射系数。

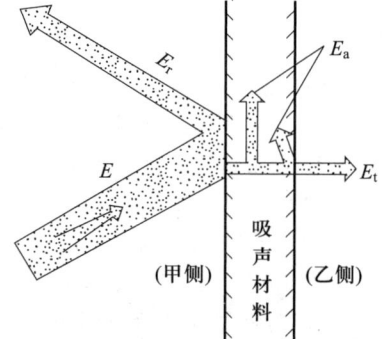

$E.$ 入射声能；$E_r.$ 反射声能；

$E_a.$ 吸收声能；$E_t.$ 透射声能

图 2-18　吸声示意图

α 值一般为 0~1。$\alpha = 0$，表示声能全部被反射，材料不吸声；$\alpha = 1$，表示声能全部被吸收，无声能反射。α 值越大，材料的吸声性能越好。通常，$\alpha \geq 0.2$ 的材料方可称为吸声材料。实用中当然主要是希望材料本身吸收的声能 E_a 足够大，以增大 α 值。

吸声系数的大小与吸声材料本身的结构、性质、使用条件、声波入射的角度和频率有关。表 2-31 和表 2-32 为一些常用材料的吸声系数，供设计时使用。

各种吸声材料的吸声系数可查阅有关声学手册或专著。这里必须注意，吸声系数的大小与入射声波的频率关系很大。例如，厚度为 2.5 cm、容重（吸声材料单位体积的重量）为 147 N/m³

（15 kgf/m³）的超细玻璃棉，入射声波为 4 000 Hz 时的 α_0 为 0.94，而 125 Hz 时仅为 0.02，差别很大，因此吸声材料或结构的吸声性能，通常以 125 Hz、250 Hz、500 Hz、1 000 Hz、2 000 Hz、4 000 Hz 这 6 个中心频率下的吸声系数的算术平均值来表征，称为平均吸声系数 $\overline{\alpha}$。

表 2-31　常用国产多孔吸声材料吸声系数（α_0）

材料名称	容重 /(kgf·m⁻³)	厚度/cm	各频率下的吸声系数						产地
			125 Hz	250 Hz	500 Hz	1 000 Hz	2 000 Hz	4 000 Hz	
超细玻璃棉		2.5	0.02	0.07	0.22	0.59	0.94	0.94	上海
	15	5	0.05	0.24	0.72	0.97	0.90	0.98	
		10	0.11	0.85	0.88	0.83	0.93	0.97	
	20	5	0.10	0.35	0.85	0.85	0.86	0.86	
	20	10	0.25	0.60	0.85	0.87	0.87	0.85	
矿渣棉	240	6	0.25	0.55	0.78	0.75	0.87	0.91	北京
	240	8	0.35	0.65	0.65	0.75	0.88	0.92	
	150	8	0.30	0.64	0.93	0.78	0.73	0.94	
工业毛毡	370	5	0.11	0.30	0.50	0.50	0.50	0.52	北京
	370	7	0.18	0.35	0.43	0.50	0.53	0.54	
聚氨酯泡沫塑料	40	4	0.10	0.19	0.36	0.70	0.75	0.80	上海
	45	8	0.20	0.40	0.95	0.90	0.98	0.85	
木丝板		2	0.15	0.15	0.16	0.34	0.78	0.52	北京
		4	0.19	0.20	0.48	0.79	0.42	0.70	
		8	0.25	0.53	0.82	0.63	0.84	0.59	
水泥膨胀珍珠岩板	350	5	0.16	0.46	0.64	0.48	0.56	0.56	北京
	350	8	0.34	0.47	0.40	0.37	0.48	0.55	上海
矿渣膨胀珍珠岩吸声砖		11.5	0.38	0.54	0.6	0.69	0.7		北京

表 2-32　常用建筑材料吸声系数（α_0）

材料名称	厚度 /cm	腔厚 /cm	各频率下的吸声系数 α_0					
			125 Hz	250 Hz	500 Hz	1 000 Hz	2 000 Hz	4 000 Hz
清水面			0.02	0.03	0.04	0.04	0.05	0.07
砖墙普通抹灰			0.02	0.02	0.02	0.03	0.04	0.04
拉毛水泥			0.04	0.04	0.05	0.06	0.07	0.05
混凝土、水磨石			0.01	0.01	0.01	0.02	0.02	0.02
石棉水泥板	0.6	10	0.08	0.02	0.03	0.05	0.03	0.03
板条抹灰（钢板条抹灰）			0.15	0.10	0.06	0.06	0.04	0.04
木格栅地板			0.15	0.11	0.10	0.07	0.06	0.07
铺实木地板，沥青黏在混凝土上			0.04	0.04	0.07	0.06	0.06	0.07
玻璃窗（关闭时）			0.35	0.25	0.18	0.12	0.07	0.04
木板	1.3	2.5	0.30	0.30	0.15	0.10	0.10	0.10
硬质纤维板	0.4	10	0.25	0.20	0.14	0.08	0.06	0.04
胶合板	0.3	5	0.20	0.70	0.15	0.09	0.04	0.04
	0.5	5	0.11	0.26	0.15	0.14	0.04	0.04

（二）吸声量

吸声量亦称为等效吸声面积。吸声量规定为吸声系数与吸声面积的乘积，即

$$A = \alpha S \tag{2-120}$$

式中：A——吸声量，m^2；

　　　α——某频率声波的吸声系数；

　　　S——吸声面积，m^2。

按式（2-120），若 50 m^2 的某种材料，在某频率下的吸声系数为 0.2，则该频率下的吸声量应为 10 m^2。或者说，它的吸声本领与吸声系数为 1 而面积为 10 m^2 的吸声材料相同，此 10 m^2 即为等效吸声面积。

若组成厂房各壁面的材料不同，则壁面在某频率下的总吸声量 A 为

$$A = \sum_{i=1}^{n} A_i = \sum_{i=1}^{n} \alpha_i S_i \tag{2-121}$$

式中：A_i——第 i 种材料组成的壁面的吸声量，m^2；

　　　S_i——第 i 种材料组成的壁面的面积，m^2；

α_i——第 i 种材料在某频率下的吸声系数。

（三）吸声系数的测量

吸声材料的吸声系数可由实验方法测定，常用的方法有混响室法和驻波管法两种。测量方法不同，所得的结果也有所不同。

1. 混响室法

在专门的声学实验室——混响室中，使不同频率的声波以相等概率从各个角度入射到材料表面 ［图 2-19 （a）］，这与吸声材料在实际应用中声波入射的情况比较接近。然后根据混响室内放进吸声材料（或吸声结构）前后混响时间的变化来确定材料的吸声系数，这时所测得的吸声系数，称为混响室法吸声系数或无规入射吸声系数，通常记作 α_T。

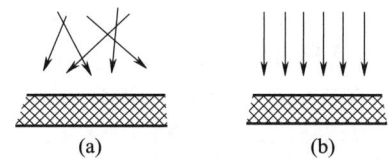

图 2-19　声波对吸声材料的入射

（a）无规入射；（b）垂直入射

2. 驻波管法

将被测材料置于驻波管的一端，用声频信号发生器带动扬声器，从驻波管的另一端向管内辐射平面声波，声波以垂直入射的方式 ［图 2-19 （b）］ 入射到材料表面，部分反射的平面声波与入射声波相互叠加产生驻波，波腹处的声压为极大值，波节处的声压为极小值。根据测得的驻波声压极大值和极小值，就可以计算出垂直入射吸声系数，也称为驻波管法吸声系数或法向吸声系数，记作 α_0。驻波管法简便易行，但与一般实际声场不符，使用时可利用表 2-33 换算为无规入射吸声系数 α_T。

表 2-33　驻波管法吸声系数与混响室法吸声系数换算表

驻波管法吸声系数 α_0	0.10	0.20	0.30	0.40	0.50	0.60	0.70	0.80
混响室法吸声系数 α_T	0.25	0.40	0.50	0.60	0.75	0.85	0.90	0.98

二、多孔吸声材料

（一）多孔吸声材料的吸声原理

在材料表面和内部有无数微细孔隙，这些孔隙互相贯通并且与外界相通的吸声材料称为多孔吸声材料。其固定部分在空间组成骨架，称为筋络。当声波入射到多孔吸声材料的表面时，可沿着对外敞开的微孔射入，并衍射到内部的微孔内，激发孔内空气与筋络发生振动，空气分子之间的黏滞阻力以及空气与筋络之间的摩擦阻力使声能不断转化为热能而消耗；此外，声波的传播过程实质上就是空气的压缩与膨胀相互交替的过程，空气压缩时温度升高，膨胀时温度降低，由于热传导作用，在空气与筋络之间不断发生热交换，也会使声能转化为热能。声波在刚性壁面反射后，经过材料回到其表面时，一部分声波透回空气中，一部分又反射回材料内部。如此反复，不断耗能直到平衡。这样，材料就"吸收"了部分声能。

（二）吸声材料种类

按照多孔吸声材料的外观形状，可分为纤维型、泡沫型、颗粒型三类。纤维型材料由无数细小纤维状材料组成，如毛、木丝、甘蔗纤维、化纤棉、玻璃棉、矿渣棉等有机和无机纤维材料。

其中，玻璃棉和矿渣棉分别是用熔融态的玻璃、矿渣和岩石吹成细小纤维状而得到的。泡沫型材料是由表面与内部皆有无数微孔的高分子材料制成的，如聚氨酯泡沫塑料、微孔橡胶等。颗粒型材料有膨胀珍珠岩、蛭石混凝土和多孔陶土等。其中膨胀珍珠岩是将珍珠岩粉碎、再急剧升温焙烧所得的多孔细小粒状材料。各种吸声材料的共同构造特征是：材料的孔隙率要高，一般在70%以上，多数达到90%左右；孔隙应该尽可能细小，且均匀分布；微孔应该是相互贯通的，而不是封闭的；微孔要向外敞开，使声波易于进入微孔内部。多孔吸声材料微孔的孔径多在数微米到数十微米，孔的总体积多数占材料总体积的90%左右，如超细玻璃棉的孔隙率可大于99%。常见的多孔吸声材料如图2-20所示。

为了使用方便，一般将松散的各种多孔吸声材料加工为板、毡或砖等，如工业毛毡、木丝板、玻璃棉毡、膨胀珍珠岩吸声板、陶土吸声砖等。使用时，可以将其整块直接吊装在天花板下或附贴在四周墙壁上，各种吸声砖可以直接砌在需要控制噪声的场合。此外，还可制成有护面层的多孔吸声材料结构，即用玻璃丝布、金属丝网、纤维板等透声材料作护面层，内填松散的厚度为5~10 cm的多孔吸声材料。为防止松散的多孔吸声材料下沉，常先用透声织物缝制成袋，再内填吸声材料；为保持固定几何形状并防止机械损伤，在材料间要加木筋条（木龙骨）加固；或者材料外表面加穿孔罩面板保护。常用的护面板材为木质纤维板或薄塑料板，特殊情况下用石棉水泥板或薄金属板等。板上开孔有圆形、狭缝形，以圆形居多。穿孔率在不影响板材强度的条件下尽可能加大，一般要求穿孔率不小于20%，开圆孔时，孔径宜取4~8 mm。典型的多孔吸声材料结构如图2-21所示。

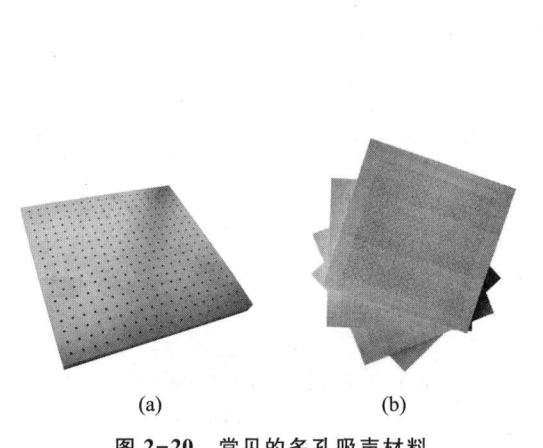

(a)　　　　　(b)

图 2-20　常见的多孔吸声材料

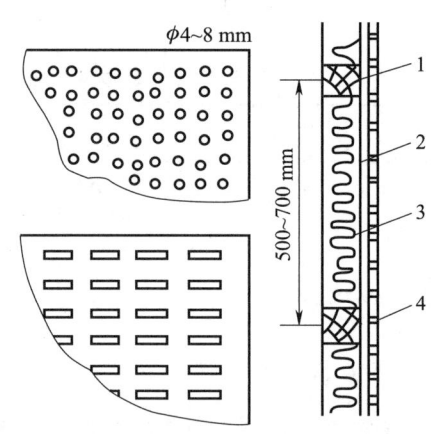

1. 木龙骨；2. 轻织物；3. 多孔吸声材料；4. 穿孔板

图 2-21　典型的多孔吸声材料结构

（三）吸声特性及影响因素

多孔材料的吸声特性主要受入射声波和所用材料的性质影响。其中声波性质除和入射角度有关外，还主要和频率有关。从表2-31可以看出，一般多孔吸声材料吸收高频噪声效果好，吸收低频噪声效果差。这是因为声波为低频时，激发微孔内空气与筋络的相对运动少，摩擦损失小，因而声能损失少；而高频噪声容易使之快速振动，从而消耗较多的声能。因此多孔吸声材料常用于中高频噪声的吸收。

多孔吸声材料的特性除与本身物性有关外，还与材料的使用条件有关，如背后空气层、使用时的结构形式、温度、湿度等。

1. 容重

改变材料的容重，等于改变了材料的空隙率（包括微孔数目与尺寸）和流阻。流阻表示气流通过多孔材料时，材料两面的压强差与空气流过材料的线速度之比。密实、容重大的材料空隙率小、流阻大；松软、容重小的材料空隙率大、流阻小。一般情况下，过大或过小的流阻对吸声性能都不利。若吸声材料的流阻接近空气的特性声阻抗（415 Pa·s/m），则吸声系数较高。因此，孔吸声材料存在一个吸声性能最佳的容重范围。从图 2-22 所示的 4 cm 厚不同容重超细玻璃棉的吸声特性对比可以看出，常用超细玻璃棉的最佳容重范围是 98~196 N/m³。通常，材料厚度一定时，随着容重的增加，较大吸声系数值将向低频方向移动。但当容重过大时，中、高频吸声性能会显著下降。

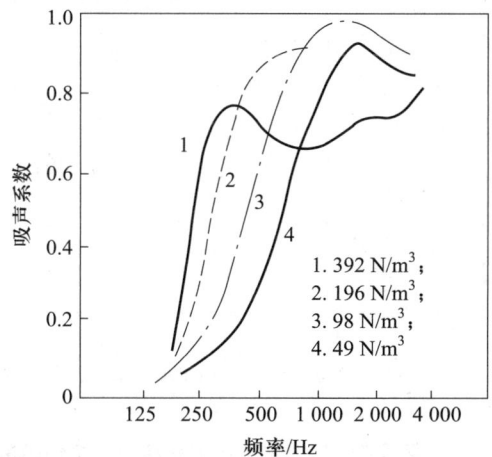

图 2-22　不同容重超细玻璃棉吸声特性（超细玻璃棉厚度为 4 cm）

2. 厚度

当多孔材料的厚度增加时，对低频噪声的吸收增加，对高频噪声影响不大。对一定的多孔材料，厚度增加一倍，吸声频率特性曲线的峰值向低频方向移动大约一个倍频程，如图 2-23 所示。

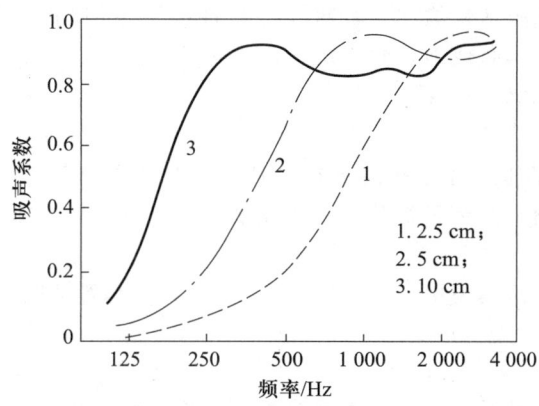

图 2-23　不同厚度超细玻璃棉的吸声特性（容重均为 147 N/m³）

若吸声材料层背后为刚性壁面，当材料层厚为入射声波的某一波长的 1/4 时，则可得该声波的最大吸声系数。实用中，考虑经济及制作的方便，对于中、高频噪声，一般可采用厚度为 2~5 cm 的常规成型吸声板；对低频吸声要求较高时，则采用厚度为 5~10 cm 的常规成型吸声板。

3. 背后空气层

若在材料层与刚性壁面之间留一定厚度的空气层，则可以改善对低频噪声的吸声性能，作用相当于增加了多孔材料的厚度，且更为经济。通常空气层增厚，对吸收低频噪声有利（图 2-24）。当空气层厚度近似于入射声波的 1/4 波长时，吸声系数最大；当空气层厚度为 1/2 波长或其整倍数时，吸声系数最小。实用时，过厚不切实际，过薄对低频噪声不起作用。故常取空气层厚度为 5~10 cm。天花板可视实际需要及空间大小选取更大的空气层厚度。

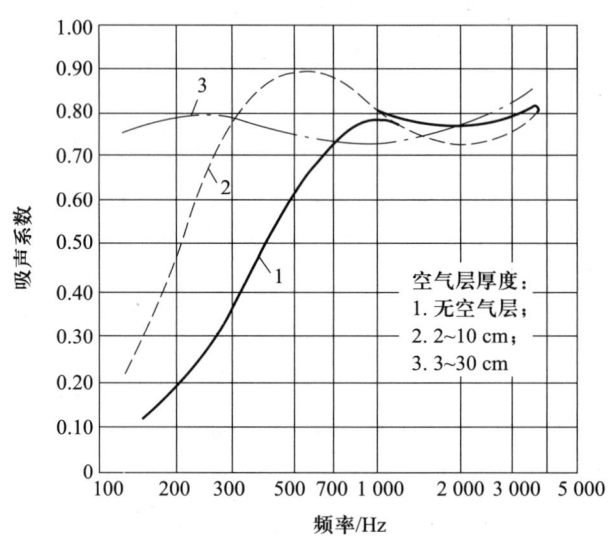

图 2-24　背后空气层对多孔吸声材料吸声特性的影响

4. 温、湿度的影响

使用过程中温度升高会使材料的吸声性能向高频方向移动，温度降低则向低频方向移动。因此使用时应注意该材料的温度适用范围。

湿度增大，会使孔隙内吸水量增加，堵塞材料上的细孔，使吸声系数下降，而且是先从高频开始，因此对于湿度较大的车间或地下建筑的吸声处理，应选用吸声量较小的耐潮多孔材料，如防潮超细玻璃棉毡和矿渣棉吸声板等。

5. 气流影响

当将多孔吸声材料用于通风管道和消声器内时，气流易吹散多孔吸声材料，影响吸声效果，飞散的材料甚至会堵塞管道，损坏风机叶片，造成事故。应根据气流速度大小选择一层或多层不同的护面层。

除以上外，尚须注意特殊的使用条件，如腐蚀、高温或火焰等情况对多孔材料的影响。

三、吸声结构

为改善低频吸声性能，利用共振原理研制了各种吸声结构，称为共振吸声结构。它基本可分为薄板（类似的还有薄膜）共振吸声结构、穿孔板共振吸声结构、微穿孔板吸声结构与薄塑料盒式吸声体等几种类型，主要适用于对中、低频噪声的吸收。

(一) 薄板共振吸声结构

1. 构造

将薄的塑料、金属或胶合板等材料的周边固定在框架（称为龙骨）上，并将框架牢牢与刚性壁面相结合（图 2-25），这种由薄板与板后的封闭空气层构成的系统就称为薄板共振吸声结构。

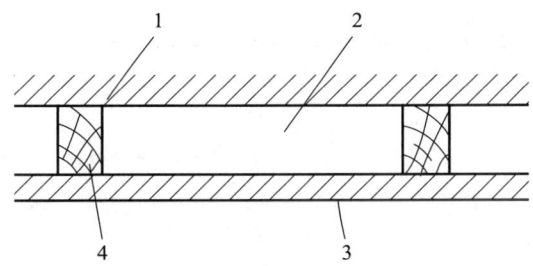

1.刚性壁面；2.空气层；3.薄板；4.龙骨

图 2-25　薄板共振吸声结构示意图

2. 吸声机理

薄板共振吸声结构实际上类似于一个弹簧和质量块振动系统。薄板相当于质量块，板后的封闭空气层相当于弹簧，声波入射到薄板上使其受到激振，由于板后封闭空气层的弹性、板本身具有的劲度与质量，薄板就产生振动，发生弯曲变形，使声能转化为机械能；由于板的内阻尼及板与龙骨间的摩擦，振动的能量便转化为热能。当入射声波的频率与板系统的固有频率相同时，便发生共振，板的弯曲变形最大，振动最剧烈，声能也就消耗最多。

3. 吸声特性及其改善

弹簧振子的固有频率由下式计算：

$$f_0 = \frac{1}{2\pi}\sqrt{\frac{K}{m}} \tag{2-122}$$

式中：f_0——固有频率，Hz；

　　　K——空气层刚度（劲度），$kg/(m^2 s^2)$；

　　　m——板的面密度，kg/m^2。

单位面积板材所具有的质量称为面密度

$$m = \frac{板长度 \times 宽度 \times 厚度 \times 密度}{板长度 \times 宽度} = t\rho$$

式中：t——板厚度，m；

　　　ρ——板密度，kg/m^3。

薄板振动系统的劲度取决于板、空气层及安装的状况。板越薄，龙骨间距越大，板的劲度越小，此时空气层劲度起主要作用。由声学原理知空气的体积弹性模量为 $\rho_0 c^2$，空气层厚度为 h 的空气层劲度应为 $K = \rho_0 c^2/h$，于是由式（2-122）可导出薄板共振吸声结构的共振频率近似计算式

$$f_0 = \frac{c}{2\pi}\sqrt{\frac{\rho_0}{mh}} \approx \frac{60}{\sqrt{mh}} \tag{2-123}$$

式中：c——声速，m/s；

ρ_0——空气密度，kg/m^3；

h——空气层厚度，m。

由式（2-123）可知，薄板共振吸声结构的共振频率主要取决于板的面密度与背后空气层的厚度。增大 m 或 h，均可使 f_0 下降。在实际应用中，板厚度通常取 3~6 mm，空气层厚度一般取 3~10 cm，共振频率多为 80~300 Hz，故通常用于低频吸声。但吸声频率范围窄，吸声系数不高，一般为 0.2~0.5（见表 2-34）。

表 2-34　常用薄板共振吸声结构的吸声系数（α_T）

材料	构造/cm	各频率下的吸声系数					
		125 Hz	250 Hz	500 Hz	1 000 Hz	2 000 Hz	4 000 Hz
三夹板	空气层厚度 5，框架间距 45×45	0.21	0.73	0.21	0.19	0.08	0.12
三夹板	空气层厚度 10，框架间距 45×45	0.59	0.38	0.18	0.05	0.04	0.08
五夹板	空气层厚度 5，框架间距 45×45	0.08	0.52	0.17	0.06	0.10	0.12
五夹板	空气层厚度 10，框架间距 45×45	0.41	0.30	0.14	0.05	0.10	0.16
刨花压轧板	板厚度 1.5，空气层厚度 5，框架间距 45×45	0.35	0.27	0.20	0.15	0.25	0.39
木丝板	板厚度 3，空气层厚度 5，框架间距 45×45	0.05	0.30	0.81	0.63	0.70	0.91
木丝板	板厚度 3，空气层厚度 10，框架间距 45×45	0.09	0.36	0.62	0.53	0.71	0.89
草纸板	板厚度 2，空气层厚度 5，框架间距 45×45	0.15	0.49	0.41	0.38	0.51	0.64
草纸板	板厚度 2，空气层厚度 10，框架间距 45×45	0.50	0.48	0.34	0.32	0.49	0.60
胶合板	空气层厚度 5	0.28	0.22	0.17	0.09	0.10	0.11
胶合板	空气层厚度 10	0.34	0.19	0.10	0.09	0.12	0.11

若在薄板与龙骨的交接处放置增加结构阻尼的软材料，如海绵条、毛毡等，或在空气层中适当悬挂矿渣棉、玻璃棉毡等吸声材料，则可使薄板共振结构的吸声性能得到明显改善。采用组合

不同单元大小或不同空气层厚度的薄板结构，或直接采用木丝板、草纸板等可吸收中、高频噪声的板材，可以展宽吸声频带。

　　用刚度很小的弹性材料（如聚乙烯薄膜、漆布、不透气的帆布及人造革等）代替薄板，在其后设置空气层，就构成薄膜共振吸声结构。薄膜结构与薄板结构的吸声机理基本相同，薄板结构固有频率的计算公式同样适用于薄膜结构。一般在膜后填充多孔吸声材料以改善吸声性能。膜的面密度比较小，故其共振频率向高频移动。通常薄膜结构的共振频率为 200～1 000 Hz，最大吸声系数为 0.3～0.4。

（二）穿孔板共振吸声结构

　　在薄板上穿以小孔，在其后与刚性壁面之间留一定深度的空腔所组成的吸声结构称为穿孔板共振吸声结构。按照薄板上穿孔的数目分为单孔共振吸声结构与多孔共振吸声结构。

1. 单孔共振吸声结构

（1）结构

　　单孔共振吸声结构又称为亥姆霍兹共振吸声器或单腔共振吸声器。它是一个封闭的空腔通过腔壁上的小孔与外部空气相通的结构［图 2-26（b）、（c）］，可用陶土、煤渣等烧制或水泥、石膏浇注而成。

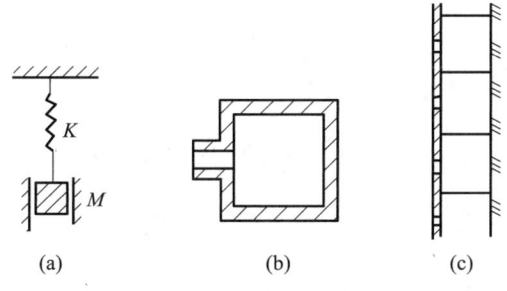

图 2-26　单腔共振吸声结构

（a）质量-弹簧系统；（b）单腔共振吸声结构剖面；（c）单腔共振吸声结构组合

（2）吸声机理

　　单孔共振吸声结构也可比拟为一个弹簧与质量块组成的简单振动系统［图 2-26（a）］，开孔孔颈中的空气柱很短，可视为不可压缩的流体，比拟为振动系统的质量 M，声学上称为声质量；有空气的空腔比作弹簧 K，能抗拒外来声波的压力，称为声顺；当声波入射时，孔颈中的空气柱在声波的作用下便像活塞一样做往复运动，与颈壁发生摩擦使声能转变为热能而损耗，这相当于机械振动的摩擦阻尼，声学上称为声阻。声波传到单孔共振吸声器时，在声波的作用下激发颈中的空气柱做往复运动，当单孔共振吸声器的固有频率与外界声波频率一致时发生共振，这时孔颈中空气柱的振幅最大并且振速达到最大值，因而阻尼最大，消耗声能也最多，从而进行有效的声吸收。

（3）吸声特性

　　单孔共振吸声器的使用条件必须是小孔的尺寸比空腔尺寸小得多，并且外来声波波长大于空腔尺寸。这种吸声结构的特点是吸收低频噪声并且吸收频带较窄（即频率选择性强），因此多用在有明显音调的低频噪声场合。若在颈口处放置一些诸如玻璃棉之类的多孔吸声材料，或加贴一薄层尼龙布等透声织物，则可以增加颈口部分的摩擦阻力，增宽吸声频带。

　　单腔共振吸声器的共振频率一般由下式求出

$$f_0 = \frac{c}{2\pi}\sqrt{\frac{S}{Vl_k}} \tag{2-124}$$

式中：c——声速，一般取 340 m/s；

S——小孔截面积，m^2；

V——空腔体积，m^3；

l_k——小孔有效颈长，m。

若小孔为圆形，则

$$l_k = l + \frac{\pi d}{4} \approx l + 0.8d$$

式中：l——颈的实际长度（即板厚度），m；

d——孔径，m。

从式（2-124）可知，只要改变孔颈尺寸或空腔的体积，就可以得到各种不同共振频率的共振吸声器，与小孔和空腔的形状无关。

2. 多孔共振吸声结构

（1）结构与吸声机理

多孔共振吸声结构实际是单孔共振吸声器的并联组合（图 2-27），故其吸声机理与单孔共振吸声结构相同，但吸声状况大为改善，应用较广泛。

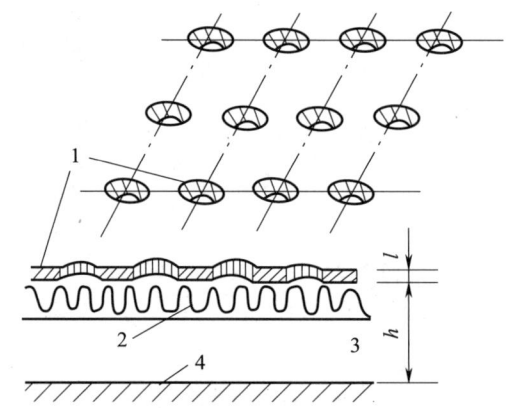

1.穿孔板；2.多孔吸声材料；3.空气层；4.刚性壁面

图 2-27　多孔共振吸声结构示意图

（2）吸声特性及其改善

对于薄板上孔均匀分布且孔大小相同的结构，每个小孔占有的空间体积相同，故多孔共振吸声结构的共振频率应与其单孔共振吸声结构相同。设 S_1 为每个小孔的面积，F 为每个共振单元所占薄板的面积，h 为空腔深度（空气层厚度），则每个共振吸声器占有空腔体积 $V = Fh$；设 P 为穿孔率，$P = S_1/F$；则多孔共振吸声结构的共振频率为

$$f_0 = \frac{c}{2\pi}\sqrt{\frac{S_1}{Fhl_k}} = \frac{c}{2\pi}\sqrt{\frac{P}{hl_k}} \tag{2-125}$$

式中：S_1——单孔截面积，m^2；

V——空腔体积，m^3；

h——空腔深度（空气层厚度），m。

设孔间距为 B，孔径为 d，若小孔按正三角形排列，则穿孔率为

$$P = \frac{\pi\left(\dfrac{d}{B}\right)^2}{2\sqrt{3}}$$

若小孔按正方形排列，则

$$P = \frac{\pi\left(\dfrac{d}{B}\right)^2}{4}$$

当空腔内壁贴多孔吸声材料时

$$l_k = l + 1.2d$$

由式（2-124）、式（2-125）可知，板的穿孔面积越大，吸声的频率越高；空腔越深或板越厚，吸声的频率越低。一般多孔共振吸声结构主要用于吸收低、中频噪声的峰值，吸声系数一般为 0.4~0.7。

设在共振频率 f_0 处的最大吸声系数为 α，则在 f_0 左右能保持吸声系数为 $\alpha/2$ 的频带宽度 Δf 称为吸声带宽。多孔共振吸声结构的吸声带宽较窄，通常仅几十赫兹到两三百赫兹。吸声系数高于 0.5α 的频带宽度 Δf 可依下式估算

$$\Delta f = \frac{4\pi f_0 h}{\lambda_0} \tag{2-126}$$

式中：λ_0——共振频率 f_0 对应的波长。

由式（2-126）知，多孔共振吸声结构的吸声带宽和空腔深度 h 有很大的关系，而空腔深度又影响共振频率的大小，故需合理选择空腔深度。

为增大吸声系数与提高吸声带宽，可采取以下办法：

① 穿孔板孔径取偏小值，以提高孔内阻尼；

② 在穿孔板后蒙薄层玻璃丝布等透声纺织品，以增加孔颈摩擦阻力；

③ 在穿孔板后面的空腔中填放一层多孔吸声材料，材料距板的距离视空腔深度而定，空腔很浅时，可贴紧穿孔板；

④ 组合几种不同尺寸的共振吸声结构，分别吸收一小段频带，使总的吸声频带变宽；

⑤ 采用不同穿孔率，不同空腔深度的多层共振吸声结构，其吸声系数有的可达 0.9 以上，吸声带宽达 2~3 倍频程。

（3）共振吸声结构主要尺寸的确定

设计共振吸声结构时，除可用公式外，为了简便，也常用如图 2-28 所示的列线图进行估算。

图中有有效颈长 l_k、穿孔率 P、共振频率 f_0 与空腔深度 h 四个参数轴与一个参考轴 J，知道其中 3 个参数便可通过参考轴求得第 4 个参数。通常是根据对噪声的频谱分析，确定出需要的共振频率，再根据可供选用的材料及现场空间条件并参考经验数值选定孔径、空腔深度，最后求取穿孔率、孔间距。有时一次不能得到合适的参数，还需要重新选择与设计。

工程上一般取板厚度 2~5 mm，孔径 2~10 mm，穿孔率 1%~10%，空腔深度 100~250 mm 为宜。尺寸超过以上范围，多有不良影响。例如，穿孔率在 20% 以上时，几乎没有共振吸声作用，而仅仅成为护面板了。

【例题 2-3】已知某车间内，设备噪声的频率特性在 360 Hz 附近出现峰值，为降低该频率的噪

声，现拟选用 4 mm 厚的三合板制作多孔共振吸声结构，空腔深度允许有 10 cm，试设计该结构的其他主要参数。

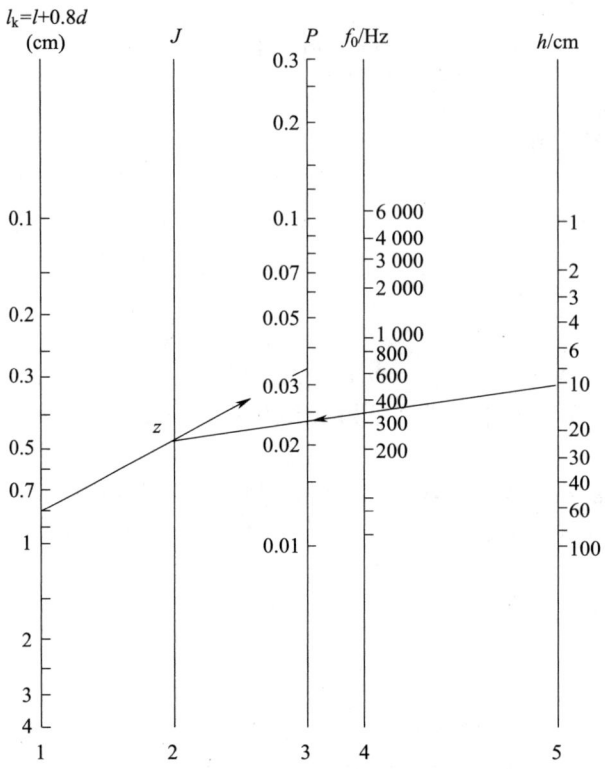

图 2-28　估算多孔吸声结构共振频率的列线图

l. 板厚度/cm；*d.* 孔径/cm；*P.* 穿孔率/%；*h.* 空腔深度/cm；
f_0. 共振频率/Hz；*J.* 参考轴

解： ① 在图 2-28 列线图上用直线连接 $h = 10$ cm 与 $f_0 = 360$ Hz 两点，交 J 轴上一点 z；

② 已知板厚度 $l = 0.4$ cm，根据孔径的经验值选定孔径为 5 mm，则有效颈长为

$$l_k = l + 0.8d = 0.4 + 0.8 \times 0.5 (\mathrm{cm}) = 0.8 (\mathrm{cm})$$

过 l_k 轴上这一点与 z 点作直线，交 P 轴于 0.035，即得穿孔率为 3.5%，与穿孔率经验数值比较，认为可行。若差别较大，则须重选孔径再行计算。

③ 如选定作正三角形排列，计算孔间距

由 $P = \dfrac{\pi\left(\dfrac{d}{B}\right)^2}{2\sqrt{3}}$，得

$$B = \sqrt{\dfrac{\pi d^2}{2\sqrt{3}\,P}} = \sqrt{\dfrac{\pi}{2\sqrt{3}} \times \dfrac{5^2}{0.035}} (\mathrm{mm}) = 25.45 (\mathrm{mm})$$

取孔间距为 25 mm，验算穿孔率

$$P = \dfrac{\pi}{2\sqrt{3} \times \left(\dfrac{5}{25}\right)^2} = 3.63\%$$

通常，在确定多孔共振吸声结构的主要尺寸后，可制作模型在实验室测定其吸声系数；或根据主要尺寸查手册，近似选择相同或相近结构的吸声系数，再按照需要的减噪量计算应铺设的吸声结构面积。为保险起见，宜根据实际情况，对所得面积再乘以一定的安全系数。

（三）微穿孔板吸声结构

为克服穿孔板共振吸声结构吸声频带较窄的缺点，我国著名声学专家马大猷教授于 20 世纪 60 年代研制了微穿孔板吸声结构。

1. 结构

在厚度小于 1 mm 的金属薄板上，钻出许多孔径小于 1 mm 的小孔（穿孔率为 1%~4%），将这种孔小而密的薄板固定在刚性壁面上，并在板后留以适当深度的空腔，便组成了微穿孔板吸声结构。薄板常用铝板或钢板制作，因其板特别薄并且孔特别小，为了与一般穿孔板共振吸声结构相区别，故称为微穿孔板吸声结构。它也有单层、双层（图 2-29）与多层之分。

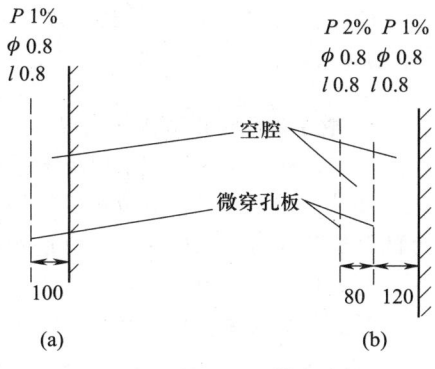

图 2-29　单、双层微穿孔板吸声结构示意图
（a）单层；（b）双层

2. 吸声机理与吸声特性

微穿孔板吸声结构实质上仍属于共振吸声结构，因此其吸声机理相同，均是利用空气柱在小孔中的来回摩擦消耗声能，用空腔深度来控制吸声峰值的共振频率，空腔越深，共振频率越低。但因为其板薄孔细，与普通穿孔板相比，声阻显著增加，声质量显著降低，因此明显提高了吸声系数，增大了吸声频带宽度。

微穿孔板吸声结构的吸声系数很高，有的可达 0.9 以上；吸声频带宽，可达 5 倍频程以上，因此属于性能优良的宽频带吸声结构（见表 2-35）。减小微穿孔板的孔径，提高穿孔率，或使用双层与多层微穿孔板，可增大吸声系数，展宽吸声频带，但孔径太小容易造成堵塞，故多选 0.5~1.0 mm 的孔径，穿孔率多以 1%~3% 为宜。微穿孔板结构吸声峰值的共振频率与多孔共振吸声结构类似，主要由空腔深度决定：若以吸收低频噪声为主，则空腔宜深；若以吸收中、高频噪声为主，则空腔宜浅。空腔深度一般可取 5~20 cm。

表 2-35　微穿孔板吸声系数实测结果

	频率/Hz			125	250	500	1 000	2 000	4 000	
单层微穿孔板	$\phi = 0.8$ $t = 0.8$	$P = 1\%$	$h = 15$	0.37	0.85	0.87	0.2	0.35	—	*
	$\phi = 0.8$ $t = 0.8$	$P = 2\%$	$h = 20$	0.40	0.83	0.54	0.77	0.28	—	*
	$\phi = 0.8$ $t = 0.8$	$P = 2\%$	$h = 15$	0.18	0.43	0.57	0.32	0.33	0.34	△
			$h = 20$	0.19	0.50	0.45	0.35	0.36	0.19	

续表

频率/Hz			125	250	500	1 000	2 000	4 000	
双层微穿孔板	$\phi = 0.8$　$P_1 = 2\%$　$h_f = 8$		0.48	0.97	0.93	0.64	0.15	—	*
	$t = 0.8$　$P_2 = 1\%$　$h_b = 12$								
	$\phi = 0.8$　$P_1 = 2\%$　$h_f = 8$		0.41	0.91	0.61	0.61	0.31	0.30	△
	$t = 0.8$　$P_2 = 1\%$　$h_b = 12$								

注：ϕ—孔径，mm；t—板厚度，mm；P—穿孔率，%；P_1—前板穿孔率，%；P_2—后板穿孔率，%；*—驻波管法；△—混响室法；h—空腔深度，cm；h_f—前空腔深度，cm；h_b—后空腔深度，cm。

3. 微穿孔板吸声结构的应用

它可广泛用于多种需采用吸声措施的地方，包括高速气流管道中。它耐高温、耐腐蚀，不怕潮湿和冲击，甚至可承受短暂的火焰。同时，微穿孔板结构简单，设计计算理论成熟，其吸声特性的理论计算与制成后的实测值很接近，而一般吸声材料或结构的吸声系数则要靠试验测量，理论只起定性指导作用，因此它是我国声学工作者对噪声控制技术的一个较大贡献。

微穿孔板的缺点是孔小，易堵塞，宜用于清洁的场所，并且微孔加工目前成本较高。

（四）薄塑盒式吸声体

共振吸声结构除上述几种外，近些年又有一种称为薄塑盒式吸声体的结构，如图 2-30 所示。

用塑料制成的若干排小盒固定于塑料基板上，每个小盒皆为封闭腔体。当声波入射时，盒面薄片发生弯曲振动，盒内密封的空气体积也随之发生变化，使四侧薄片也发生弯曲振动，在塑料片的阻尼作用下声能被消耗。当入射声波的频率与盒体的固有频率相同时发生共振，可得最大吸声系数。塑料的阻尼较大，并且可制造为几种不同体积的盒体，因此薄塑盒式吸声体在较宽的频带范围内有较好的吸声性能。为使盒体的共振频率相互错开，每个小盒通常由两个体积不等的空腔组成。

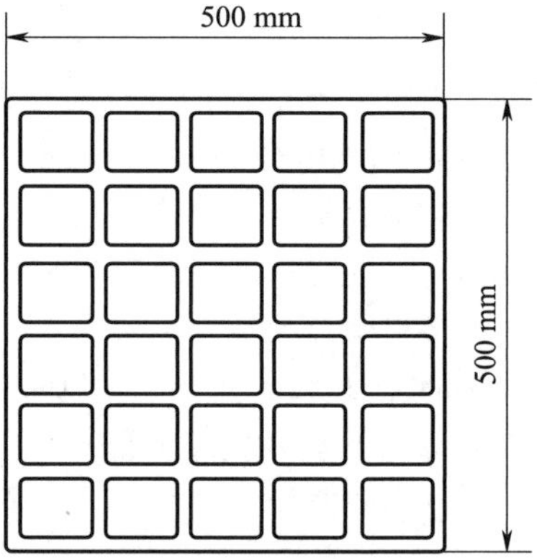

图 2-30　薄塑盒式吸声体正视图例

四、空间吸声体

将有护面的多孔吸声结构做成各种各样形状的单块，称为吸声体。单块按一定间距排列，悬挂在天花板下。吸声体除了正对声源的一面可以吸收入射声能外，通过吸声体间空隙衍射或反射到背面、侧面的声能也都能得到吸收，这种悬挂的立体多面吸声结构称为空间吸声体，如图 2-31 所示。其中以平板矩形最为常用。

由于空间吸声体有效的吸声面积比投影面积大得多，按投影面积计算其吸声系数可大于 1。因此，只要吸声体投影面积为天花板面积的 40% 左右，就能达到满铺吸声材料的效果，使造价降低。空间吸声体可在工厂预制，现场施工简单，不影响生产，其形状多种多样，还可起到一定的装饰作用。

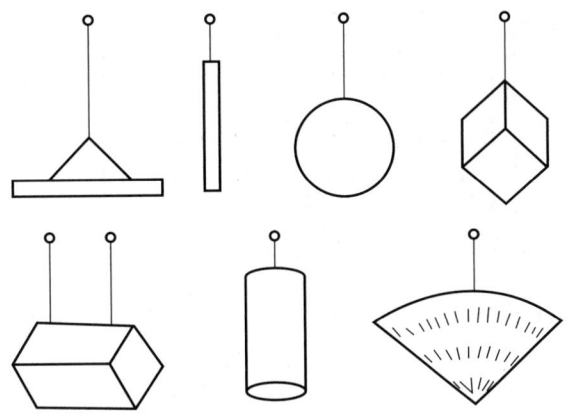

图 2-31　空间吸声体的几种类型

空间吸声体主要用于混响大的房间，以及车间内噪声过高而又无法隔绝或布置吸声材料的面积受到限制（如房间体积小，壁面凹凸不平）的场合。尤其对于大型车间与有"声聚焦"的壳体建筑，使用空间吸声体效果很好。例如，北京针织总厂地下车间悬挂空间吸声体后，消除了声聚焦，使有的位置噪声下降 17 dB 之多。

使用空间吸声体时应注意以下几个方面：

1. 空间吸声体的面积比值

空间吸声体的面积比值指空间吸声体投影面积与天花板面积之比。该比值对吸声效果影响最大，通常取天花板面积的 40% 或室内总表面积的 20% 左右。

2. 悬挂高度与排列方式

对于大型厂房，悬挂离顶高度一般宜为房间净高的 1/7~1/5；对于小型厂房，一般悬挂在离顶 0.5~0.8 m 处。排列方式常用集中式、棋盘格式、长条式三种，其中以长条式效果最好。

3. 空间吸声体单块面积与悬挂间距

单块面积和悬挂间距应视房间面积、跨度、屋架、屋高、柱网等具体情况而定。单元尺寸大，单块面积可选 5~11 m²；单元尺寸小，单块可选 2~4 m²。悬挂间距对大、中型厂房可取 0.8~1.6 m；小型厂房可取 0.4~0.8 m。

五、室内吸声降噪

（一）室内声场

1. 室内声场的声压级

当室内声源 S 发出声波后，碰到室内各表面多次反射，形成混响声。室内某点接收到的是直达声和反射声的叠加结果，图 2-32 为直达声与反射声的传播示意图。

物体表面对声音的反射能力越大，混响声也越强，室内的噪声级就提高得越多。噪声碰到吸声材料、吸声结构、吸声体或吸声屏后，一部分声能被吸收掉，使反射声能减弱，总的噪声级就会降低。因此，吸声处理方法只能吸收反射声，也就是说只能降低室内混响声，对直达声没有什么效果。

一个房间吸声处理后的实际吸声量，不仅与吸声系数的大小有关，而且还与使用吸声材料的

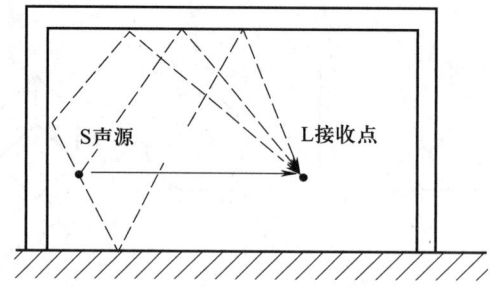

图 2-32 直达声与反射声的传播示意图（实线为直达声，虚线为反射声）

面积有关。若某房间墙面上装饰多种材料，则该房间的总吸声量为

$$A = S_1\alpha_1 + S_2\alpha_2 + \cdots + S_n\alpha_n = \sum S_i\alpha_i \tag{2-127}$$

房间吸声系数的平均值为

$$\bar{\alpha} = \frac{S_1\alpha_1 + S_2\alpha_2 + \cdots + S_n\alpha_n}{S_1 + S_2 + \cdots + S_n} = \frac{\sum S_i\alpha_i}{\sum S_i} \tag{2-128}$$

房间内某点的噪声由直达声与反射声两部分构成。

直达声的声压级 L_{pd} 为

$$L_{pd} = L_W + 10 \lg \frac{Q}{4\pi r^2} \tag{2-129}$$

反射声的声压级 L_{pr} 为

$$L_{pr} = L_W + 10 \lg \frac{4}{R} \tag{2-130}$$

房间内直达声和反射声叠加后总声压级 L_p 为

$$L_p = L_W + 10 \lg\left(\frac{Q}{4\pi r^2} + \frac{4}{R}\right) \tag{2-131}$$

式中：L_p——房间内某接收点的声压级，dB；

L_W——噪声源的声功率级，dB；

$\dfrac{Q}{4\pi r^2}$——表示直达声场的作用；

r——接收点与噪声源的距离，m；

Q——噪声源的指向性因数，可由表 2-36 查得；

$\dfrac{4}{R}$——表示混响声场（反射声）的作用；

R——房间常数，m^2。

$$R = \frac{S\bar{\alpha}}{1-\bar{\alpha}}$$

式中：S——房间的总表面积，m^2；

$\bar{\alpha}$——房间吸声系数的平均值。

表 2-36 噪声源的指向性因数

声源位置	指向性因数 Q
房间内几何中心	1
房间内地面或某墙面中心	2
房间内某一边线中心点	4
房间内八个角处之一	8

2. 混响半径

由式（2-131）可知，在声源的声功率级为定值时，房间内的声压级由接收点与噪声源的距离 r 和房间常数 R 决定。当接收点离噪声源很近时，$\dfrac{Q}{4\pi r^2} \gg \dfrac{4}{R}$，室内声场以直达声为主，混响声可以忽略；当接收点离噪声源很远时，$\dfrac{Q}{4\pi r^2} \ll \dfrac{4}{R}$，室内声场以混响声为主，直达声可以忽略，这时声压级 L_p 与距离无关；当 $\dfrac{Q}{4\pi r^2} = \dfrac{4}{R}$ 时，直达声与混响声的声能密度相等，这时的距离 r 称为临界半径，记作 r_c。

$$r_c = \frac{1}{4}\sqrt{\frac{QR}{\pi}} = 0.14\sqrt{QR} \qquad (2-132)$$

当 $Q=1$ 时的临界半径又称为混响半径。

由于吸声降噪是通过吸声材料将入射到房间壁面的声能吸收掉，从而降低室内噪声，因此，它只对混响声起作用，当接收点与噪声源的距离小于临界半径时，吸声处理对该点的降噪效果不大；反之，当接收点离噪声源的距离大大超过临界半径时，吸声处理才有明显的效果。

3. 室内声衰减和混响时间

当噪声源开始向室内辐射声能时，声波在室内空间传播，当遇到壁面时，部分声能被吸收，部分被反射；声能在声波的继续传播中多次被吸收和反射，在空间中形成了一定的声能密度分布。随着噪声源不断供给能量，室内声能密度将随时间增加，当单位时间内被室内吸收的声能与声源供给的声能相等时，室内声能密度不再增加而处于稳定状态。一般情况下，仅需 1~2 s 的时间，声能密度的分布即接近于稳态。

当声场处于稳态时，若声源突然停止发声，则室内各点的声能并不立即消失，而要有一个过程。首先是直达声消失，反射声将继续下去。每反射一次，声能被吸收一部分，因此，室内声能密度逐渐减弱，直到完全消失。这一过程称为"混响过程"，在此过程中，室内声能密度随时间作指数衰减，房间的内表面积越大，吸声量也越大，衰减越快，房间的容积越大，衰减越慢。

混响理论是 W. C. Sabine 在 1900 年提出的。混响时间是表征房间混响声学特性的物理量，混响时间的定量计算，目前仍是厅堂音质设计中重要的音质参量。

在室内混响声场达到稳态后停止发声，声能密度衰减到原来的百万分之一，即衰减 60 dB 所需的时间，定义为混响时间，以 T_{60} 表示。据此定义可得其计算式

$$T_{60} = \frac{0.161V}{-S\ln(1-\overline{\alpha}) + 4mV} \qquad (2-133)$$

式中：T_{60}——混响时间，s；

       V——房间容积，m^3；

      $4m$——空气吸收系数。

空气吸收系数 $4m$ 与相对湿度和声波的频率有关，$4m$ 随频率的升高而增大，对于低于 2 000 Hz 的声音，$4m$ 的影响可以忽略。室温下，$4m$ 与频率和相对湿度之间的关系见表 2-37。当室内声音频率低于 2 000 Hz 且吸声系数的平均值 $\overline{\alpha} < 0.2$ 时，$-\ln(1-\overline{\alpha}) \approx \overline{\alpha}$，式（2-133）可简化为

$$T_{60} = \frac{0.161V}{S\overline{\alpha}} \qquad (2-134)$$

这就是 Sabine 公式，是 W. C. Sabine 通过大量实验首先得出的混响时间的计算式。

表 2-37　空气吸收系数 $4m$ 与频率和相对湿度的关系（20 ℃）

频率/Hz	室内相对湿度/%			
	30	40	50	60
2 000	0.012	0.010	0.010	0.009
4 000	0.038	0.029	0.024	0.022
6 000	0.084	0.062	0.050	0.043

混响时间的长短直接影响到室内的音质，混响时间过长会使人感到声音混浊不清，过短又缺乏共鸣感，要达到良好的音质效果，可以通过调整各频率的吸声系数的平均值 $\overline{\alpha}$，以获得各主要频率的最佳混响时间。

（二）吸声降噪量

由式（2-131）可知，在室内空间位置确定的某点，当噪声源声功率级 L_W 和噪声源指向性因数 Q 确定后，只有改变房间常数 R，才能使 L_p 值发生变化。房间常数 R 是反映房间声学特性的主要参数，与噪声源的性质无关。

假设室内吸声处理前后的声压级、房间常数和吸声系数的平均值分别为 L_{p1}、L_{p2}、R_1、R_2 和 $\overline{\alpha}_1$、$\overline{\alpha}_2$，则吸声处理前后距离声源噪 r 处相应的声压级分别为

$$L_{p1} = L_W + 10\lg\left(\frac{Q}{4\pi r^2} + \frac{4}{R_1}\right) \qquad (2-135)$$

$$L_{p2} = L_W + 10\lg\left(\frac{Q}{4\pi r^2} + \frac{4}{R_2}\right) \qquad (2-136)$$

吸声降噪量 ΔL_p 为

$$\Delta L_p = L_{p1} - L_{p2} = 10\lg\frac{\dfrac{Q}{4\pi r^2} + \dfrac{4}{R_1}}{\dfrac{Q}{4\pi r^2} + \dfrac{4}{R_2}}$$

在噪声源附近，直达声占主导地位，即 $\dfrac{Q}{4\pi r^2} \gg \dfrac{4}{R}$，略去 $\dfrac{4}{R}$ 项，则 $\Delta L_p = 0$，说明吸声处理对近

声场无降噪效果；在距噪声源足够远处，混响声占主导地位，即 $\dfrac{Q}{4\pi r^2} \ll \dfrac{4}{R}$，略去 $\dfrac{Q}{4\pi r^2}$ 项，则

$$\Delta L_p \approx 10 \lg \frac{R_2}{R_1} = 10 \lg \frac{\overline{\alpha}_2(1-\overline{\alpha}_1)}{\overline{\alpha}_1(1-\overline{\alpha}_2)} \tag{2-137}$$

此式适用于远离噪声源足够远处的吸声降噪量的估算。对于一般室内稳态声场，如工厂厂房，都是砖及混凝土砌墙、水泥地面与天花板，吸声系数都很小，因此 $\overline{\alpha}_1\overline{\alpha}_2$ 远小于 $\overline{\alpha}_1$ 或 $\overline{\alpha}_2$，则式（2-137）可简化为

$$\Delta L_p = 10 \lg \frac{\overline{\alpha}_2}{\overline{\alpha}_1} \tag{2-138}$$

由于 $\overline{\alpha}_1$ 和 $\overline{\alpha}_2$ 通常是按实测混响时间 T_{60} 得到的，若以 T_1 和 T_2 分别表示吸声处理前后的混响时间，则利用式（2-134）和式（2-138）可得

$$\Delta L_p = 10 \lg \frac{T_1}{T_2} \tag{2-139}$$

按式（2-138）和式（2-139）将室内吸声状况和相应的吸声降噪量列于表 2-38。

表 2-38 室内吸声状况与相应的吸声降噪量

$\overline{\alpha}_2/\overline{\alpha}_1$ 或 T_1/T_2	1	2	3	4	5	6	8	10	20	40
ΔL_p/dB	0	3	5	6	7	8	9	10	13	16

（三）吸声降噪的计算

1. 吸声降噪措施的应用范围

吸声处理只能降低反射声的影响，对直达声是无能为力的，不能希望通过吸声处理而降低直达声。吸声降噪的效果是有限的，其降噪量一般为 3~10 dB。吸声降噪的实际效果主要取决于所用吸声材料或吸声结构的吸声性能、室内表面情况、室内容积、室内声场分布、噪声频谱，以及吸声结构安装位置是否合理等因素。选用吸声降噪措施时应考虑以下因素：

（1）原房间的吸声情况

只有当原房间内壁面吸声系数的平均值较小时（如壁面采用吸声系数较小的坚硬而光滑的混凝土抹面），采用吸声降噪措施，才能收到良好效果；如原房间壁面及物体已具有一定的吸声量，即吸声系数较大，再采取吸声降噪措施，效果则非常有限。原则上，吸声处理后的吸声系数的平均值应比处理前大两倍以上，吸声降噪才有明显效果，即噪声降低 3 dB 以上。

（2）室内的声源情况

若室内分散布置多个噪声源（如纺织厂的织布车间），则对每个噪声源进行降噪处理比较困难，因室内各处直达声都很强，吸声处理效果有限，一般吸声降噪量仅为 3~4 dB，但由于减少了混响声能，室内工作人员主观感觉上消除了来自四面八方的噪声干扰，反应良好。吸声处理对接近噪声源的接收者效果较差，对远离噪声源的接收者效果较好，而对环境噪声的降低效果更为显著。

（3）房间的形状、大小及所用吸声材料或吸声结构的布置

在容积大的房间内，噪声源附近近似自由声场，直达声占优势，吸声处理效果较差。在容积

小的房间内，反射声的声能量所占比例很大，吸声处理效果就比较理想。实践经验表明，当房间容积小于 3 000 m³ 时，采用吸声处理效果较好；或者房间虽大，但其体形向一个方向延伸，天花板较低，长度或宽度大于其高度的 5 倍，这种情况下采用吸声降噪措施，效果比同体积的立方体房间要好；拱形屋顶，有声聚焦的房间，采用吸声降噪措施效果最好。吸声材料和吸声结构应布置在噪声最强烈的地方。房间高度小于 6 m 时，应将一部分或全部顶棚进行吸声处理；若房间高度大于 6 m，则最好在噪声源附近的墙壁上进行吸声处理或在其附近设置吸声屏或吸声体。

（4）吸声材料的吸声性能及价格

选用吸声材料和吸声结构时，应有利于降低声源频谱的峰值频率噪声，尤其是中、高频峰值频率噪声的降低，此时对吸声降噪效果的影响最为明显。所用吸声材料和吸声结构的吸声性能应比较稳定，价格低廉，施工方便，符合卫生要求，对人无害，还应防火、美观、经久耐用。

实际工程中，对一个未经吸声处理的车间采用适当的吸声降噪措施，使车间内的噪声平均降低 5~7 dB 是比较切实可行的。要想获得更高的减噪效果，难度会大幅度增加，往往得不偿失。但吸声处理后使噪声降低 5~7 dB 已经可以产生良好的减噪效果，主观感觉上噪声明显变轻，实现了技术可行、经济合理。

2. 吸声降噪设计的一般步骤

对室内采取吸声降噪措施，设计工作的步骤与其他噪声控制步骤大致相同，但在具体技术细节上有其特殊性。吸声降噪设计工作步骤简述如下：

① 了解噪声源的声学特性。首先要了解噪声源的倍频程声功率级和总声功率级。可根据产品的噪声指标确定定型机电设备的声功率级，如果缺乏现成的噪声资料，就应在实验室或现场预先测定。其次应了解噪声源的指向特性。在噪声控制工程中，噪声源的几何尺寸一般不大，可将其视为点声源，指向性因数 Q 值由噪声源在房间内的位置确定。

② 了解房间的几何性质及吸声处理前的声学特性。主要了解房间的容积和壁面的总面积。房间内可移动物体（如车间内的机电设备）所占的体积不必在房间总容积内扣除，其表面积也不必计算在壁面总面积内。此外，应注意房间的几何形状，特别应注意房间内是否存在凹反射面，以及房间的长度、宽度和高度是否可相比拟，即房间的几何形状是否能保证房间内的声场近似为完全扩散的声场。房间的声学特性一般由壁面无规入射吸声系数 α_1 或吸声量 A 来反映。在吸声处理前，须根据各壁面材料的吸声系数求出房间各倍频程的吸声系数的平均值 $\overline{\alpha}_1$，或通过现场测量相关参数（如混响时间等）求出 $\overline{\alpha}_1$ 或 A。普通建筑材料无规入射吸声系数见表 2-39。房间中人和家具的无规入射吸声系数见表 2-40。

表 2-39　普通建筑材料无规入射吸声系数

普通建筑材料	各频率下的吸声系数					
	125 Hz	250 Hz	500 Hz	1 000 Hz	2 000 Hz	4 000 Hz
砖墙（墙面不勾缝）	0.15	0.19	0.21	0.28	0.38	0.46
砖墙（墙面勾缝）	0.03	0.03	0.04	0.05	0.06	0.06
砖墙（墙面抹灰）	0.02	0.02	0.02	0.03	0.04	0.04
砖墙（墙面抹灰并涂油漆）	0.01	0.01	0.02	0.02	0.02	0.02

普通建筑材料	各频率下的吸声系数					
	125 Hz	250 Hz	500 Hz	1 000 Hz	2 000 Hz	4 000 Hz
普通混凝土地面	0.01	0.02	0.02	0.02	0.04	0.04
混凝土地面（涂油漆）	0.01	0.01	0.01	0.02	0.02	0.02
水磨石地面	0.01	0.01	0.01	0.02	0.02	0.02
钢丝网抹石灰砂浆	0.04	0.05	0.06	0.08	0.04	0.06
木板条抹石灰砂浆	0.02	—	0.03	—	0.04	—
地毯（绒毛层厚 10 mm）	0.10	0.10	0.30	0.30	0.27	—
地毯（绒毛层厚 9 mm，铺在混凝土地面）	0.09	0.08	0.21	0.26	0.27	0.37
地毯（绒毛层厚 9 mm，铺在 3 mm 厚的毡垫上）	0.11	0.14	0.37	0.43	0.27	0.30
橡胶地毯（铺在混凝土地面上）	0.04	0.04	0.08	0.20	0.08	—
门窗帘（绸缎，0.34 kg/m² ，无褶皱）	0.04	—	0.11	—	0.30	—
门窗帘（棉布，0.5 kg/m² ，有褶皱）	0.07	—	0.47	—	0.66	—
门窗帘（长毛绒，0.65 kg/m² ，有褶皱）	0.14	0.35	0.55	0.72	0.70	0.65
玻璃窗	0.30	0.20	0.15	0.10	0.06	0.04
胶合板（贴有裱糊纸）	0.12	0.12	0.06	0.08	0.09	0.12
木墙裙	0.10	0.10	0.10	0.08	0.08	0.11
木镶板	0.08	—	0.06	—	0.06	—
木地板	0.15	0.11	0.10	0.06	0.07	0.07
铺实木地板（下面为沥青层）	0.04	0.04	0.07	0.06	0.06	0.07

表 2-40 房间中人和家具的无规入射吸声系数

人和家具	各频率下的吸声系数					
	125 Hz	250 Hz	500 Hz	1 000 Hz	2 000 Hz	4 000 Hz
单个的人	0.30	0.39	0.44	0.51	0.56	0.53
胶合板制椅子	0.01	0.02	0.02	0.03	0.05	0.05
坐有人员的木椅	0.14	0.28	0.44	0.51	0.55	0.46
软椅（包钉布料）	0.15	0.20	0.20	0.25	0.30	0.30
半软椅	0.08	0.10	0.15	0.15	0.20	0.20
沙发	0.23	0.37	0.42	0.44	0.42	0.37
办公桌	0.09	—	0.10	—	0.11	—

③ 首先确定吸声处理前须做噪声控制处的实际倍频程声压级 L_{p1i}。其次根据噪声的容许标准，确定控制处应达到的倍频程声压级 L_{p2i}。根据实际噪声级数值与容许标准间的差值，即可确定各倍频程所需的降噪量。

④ 根据吸声处理应达到的减噪量，求出吸声处理后相应的壁面各倍频程吸声系数的平均值 $\overline{\alpha}_2$，确定需要增加的吸声量。

⑤ 合理选用吸声材料的种类及吸声结构的类型，确定吸声材料的厚度、容重、吸声系数，计算所需吸声材料的面积，确定安装方式。

应注意，房间内可供铺设吸声材料或吸声结构的面积有一定限制。如果做吸声处理后要求达到的吸声系数的平均值过大（如大于 0.5），那么实际上就很难实现。表明这时单纯采用吸声处理不能达到预期要求，必须另作考虑。

【例题 2-4】 某车间长 16 m、宽 8 m、高 3 m，在侧墙边有两台机床，其噪声波及整个车间。采用吸声降噪措施，使距机床 8 m 处噪声降至噪声评价数曲线 NR-55，试做吸声降噪设计。

解：该吸声降噪设计按如下步骤进行（有关数据见表 2-41）：

表 2-41 吸声降噪设计数据

序号	项目	各倍频程中心频率下的参数						说明
		125 Hz	250 Hz	500 Hz	1 000 Hz	2 000 Hz	4 000 Hz	
①	距机床 8 m 处噪声各倍频程声压级/dB	70	62	65	60	56	53	实测值
②	噪声容许标准/dB	70	63	58	55	52	50	噪声评价数曲线 NR-55
③	所需降噪量/dB	—	—	7	5	4	3	①-②
④	处理前的吸声系数的平均值 $\overline{\alpha}_1$	0.06	0.08	0.08	0.09	0.11	0.11	实测或计算

序号	项目	各倍频程中心频率下的参数						说明
		125 Hz	250 Hz	500 Hz	1 000 Hz	2 000 Hz	4 000 Hz	
⑤	处理后应有的吸声系数的平均值 $\overline{\alpha}_2$	0.06	0.08	0.40	0.29	0.28	0.22	按式（2-138）计算
⑥	现有吸声量/m²	24	32	32	36	44	44	$A_1 = S\overline{\alpha}_1$, $S = 400 \ m^2$
⑦	应有吸声量/m²	24	32	160	113.8	110.5	87.8	$A_2 = S\overline{\alpha}_2$
⑧	需要增加的吸声量/m²	0	0	128	77.8	66.5	43.8	⑦-⑥
⑨	选用穿孔板加超细玻璃棉的吸声系数 α	0.11	0.36	0.89	0.71	0.79	0.75	查表
⑩	所需吸声材料数量/m²	0	0	144.3	109.7	84.2	58.4	⑧÷⑨

① 在设计前现场测量距机床 8 m 处噪声各倍频程声压级数值。

② 根据噪声控制目标值，查噪声评价数曲线 NR-55，得各倍频程允许的声压级数值。

③ 计算各倍频程声压级所需的降噪值。

④ 由 $\overline{\alpha}_1 = \dfrac{\sum S_i \alpha_i}{\sum S_i}$ 计算吸声处理前的吸声系数的平均值或进行实际测量。

⑤ 根据所需降噪量及 $\overline{\alpha}_1$ 由式（2-138）求出处理后应有的吸声系数的平均值 $\overline{\alpha}_2$。即 $\overline{\alpha}_2 = \overline{\alpha}_1 \cdot 10^{0.1\Delta L_p}$，如 500 Hz 处应有的吸声系数为

$$\overline{\alpha}_2 = 0.08 \times 10^{0.1 \times 7} \approx 0.4$$

⑥ 计算现有吸声量 A_1，该房间的内表面积 $S = 400 \ m^2$，则在 500 Hz 处的吸声量为

$$A_1 = S\overline{\alpha}_1 = 400 \times 0.08 (m^2) = 32 (m^2)$$

⑦ 计算应有吸声量。在 500 Hz 处的吸声量为

$$A_2 = S\overline{\alpha}_2 = 400 \times 0.4 (m^2) = 160 (m^2)$$

⑧ 计算需要增加的吸声量。在 500 Hz 处为

$$A_2 - A_1 = 160 - 32 (m^2) = 128 (m^2)$$

⑨ 选用穿孔板加超细玻璃棉吸声结构。穿孔板 $\phi = 5$，$P = 25\%$，$l = 2$，吸声层厚 5 cm。

⑩ 计算所需吸声材料的数量。在 500 Hz 处，所需吸声材料的数量为

$$128 \div 0.89 (m^2) \approx 143.8 (m^2)$$

比较各个频率下所需吸声材料数量值，取其最大值作为本项目所需吸声材料数量。

由计算结果可知，室内加装 143.8 m² 吸声组合结构，即可满足 NR-55 的要求。

（四）吸声降噪实例

某冷冻站车间长 60 m、宽 18 m，平均高 10.3 m。车间内装有 22 台 25 CF 螺杆式制冷机组，单台机组制冷量为 903 767 MJ/h，转速为 2 950 r/min，电动机功率为 500 kW。由于该机房壁面为混

凝土弓形屋架铺大型屋面板和砖墙结构，反射声很强，混响时间长。经现场测定，单台机组运行时，距离 1 m 处的噪声级为 93~100 dB，平均为 94 dB，并以中频噪声为主。22 台机组同时运行时车间内平均噪声级为 100 dB 以上。要求采用吸声降噪措施。

针对该车间的实际情况，采用的吸声设计如下：在车间顶部悬挂 32 块空间吸声板，每块面积为 5.2×2.2 m²，厚 7.5 cm，空间吸声板总面积为 366 m²，占整个顶部面积的 34%。空间吸声板以角钢为骨架，下方以钢板网作护面，内填容重为 20 kg/m³ 的超细玻璃棉（外包一层玻璃布），每块重 270 kg。空间吸声板的悬挂方式见图 2-33。

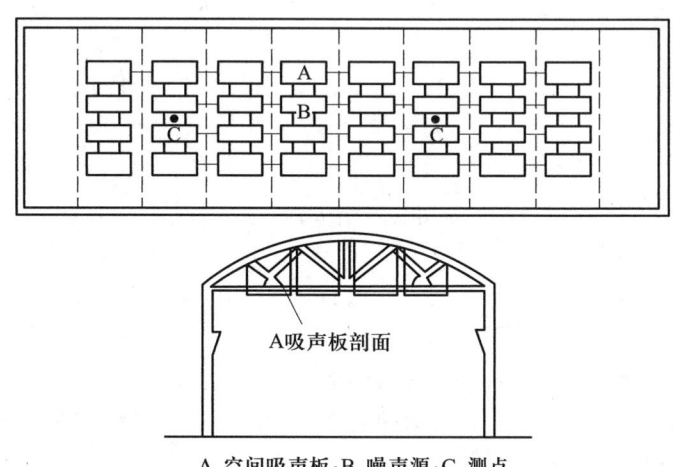

A. 空间吸声板；B. 噪声源；C. 测点

图 2-33　冷冻站车间水平悬挂空间吸声板及剖面

由于空间吸声板双面都起吸声作用，吸声系数较高，从而使吸声面积减少，节省投资。吸声处理后，该冷冻站车间内实测的噪声级降到 88~91 dB，混响时间由原来的 5 s 降到 1.7 s，主观感觉有明显改善，基本达到了预期效果。但并没有使车间内平均噪声级控制在噪声容许标准以内。

从该实例中可以看出，对这样的高噪声车间仅靠吸声措施很难达到噪声的允许标准。若想达到较理想的治理效果，须对噪声源做隔声处理（在噪声源附近设置隔声屏），或控制噪声源排放，或采取个人防护措施等。

第五节　消　声

一、消声器的分类、评价与评价量

消声器是一种在允许气流通过的同时，又能有效地阻止或减弱声能向外传播的装置。它是降低空气动力性噪声的主要技术措施，主要安装在进、排气口或气流通过的管道中。通常一个性能好的消声器，可使气流噪声降低 20~40 dB，因此在噪声控制领域广泛应用。

（一）消声器的分类

消声器的种类和结构形式很多，按其消声机理大体分为四类：阻性消声器、抗性消声器、微穿孔板消声器和扩散消声器。

阻性消声器是一种吸收型消声器，其原理是将吸声材料固定在气流通过的通道内，利用声波在多孔吸声材料中传播时的摩擦阻力和黏滞阻力将声能转化为热能，达到消声目的。其特点是对中、高频噪声有良好的消声性能，但对低频消声性能较差。主要用于控制风机的进排气噪声、燃气轮机进气噪声等。

抗性消声器适用于消除低、中频的窄带噪声，主要用于脉动性气流噪声的消除，如空气压缩机的进气噪声、内燃机的排气噪声等。

微穿孔板消声器具有较好的宽频带消声特性，主要用于超净化空调系统、高温或潮湿环境及其他对环境清洁要求较高的场合。

扩散消声器同样具有宽频带的消声特性，主要用于消除高压气体的排放噪声，如锅炉排气、高炉放风等。

在实际应用中，通常采用两种或两种以上机理制成复合型消声器。此外，还有一些特殊型消声器，如喷雾消声器、引射掺冷消声器、电子消声器（又称为有源消声器）等。

（二）消声器的评价

评价消声器性能通常参考以下四个指标：

① 消声性能：在使用现场正常工作时，对所要求的频带范围有足够大的消声量；

② 空气动力性能：具备良好的空气动力性能及较小的气流阻力，且阻力损失和功率损失在实际允许的范围内可控，不影响气动设备的正常工作；

③ 结构性能：空间位置合理、体积小、质量小及结构简单，便于制作安装和维修；

④ 经济性：成本较低且经久耐用。

以上四个指标互相联系又互相制约，应根据实际情况有所侧重。

（三）消声器的声学性能评价量

消声量是评价消声器声学性能好坏的重要指标，通常用以下四个参数表征。

1. 插入损失 L_{IL}

插入损失指在声源与监测点之间插入消声器前后，在某一固定测点所测得的声压级差，即

$$L_{\text{IL}} = L_{p1} - L_{p2} \tag{2-140}$$

式中：L_{p1}——安装消声器前监测点的声压级，dB；

$\quad\quad L_{p2}$——安装消声器后监测点的声压级，dB。

用插入损失作为评价量直观实用，测量简单，最常用于现场测量消声器消声量。但插入损失不仅取决于消声器本身的性能，而且与声源、末端负载以及系统总体装置的情况紧密相关，因此适合现场测量评价安装消声器前后的综合效果。

2. 传递损失 L_{R}

传递损失指消声器进口端入射声的声功率级与消声器出口端透射声的声功率级之差，即

$$L_{\text{R}} = 10 \lg \frac{W_1}{W_2} = L_{\text{W1}} - L_{\text{W2}} \tag{2-141}$$

式中：L_{W1}——消声器进口处的声功率级，dB；

$\quad\quad L_{\text{W2}}$——消声器出口处的声功率级，dB。

由于声功率级无法直接测得，一般通过测量声压级值来计算声功率级和传递损失。传递损失

反映的是消声器自身的特性，与声源和末端负载等因素无关，因此适用于理论分析计算和在实验室中检验消声器自身的消声特性。

3. 减噪量 L_{NR}

减噪量指消声器进口端和出口端的平均声压级差，即

$$L_{NR} = \overline{L}_{p1} - \overline{L}_{p2} \tag{2-142}$$

式中：$\overline{L}_{p1}$——消声器进口端平均声压级，dB；

$\quad\quad\overline{L}_{p2}$——消声器出口端平均声压级，dB。

该测量方法是在严格按传递损失测量有困难时可采用的一种简单测量方法，但易受环境噪声影响，测量误差较大。现场测量使用较少，有时用于消声器台架测量分析。

4. 衰减量 L_A

衰减量指消声器通道内沿轴向的声级变化，通常以消声器单位长度上的声衰减量（dB/m）表征。该方法只适用于声学材料在较长管道内连续均匀分布的直通管道消声器。

二、阻性消声器

阻性消声器消声原理是利用装置在通道内的吸声材料或吸声结构的吸声作用不断吸收沿通道传播的噪声，从而达到消声目的。其可实现在较宽的中、高频范围内消声，特别是对刺耳的高频噪声消声效果明显。但在高温、高速、含水蒸气、含尘、含油以及对吸声材料有腐蚀性的气体中使用寿命短、消声效果差，对低频噪声消声效果不理想，存在高频失效现象。

阻性消声器的种类繁多，一般按气流通道的几何形状分为直管式、折板式、声流式、片式、蜂窝式、迷宫式、盘式和室式等，见图 2-34。

（一）单通道直管式消声器

单通道直管式消声器是最简单的阻性消声器，结构形式见图 2-34（a）。其原理为在一个直管道内壁衬贴一层厚度均匀的多孔吸声材料。当通道中传播的声波波长大于通道相应截面尺寸时（对于矩形截面通道，a 为长边，$\lambda > a/2$；对于半径为 a 的圆形通道，$\lambda > 0.3a$），通道中声波为平面波。由于衬贴材料的吸声作用，声波的能量随着在通道中传播而衰减。通道中被激发的高次声波经多次反射后实现衰减。常用的计算消声量的公式是 A. N. 别洛夫公式，即

$$L_A = \varphi(\alpha_0)\frac{P}{S}L \tag{2-143}$$

式中：L_A——消声量，dB；

$\quad\quad P$——消声器通道截面的有效周长，m；

$\quad\quad S$——消声器通道截面的有效截面积，m^2；

$\quad\quad L$——消声器有效长度，m；

$\quad\quad \alpha_0$——垂直入射吸声系数；

$\quad\quad \varphi(\alpha_0)$——由 α_0 所确定的消声系数，其关系式为

$$\varphi(\alpha_0) = 4.34\frac{1-\sqrt{1-\alpha_0}}{1+\sqrt{1-\alpha_0}} \tag{2-144}$$

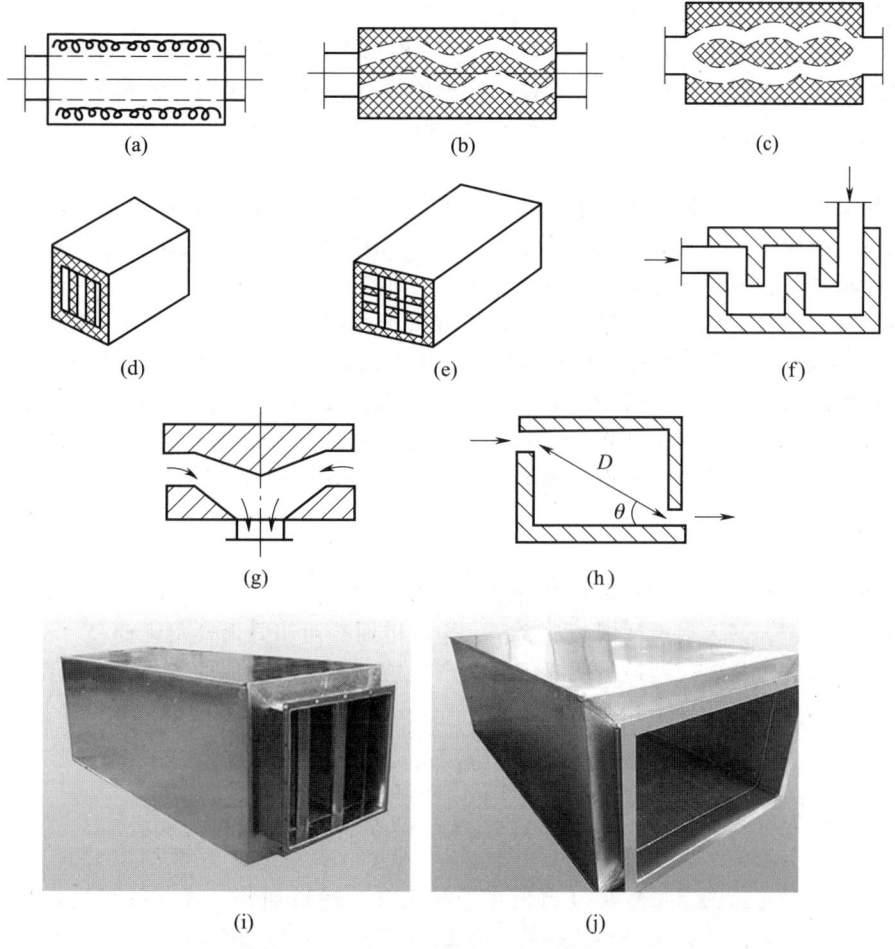

图 2-34　常见的阻性消声器原理图及部分直管式消声器实样

（a）直管式；（b）折板式；（c）声流式；（d）片式；（e）蜂窝式；

（f）迷宫式；（g）盘式；（h）室式；（i）直管式消声器；（j）直管式消声器

　　由式（2-144）可知，$\varphi(\alpha_0)$ 随 α_0 的增大而增大，在 $\alpha_0 = 0.6 \sim 1.0$ 时，$\varphi(\alpha_0) = 1 \sim 4.34$。此时消声量的计算值远大于实测值。$\alpha_0$ 越高，计算值与实测值之间的偏差越大，需进行修正。根据实测和经验，当 $\alpha_0 = 0.6 \sim 1.0$ 时，取 $\varphi(\alpha_0) = 1.0 \sim 1.5$；当 $\alpha_0 < 0.6$ 时，$\varphi(\alpha_0)$ 用式（2-144）计算或查表 2-42 均可。

表 2-42　$\varphi(\alpha_0)$ 与 α_0 的关系

α_0	0.05	0.10	0.15	0.20	0.25	0.30	0.35	0.40	0.45	0.50	0.55	0.6~1
$\varphi(\alpha_0)$	0.05	0.11	0.17	0.24	0.31	0.39	0.47	0.55	0.64	0.75	0.86	1~1.5

　　由式（2-143）可以看出，阻性消声器的消声量与吸声材料的声学性能和消声器的几何尺寸有关。材料的吸声性能越好，通道越长，消声量就越大。因此，设计阻性消声器时，应尽可能选用吸声性能好的多孔材料，并详细计算通道的几何尺寸。对于相同截面积的通道，P/S 值以矩形最大，圆形最小。因此，对截面积较大的通道常在通道纵向插入几片消声片，将其分隔成多个通道

以增加周长和减小截面积，可明显提高消声量。

应当注意，式（2-143）是在没有气流条件下，根据声波在通道中的传播理论并结合实践经验推导的半经验公式。在低、中频时，计算值与实测值接近。而在高频时，计算值往往高于实测值。

（二）片式消声器

大风量的消声器多采用片式消声器结构。其与直管式消声器的区别在于它的通道是由多孔材料组成的吸声片构成，可等效为多个吸声通道并联，如图 2-34（d）所示。当片式消声器每个通道的构造尺寸相同时，只要计算单个通道的消声量，即为该消声器的消声量。

吸声系数与吸声材料的种类和厚度有关，通常吸声片厚度取 50~100 mm，片间距离（通道宽度）取 100~250 mm。为了增加高频的消声效果可将直通道改为曲折通道，其结构如图 2-34（b）所示，称为折板式消声器。由于折板式阻力较大，一般用于高压风机的消声。为减小阻力，可将折板式的折角变换为平滑，结构如图 2-34（c）所示，称为声流式消声器。上述两种消声器是片式消声器的变形。实际设计中应考虑折角不能过大，一般小于 20°，以刚刚遮挡住视线为宜。

（三）高频失效

消声器实际消声量的大小还与噪声频率有关。噪声的频率越高，传播的方向性越强。对于一定截面积的气流通道，当入射声波的频率高至一定限度时，由于方向性很强而呈"光束状"传播，几乎不接触贴附的吸声材料，消声量明显下降。产生这一现象所对应的频率称为上限失效频率 $f_{上}$。以直管式消声器为例，可用如下经验公式计算。

$$f_{上} = 1.85 \frac{c}{D} \tag{2-145}$$

式中：$f_{上}$——上限失效频率，Hz；

c——声速，m/s；

D——消声器通道的当量直径（当量直径的定义为通道面积的 4 倍除以通道周长。对矩形通道可近似取边长平均值，圆形通道取直径，方形通道取边长，其他可近似取面积的平方根值），m。

当频率高于上限失效频率时，每增高一个倍频程其消声量约下降 1/3，具体可用下式估算。

$$\Delta L' = \frac{3-n}{3} \Delta L \tag{2-146}$$

式中：$\Delta L'$——高于失效频率的某倍频程的消声量，dB；

ΔL——失效频率处的消声量，dB；

n——高于失效频率的倍频程频带数。

由于高频失效现象，在设计消声器时对于小风量的细通道可选用直管式，但对于较大风量的粗通道则必须采用多通道形式。通常在消声器通道中加装消声片，或者把消声器设计成片式、折板式、蜂窝式或弯头式等，以保证消声器在中、高频范围内有良好的消声效果。需要指出，在高频失效频率附近采取上述方法可显著提高高频消声效果，但对低频消声效果并不明显。此外，通道数量过多或出现弯曲会显著增加阻力损失，使消声器的空气动力性能变差。因此，确定消声器具体类型应参考现场情况综合确定。

（四）气流对阻性消声器声学性能的影响

气流对阻性消声器声学性能的影响主要表现在两方面，一是气流的存在会引起声传播和声衰减规律的变化；二是气流在消声器内会产生一种附加噪声，即气流再生噪声。这两方面的影响同时产生，但本质不同，分别讨论如下。

1. 气流对声传播和衰减规律的影响

这种影响主要表现在式（2-143）中消声系数 $\varphi(\alpha_0)$ 的变化上。理论分析的近似公式为

$$\varphi'(\alpha_0) = \varphi(\alpha_0)\frac{1}{(1\pm Ma)^2} \tag{2-147}$$

式中：$\varphi'(\alpha_0)$——有气流时的消声系数；

　　　　Ma——马赫数，即消声器内流速与声速之比，顺流传播时为正，逆流传播时为负。

由式（2-147）可知，气流的影响不但与气流速度的大小有关，而且与气流的方向有关。当气流速度高时，Ma 值大，同时对消声性能的影响增大。当气流方向与声传播方向一致（顺流）时（如安装在风机排气管道上的消声器），Ma 取正值，$\varphi'(\alpha_0)$ 将变小；当气流方向与声传播方向相反（逆流）时（如安装在风机进气管道上的消声器），Ma 取负值，$\varphi'(\alpha_0)$ 将变大。顺流与逆流相比，逆流对消声有利。但从气流速度引起声传播中的折射现象来看，情况又恰恰相反。由于气流速度在管道中分布不均，在层流流动时同一截面上管道中央流速最高，离开中心位置越远流速越低，在靠近管壁处气流速度近似为零。顺流时，在管道中央声速高，管壁处声速低，根据声折射原理，声波要弯向管壁，对于阻性消声器，管壁衬贴有吸声材料，因此能更有效地吸收声能量［如图 2-35（a）所示］；逆流时，声波则向管道中央弯曲，这对阻性消声器的消声是不利的［如图 2-35（b）所示］。综上所述，消声器安装在进、排气管道各有利弊。由于工业上输气管道中的气流速度与声速均不会太高（例如，当气流速度为 30~40 m/s 时，$Ma=0.1$），因此在一般情况下，气流对声传播与衰减的影响可以忽略。

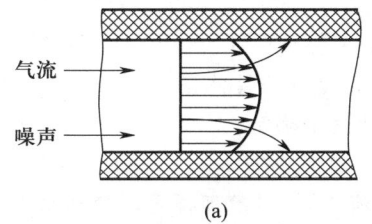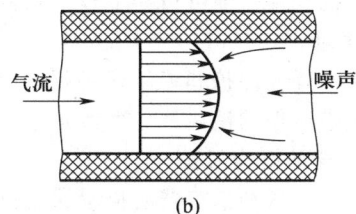

图 2-35　气流对声传播和衰减规律的影响
（a）气流与声传播同向（顺流）；（b）气流与声传播反向（逆流）

2. 气流再生噪声的影响

气流再生噪声主要由两部分组成：一是气流经过消声器时因局部阻力和摩擦阻力产生的噪声；二是高速气流激发消声器构件振动而辐射的噪声。再生噪声相当于在原有的噪声源上又叠加一种新的噪声源，其会影响消声器的实际消声效果。根据试验结果可得出管道中气流再生噪声倍频程的声功率级计算公式

$$L_W = 72 + 60\lg v - 20\lg f \tag{2-148}$$

式中：L_W——倍频程的气流再生噪声，dB；

　　　　v——气流速度，m/s；

　　　　f——倍频程的中心频率，Hz。

气流再生噪声的大小主要取决于气流速度和消声器的结构。图 2-36 给出某消声器在不同气流速度下的消声特性，随气流速度的增加，消声量减少；当气流速度高到一定程度时，消声量变为

负值，此时消声器失去消声功能。

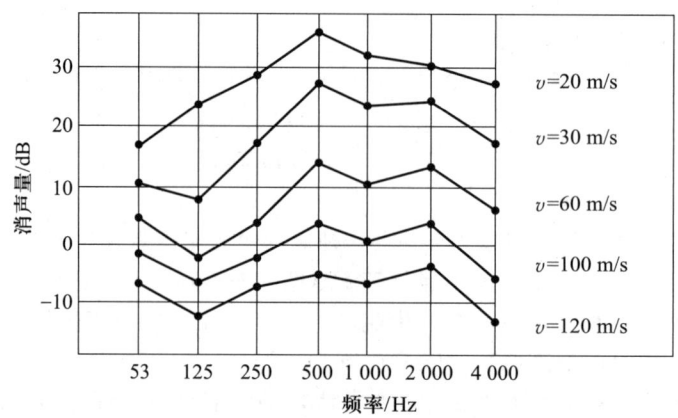

图 2-36　不同气流速度下消声器的消声特性

　　控制气流噪声的主要措施有两点，一是按声源特性和消声器的消声量确定合适的气流速度；二是选择合适的消声器结构，改善气流状态，减少湍流发生。一般情况下，对于空调消声器，气流速度不应超过 5 m/s；对于风机和空气压缩机消声器，气流速度不应超过 20 m/s；对于内燃机和凿岩机消声器，气流速度不应超过 30 m/s；对于大流量的排气放空消声器，气流速度可在 50~80 m/s 范围内进行选择。

（五）阻性消声器的设计

　　阻性消声器的设计一般可按如下程序和要求进行：

1. 确定消声量

　　应根据有关的环境保护和劳动保护标准，适当考虑设备的具体条件，合理确定实际所需的消声量。对于各频带所需的消声量，可参照相应的 NR 曲线来确定。

2. 选定消声器的结构形式

　　首先要根据气流量和消声器所控制的流速（平均流速），计算所需要的通道截面，并以此确定消声器的结构形式。一般认为，当气流通道截面的当量直径小于 300 mm 时，可选用单通道直管式；当直径在 300~500 mm 时，可在通道中加设一片吸声层或吸声芯，如图 2-37 所示。当通道直径大于 500 mm 时，可以考虑把消声器设计成片式、蜂窝式或其他结构形式。

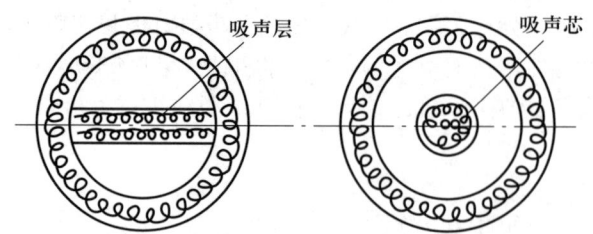

图 2-37　通道中加吸声层（芯）的消声器

3. 选用合适的吸声材料

　　合适的吸声材料是决定阻性消声器消声性能的重要因素。除考虑材料的声学性能外，还要考虑消声器的实际使用条件。在高温、潮湿、有腐蚀性气体等特殊环境中，应考虑吸声材料的耐热、防潮及抗腐蚀性能。有关吸声材料的声学性能可参见本章第二节。

4. 确定消声器的长度

消声器的长度应根据 A.N. 别洛夫公式（式 2-143）计算确定。增加长度可提高消声量，但应注意现场空间所允许的安装尺寸。消声器的长度一般为 1~3 m。

5. 选择吸声材料的护面结构

阻性消声器所用的吸声材料在气流中工作，必须用护面结构固定。常用的护面结构有玻璃布、穿孔板或铁丝网等。若选取的护面不合适，则吸声材料会被气流吹跑或使护面结构振动，导致消声性能下降。护面结构形式主要由消声器通道内的气流速度决定。

6. 验算消声效果

根据高频失效和气流再生噪声的影响验算消声效果。

【例题 2-5】 某型号风机，风量为 40 m³/min，进气管口直径为 200 mm。在距进气口 3 m 处测得的噪声频谱如表 2-43 所示。要求消声后在距进气口 3 m 处达到 NR-90，试对进气口做阻性消声器设计。

解： ① 根据在进气口测得的噪声频谱（表 2-43 中第 1 行）和 NR-90 的降噪要求（表 2-43 中第 2 行），可确定所需的消声量（表 2-43 中第 3 行）。

② 根据风机的风量和管径，可选用直管阻性消声器。消声器气流通道的截面周长与截面积之比，如表 2-43 中第 4 行所列。

③ 根据使用环境和噪声频谱，吸声材料选用密度为 25 kg/m³ 的超细玻璃棉，厚度取 150 mm。根据气流速度，吸声层护面采用一层玻璃布加一层穿孔板，板厚度 2 mm，孔径 6 mm，孔间距 11 mm，这种吸声结构的吸声系数如表 2-43 第 5 行所列。查表 2-42 并用内插法得消声系数 $\varphi(\alpha_0)$ 值，如表 2-43 第 6 行所列。

④ 根据式（2-143）计算得各频带所需要的消声器长度，如表 2-43 第 7 行所列。按最大值考虑设计长度取 $l = 1$ m。

根据以上计算，阻性消声器的设计方案如图 2-38 所示。

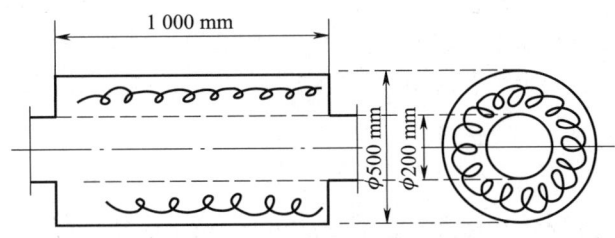

图 2-38　设计的阻性消声器

⑤ 根据式（2-145）得高频失效频率为

$$f_{上} = 1.85\frac{c}{D} = 1.85 \times \frac{340}{0.2}(\text{Hz}) = 3\ 145(\text{Hz})$$

根据式（2-145）和式（2-146）可知，设计方案符合要求。

⑥ 根据式（2-148）和式（2-57）分别求得气流再生噪声的声功率级和距进气口 3 m 处的声压级，如表 2-43 第 8、9 行所列，满足设计方案要求。

表 2-43　某风机进气口消声器设计表

项目	倍频程中心频率							
	63 Hz	125 Hz	250 Hz	500 Hz	1 000 Hz	2 000 Hz	4 000 Hz	8 000 Hz
进气口噪声/dB	109	112	104	115	116	108	104	94
降噪要求(NR-90)/dB	107	100	95	92	90	87	86	84
消声器应有消声量/dB	2	12	9	23	26	21	18	10
消声器周长与截面积之比	20	20	20	20	20	20	20	20
吸声系数 α_0	0.30	0.52	0.78	0.86	0.85	0.83	0.80	0.78
消声系数 $\varphi(\alpha_0)$	0.39	0.79	1.22	1.33	1.3	1.29	1.25	1.22
消声器所需长度/m	0.26	0.76	0.37	0.86	1.00	0.81	0.72	0.41
气流再生噪声的声功率级/dB	116	110	104	98	92	86	80	74
气流再生噪声声压级(距进气口 3 m 处)/dB	95	89	83	77	71	65	59	53

三、抗性消声器

(一) 消声原理

与阻性消声器不同,抗性消声器不使用吸声材料,仅利用管道中声学性能突变处的声反射作用或旁接共振腔等在声传播过程中引起声阻抗的改变,使沿管道传播的一部分噪声在突变处向噪声源反射回去而不通过消声器,出现声能的反射、干涉,从而降低由消声器向外辐射的声能,达到消声目的。其优点在于不需要使用多孔吸声材料;耐高温、抗潮;适用于流速较大、对环境洁净要求较高的条件;且对低频噪声有较好的消声效果。

(二) 扩张室消声器

1. 结构形式

声波在沿截面突变的管道中传播时,截面突变引起声阻抗变化,使声波发生反射,如图 2-39 所示。设 S_2 管中入射声波声压为 p_i,反射声波声压为 p_r,S_1 管中透射声波声压为 p_t,在 $x=0$ 处,根据声压和体积速度(即流入的流量率,为截面积与质点速度的乘积)的连续条件有:

$$p_i + p_r = p_t \tag{2-149}$$

$$S_2\left(\frac{p_i}{\rho_0 c} - \frac{p_r}{\rho_0 c}\right) = S_1 \frac{p_t}{\rho_0 c} \tag{2-150}$$

由式 (2-149)、(2-150) 可得声压反射系数为

$$r_p = \frac{p_r}{p_i} = \frac{S_2 - S_1}{S_2 + S_1} \tag{2-151}$$

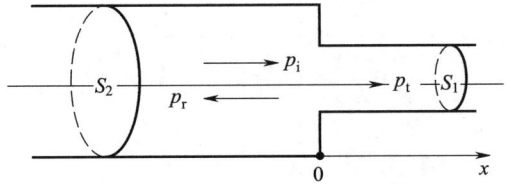

图 2-39　有突变截面管道中声的传播

并进一步得到声强的反射系数 r_I 和透射系数 τ_I 分别为

$$r_I = \left(\frac{S_2 - S_1}{S_2 + S_1}\right)^2 \tag{2-152}$$

$$\tau_I = 1 - r_I = \frac{4S_1 S_2}{(S_1 + S_2)^2} \tag{2-153}$$

声功率的透射系数 τ_W 为

$$\tau_W = \frac{I_t S_1}{I_i S_2} = \tau_I \times \frac{S_1}{S_2} = \frac{4S_1^2}{(S_1 + S_2)^2} \tag{2-154}$$

由上式可知，无论是扩张管（$S_1 > S_2$）还是收缩管（$S_1 < S_2$），只要面积比相同，τ_I 便相同，但二者 τ_W 值却是不同的。

对于单节扩张室消声器，相当于在截面为 S_1 的主管道（进、出气管）中插入长度为 l、截面积为 S_2 的中间插管（扩张室），见图 2-40（a）。在两个截面突变的分界面上，由声压和体积速度在界面处的连续条件列出 4 组方程，可得到经扩张室后声强的透射系数

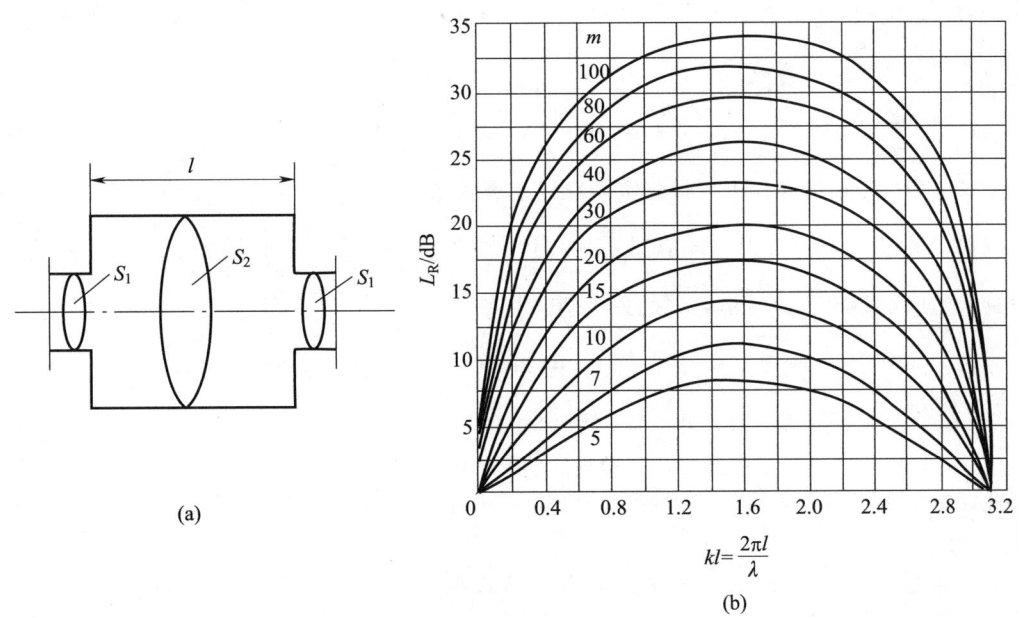

图 2-40　单节扩张室消声器

（a）结构；（b）消声量

$$\tau_I = \cfrac{1}{\cos^2 kl + \cfrac{1}{4}\left(\cfrac{S_2}{S_1}+\cfrac{S_1}{S_2}\right)^2 \sin^2 kl} = \cfrac{1}{\cos^2 kl + \cfrac{1}{4}\left(m+\cfrac{1}{m}\right)^2 \sin^2 kl} \qquad (2-155)$$

式中：m——扩张比，$m = S_2/S_1$；

　　　　S_2——中间插管（扩张室）截面积，m^2；

　　　　S_1——主管道（进、出气管）截面积，m^2；

　　　　k——波数，$k = 2\pi/\lambda$，m^{-1}；

　　　　l——中间插管（扩张室）长度，m。

由上式可知，声波经中间插管的透射，不仅与主管道和中间插管截面积的比值有关，还与插管的长度有关。

2. 消声量的计算

若只考虑扩张室本身的特性，由式（2-155）可得单节扩张室消声器的消声量计算公式为

$$L_R = 10 \lg \cfrac{1}{\tau_I} = 10 \lg \left[1 + \cfrac{1}{4}\left(m-\cfrac{1}{m}\right)^2 \sin^2 kl\right] \qquad (2-156)$$

由上式可知，管道截面收缩或扩张 m 倍，其消声作用相同。为减少气流的阻力，在实际使用中常用扩张管。

单节扩张室消声器的消声量与 $\sin kl$ 有关，因此消声量要随频率做周期性变化，为设计方便，将式（2-156）绘成图 2-40（b）。

由式（2-156）可知，当 $\sin^2 kl = 1$ 时，有最大消声量，当 $\sin^2 kl = 0$ 时，消声量等于零，即无消声作用，现分别讨论如下：

① 当 $kl = (2n+1)\cfrac{\pi}{2}$，即 $l = (2n+1)\lambda/4$ 时，（$n = 0$、1、2、3、$\cdots$），$\sin^2 kl = 1$，消声量达最大值，此时式（2-156）可写成

$$L_R = 10 \lg \left[1 + \cfrac{1}{4}\left(m-\cfrac{1}{m}\right)^2\right] \qquad (2-157)$$

由上式（2-157）可知，单节扩张室消声器消声效果要取得显著提高，必须选取足够大的扩张比 m，例如，要求 $L_R \geqslant 8$ dB 时，m 应选在 5 以上。将波数 $k = \cfrac{2\pi}{\lambda} = \cfrac{2\pi f}{c}$ 代入 $kl = (2n+1)\cfrac{\pi}{2}$ 中，导出消声量最大值时的频率，即为消声器的最大消声频率 f_{max}

$$f_{max} = (2n+1)\cfrac{c}{4l} \qquad (2-158)$$

当 $m > 5$ 时，最大消声量 ΔL_{max} 可由下式近似计算

$$\Delta L_{max} = 20 \lg m - 6 \qquad (2-159)$$

因此，单节扩张室消声器的消声量由扩张比 m 决定。在实际工程中，一般取 $9 < m < 16$，最大不超过 20，最小不小于 5。

单节扩张室消声器的消声量随扩张比 m 的增大而增加，但对某些频率的声波，当 m 增大到一定数值时，声波会从扩张室中央通过，类似阻性消声器的高频失效，致使消声量急剧下降。单节扩张室消声器的有效消声上限截止频率 $f_{上}$ 可用下式计算

$$f_{上} = 1.22\cfrac{c}{D} \qquad (2-160)$$

式中：$f_{上}$——单节扩张室消声器的有效消声上限截止频率，Hz；

　　　c——声速，m/s；

　　　D——扩张室截面的当量直径，m。

由式（2-160）可知，扩张室截面越大，有效消声的上限截止频率$f_{上}$越小，其消声频率范围越窄。因此，扩张比的选择应同时兼顾消声量和消声频率范围。

在低频范围内，当波长远大于扩张室的尺寸时，消声器不仅无法消声，而且会对声音起放大作用。单节扩张室消声器的下限截止频率可通过下式计算

$$f_{下}=\frac{\sqrt{2}\,c}{2\pi}\sqrt{\frac{S_1}{Vl}}\qquad(2\text{-}161)$$

式中：$f_{下}$——单节扩张室消声器的下限截止频率，Hz；

　　　c——声速，m/s；

　　　S_1——主管道（进、出气管）的截面积，m^2；

　　　V——扩张室的容积，m^3；

　　　l——扩张室的长度，m。

② 当 $kl=n\pi$ 即 $l=n\lambda/2$ 时（$n=0$、1、2、…），$\sin^2 kl=0$，消声量 $L_R=0$，表明声波可无衰减地通过消声器，这是单节扩张室消声器的主要缺点。此时，对应的频率称为消声器的通过频率 $f_{\min}$

$$f_{\min}=\frac{n}{2l}c\qquad(2\text{-}162)$$

为了消除某一频率的噪声可选择适当的扩张室长度，使消声器在该频率上达到最大消声量。图 2-41 是扩张比 m 相同时，不同扩张室长度的消声量曲线。可以看出，l 变化时，最大消声频率和通过频率均在变化。

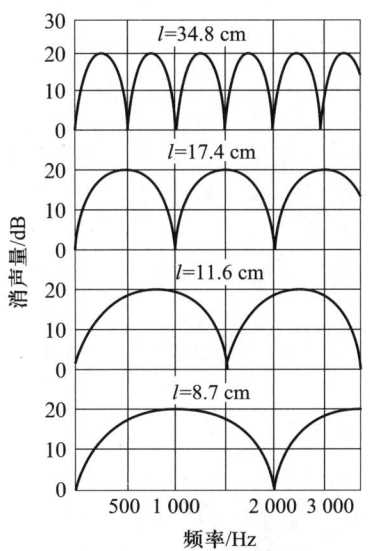

图 2-41　L_R 与 l 的关系

（$m=21$，内管 $\phi28$ mm，外管 $\phi128$ mm）

（三）共振消声器

共振消声器也是一种抗性消声器，它是利用共振吸声原理进行消声的。最简单的结构是单腔共振消声器，其由管壁上的开孔与外侧密闭空腔相通而构成，见图 2-42。

1. 消声原理与计算公式

共振消声器实质上是共振吸声结构的一种应用，其基本原理来自亥姆霍兹共振吸声器。管壁小孔中的空气柱类似活塞，具有一定的声质量；密闭空腔与空气弹簧类似，具有一定的声顺，二者组成一个共振系统。当声波传至颈口时，在声压作用下空气柱会产生振动，振动时的摩擦阻尼使一部分声能转换为热能而消耗。同时，由于声阻抗的突然变化，一部分声能将反射回声源。当声波频率与共振腔固有频率

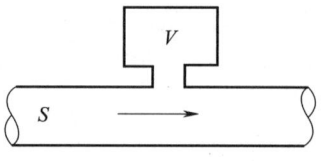

图 2-42　单腔共振消声器

相同时，便产生共振，空气柱振动速度达到最大值，此时消耗的声能最多，消声量最大。

当声波波长大于共振消声器的最大尺寸 3 倍时，其共振吸收频率 f_r 为

$$f_r = \frac{c}{2\pi}\sqrt{\frac{G}{V}} \tag{2-163}$$

式中：f_r——共振吸收频率，Hz；

　　　　c——声速，m/s；

　　　　V——空腔体积，m^3；

　　　　G——传导率，是一个具有长度量纲的物理量，其值为

$$G = \frac{nS_0}{t+0.8d} = \frac{n\pi d^2}{4(t+0.8d)} \tag{2-164}$$

式中：n——开孔个数；

　　　　S_0——小孔截面积，m^2；

　　　　d——小孔直径，m；

　　　　t——小孔颈长，m。

通常工程应用中的共振消声器很少是单孔，一般由多个孔组成，此时须注意各孔间要有足够的距离。当孔间距为小孔直径的 5 倍以上时，各孔间的声辐射可互不干涉，此时总的传导率等于各个孔的传导率之和。

若忽略共振腔声阻的影响，则单腔共振消声器对频率为 f 的声波的消声量为

$$L_R = 10\lg\left[1+\frac{K^2}{(f/f_r-f_r/f)^2}\right] \tag{2-165}$$

$$K = \sqrt{\frac{GV}{2S}} \tag{2-166}$$

式中：S——气流通道的截面积，m^2。

图 2-43 是不同情况下共振消声器的消声特性曲线。可以看出，共振消声器的选择性很强。当 $f=f_r$ 时，系统发生共振，L_R 将升高，而在偏离 f_r 时，L_R 迅速下降。K 值越小，曲线越尖锐，因此 K 值是共振消声器设计中的重要参数。

式（2-165）计算的是单一频率的消声量。在实际工程中的噪声源多是连续的宽带噪声，常需计算在某一频程内的消声量，以 f_r 为中心频率，将倍频程和 1/3 倍频程所对应的上下频率的消声量

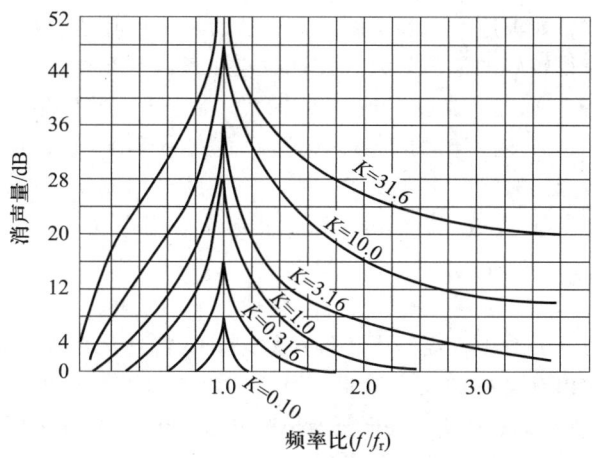

图 2-43　共振消声器的消声特性曲线

作为相应频程内的消声量，此时可按下式计算

对倍频程：

$$L_{\mathrm{R}} = 10 \lg [1+2K^2] \qquad (2-167)$$

对 1/3 倍频程：

$$L_{\mathrm{R}} = 10 \lg [1+19K^2] \qquad (2-168)$$

改善共振消声器消声性能的方法有：选定较大的 K 值；增加声阻（在共振腔中填充吸声材料，可增加声阻，使有效消声的频率范围展宽）；多节共振腔串联（错开共振频率，展宽消声频率范围）。

2. 共振消声器的设计与应用

共振消声器的设计步骤如下：

① 首先根据降噪要求，确定共振频率及频程所需的消声量。由式（2-167）、式（2-168）确定 K 值。

② K 值确定后，求出 V 和 G。

由式（2-163）及式（2-166）可得

$$K = \frac{2\pi f_{\mathrm{r}}}{c} \cdot \frac{V}{2S}$$

因此，共振消声器的空腔容积为

$$V = \frac{c}{2\pi f_{\mathrm{r}}} \cdot 2KS \qquad (2-169)$$

消声器的传导率为

$$G = \frac{2\pi f_{\mathrm{r}}}{c} \cdot V \qquad (2-170)$$

气流通道截面积 S 是由管道中气体流量和气流速度决定的。在条件允许的情况下，应尽可能缩小通道的截面积。一般通道截面直径不应超过 250 mm。若气流通道较大，则须采用多通道共振腔并联，每一通道宽度取 100~200 mm，且高度小于共振波长的 1/3。

③ 设计共振消声器的具体结构尺寸。对某一确定的空腔体积 V，可有多种共振腔形状和尺寸；对某一确定的传导率 G，也可有多种孔径、板厚度和穿孔数的组合。在实际应用中，通常根据现场

条件，首先确定一些参数，如板厚、孔径、腔深等，然后再设计其他参数。

为了使共振消声器获得较好的消声效果，设计时应注意以下几点：

① 共振消声器的长度、宽度、高度（或空腔深度）都应小于共振频率 f_r 对应波长 λ_0 的 1/3。

② 穿孔位置应集中在共振消声器的中部，穿孔尺寸应小于 $\lambda_0/12$；穿孔也不可过密，孔间距应大于孔径的 5 倍。若不能同时满足上述要求，则可将空腔分割成几段来分布穿孔位置。

③ 共振消声器也存在高频失效问题，其上限截止频率可用式（2-160）近似计算。

四、阻抗复合式消声器

一般情况下，阻性消声器对中、高频噪声消声效果好，抗性消声器则适于消除低、中频噪声。为使消声器在宽频带范围内有良好的消声效果，可将二者复合使用，即阻抗复合式消声器。常用形式包括：阻性-扩张室复合式；阻性-共振复合式；阻性-扩张室-共振复合式等。图 2-44 给出了工程上采用的几个阻抗复合式消声器的示意图。

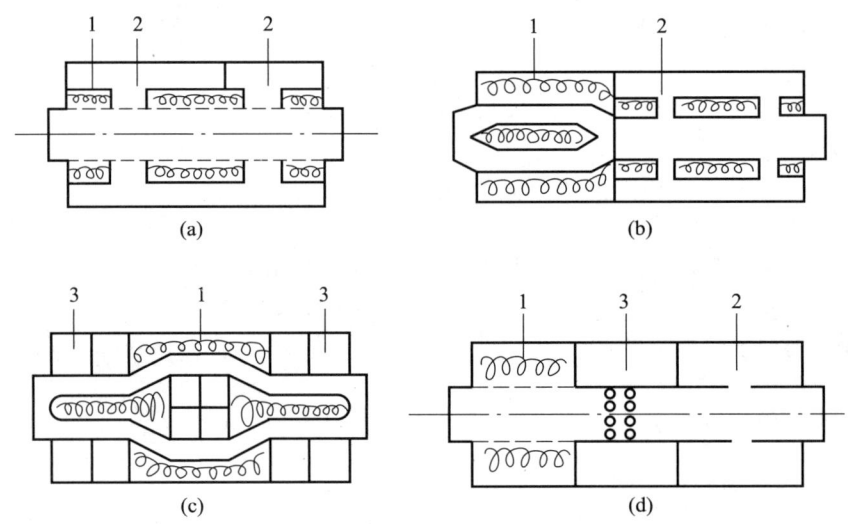

1. 阻性消声器；2. 扩张室消声器；3. 共振消声器

图 2-44 几个阻抗复合式消声器示意图

（a）、（b）阻性-扩张室复合式；（c）阻性-共振复合式；（d）阻性-扩张室-共振复合式

阻抗复合式消声器的消声原理，可以定性地认为是阻性和抗性原理的结合。但当声波波长较长时，受阻抗复合后因耦合作用而相互干涉等因素的影响，声波在传播过程中的衰减机理变得极为复杂，难以确定简单的定量关系。因此，在实际应用中，阻抗复合式消声器的消声量通常由试验或实际测量确定。

（一）阻性-扩张室复合消声器

如图 2-44（a）所示，阻性-扩张室复合消声器由阻性和抗性两部分消声结构组成。现以安装在 LGA-40/3 500 型风机进、出风口上的这种消声器为例进行介绍。

抗性消声部分由两节不同长度的扩张室组成，主要用于消除该风机的低、中频噪声。第一节扩张室长 1 100 mm，扩张比为 6.25；第二节扩张室长 400 mm，扩张比为 6.25。为消除通过频率，在每个扩张室内分别插入等于各自长度 1/2 和 1/4 的插入管，为减少对气流的阻力，改善空气动力性能，用穿孔率为 30% 的穿孔管连接起来，这样的两节扩张室串联，在低、中频部分一般有 10 ~ 20 dB 的消声量。

阻性部分附在扩张室的插入管上，而未单独设计阻性段，可既不增加消声器的长度又不影响扩张室插入管的作用。在四节插入管上全部衬贴容重为 25 kg/m³ 的超细玻璃丝棉吸声层，共长 1 125 mm。衬贴方法是在插入管上开直径 6 mm 的小孔，孔间距 11 mm，正方形均匀分布。然后贴一层玻璃布，最好填充 50 mm 厚的玻璃丝棉作吸声层。阻性部分主要用于消除中、高频噪声，约有 20 dB 的消声量。

表 2-44 是该消声器在试验台上的测试结果。分别测量了消声器的静态和动态消声性能。静态试验时，只用白噪声作声源，不存在气流影响，动态试验指测量有气流通过时的消声性能。

表 2-44　图 2-44（a）所示消声器的消声量　　　　　　　　单位：dB

声源	噪声级		频率								响度降低/%	阻力损失/pa
	A	C	63 Hz	125 Hz	250 Hz	500 Hz	1 000 Hz	2 000 Hz	4 000 Hz	8 000 Hz		
白噪声	34	31	12	26	30	36.5	39.5	38.5	38.5	38.5	88	
白噪声+气流 20 m/s	27	7	0	20	26	28.5	41	44	39	39	77	98
白噪声+气流 40 m/s	23.5	6	0	15.5	19.5	23	26.5	41	39	39	76	235
白噪声+气流 60 m/s	9.5	2	0	9	7	3	18	22	30	26	5	735

试验结果表明，该消声器的静态消声量达 34 dB，响度降低 88%，消声性能良好。动态消声量随气流速度的增高而降低，在风机正常使用的情况下（气流速度 20 m/s），消声量仍有 27 dB，阻力损失 98 Pa，完全可以满足现场的降噪要求。

（二）　阻性-共振复合消声器

图 2-45 是一种安装在 LG25/16-40/7 型螺杆压缩机上的消声器，这是阻性与共振腔复合的消声器。阻性部分以泡沫塑料为吸声材料粘贴在消声器通道的四壁上，用以消除该压缩机的中、高频噪声成分；抗性部分由具有不同消声频率的三对共振腔串联组成，设置在通道中间用以消除 350 Hz 以下的低频噪声成分。在共振腔前、后两端各有一个用泡沫塑料制成的尖劈，用以吸收高频噪声和改善消声器的空气动力性能，提高消声效果。消声器有效长度 1.2 m，外径 640 mm。

图 2-46 是消声器安装在螺杆压缩机上时，用插入损失法测得的消声性能。在低、中、高频均有较好的消声效果。

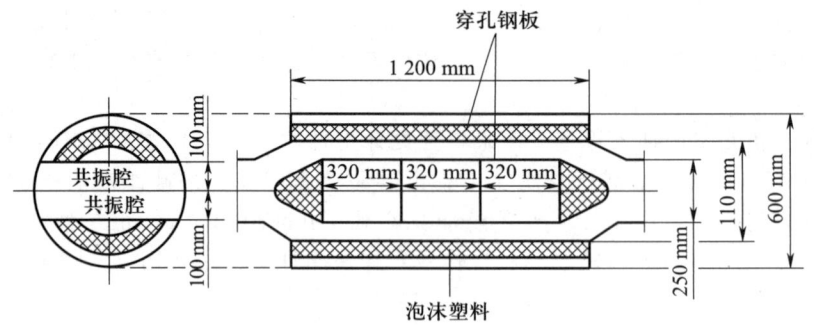

图 2-45 阻性-共振复合消声器

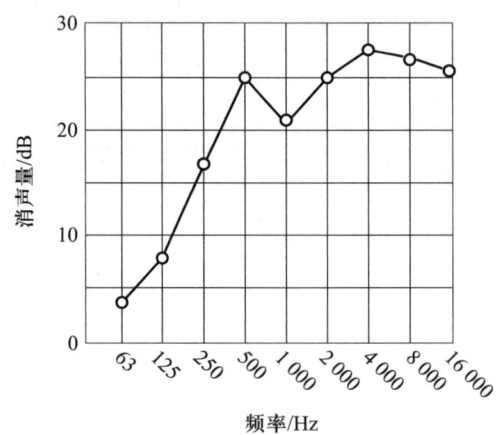

图 2-46 阻性-共振复合消声器消声性能

五、微穿孔板消声器

（一）消声原理及分类

微穿孔板消声器是利用微穿孔板吸声结构制成的一种新型消声器。在厚度小于 1 mm 的金属板上钻许多孔径为 0.5~1 mm 的微孔，穿孔率一般为 1%~3%，并在穿孔板后面留有一定的空腔，即成为微穿孔板吸声结构。这是一种高声阻、低声质量的吸声元件。由理论分析可知，声阻与穿孔板上的孔径成反比。与一般穿孔板相比，由于孔很小，声阻就大得多，因而提高了结构的吸声系数。较低的穿孔率降低了其声质量，使依赖于声阻与声质量比值的吸声频带宽度得到展宽。同时，微穿孔板后面的空腔能够有效控制共振吸收峰的位置。为了保证在宽频带有较高的吸声系数，可采用双层微穿孔板结构。因此，从消声原理上看微穿孔板消声器实质上是一种阻抗复合式消声器。

微穿孔板消声器的结构形式类似于阻性消声器，按气流通道的形状，可分为直管式、片式、折板式和声流式等。

（二）消声量的计算

微穿孔板消声器的最简单形式是单层管式消声器，这是一种共振式吸声结构。对于低频消声，当声波波长大于共振腔（空腔）尺寸时，其消声量可以用共振消声器的计算公式，即

$$L_{\mathrm{R}} = 10 \ \lg \left[1 + \frac{a + 0.25}{a^2 + b^2 \ (f_{\mathrm{r}}/f - f/f_{\mathrm{r}})^2} \right] \tag{2-171}$$

式中：f——入射声波的频率，Hz；

f_{r}——微穿孔板的共振频率，Hz；可由下式计算

$$f_{\mathrm{r}} = \frac{c}{2\pi} \sqrt{\frac{P}{t'D}} \tag{2-172}$$

式中：$t' = t + 0.8d + 1/3PD$；

t——微穿孔板厚度，m；

d——穿孔直径，m；

P——穿孔率；

D——板后空腔深度，m；

c——空气中声速，m/s；

$$a = rS$$

式中：S——通道截面积，m^2；

r——相对声阻；可由下式计算

$$r = \frac{0.147t}{Pd^2} k_{\mathrm{r}}$$

$$k_{\mathrm{r}} = \left(1 + \frac{k^2}{32} \right)^{1/2} + \frac{\sqrt{2}}{8} \frac{kd}{t}$$

式中：k——穿孔板常数；可由下式计算

$$k = d \sqrt{\frac{f_{\mathrm{r}}}{10}}$$

$$b = \frac{Sc}{2\pi f_{\mathrm{r}} V};$$

式中：V——板后空腔体积，m^3。

微穿孔板消声器往往采用双层微穿孔板串联，可以使吸声频带加宽。

对于低频噪声，当共振频率降低至原来的 $D_1/(D_1 + D_2)$ 时（D_1、D_2 分别为双层微穿孔板前腔和后腔的深度），其吸收频率向低频扩展 3~5 倍。

对于中频消声，其消声量可代入 A. N. 别洛夫公式［式（2-143）］计算。

对于高频噪声，其消声量可以代入如下经验公式计算

$$L_{\mathrm{R}} = 75 - 34 \ \lg v \tag{2-173}$$

式中：v——气流速度，m/s。本公式的适用范围为 120 m/s $\geqslant v \geqslant$ 20 m/s。

上式表明，消声量与气流速度有关，气流速度增高，消声性能降低。金属微穿孔板消声器可承受较高气流速度的冲击，当气流速度达 70 m/s 时，仍有 10 dB 的消声量。

（三）微穿孔板消声器的设计与应用

微穿孔板消声器的设计方法与阻性消声器基本相同，区别在于前者用微穿孔板结构代替了阻性吸声材料。在结构形式上，若要求阻损小，则一般可设计成直管道式；若允许存在微量阻损，则可采用声流式或多室式。当采用双层微穿孔板结构时，前后空腔的深度可按不同的吸声频率，

参照表 2-45 原则确定。

前后两层空腔的深度可以相同，也可以不同，其比值不大于 1.3。前层微穿孔板的穿孔率可略高于后层。为防止声波在空腔内沿管长方向传播，可每隔 500 mm 加一块横向挡板。表 2-46 列出双层微穿孔板结构的部分参数，供设计时选用。

表 2-45 空腔深度设计原则

频率/Hz	空腔深度/mm
125~250	150~200
500~1 000	80~120
2 000~4 000	30~50

表 2-46 双层微穿孔板结构参数

微穿孔板规格					吸声系数 α_0				
板厚度 t/mm	孔径 d/mm	穿孔率 P/%		空腔深度 D/mm		频率/Hz				
		前空腔 P_1	后空腔 P_2	前空腔 D_1	后空腔 D_2	125	250	500	1 000	2 000
0.5	1.0	2.4	2.4	107	37	0.21	0.65	0.71	0.93	0.98
0.5	0.5	2.7	2.7	100	40	0.55	0.81	0.86	0.82	0.75
0.8	0.8	2.0	1.0	80	120	0.48	0.97	0.93	0.64	0.15
0.8	0.8	2.5	1.5	50	50	0.18	0.69	0.97	0.99	0.24
0.8	0.8	2.5	1.0	30	70	0.26	0.71	0.92	0.65	0.35
0.8	0.8	3.0	1.0	80	120	0.40	0.92	0.95	0.66	0.17

与其他类型消声器相比，微穿孔板消声器主要有以下优点：

① 微穿孔板上的孔径小，外表整齐平滑，因此空气动力学性能好，适用于要求阻损小的设备；

② 气流再生噪声低，允许有较高的气流速度；

③ 不使用多孔吸声材料，没有纤维粉尘的泄漏，可用于对卫生条件要求严格的医药、食品行业；

④ 微穿孔板由金属制成，可用于高温、潮湿、腐蚀或有短暂火焰的环境；

⑤ 吸声频带宽。

表 2-47 是用在某空调风机上的狭矩形微穿孔板消声器的消声量。该消声器长 2 m，通道尺寸为 250 mm×700 mm，穿孔板的规格为：前空腔深度 $D_1 = 80$ mm，孔径 $\phi = 0.8$ mm，板厚度 $t_1 = 0.8$ mm，穿孔率 $P_1 = 2.5\%$；后空腔深度 $D_2 = 120$ mm，孔径 $\phi = 0.8$ mm，板厚 $t_2 = 0.8$ mm，穿孔率 $P_2 = 1\%$。在流速 $v = 10~15$ m/s 的条件下测试，阻损小于 9.8 Pa。

表 2-47　狭矩形微穿孔板消声器的消声量

倍频程中心频率/Hz	63	125	250	500	1 000	2 000	4 000	8 000
消声量/dB	15	17	23	27	20	20	27	24

六、扩散消声器

小喷口高压排气或放空所产生的强烈的空气动力性噪声在工业生产中普遍存在。这类噪声声级高、频带宽、传播远且危害大，严重污染周围环境。对这类噪声源特性的研究以及消声器的研制，近年来从理论到实践均有较大的发展。按其消声原理可分为小孔喷注、多孔扩散、节流降压等类型的消声器。

（一）小孔喷注消声器

小孔喷注消声器的特点是体积小、质量小、消声量大，主要用于空气压缩机排气及热电厂中不同压强的锅炉蒸汽排空。其消声原理不是在声音发出后消除，而是从发生机理上使它的干扰噪声减小。理论分析及试验研究表明，喷注噪声是宽频带噪声，其峰值频率为

$$f_\mathrm{p} \approx 0.2\,\frac{v}{D} \tag{2-174}$$

式中：v——喷流速度，m/s；
　　　D——喷口直径，m。

式（2-174）表明，在喷流速度不变时，喷注噪声峰值频率与喷口直径成反比。在一般的排气放空中，排气管的直径为几厘米到几十厘米，峰值频率较低，辐射的噪声主要在人耳的听阈范围内。而小孔喷注消声器的小孔直径为 1 mm，其峰值频率比普通排气管喷注噪声峰值频率要高几十倍或几百倍，移到了人耳不敏感的高频率范围。根据这个原理，在保证排气量相同的条件下，用许多小孔代替一个大的喷口，可达到降低可听声的目的。图 2-47（a）是小孔喷注消声器的示意图，这是一根直径与排气管直径相同、末端封闭的管子，管壁上钻有很多小孔，小孔的孔径越小，降低噪声的效果就越好。图 2-47（b）是小孔消声量与孔径的关系。

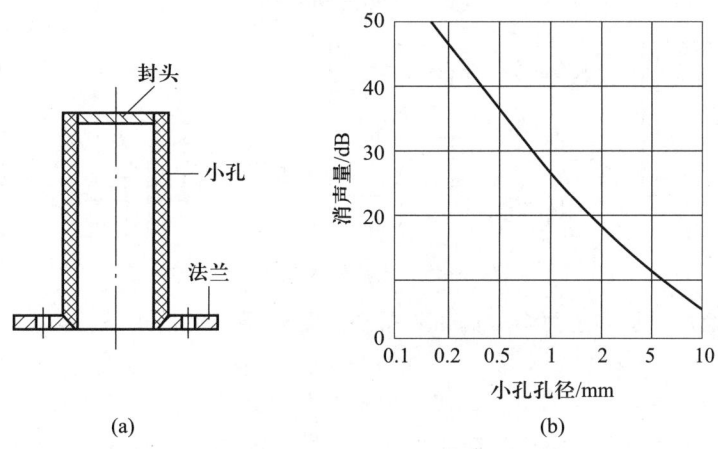

(a)　　　　　　　　(b)

图 2-47　小孔喷注消声器及消声量与孔径的关系

小孔喷注消声器的消声量可用下式计算

$$\Delta L = -10 \lg \left[\frac{2}{\pi} \left(\arctan x_A - \frac{x_A}{1+x_A^2} \right) \right] \qquad (2-175)$$

在阻塞情况下，取 $x_A = 0.165 D/D_0$（D 是喷口直径，以 mm 表示，$D_0 = 1$ mm）。当 $D \leqslant 1$ mm 时，$x_A \ll 1$，则式（2-175）可简化为

$$\Delta L = -10 \lg \left(\frac{4}{3\pi} x_A^3 \right) = 27.2 - 30 \lg D \qquad (2-176)$$

由式（2-176）可知，在小孔范围内，孔径减半可使消声量提高 9 dB。但从实用角度出发，孔径不宜过小，过小的孔径既难加工又易堵塞，且会影响排气量。实用的小孔喷注消声器孔径一般为 1~3 mm，且以 1 mm 孔径应用范围较广。

设计小孔喷注消声器时须注意，只有当各小孔之间有足够大的距离时，各个小孔的喷注才可视为互相独立；若小孔间距过小，则气流经小孔形成的小喷注会汇合形成大的喷注而辐射噪声，从而降低消声器的消声量。因此，根据喷注前驻压的不同，孔间距应取 5~10 倍的孔径，驻压越高，孔间距越大。

为保证安装消声器后不影响原设备的排气，一般要求小孔的总面积应比排气口的截面积大 20%~60%，因此，对应的实际消声量要低于计算值。

现场试验表明，在高压气源上采用小孔喷注消声器，单层 $\phi 2$ mm 小孔可消声 16~21 dB；单层 $\phi 1$ mm 小孔可消声 20~28 dB。某电厂使用的小孔喷注消声器由 $\phi 1$ mm 小孔与三节节流降压层构成，现场试验测定其消声量达 40 dB。

（二）多孔扩散消声器

随着材料工业的发展，近年来国内外已广泛使用多孔陶瓷、烧结金属、烧结塑料和多层金属网等材料控制各种压强排气产生的空气动力性噪声。这些材料本身有大量的细小孔隙（达 100 μm 级），当气流通过这些材料制成的消声器时，排放气流被滤成无数个小的气流，气体压强被降低，气流速度也因扩散而减小，辐射噪声的强度也相应减弱。同时，这类材料还具有阻性材料的吸声作用，自身也可以吸收一部分声能。图 2-48 是几种多孔扩散消声器的示意图。

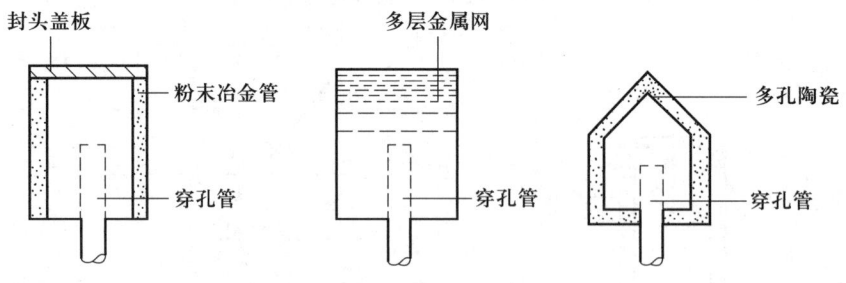

图 2-48　多孔扩散消声器

设计多孔扩散消声器应注意两个方面，一是要满足所要求的消声量，二是不能因安装消声器而影响气流排放。

小的孔隙对气流通过有一定的阻力，使用中要注意压降，设计时还须注意消声器的有效流通面积要大于排气管道的截面积。若扩散面积足够大，则可取得 30~50 dB 的消声效果。表 2-48 和表 2-49 给出几种常用的多孔扩散消声材料的试验值。这些数据对设计多孔扩散消声器十分重要。

表 2-48　多层金属网试验值

目数	金属网直径 /mm	网间距离 /mm	层数	有效截面积比 S/A	相对压降 $\Delta P_s/P_0$
16	0.32	1.19	5	1.89	0.09
16	0.32	1.19	10	2.35	0.16
16	0.32	1.19	20	2.97	0.23
16	0.32	1.19	40	3.57	0.32
40	0.25	0.42	20	3.28	0.28
70	0.14	0.21	20	3.57	0.40
370	0.03	0.039	20	4.80	0.59

注：Δp_s-通过多孔扩散消声材料的驻压降；p_0-大气压；A-气流通道面积；S-多孔扩散消声材料面积。

表 2-49　粉末铜圆试验值

外径×高/mm²	目数	有效截面积比 S/A	相对压降 $\Delta P_s/P_0$
50×90	40~60	16.9	0.28
35×90	40~60	17.6	0.42
35×75	80~100	20.9	0.61
35×90	120~160	24.7	0.61
50×90	200~250	117.5	1.20

注：表注同表2-48。

（三）节流降压消声器

根据节流降压原理，当高压气流通过具有一定流通面积的节流孔板时，压强得到降低。通过多级节流孔板串联，即可将原来高压气体直接排空的一次大的突变压降分散为多次小的渐变压降。排气噪声功率与压降的高次方成正比，因此把压强突变排空改为压强渐变排空，可取得较好的消声效果。

节流降压消声器的各级压强按几何级数下降，即

$$p_n = p_s G^n \tag{2-177}$$

式中：p_s——节流孔板前的压强，Pa；

　　p_n——第 n 级节流孔板后的压强，Pa；

　　n——节流孔板级数；

　　G——压强比，即某节流孔板后压强与前压强之比。

一般情况下各级压强比取相等的数值，即 $G = \dfrac{p_2}{p_1} = \dfrac{p_3}{p_2} = \cdots = \dfrac{p_n}{p_{n-1}} < 1$。对于高压排气的节流降压装置，通常按临界状态设计。表 2-50 给出几种气体在临界状态下的压强比及节流面积的计算公式。

表 2-50　几种气体在临界状态下的压强比及节流面积的计算公式

气体	压强比 G	节流面积 S/cm^2
空气（或 O_2、N_2 等）	0.528	$S = 13.0\,\mu q_m \sqrt{v_1/p_1}$
过热蒸汽	0.546	$S = 13.4\,\mu q_m \sqrt{v_1/p_1}$
饱和蒸汽	0.577	$S = 14.0\,\mu q_m \sqrt{v_1/p_1}$

表中：q_m——排放气体的质量流量，t/h；

　　　v_1——节流前气体比容，m^3/kg；

　　　p_1——节流前气体压强，Pa；

　　　μ——保证排气量的截面修正系数，通常取 1.2~2。

在计算出第一级节流孔板节流面积 S_1 后，可按与比容成正比的关系近似确定其他各级节流面积，然后确定孔径、孔间距和开孔数等参数。

按临界降压设计的节流降压消声器，其消声值可用下式估算

$$\Delta L = 10a\ \lg \frac{3.7(p_1 - p_0)^3}{n p_1 p_0^2} \qquad (2\text{-}178)$$

式中：p_1——消声器入口压强，P_a；

　　　p_0——环境压强，P_a；

　　　n——节流孔板级数；

　　　a——修正系数，其试验值为 0.9 ± 0.2。压强较高时，取偏低数值，如取 0.7；压强较低时，取偏高数值，如取 1.1。

七、其他类消声器

控制气流排放噪声有时还用到以下两种形式的消声器。

（一）喷雾消声器

对于锅炉等排放的高温蒸汽噪声，可向发出噪声的蒸汽喷口均匀喷淋水雾以达到降噪目的。其消声机理为：① 喷淋水雾后，介质密度 ρ 和声速 c 发生变化，因而导致声阻抗的变化，使声波发生反射；② 气液两相介质混合时，它们之间的互相作用（摩擦）又可以消耗一部分声能。喷雾消声器的消声效果与喷水量的多少有关。图 2-49 是在常压下，消声量与水和蒸汽体积比的关系。

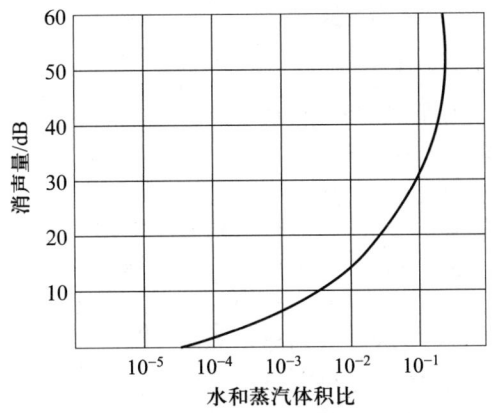

图 2-49　消声量与水和蒸汽体积比的关系

（二）引射掺冷消声器

排放高温气流的噪声源，如锅炉排气和燃气轮机排气等也可采用引射掺入冷空气的方法提高吸声结构的消声性能。图 2-50 是引射掺冷消声器的结构示意图。底部接排气管，消声器周围设置微穿孔板吸声结构，在通道外壁上开有掺冷孔与大气相通。其主要的消声机理为：当气流由排气管排出时，在周围形成负压区，利用这种负压把外界冷空气从上半部外壁上的掺冷孔中吸入，经微穿孔板吸声结构的内腔，从排气管口周围掺入至排放的高温气流中。在消声器通道内形成温度梯度，使声波在传播中向消声器周壁弯曲。在周壁设置的微穿孔板吸声结构可吸收声能。根据声弯曲原理，可以导出掺冷结构所需长度 l 的计算公式

$$l = D\left[\frac{2\sqrt{T_2}}{\sqrt{T_2} - \sqrt{T_1}}\right]^{1/2} \tag{2-179}$$

式中：D——消声器通道直径，m；

　　　T_1——掺冷装置内四周温度，K；

　　　T_2——掺冷装置中心温度，K。

图 2-51 是直径 $\phi 260\ \text{mm}$、长度为 960 mm 的单层微穿孔板吸声结构掺冷与不掺冷的消声性能对比。从图中可以看出，引射掺冷提高了微穿孔板结构的消声性能。

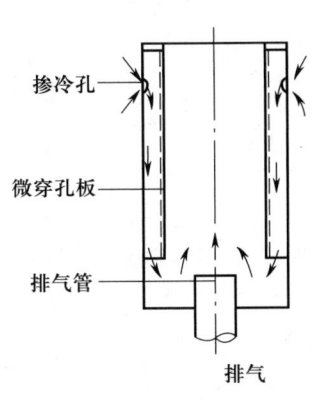

图 2-50　引射掺冷消声器

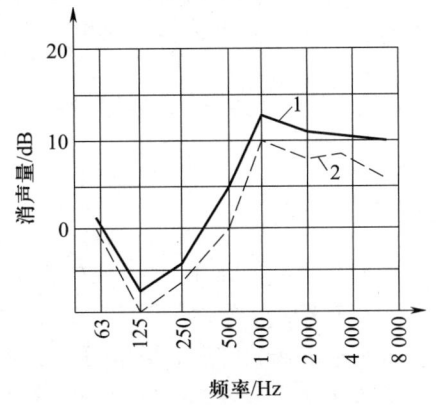

1. 掺冷；2. 不掺冷

图 2-51　单层微穿孔板吸声结构掺冷与不掺冷的消声性能对比

八、消声器的设计

【例题 2-6】 某柴油机进气口管径为 $\phi 200$ mm，进气噪声在 125 Hz 有一个峰值。试设计一个扩张室消声器装在进气口上，要求在 125 Hz 有 15 dB 的消声量。

解：

① 确定扩张室消声器的长度

主要消声频率分布在 125 Hz，由式（2-158），当 $n=0$ 时

$$l = \frac{c}{4f_{max}} = \frac{340}{4 \times 125}(m) = 0.68(m)$$

② 确定扩张比及扩张室的直径

根据要求的消声量，由 $\Delta L = 20 \lg m - 6$ 可近似求得 $m = 12$。已知进气管径为 $\phi 200$ mm，相应的截面积 $S_1 = \pi d_1^2 / 4 \approx 0.031\ 4(m^2)$。

扩张室的截面积

$$S_2 = m \cdot S_1 = 12 \times 0.031\ 4(m^2) = 0.376\ 8(m^2)$$

扩张室直径

$$D = \sqrt{\frac{4S_2}{\pi}} = \sqrt{\frac{4 \times 0.376\ 8}{\pi}}\ (m) \approx 0.693(m) = 693(mm)$$

由计算结果可确定插入管长度为 680/4 mm、680/2 mm，设计方案如图 2-52 所示。为减少阻力损失，改善空气动力性能，内插管的 680/4 mm 一段穿孔，穿孔率 $P > 30\%$。

由式（2-160）计算上限截止频率

$$f_{上} = 1.22\frac{c}{D} = 1.22\frac{340}{0.693}\ (Hz) \approx 598.6\ (Hz)$$

由式（2-161）计算下限截止频率

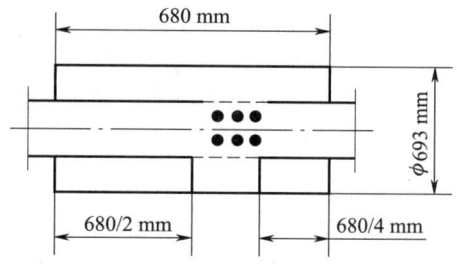

图 2-52 扩张室消声器的设计方案

$$f_{下} = \frac{\sqrt{2}c}{2\pi}\sqrt{\frac{S_1}{Vl}} = \frac{\sqrt{2}c}{2\pi}\sqrt{\frac{S_1}{(S_2-S_1)l^2}} = \frac{\sqrt{2}\times 340}{2\pi}\sqrt{\frac{0.031\ 4}{(0.376\ 8 - 0.031\ 4)\times 0.68^2}}(Hz) \approx 34(Hz)$$

所需消声的峰值频率 125 Hz 在截止频率 $f_{上}$ 与 $f_{下}$ 之间，因此该设计方案符合要求。

第六节 隔 声

一、隔声原理与评价量

用构件将噪声源和接收者分开，阻断空气声的传播，从而达到降噪目的的措施称为隔声，该方法是噪声控制中最有效的措施之一。空气声和固体声的阻断是性质不同的两种方法，固体声的阻断主要是采用隔振的方法，将在后面叙述，本节只讨论空气声的阻断问题。

隔声所采用的方法有很多种：可以制作隔声罩，将吵闹的机器设备用能够隔声的罩形装置密封或局部密封；可在声源与接收者之间设立隔声屏障；在很吵闹的场合中，开辟一个安静的环境，建立隔声间，如隔声操作室和休息室等以保护工人不受噪声干扰，保护仪器不受损坏等。

（一）隔声原理

声波在空气传播时碰到匀质屏蔽物时，由于分界面特性声阻抗的改变，部分声能被屏蔽物反射，部分被屏蔽物吸收，而剩余部分声能透过屏蔽物传到另一空间。显然，透射声能仅是入射声能的一部分。因此，设置适当的屏蔽物仅可使小部分声能沿原传播方向传播。具有隔声能力的屏蔽物称为隔声构件或者隔声结构，如砖砌的隔墙、水泥砌块墙和隔声罩等。

（二）隔声的评价量

1. 透声系数

隔声构件本身透声能力的大小，用透声系数 τ 来表示，它等于透射声功率与入射声功率的比值，即

$$\tau = \frac{W_t}{W} \tag{2-180}$$

式中：W_t——透过隔声构件的声功率，W；

W——入射到隔声构件上的声功率，W。

由 τ 的定义出发，又可写作 $\tau = I_t/I = p_t^2/p^2$，其中 I、p_t 分别为透过声波的声强与声压；I、p 分别为入射声波的声强与声压。τ 又称为传声系数或透射系数（无量纲），其值为 $0 \sim 1$。τ 值越小，表示隔声性能越好。通常所指的 τ 是无规入射时各入射角度透声系数的平均值。

2. 隔声量

隔声构件的 τ 值很小，一般为 $10^{-1} \sim 10^{-5}$，不便使用，故人们采用 $10\lg(1/\tau)$ 来表示构件本身的隔声能力，称为隔声量或透射损失、传声损失，记作 R，单位为 dB。即

$$R = 10\lg\left(\frac{1}{\tau}\right) \tag{2-181a}$$

或

$$R = 10\lg\left(\frac{I}{I_t}\right) = 20\lg\left(\frac{p}{p_t}\right) \tag{2-181b}$$

例如，有两个隔声墙，透射系数分别为 0.01 与 0.001，隔声量则分别为 20 dB 和 30 dB。用隔声量来衡量构件的隔声性能比透声系数更直观、明确，便于隔声构件的比较与选择。

3. 平均隔声量

隔声量的大小与隔声构件的结构、性质有关，也与入射声波的频率有关，同一隔声墙对不同频率的声音和隔声性能可能有很大差异。故工程中常用 $125 \sim 4\,000$ Hz 的 6 个倍频程或 $100 \sim 3\,150$ Hz 的 16 个 1/3 倍频程中心频率的隔声量算术平均值来表示某一构件的隔声性能，称为平均隔声量。

4. 隔声指数

平均隔声量使用方便，但存在一定的局限性。其作为一种单值评价量，在工程设计应用中，未考虑人耳听觉的频率特性及隔声结构的频率特性，因此尚不能确切地反映该隔声构件的实际隔声效果。例如，两个隔声结构具有相同的平均隔声量，但对于同一噪声源可能会有不同的隔声效果。为此，ISO 推荐使用另一个单值指标——隔声指数来评价构件的隔声性能。隔声指数按以下方法得到：

先测得某隔声结构的隔声量频率特性曲线，如图 2-53 中的曲线 1 或曲线 2，它们分别代表两

种隔声墙的隔声特性曲线；图 2-53 还绘出了一簇参考折线，每条折线右边标注的数字为该折线上 500 Hz 所对应的隔声量。把所测得的隔声曲线与一簇参考折线相比较，求出满足下列两个条件的最高一条折线，该折线所对应的数字即为隔声指数。

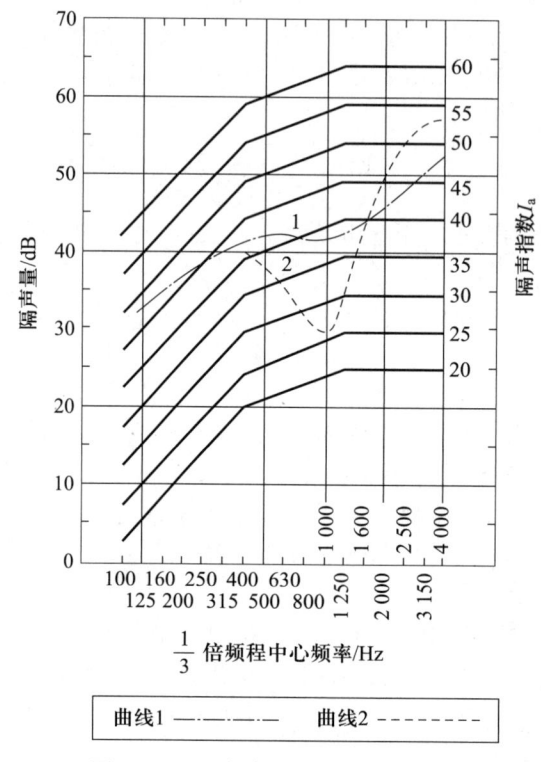

图 2-53 隔声墙隔声指数参考曲线

① 在任何一个 1/3 倍频程中心频率上，曲线低于参考折线的最大差值不得大于 8 dB；

② 对于全部 16 个 1/3 倍频程中心频率（100～3 150 Hz），曲线低于折线的差值之和不得大于 32 dB。

用平均隔声量和隔声指数分别对图 2-53 中两条曲线的隔声性能进行评价比较发现，两种隔声墙的平均隔声量分别为 41.8 dB 和 41.6 dB，基本相同；而它们的隔声指数分别为 44 和 35，显然隔声墙 1 的隔声性能要优于隔声墙 2。

5. 插入损失

插入损失定义为：离声源一定距离某处测得的隔声结构设置前的声功率级 L_{W1} 和设置后的声功率级 L_{W2} 之差，记作 IL，即

$$IL = L_{W1} - L_{W2} \tag{2-182}$$

插入损失通常在现场用来评价隔声罩、隔声屏障等隔声结构的隔声效果。

二、单层均质墙的隔声

（一）单层均质墙隔声的频率特性

隔声中，通常将板状或墙状的隔声构件称为隔墙、墙板或简称为墙。仅有一层墙板的称为单

层墙，而有两层或多层、层间有空气等其他材料的，则称为双层或多层墙。

实践证明，单层均质墙的隔声量与入射声波的频率关系很大，其变化规律如图 2-54 中曲线所示，该曲线大致可分为 4 个区。

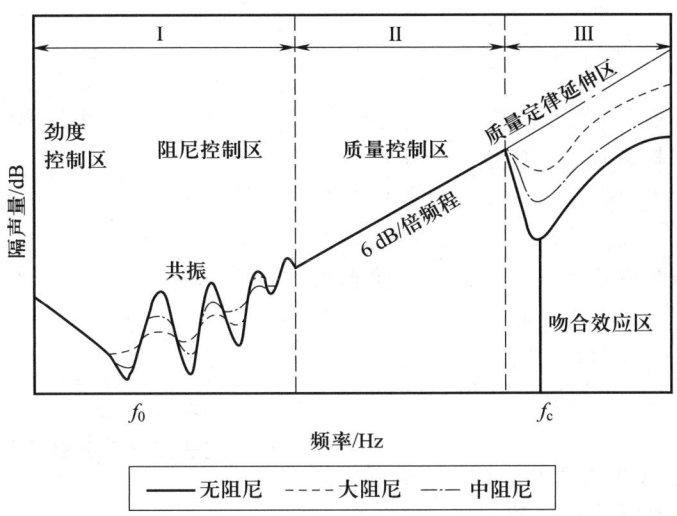

图 2-54　单层均质墙的隔声频率特性曲线

第 1 区称为劲度控制区。这个区的频率范围从零直到墙体的第 1 共振频率 f_0 为止。在该区域内，随着入射声波频率的增加，墙板的隔声量逐渐下降。声波频率每增加一个倍频程，隔声量下降 6 dB。

在这个区域中，墙板对声压的反应类似于弹簧，板材的振动速度反比于墙板劲度和声波频率的比值，因而墙板的隔声量与劲度成正比。对一定频率的声波，墙板的劲度越大，隔声量越高，因此称为劲度控制区。

第 2 区称为阻尼控制区，又称为板共振区。当入射声波的频率与墙板固有频率相同时，引起共振，墙板振幅最大，振速最高，因而透射声能急剧增大，隔声量曲线呈显著低谷；当声波频率是共振频率的谐频时，墙板发生的谐振也会使隔声量下降，因此在共振频率之后，隔声量曲线会连续出现几个低谷，第 1 个低谷是共振频率处，又称为第一共振频率。但本区内随着声波频率的增加，共振现象越来越弱，直至消失，因此隔声量总的仍呈上升趋势。

阻尼控制区的宽度取决于墙板的几何尺寸、弯曲劲度、面密度、结构阻尼的大小及边界条件等，对于一定的墙体，其主要与阻尼大小有关，增加阻尼可以抑制墙板的振幅，提高隔声量，并降低该区的频率上限，缩小该区范围，因此称为阻尼控制区。

对于一般砖石类墙，共振频率与其谐频很低，不出现在主要声频区，通常可不考虑；对于薄板，共振频率较高，阻尼控制区可分布在很宽的声频区，须避免此情况的发生。一般采用增加墙板阻尼的方法来抑制共振现象。第 1、2 区又常合并称为劲度与阻尼控制区，若第 1、2 区合并，则隔声频率曲线共分为 3 个区。

第 3 区称为质量控制区。在该区域内，隔声量随入射声波的频率直线上升，其斜率为 6 dB/倍频程。并且墙板的面密度越大，质量越大，隔声量越高，故称为质量控制区。其原因是此时声波对墙板的作用如同一个力作用于质量块，质量越大，惯性越大，墙板受声波激发产生的振动速度越小，因而隔声量越大。

第 4 区称为吻合效应区。在该区域内，随着入射声波频率的持续升高，隔声量反而下降，曲线上出现一个深深的低谷，这是由于出现了吻合效应。增加板的厚度和阻尼，可使隔声量下降趋势得到减缓。越过低谷后，隔声量以每倍频程 10 dB 趋势上升，然后逐渐接近质量控制区的隔声量。

（二）吻合效应

由于固体的墙板本身具有一定的弹性，当声波以某一角度入射到墙板上时，会激起构件的弯曲振动，如同风吹动幕布时，在幕布上产生的波动现象一样。当一定频率的声波以某一角度投射到墙板上，正好与其激发的墙板的弯曲波发生吻合时，墙板弯曲波振动的振幅便达到最大，因而向墙板的另一面辐射较强的声波，可以粗略地认为，墙板此时已失去了传声阻力，因此相应的隔声量很小，这一现象称为"吻合效应"，相应的入射声波频率称为"吻合频率"。

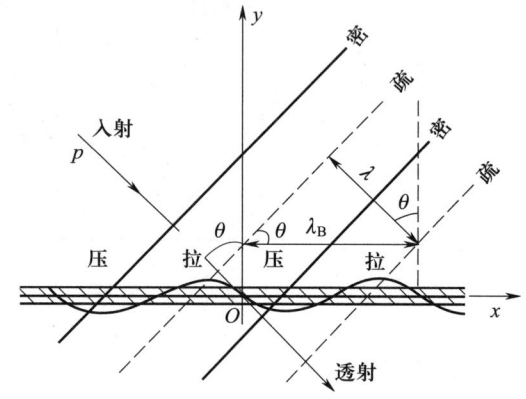

由图 2-55 可知，发生吻合效应时，墙板弯曲波的波长 λ_B 与入射角 θ 存在如下关系

$$\lambda_B = \frac{\lambda}{\sin\theta} \qquad (2\text{-}183)$$

图 2-55　吻合效应的成立条件

换言之，式（2-183）即是发生吻合效应的条件。因为 $\sin\theta \leqslant 1$，所以只有在 $\lambda \leqslant \lambda_B$ 的情况下才能发生吻合效应。一定构成的 λ_B 是确定的，因此发生吻合效应的频率不止一个，而是符合 $f \geqslant c/\lambda_B$ 的多个频率，通常范围相当宽，约有三个倍频程，此时隔声量可比质量定律（见下节）低十几分贝。图 2-56 所示为几种板材的归一化隔声特性曲线，从中可以看到出现吻合谷的区域及影响范围。当 $\theta = 90°$，即声波掠入射时，$\sin\theta = 1$，$\lambda_B = \lambda$，入射声波的频率为发生吻合效应的最低频率，因而将其称为临界吻合频率，记作 f_c。f_c 与墙板物理参量间有如下关系

$$f_c = \frac{c^2}{2\pi}\sqrt{\frac{m}{B}} \qquad (2\text{-}184\text{a})$$

或可写为

$$f_c = 0.551\frac{c^2}{t}\sqrt{\frac{\rho_m}{E}} \qquad (2\text{-}184\text{b})$$

式中：f_c——临界吻合频率，Hz；

　　　m——墙板面密度，kg/m²；

　　　B——墙板的弯曲劲度，N/m；

　　　t——墙板厚度，m；

　　　ρ_m——墙板密度，kg/m³；

　　　E——墙板的弹性模量，N/m²。

由式（2-184a）可知，临界吻合频率受墙板厚度影响很大，墙板越厚，f_c 越低；此外，f_c 还受墙板密度、弹性模量等因素影响。图 2-57 给出了几种常用材料临界吻合频率 f_c 与墙板厚度 t 的关系，表 2-51 列出了几种常用材料计算临界吻合频率所需的参数，可用于设计计算。

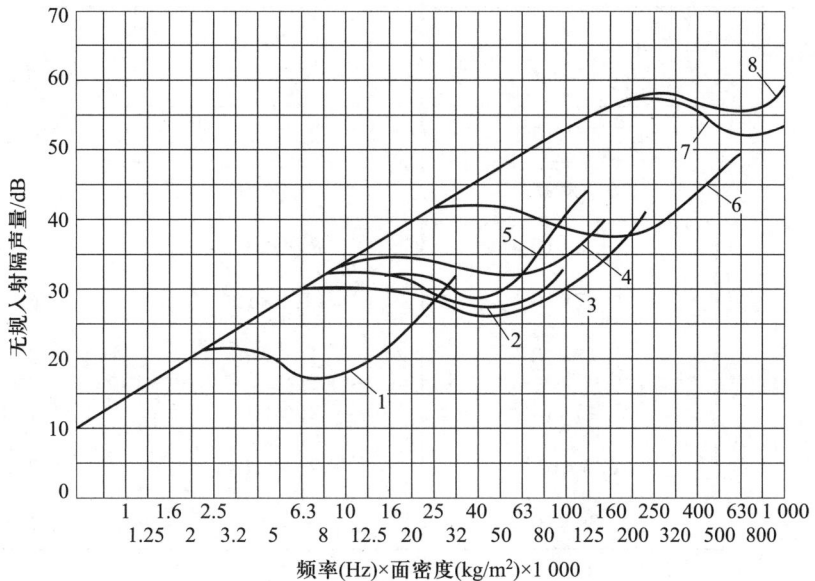

1. 胶合板(5.5 kg/m²)；2. 平板玻璃(26.5 kg/m²)；3. 铝(27.5 kg/m²)；
4. 重混凝土(25.5 kg/m²)；5. 砂浆粉刷(17.5 kg/m²)；6. 钢(78 kg/m²)；
7. 锑铅(铅116 kg/m²)；8. 化学锑铅

图 2-56　几种板材的归一化隔声特性曲线

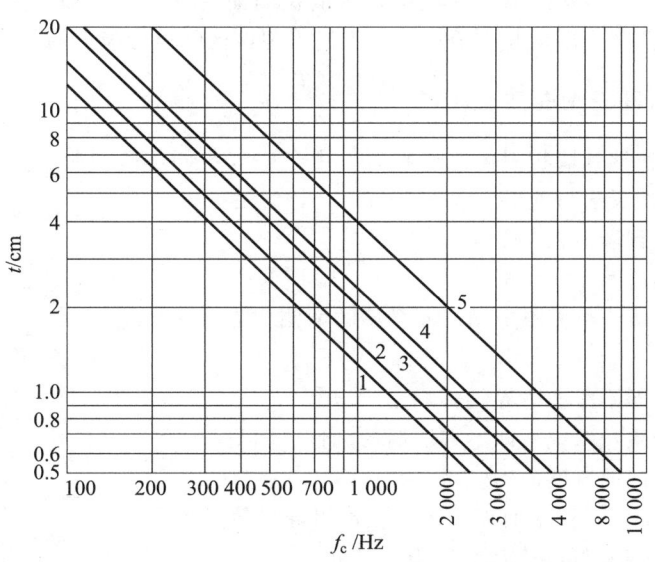

1. 钢板、铝板；2. 玻璃；3. 钢筋混凝土；4. 胶合板；5. 石膏板

图 2-57　几种常用材料临界吻合频率与墙板厚度的关系

表 2-51 几种常见材料的密度和弹性模量

材料名称	E /(N·m^{-2})	ρ_m /(kg·m^{-3})	ρ_m/E /(kg·N^{-1}·m^{-1})
铝	7.15×10^{10}	2.7×10^3	0.38×10^{-7}
铸铁	8.8×10^{10}	7.8×10^3	0.89×10^{-7}
钢	19.6×10^{10}	7.8×10^3	0.40×10^{-7}
铅	1.67×10^{10}	11.3×10^3	6.77×10^{-7}
砖	2.45×10^{10}	1.8×10^3	0.73×10^{-7}
混凝土	2.45×10^{10}	2.6×10^3	1.06×10^{-7}
玻璃	8.5×10^{10}	2.4×10^3	0.28×10^{-7}
胶合板	0.36×10^{10}	0.5×10^3	1.39×10^{-7}

常用建筑结构，如一般砖墙和混凝土墙都很厚重，临界吻合频率多发生在低频段；而柔顺轻薄的构件如金属板和木板等，临界吻合频率则出现在高频段。人对高频声较敏感，常感到漏声较多。因此，在工程设计中应尽量使板材的 f_c 避开需降低的噪声频段。可选用薄而密实的材料使 f_c 升高至人耳不敏感的 4 000 Hz 以上的高频段，或选用多层结构以错开临界吻合频率。此外，还可通过增加墙板阻尼来提高吻合区的隔声量。

综上可知，单层均质墙板的隔声性能主要由墙板的面密度、劲度和内阻尼决定。在入射声波的不同频率范围，可能某一因素起主要作用，因而出现该区隔声性能上的某一特点。

（三）单层均质墙的隔声量和质量定律

声波在空气中传播遇到墙状固体障碍物时，由于空气与固体障碍物特性声阻抗的差异，在两分层界面上将产生两次反射与透射（见图 2-58）。若假设：

①声波垂直入射到墙上；

②隔墙为单层均质墙；

③墙把空间分成两个半无限空间，而且墙的两侧均为通常状况下的空气；

④墙为无限大，即不考虑边界的影响；

⑤把墙看成一个质量系统，即不考虑墙的刚性、阻尼；

⑥墙上各点以相同的速度振动。

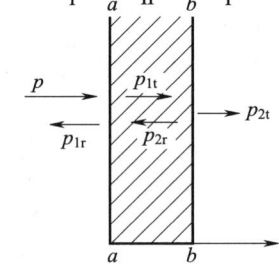

图 2-58 平面声波正入射于分层界面时的反射和透射

则根据透声系数的定义及平面声波理论，可以导出单层墙在质量控制区的声波垂直入射时的隔声量 $R_\perp$ 为

$$R_\perp = 10\ \lg\left[1+\left(\frac{2\pi fm}{2\rho_0 c}\right)^2\right] \qquad (2-185)$$

式中：f——入射声波频率，Hz；

m——墙板面密度，kg/m^2；

ρ_0——空气密度，kg/m^3；

　c——声速，m/s。

对于砖、钢、木、玻璃等常用材料，常有 $2\pi fm/(2\rho_0 c)\gg1$，且 $\rho_0 c\approx400$，因此可得

$$R_\perp = 10\ \lg\left(\frac{2\pi fm}{2\rho_0 c}\right)^2 \tag{2-186a}$$

或

$$R_\perp = 20\ \lg\ m + 20\ \lg\ f - 42.5 \tag{2-186b}$$

式（2-185）定量地描述了单层均质墙的隔声量与面密度及入射声波频率之间的关系。在声波频率一定时，墙板面密度越大，隔声量越高，因此被称为质量定律。由此式知，m 或 f 增加一倍，隔声量都增加 6 dB。

但实际上，墙面积不可能无限大，而且墙有弹性，有阻尼与损耗，因此按式（2-185）计算的结果与实测值存在误差。对于一个单层均质墙板，假定不考虑边界的影响，在无规入射条件下，主要只考虑墙板面密度与入射声波频率两个因素时，可用下面的经验式估算隔声量

$$R = 18\ \lg\ m + 12\ \lg\ f - 25 \tag{2-187}$$

由式（2-187）可知，当频率不变时，面密度每增加一倍，隔声量约增加 3.4 dB；当面密度不变时，频率每增加一倍，隔声量增加约 3.6 dB。用图来表示上述关系，质量定律系图 2-59 表示的一组平行直线。

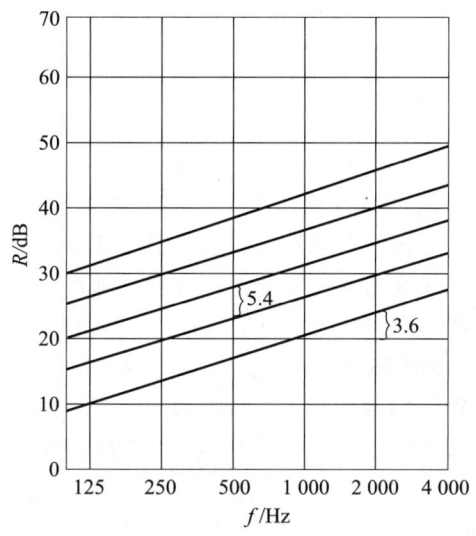

图 2-59　质量定律经验公式图解

若采用平均隔声量 $\overline{R}$ 表示墙板的隔声性能，在频率为 $100\sim3\ 200$ Hz 时，可采用下面的经验式进行计算

$$\overline{R} = 13.5\ \lg\ m + 14 \qquad (m\leqslant200\ kg/m^2) \tag{2-188a}$$

$$\overline{R} = 16\ \lg\ m + 8 \qquad (m>200\ kg/m^2) \tag{2-188b}$$

部分常见单层均质墙平均隔声量的实测值和按式（2-188）的计算值对比见表 2-52，二者基本接近。

表 2-52 几种常用构件隔声量的比较

构件名称	面密度 /(kg·m⁻²)	实测倍频程隔声量/dB						$\overline{R}$/dB	
		125	250	500	1 000	2 000	4 000	测定	计算
1/4 砖墙，双面粉刷	118	41	41	45	40	46	47	43	41
1/2 砖墙，双面粉刷	225	33	37	38	46	52	53	45	46
1/2 砖墙，双面木筋板条加粉刷	280	—	52	47	57	54	—	50	47
1 砖墙，双面粉刷	457	44	44	45	53	57	56	49	51
1 砖墙，双面粉刷	530	42	45	49	57	64	62	53	52
100 mm 厚木筋板条墙，双面粉刷	70	17	22	35	44	49	48	35	39
150 mm 厚加气混凝土砌块墙，双面粉刷	175	28	36	39	46	54	55	43	44

三、多层墙的隔声

(一) 双层墙的隔声

实践与理论证明，单纯依靠增加结构的质量来提高隔声效果浪费材料，隔声效果也不理想。若在两层墙间夹以一定厚度的空气层，其隔声效果则会优于单层实心结构，从而突破质量定律限制。两层均质墙与中间所夹一定厚度的空气层组成的结构，称为双层墙。

一般情况下，双层墙比单层墙隔声量大 5~10 dB；在隔声量相同时，双层墙的总重比单层墙减少 2/3~3/4，原因在于空气层提高了隔声效果。其机理是当声波透过第 1 层墙时，墙外及夹层中空气与墙板特性阻抗的差异造成声波的两次反射，形成衰减，并且由于空气层的弹性和附加吸收作用，振动的能量衰减较大，然后再传给第 2 层墙，又发生声波的两次反射，使透射声能再次减少，因而总的透射损失更多。

1. 双层墙的隔声特性曲线

双层墙的隔声特性曲线与单层墙大致相同。如图 2-60 所示，双层墙相当于一个由双层墙与空气层组成的振动系统。当入射声波频率比双层墙共振频率低时，双层墙板将整体振动，隔声能力与同样质量的单层墙没有区别，即此时空气层不发挥作用。当入射声波达共振频率 f_0 时，隔声量出现低谷；超过 $\sqrt{2}f_0$ 以后，隔声曲线以每倍频程 18 dB 的斜率急剧上升，充分显示出双层墙结构的优越性。随着频率的升高，两墙板间会产生一系列驻波共振，又使隔声特性曲线上升趋势转为平缓，斜率为 12 dB/倍频程；进入吻合效应区后，在临界吻合频率 f_c 处出现又一个隔声量低谷，其 f_c 与吻合效应状况取决于两层墙的临界吻合频率。若两墙板由相同材料构成且面密度相等，则两个吻合谷的位置相同，使低谷的凹陷加深；若两墙板材质不同或面密度不等，则隔声曲线上有两个低谷，但凹陷程度较浅；若两墙板间填有吸声材料，则隔声低谷变得平坦，隔声性能最好。吻合效应区以后情况较复杂，隔声量与墙的面密度、弯曲劲度、阻尼及声频与 f_c 之比等因素有关。由图 2-60 可知，双层墙隔声性能较单层墙优越的区域主要在共振频率 f_0 以后，故在设计中应尽量将 f_0 移向人耳不敏感的低频区域。

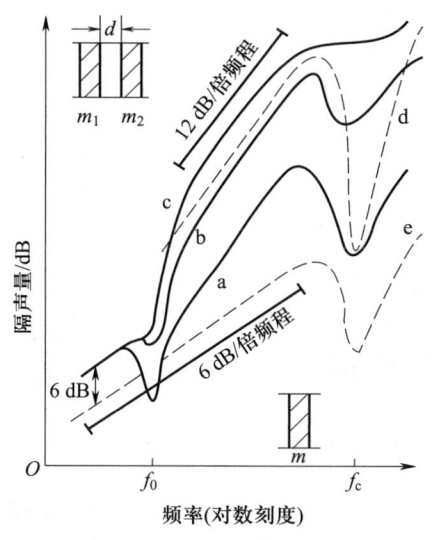

a. 无吸声材料；
b. 有少量吸声材料；
c. 铺满吸声材料；
d. 双层墙隔声量（每增加一个倍频程，隔声量增加12 dB）；
e. 单层墙隔声量（每增加一个倍频程，隔声量增加6 dB）；
a、b、c均为双层墙

图 2-60　相同单板双层隔声特性简图

2. 双层墙共振频率的确定

双层墙的共振频率指入射声波法向入射时的墙板共振频率 f_0，f_0 近似为

$$f_0 \approx \frac{c}{2\pi} \sqrt{\frac{\rho_0}{h}\left(\frac{1}{m_1}+\frac{1}{m_2}\right)} \tag{2-189}$$

式中：m_1、m_2——双层墙中两墙板的面密度，kg/m^2；

　　　　h——空气层的厚度，m；

　　　　ρ_0——空气密度，常温下为 1.18 kg/m^3。

从式（2-189）可知，空气层越薄，双层墙的共振频率 f_0 越高。通常较重的砖墙，如混凝土墙等双层结构的 f_0 一般不超过 20 Hz，在人耳声频范围以下，对实际影响很小；但是对一些尺寸小的轻质双层墙或顶棚（面密度小于 30 kg/m^2），当空气层厚度小于 2 cm 时，须加以注意，因为此时结构的共振频率较高，一般在 100~250 Hz，当产生共振时，隔声效果很差，所以一些由胶合板或薄钢板做成的双层结构对低频声隔绝效果较差。在设计薄而轻的双层结构时，应注意在其表面增涂阻尼层，以减弱共振作用的影响。且宜采用不同厚度或不同材质的墙板组成双层墙，错开临界吻合频率，保证总隔声量。此外，双层墙间适当填充多孔吸声材料可使隔声量增加 5~8 dB，其中中、高频部分提高较多，低频部分提高较少，这是多孔材料易于吸收中、高频噪声的缘故。

3. 双层墙隔声量的实际估算

严格按理论计算双层墙的隔声量较困难，且往往与实际存在一定差距，故多用经验公式估算

$$R = 16 \lg(m_1+m_2)+16 \lg f - 30 + \Delta R \tag{2-190}$$

平均隔声量计算的经验公式为

$$\bar{R} = 16 \lg(m_1+m_2)+8+\Delta R \qquad (m_1+m_2>200 \ kg/m^2) \tag{2-191}$$

$$\overline{R} = 13.5\ \lg(m_1 + m_2) + 14 + \Delta R \qquad (m_1 + m_2 \leqslant 200\ \mathrm{kg/m^2}) \qquad (2\text{-}192)$$

式中：ΔR——空气层附加隔声量，可自图 2-61 查得。

图 2-61 中曲线系在实验室中通过大量试验测得。可以看出，当双层墙板面密度不同时，ΔR 值不一定相同。使用重双层墙时，参考曲线 1，使用轻双层墙时，参考曲线 3。

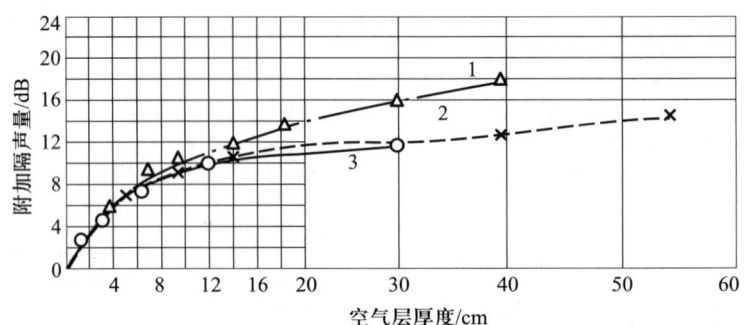

1. 双层加气混凝土墙($m=140\ \mathrm{kg/m^2}$)；2. 双层无纸石膏板墙($m=48\ \mathrm{kg/m^2}$)；
3. 双层纸面石膏板墙($m=28\ \mathrm{kg/m^2}$)

图 2-61　双层墙附加隔声量与空气层厚度的关系

双层墙两墙之间的刚性连接称为声桥。部分声能可经声桥自一墙板传至另一墙板，使空气层的附加隔声量大幅降低，降低的程度取决于双层墙刚性连接的方式和程度。因此在设计与施工过程中须加以注意，尽量避免声桥的出现或减弱其影响。常用部分双层墙的平均隔声量如表 2-53 所示。

表 2-53　常见部分双层墙的平均隔声量

材料及结构的厚度/mm	面密度 /($\mathrm{kg \cdot m^{-2}}$)	平均隔声量 /dB
12~15 厚钢丝网抹灰双层中填 50 厚矿棉毡	94.6	44.4
双层 1 厚铝板（中空 70）	5.2	30
双层 1 厚铝板涂 3 厚石棉漆（中空 70）	6.8	34.9
双层 1 厚铝板+0.35 厚镀锌铁皮（中空 70）	10.0	38.5
双层 1 厚钢板（中空 70）	15.6	41.6
双层 2 厚铝板（中空 70）	10.4	31.2
双层 2 厚铝板填 70 厚超细棉	12.0	37.3
双层 1.5 厚钢板（中空 70）	23.4	45.7
18 厚塑料贴面压榨板双层墙，钢木龙骨（12+80 填矿棉+12）	29	45.3
18 厚塑料贴面压榨板双层墙，钢木龙骨（2×12+80 中空+12）	35	41.3
炭化石灰板双层墙（90+60 中空+90）	130	48.3

材料及结构的厚度/mm	面密度 /$(kg \cdot m^{-2})$	平均隔声量 /dB
炭化石灰板双层墙（120+30 中空+90）	145	47.7
90 炭化石灰板+80 中空+12 厚纸面石膏板	80	43.8
90 炭化石灰板+80 填矿棉+12 厚纸面石膏板	84	48.3
加气混凝土双层墙（15+75 中空+75）	140	54.0
100 厚加气混凝土+50 中空+18 厚草纸板	84	47.6
100 厚加气混凝土+50 中空+三合板	82.6	43.7
50 厚五合板蜂窝板+56 中空+30 厚塑料板	19.5	35.5
240 厚砖墙+80 中空内填矿棉 50+6 厚塑料板	500	64.0
240 厚砖墙+200 中空+240 厚砖墙	960	70.7

（二）多层复合板的隔声

由几层面密度或性质不同的板材组成的复合隔声墙板称为多层复合板。常用轻质多层复合板，是由金属或非金属的坚实薄板作面层，内侧覆盖阻尼材料，或夹入多孔吸声材料或空气层等构成的。

一般来说，多层复合板的隔声量较组成它的同等质量的单层均质板有明显改善。这主要是由于：① 分层材料的阻抗各不相同，使声波在分层界面上产生多次反射，阻抗相差越大，反射声能越多，透射声能损耗就越大；② 夹层材料的阻尼和吸声作用使声能衰减，并减弱共振与吻合效应；③ 使用厚度或材质不同的多层板，可错开共振与临界吻合频率，改善共振区与吻合效应区的隔声低谷现象，使总透射声能大幅降低。

理论计算多层复合板的隔声量不仅复杂且难以精准控制，故一般通过实验求得。实验表明，多层复合板具有质轻和隔声性能良好的优势，因而被广泛用于隔声门（窗）、隔声罩、隔声间的墙体等多种隔声结构中。我国噪声控制工作者在轻质复合板的研制方面做了较多的工作。

四、隔声罩、隔声间和隔声屏

（一）隔声罩

1. 隔声罩的分类

对于某些强噪声机器设备，为降低其所辐射的噪声对周围环境的影响，常将噪声源封闭在特定的小空间中，这种封闭小空间的壳体结构称为隔声罩。

隔声罩按声源机器的操作、维护及通风冷却要求，主要分为固定密封全隔声罩、活动密封型隔声罩及局部敞开式隔声罩三类。

2. 隔声罩的计算

插入损失 IL

$$IL = L_{W1} - L_{W2} \tag{2-193a}$$

式中：L_{W1}——声源无隔声罩前室内某点的声功率级，dB；

L_{W2}——声源加上隔声罩后室内上述点的声功率级，dB。

或

$$IL = L_{p1} - L_{p2} \tag{2-193b}$$

式中：IL——插入损失，dB；

L_{p1}——声源无隔声罩前室内某点的声压级，dB；

L_{p2}——声源加上隔声罩后室内上述点的声压级，dB。

隔声罩的插入损失可由理论得出，即声源通过隔声罩的透射和吸声的声能平衡，其平衡式为

$$W_2 = W_1 \left(\frac{S_e \tau}{S \, \bar{\alpha}} \right) \tag{2-194}$$

式中：W_1——声源辐射的声功率，W；

W_2——声源加上隔声罩后辐射的声功率，W；

S_e——罩壁和顶板的面积，m^2；

S——罩内总面积（包括地面），m^2；

τ——罩内总面积的平均透射系数；

$\bar{\alpha}$——罩内总面积的吸声系数平均值。

一般隔声罩的地面面积比总面积 S 小得多，即 $S_e \approx S$，于是由式（2-194）便得到隔声罩的插入损失

$$IL = 10 \lg \frac{W_1}{W_2} = 10 \lg \frac{\alpha}{\tau} \tag{2-195}$$

式中 $\tau \leqslant \alpha \leqslant 1$，从式（2-195）可得：

① 若 $\alpha = \tau$，则 $IL = 0$ dB。

② 若 $\alpha = 1$，则 $IL = 10 \lg(1/\tau) = R$。

第①种情况是最不利的，第②种情况插入损失几乎与隔声罩罩壁的隔声量接近，是最理想的状况。在工程应用中，应尽量增大 α，而 τ 则尽可能小。

3. 隔声罩的设计

隔声罩的设计需综合考虑下述因素：

① 隔声罩的设计必须与生产工艺的要求相吻合。

② 隔声罩罩壁须使用具有足够隔声量的材料制成。

③ 采取防止隔声罩共振和吻合的措施。

④ 罩壁内加衬吸声材料的吸声系数尽可能大，否则无法满足隔声罩所要求的隔声量。

⑤ 隔声罩各连接件须密封。

（二）隔声间

在吵闹的环境中建造一个具有良好的隔声性能的小房间，供给工作人员一个安静的环境，或者将多个强声源（或单台大型噪声源）置于上述房间中，以保持周围环境的安静，这种由不同隔声构件组成的具有良好隔声性能的房间称为隔声间。隔声间通常用于噪声源难处理的情况，如强噪声车间的控制室、观察室，噪声源集中的风机房、高压水泵房，以及民用建筑中高级宾馆的房

间等。

　　隔声间有封闭式和半封闭式之分，一般多用封闭式（图2-62）。隔声间除须有足够隔声量的墙体外，还须设置具有一定隔声性能的门、窗或观察孔等，若门、窗设计不好或孔隙漏声严重，则会大大影响隔声效果。

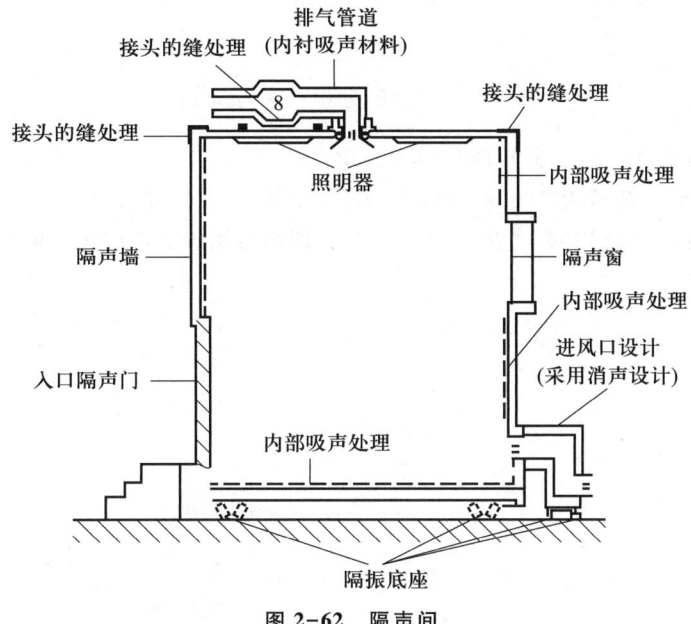

图2-62　隔声间

1. 具有门、窗的组合墙等效隔声量的计算

　　具有门、窗等不同隔声构件的墙板通常称为组合墙。门或窗的隔声量常比墙体本身的小，因此组合墙的隔声量往往比单纯墙低。组合墙的透声系数 $\bar{\tau}$ 为各组成部分的透声系数按组成部分面积的加权平均值，称为平均透声系数，由下式得出

$$\bar{\tau}=\frac{\tau_1 S_1+\tau_2 S_2+\tau_3 S_3}{S_1+S_2+S_3} \tag{2-196}$$

式中：τ_i——墙体第 i 种构件的透声系数（$i=1$、2、3、…）；

　　　S_i——墙体第 i 种构件的面积（$i=1$、2、3、…），m^2。

　　按式（2-196），组合墙的等效隔声量 $\bar{R}$ 为

$$\bar{R}=10\ \lg\left(\frac{1}{\bar{\tau}}\right) \tag{2-197}$$

　　【例题2-7】 某隔声间有一面20 m^2 的墙与噪声源相隔，该墙透声系数 τ 为 10^{-5}；在这面墙上开一扇面积为2 m^2 的门，其 τ 为 10^{-3}；并开一扇面积为3 m^2 的窗，其 τ 为 10^{-3}，求此组合墙的等效隔声量 $\bar{R}$。

　　解：据式（2-196）、式（2-197）解得

$$\bar{\tau}=\frac{\tau_1 S_1+\tau_2 S_2+\tau_3 S_3}{S_1+S_2+S_3}=\frac{(20-2-3)\times10^{-5}+2\times10^{-3}+3\times10^{-3}}{2+3+(20-2-3)}\approx 2.6\times10^{-4}$$

$$\bar{R}=10\ \lg\frac{1}{\bar{\tau}}=10\ \lg\frac{1}{2.6\times10^{-4}}(dB)\approx 36(dB)$$

若未设门、窗，则该墙隔声量为 50 dB，而设门、窗后，隔声量显著下降。分析可知，单纯提高墙的隔声量对提高组合墙的隔声量作用不大，也不经济，故采用双层或多层结构来提高门、窗的隔声量，或在满足使用条件下适当将墙的隔声量与门、窗的隔声效果降低至同一水平。一般墙体的隔声量比门、窗高出 10~15 dB。比较合理的设计是用"等透射量"的方法。设墙的透声系数与面积分别为 τ_1、S_1，门（窗）为 τ_2、S_2，按"等透射量"原则：$\tau_1 S_1 = \tau_2 S_2$，可得

$$R_1 = R_2 + 10\lg \frac{S_1}{S_2} \tag{2-198}$$

式中：R_1、R_2——墙本身、门（窗）的隔声量，dB。

当已知比值 S_1/S_2 与 R_1 或 R_2 时，就可以求得所需的 R_2 或 R_1 的值。

为计算方便，对式（2-196）考虑 $i=2$ 的情况，即组合墙仅有两种不同隔声性能的构件，此时

$$\bar{\tau} = \frac{S_1\tau_1 + S_2\tau_2}{S_1 + S_2} = \tau_1 \frac{1 + \dfrac{S_2}{S_1}\dfrac{\tau_2}{\tau_1}}{1 + \dfrac{S_2}{S_1}}$$

因为 $\tau = 10^{-R/10}$，所以

$$\bar{R} = 10\lg\frac{1}{\bar{\tau}} = R_1 - 10\lg \frac{1 + \dfrac{S_2}{S_1}\times 10^{\frac{R_1-R_2}{10}}}{1 + \dfrac{S_2}{S_1}} \tag{2-199}$$

式（2-199）中第二项已绘成图 2-63 所示曲线，只需掌握组合墙的两种构成部件的面积比与隔声量，即可在图中查出这一附加值，进而很快计算出组合墙的隔声量。

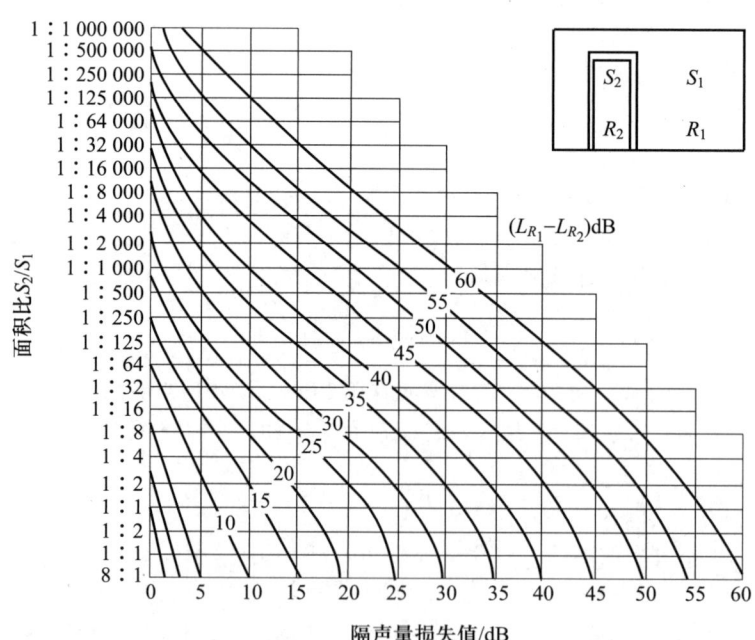

图 2-63　组合墙隔声量计算图

对于两种以上部件组成的组合墙，可利用图 2-63 先求出其中两种部件组合的隔声量，再与第 3 个部件合并求取，其余类推，直至求出总隔声量。如上例题，先求取墙与门组合的隔声量：面积比为 2/15＝1/7.5，隔声量之差为 50-30（dB）＝20（dB），查得隔声量损失值为 11 dB，组合件的隔声量为 50-11（dB）＝39（dB），再与窗组合，面积比为 3/17≈1/5.7，隔声量之差为 39-30（dB）＝9（dB），查得隔声量损失值为 3 dB，组合墙总隔声量便为 39-3（dB）＝36（dB），结果与前计算相同。

2. 孔洞对墙板隔声的影响

由于声波的衍射作用，孔洞和缝隙会大大降低组合墙的隔声量。门、窗的缝隙、各种管道的孔洞、隔声罩焊缝不严密的地方等都是透声较多之处，直接影响墙板等组合件的隔声量。

虽然低频噪声波长较长，透过孔隙的声能要比高频噪声少些，但是在一般计算中，透声系数均可取为 1。设某理想的隔声墙（$\tau=0$），若墙上有占墙面积 1/100 的孔洞，则由式（2-196）可算得墙的总隔声量仅为 20 dB。由此可知，为了不降低墙的隔声量，须对墙上的孔洞进行密封处理。

3. 门、窗的隔声和孔洞的处理

门、窗的隔声能力取决于本身的面密度、构造和碰头缝密封程度。因通常门、窗为轻型结构，故一般采用轻质双层或多层复合隔声板制成，称为隔声门、隔声窗。

隔声门一般采用轻质复合结构，并在层与层之间填充吸声材料，隔声量可达 30~40 dB。典型隔声门结构如图 2-64 所示，其隔声性能见表 2-54。

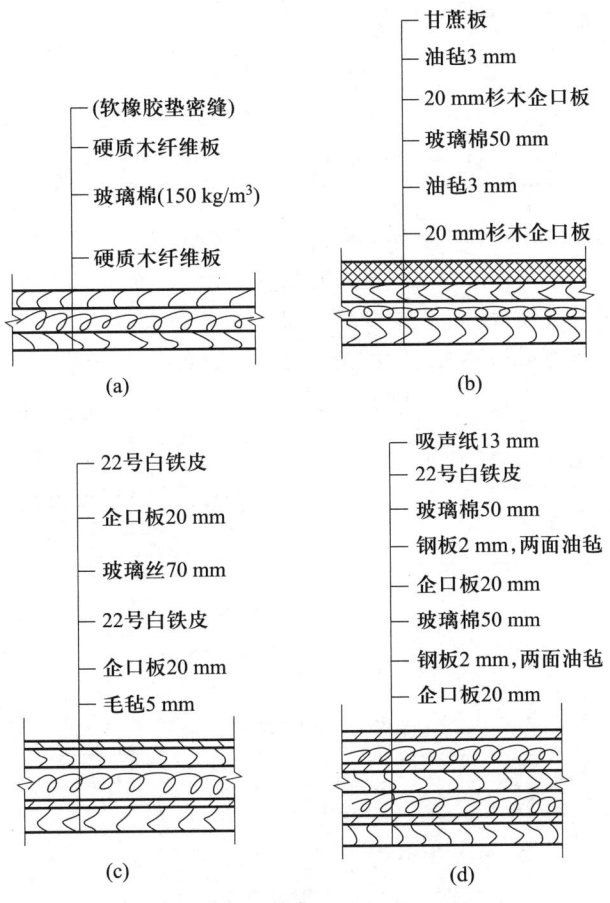

图 2-64　典型隔声门结构示意图

表 2-54 典型隔声门的隔声量

类别	材料和结构 /mm	各频率下的隔声量/dB						
		125 Hz	250 Hz	500 Hz	1 000 Hz	2 000 Hz	4 000 Hz	平均
普通门	三夹门：门扇厚 45	13.5	15	15.2	19.6	20.6	24.5	16.8
	三夹门：门扇厚 45，其上开小观察窗，玻璃厚 3	13.6	17	17.7	21.7	22.2	27.7	18.8
	重料木板门：四周用橡胶、毛毡密封	30	30	29	25	26	—	27
	分层木门	28	28.7	32.7	35	32.8	31	31
	分层木门：16 – 11（a），用软橡胶密封	25	25	29	29.5	27	26.5	27
	双层木板实拼门：板厚度共 100	16.4	20.8	27.1	29.4	28.9	—	29
	钢板门：钢板厚度 6	25.1	26.7	31.1	36.4	31.5	—	35
特质门	分层门	29.6	29	29.6	51.5	35.3	43.3	32.6
	分层门	24	24	26	29	36.5	39.5	29
	分层门	41	36	38	41	53	60	43

　　隔声门的隔声性能还与门缝的密封程度有关。即使门扇设计的隔声量再大，若密封不好，其隔声效果也会下降。密封门扇是把门扇与门框之间的碰头缝做成企口或阶梯状，并在接缝处嵌上软橡胶、工业毛毡或泡沫乳胶等弹性材料，以减少缝隙漏声。图 2-65 为几种常见的隔声门密封方法。为提高密封质量，门扇下还可镶饰扫地橡胶。经上述密封方法处理，门的隔声量可提高 5~8 dB。

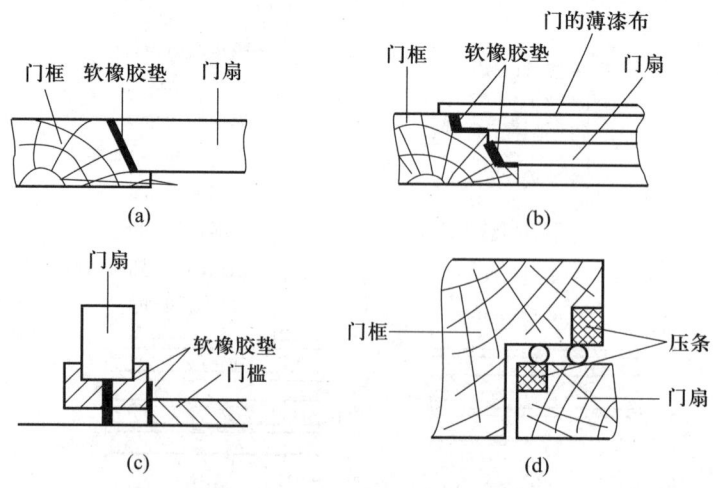

图 2-65 常见隔声门密封方法
（a）斜面搭接；（b）阶梯搭接；（c）门扇与槛搭接；（d）普通压紧

为使隔声门关闭严密，在门上应设加压关闭装置。一般采用较简单的锁闸。门铰链应有距门边至少 50 mm 的转轴，以便门扇沿着四周均匀地压紧在软橡胶垫上。门框与墙体的接缝处也应注意密封。在隔声要求很高的情况下，可采取双道隔声门及声锁的特殊处理方法。"声锁"也称为声闸，即在两道门之间的门斗内安装吸声材料（图 2-66），使传入的噪声被吸收衰减。采取这种措施可使隔声能力接近两道门的隔声量之和。

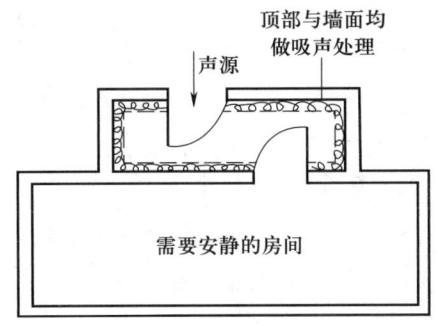

图 2-66　声锁示意图

隔声窗同样是控制隔声结构隔声量大小的主要构件。窗的隔声性能取决于玻璃的厚度、层数、层间空气层厚度及窗扇与窗框的密封程度。通常采用双层或三层玻璃窗。玻璃越厚，隔声效果越好。一般玻璃厚度取 3~10 mm。双层结构的玻璃窗，一般空气层选在 80~120 mm 时隔声效果较好，玻璃厚度宜选用 3 mm 与 6 mm 或 5 mm 与 10 mm 进行组合，避免两层玻璃的临界频率接近而产生吻合效应，使窗的隔声量下降。表 2-55 为几种不同厚度玻璃的临界频率。安装时各层玻璃最好不要相互平行，朝向噪声源的一层玻璃可倾斜 85°左右，以利于消除共振对隔声效果的影响。图 2-67 为双层玻璃隔声窗的安装与密封示意图，其平均隔声量可达 45 dB。

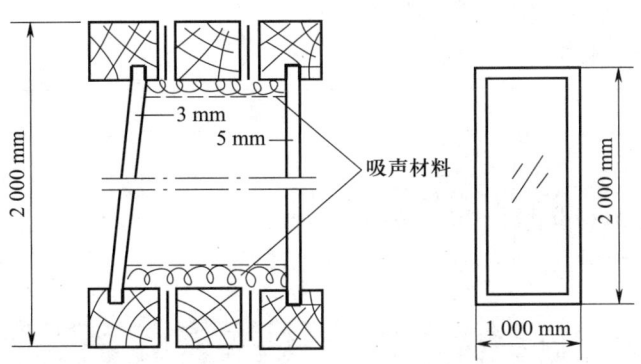

图 2-67　双层玻璃隔声窗的安装与密封示意图

表 2-55　不同厚度玻璃的临界频率

玻璃厚度/mm	3	5	6	10
临界频率/Hz	4 000	2 500	2 000	1 100

玻璃与窗框接触处，用细毛毡、多孔橡胶垫、U 形橡胶垫等弹性材料密封。一般压紧一层玻璃，隔声量可提高 4~6 dB，压紧两层玻璃则可增加 6~9 dB 的隔声量。为确保窗扇达到设计的隔声量，须使用干燥木材，窗扇要有良好的刚度，窗扇之间、窗扇与窗框之间的接触面必须严格密封。窗扇上玻璃边缘用油灰或橡胶垫等材料密封，以减少玻璃的共振。

工程上常用隔声窗的隔声性能见表 2-56。

表 2-56　常用隔声窗的隔声性能

类别	材料和结构/mm	各频率下的隔声量/dB						
		125 Hz	250 Hz	500 Hz	1 000 Hz	2 000 Hz	4 000 Hz	平均
单层玻璃窗	玻璃厚 3~6	20.7	20	23.5	26.4	22.9	—	22±2
单层固定窗	玻璃厚 6，四周用橡胶垫密封	17	27	30	34	38	32	29.7
单层固定窗	玻璃厚 15，四周用腻子密封	25	28	32	37	40	50	35.5
双层固定窗	玻璃厚分别为 3、6，空气层厚度为 20	21	19	23	34	41	39	29.5
双层固定窗	其中一层玻璃倾斜 85°左右，其余同上	28	31	29	41	47	40	35.5
三层固定窗	空气层上部和底部粘贴吸声材料	37	45	42	43	47	56	45

（三）隔声屏

隔声屏是一种由隔声结构制备，并在噪声源一侧进行高效降噪处理的屏障，将其放在噪声源与接收点间可用于阻挡噪声直接向接收点辐射，见图 2-68。

图 2-68　隔声屏

1. 隔声屏的降噪原理

声波在传播中遇到障碍物产生衍射（绕射）现象，与光波照射到物体的绕射现象相似，光线被不透明物体遮挡后，在障碍物后面出现阴影区，而声波产生"声影区"，同时，声波绕射必然产生衰减，这就是隔声屏隔声的原理。对于高频噪声，因为波长较短，绕射能力和穿透能力弱，所以隔声效果显著；对于低频噪声，因为波长较长，绕射能力和穿透能力强，所以隔声屏隔声效果有限。

2. 隔声屏降噪效果的计算

若在空旷的自由声场中设置一道有一定高度的无限长屏障，假设透过隔声屏本身的声音忽略不计，则在同一噪声源、同一接收位置，设置隔声屏和不设置隔声屏的两次测量得到的声压级的差值，即为隔声屏的降噪量。当线声源的长度远小于噪声源至接收点的距离时（噪声源至接收点的距离大于线声源长度的 3 倍），可视为点声源，对于一无限长声屏障，点声源的绕射声衰减可用下式计算

$$\Delta L_{d}=\begin{cases} 20\ \lg\ \dfrac{\sqrt{2\pi N}}{\tanh\ \sqrt{2\pi N}}+5\ \mathrm{dB}, & N>0 \\[2mm] 5\ \mathrm{dB}, & N=0 \\[2mm] 5+20\ \lg\ \dfrac{\sqrt{2\pi\ |N|}}{\tan\ \sqrt{2\pi\ |N|}}\mathrm{dB}, & 0>N>-0.2 \\[2mm] 0\ \mathrm{dB}, & N\leqslant -0.2 \end{cases} \tag{2-200}$$

$$N=\pm\frac{2}{\lambda}(A+B-D) \tag{2-201}$$

式中：ΔL_{d}——点声源的绕射声衰减，dB；

N——菲涅耳数；

λ——声波波长，m；

A——噪声源到隔声屏顶端的距离，m；

B——接收点到隔声屏顶端的距离，m；

D——噪声源到接收点的直线距离，m。

式（2-201）中，当 $N\geqslant 1$ 时，双曲正切函数 $\tanh\ \sqrt{2\pi N}$ 的值接近等于 1，这时式（2-201）可简化为

$$\Delta L_{d}=10\ \lg\ N+13 \tag{2-202}$$

对于噪声源不可以简化成点声源的情况，其绕射声衰减的计算以及透射声修正量、反射声修正量的计算等更多计算内容可参见《声屏障声学设计和测量规范》(HJ/T 90—2004)。

3. 隔声屏设计应注意的问题

① 隔声屏本身必须有足够的隔声量，隔声屏对声波有三种物理效应：隔声（透射）、反射和绕射效应，因此隔声屏的隔声量应比设计目标值大（10 dB 以上）。

② 使用隔声屏，必须配合吸声处理，尤其是在混响声明显的场合。

③ 隔声屏主要用于阻断直达声，为有效防止噪声发散，其形式有 L 形、U 形和 Y 形等，Y 形（带遮檐）效果突出。

④ 隔声屏周边与其他构件的连接处，应注意密封。

⑤ 作为交通道路的隔声屏，应注意景观，其造型和材质的选用应与周围环境相协调。

⑥ 隔声屏的结构设计，其力学性能应符合有关的国家标准。

⑦ 隔声屏的高度和长度应根据现场实际情况由相应公式计算确定。

⑧ 为便于人或设备等通行，在隔声要求不是太高时，可用人造革等密实的软材料护面，中间夹以多孔吸声材料制成隔声帘并将之悬挂。

第七节　消除噪声污染的新技术

一、有源消声

为积极主动地消除噪声，人们发明了"有源消声"这一技术。其原理为：所有的声音都由一定的频谱组成，如果可以找到一种声音，其频谱与所要消除的噪声完全一样，只是相位刚好相反，那么二者叠加后就可将这种噪声完全抵消掉。为得到抵消噪声的声音，实际采用的办法是：从噪声源本身下手，设法通过电子线路将原噪声的相位倒过来，将两相位相反的噪声叠加，称为"以噪治噪"。英国发明了一种"用声音抵消声音"的技术，即研制了由一组声音探测器、信息处理器和声音合成器组成的新型消声系统。当声音探测器"听到"噪声时会把这些噪声的强弱、方向等数据传输给信息处理器，信息处理器分析后，指令声音合成器发出与噪声波振动方向相反的声音信号，即可使噪声消失。

电子消声器便是根据上述基本原理设计的，其工作原理如图 2-69 所示。在噪声场中，用电子器件和电子设备产生一个与原来噪声声压大小相等、相位相反的声波，使其在某一区域范围内与原噪声相抵消。随着计算机技术的发展，电子消声器在噪声控制中获得了广泛的应用。

电子消声器适用于消除低频噪声，相互抵消的消声区域有限，目前尚处于研究阶段。

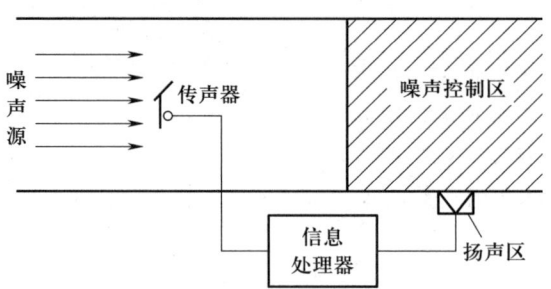

图 2-69　电子消声器工作原理

二、减少飞机噪声新技术

飞机噪声的消除一直是困扰各国科学家的难题。美国宇航专家发明了一种能大幅度减小飞机噪声的新技术，该技术的面世使超音速飞机产生的噪声污染成为历史。飞机噪声主要由废气排放产生，废气喷发速度超过音速时发出的噪声称为"马赫浪"。在飞机起飞、降落和加速时都会产生"马赫浪"。以往专家们试图用缓冲板降低废气喷发速度以减少噪声，但这种方法会使发动机功率受到影响。新技术并不着眼于降低废气喷发速度，而是通过增加周围空气的速度来消除湍流，达到减少噪声目的。该方法是从发动机上引出一股新的速度较低的气流，其方向与废气一致，包围在废气的外围。此时废气与周围空气之间的速度差大幅缩小，最终低于音速，马赫浪难以形成，噪声可立即降低 10 dB。新技术的优点是无须安装机械消声器，燃料消耗也不受影响。

三、新型吸声材料

最近，日本正在研究一种消除列车噪声的新型吸声材料，这种材料来自废弃垃圾，是从焚烧垃圾烧不掉的物质中提取的再生材料。经过火车线路的实际试验验证，吸声效果十分显著。由于这种再生材料的质量较轻，为了避免被风吹走，须装入袋中，然后用树脂加固，最后缠绕在混凝土枕木中。

四、"绿浪"降噪工程

德国在柏林的希尔街（Heer Str.）开发了一项被称为"绿浪"的降噪工程。当汽车以恒速（60~80 km/h）在这条街道行驶时，汽车将一直遇到绿灯。这样，既能保证行驶平稳，又能降低油耗，减少废气的排放，还能减少起步和停车的次数，保证发动机一直在良好状态运转，降低发动机噪声的辐射。国内部分城市也开展了这方面的尝试。

第八节　噪声污染控制应用实例

一、隔声间的设计

在某高噪声机房一侧建隔声间，机房与隔声间的平面布置如图 2-70 所示。除了面对机房的组合墙，隔声间其他墙的墙外噪声对隔声间内的影响均可忽略。机房内（测点 1）实测噪声结果如表 2-57 第 1 行所示。隔声间的设计要求为：在面对机房的总面积为 20 m² （含门、窗面积）的墙上开设两扇窗和一扇门，两扇窗的总面积为 2 m²，门的面积为 2.2 m²；隔声间内打电话及一般谈话不受机房内机器噪声的干扰。

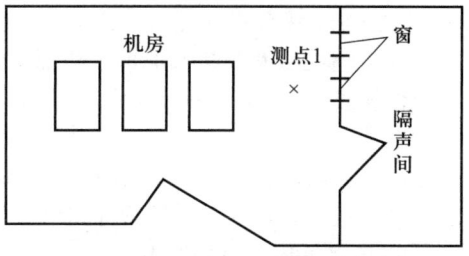

图 2-70　机房与隔声间的平面布置图

表 2-57　隔声间上隔墙的隔声量计算表

序号	项目说明	倍频程中心频率					
		125 Hz	250 Hz	500 Hz	1 000 Hz	2 000 Hz	4 000 Hz
1	隔声间外声压级（测点 1），dB	96	90	93	98	101	100
2	隔声间内允许噪声评价数 NR-60，dB	74	68	63	60	57	55
3	所需插入损失，dB	22	22	30	38	44	45
4	隔声间吸声处理后的吸声系数 α	0.32	0.63	0.76	0.83	0.90	0.92
5	隔声间内吸声量 $A = \alpha S (S = 22 \text{ m}^2)$，m²	7.04	13.86	16.72	18.26	19.8	20.24
6	$10 \lg (A/S_{组合墙})$，dB	-4.53	-1.59	-0.78	-0.40	-0.04	0.05
7	$R = IL - 10 \lg (A/S_{组合墙})$，dB	26.53	23.59	30.78	38.40	44.04	44.95
8	组合墙平均隔声量 $R_{组合墙}$，dB	34.71					
9	组合墙透声系数 $\tau_{组合墙}$	3.38×10^{-4}					

隔声间设计步骤如下（所有数据列于表 2-57）：

1. 确定隔声间所需要的插入损失

根据隔声间内打电话及一般谈话不受机房内机器噪声干扰的要求，可以确定隔声间内噪声值需满足噪声评价数 NR-60，具体数值见表 2-57 第 2 行。

由隔声间外测点 1 所测得的噪声值减去 NR-60 所对应的噪声值，即可得到隔声间所需的插入损失（见表 2-57 第 3 行）。

2. 确定隔声间内的吸声量

增加室内的吸声量，可以提高隔声间的隔声效果。选用矿渣棉、玻璃布、穿孔纤维板护面对隔声间的天花板（面积 22 m²）做吸声处理，处理后隔声间的吸声系数如表 2-57 中第 4 行所列。隔声间的其他表面未做吸声处理，吸声量很小，可忽略不计。隔声间内的吸声量 A 等于天花板的面积乘以其吸声系数（见表 2-57 第 5 行）。

3. 计算修正项 10 lg($A/S_{组合墙}$)

$S_{组合墙}$ 是组合墙的隔声面积。除面对机房的组合墙外，隔声间其他墙的墙外噪声对隔声间的影响均可忽略，因此在此着重计算组合墙的隔声效果，$S_{组合墙} = 20$ m²，计算结果见表 2-57 第 6 行。

4. 计算组合墙所应具有的平均隔声量及透声系数

根据式（2-195）可得

$$R = IL - 10 \lg(A/S_{组合墙})$$

由此可以计算得到组合墙所应具有的各个频率下的隔声量（见表 2-57 第 7 行），并根据平均隔声量及透声系数的定义计算得到对应的 $R_{组合墙}$ 和 $\tau_{组合墙}$（分别见表 2-57 第 8 行、第 9 行）

5. 选用墙体与门窗结构

根据"等透射量"原则：

$$\tau_门 S_门 = \tau_窗 S_窗 = \tau_墙 S_墙 = \frac{1}{3}\tau_{组合墙} S_{组合墙}$$

可计算得到

$\tau_门 = 1.02\times10^{-3}$

$\tau_窗 = 1.13\times10^{-3}$

$\tau_墙 = 1.43\times10^{-4}$

对应地，门、窗及墙体所应具有的隔声量分别为：29.9 dB、29.5 dB 和 38.5 dB，可据此选用相应的门、窗及墙体结构。

二、共振消声器的设计

在管径为 φ100 mm 的气流通道上设计一个共振消声器，使其在 125 Hz 的倍频程上有 15 dB 的消声量。

共振消声器设计步骤如下：

1. 确定 K 值

由式（2-167），$\Delta L = 10 \lg(1+2K^2) = 15$ 求得 $K = 3.913 \approx 4$。

2. 确定空腔容积 V，并求出 G

由式（2-169）及式（2-170）分别可得

$$V = \frac{c}{2\pi f_0} \cdot 2KS = \frac{340}{2\pi\times125}\times2\times4\times\frac{\pi}{4}\times0.1^2(\text{m}^3) = 0.027\ 2(\text{m}^3) = 27\ 200(\text{cm}^3)$$

$$G = \left(\frac{2\pi f_0}{c}\right)^2 \cdot V = \left(\frac{2\pi \times 125}{34\,000}\right)^2 \times 27\,000\,(\text{cm}) \approx 14.4\,(\text{cm})$$

3. 确定消声器的具体结构尺寸

设计一个与原管道同心的同轴式共振消声器，其内径为 ϕ100 mm，外径为 ϕ400 mm，则所需共振腔长度为

$$l = \frac{V}{\frac{\pi}{4}(d_2-d_1)^2} = \frac{27\,000 \times 4}{\pi\,(40-10)^2}\,(\text{cm}) \approx 38\,(\text{cm})$$

选用管壁厚度 $t = 2$ mm，孔径为 ϕ5 mm，根据式（2-164）可求得所开孔数为

$$n = \frac{4G(t+0.8d)}{\pi d^2} = \frac{4 \times 14.4 \times (0.2+0.8 \times 0.5)}{\pi \times 0.5^2}\,(\text{个}) \approx 44\,(\text{个})$$

由上述计算结果可设计如图 2-71 所示的共振消声器，其长度为 380 mm，外腔直径为 ϕ400 mm，腔内径为 ϕ100 mm，在气流通道的共振腔中部均匀排列 44 个孔径为 ϕ5 mm 的孔。

4. 验算共振消声器的有关声学特性

$$f_0 = \frac{c}{2\pi}\sqrt{\frac{G}{V}} = \frac{34\,000}{2\pi}\sqrt{\frac{14.4}{27\,000}}\,(\text{Hz}) \approx 125\,(\text{Hz})$$

$$f_{\text{上}} = 1.22\frac{c}{D} = 1.22 \times \frac{34\,000}{40}\,(\text{Hz}) = 1\,037\,(\text{Hz})$$

中心频率为 125 Hz 的倍频程包括 90~180 Hz，在 1 037 Hz 以下，即在所需消声的频率范围内，不会出现高频失效问题。

共振频率的波长

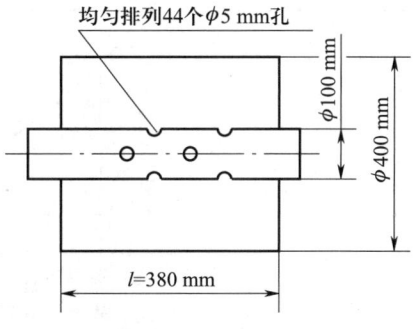

图 2-71　所设计的共振消声器

$$\lambda_0 = \frac{c}{f_0} = \frac{34\,000}{125}\,(\text{cm}) = 272\,(\text{cm})$$

$$\frac{\lambda_0}{3} = \frac{272}{3}\,(\text{cm}) \approx 91\,(\text{cm})$$

所设计的共振消声器各部分尺寸（长、宽、腔深）都小于共振频率波长 λ_0 的 $\frac{1}{3}$，符合设计要求。

思考题与习题

1. 真空中能否传播声波，为什么？

2. 可听声的频率范围为 20~20 000 Hz，试求出 500 Hz、5 000 Hz、10 000 Hz 的声波波长。

3. 频率为 500 Hz 的声波，在空气中、水中、钢中的波长分别是多少？

（已知空气中的声速是 340 m/s，水中的声速是 1 483 m/s，钢中的声速是 6 100 m/s）

4. 试计算有效声压分别为 2.97 Pa、0.332 Pa、0.07 Pa 的噪声对应的声压级。

5. 试问在夏天 40 ℃时空气中的声速比冬天 0 ℃时快多少？在这种温度下，1 000 Hz 声波的波长分别是多少？

6. 在半自由声场中离点声源 2 m 处测得声压级的平均值为 85 dB。① 求其声功率 W 和声功率

级 L_w；② 求距离声源 10 m 处的声压级。

7. 某噪声的倍频程声压级如表 2-58 所示，A 计权修正值与中心频率的关系见表 2-59，级的叠加计算见图 2-72，试求该噪声的 A 计权声级。

表 2-58　某噪声的倍频程声压级

中心频率/Hz	31.5	63	125	250	500	1 000	2 000	4 000	8 000
倍频程声压级/dB	60	65	73	76	85	80	78	62	60

表 2-59　A 计权修正值与中心频率的关系

中心频率/Hz	31.5	63	125	250	500	1 000	2 000	4 000	8 000
A 计权修正值/dB	−39.4	−26.2	−16.1	−8.6	−3.2	0	+1.2	+1.0	−1.1

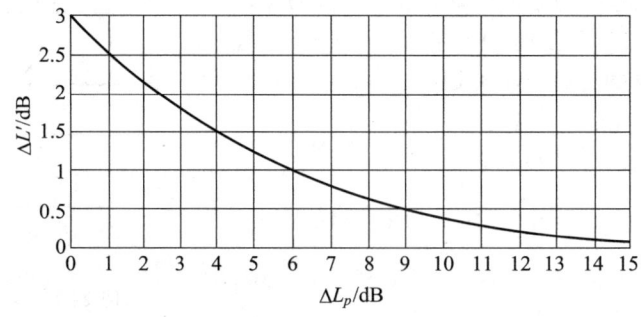

图 2-72　级的叠加计算图

8. 某噪声的倍频程声压级如表 2-60 所示，A 计权修正值与中心频率的关系见表 2-61，计算 NR 所需不同中心频率的系数 a 和 b 见表 2-62，试求该噪声的 A 计权声级及其 NR。

表 2-60　某噪声的倍频程声压级

中心频率/Hz	63	125	250	500	1 000	2 000	4 000	8 000
倍频程声压级/dB	60	70	80	82	80	83	78	76

表 2-61　A 计权修正值与中心频率的关系

中心频率/Hz	63	125	250	500	1 000	2 000	4 000	8 000
A 计权修正值/dB	−26.2	−16.1	−8.6	−3.2	0	+1.2	+1.0	−1.1

表 2-62　计算 NR 所需不同中心频率的系数 a 和 b

倍频程中心频率/Hz	a	b
63	35.5	0.790
125	22.0	0.870
250	12.0	0.930

倍频程中心频率/Hz	a	b
500	4.8	0.974
1 000	0	1.000
2 000	−3.5	1.015
4 000	−6.1	1.025
8 000	−8.0	1.030

9. 某城市交通干道侧的第一排建筑物距离道路边缘 20 m，夜间测得建筑物前交通噪声为 62 dB（1 000 Hz），若在建筑物和道路间种植 20 m 宽的后草地和灌木丛，则建筑物前的噪声为多少？欲使噪声达标，绿地需多宽？

10. 交通噪声引起人们的烦恼，取决于噪声的哪些因素？

11. 甲地区白天的等效 A 声级为 64 dB，夜间为 45 dB，乙地区的白天等效 A 声级为 60 dB，夜间为 50 dB，请问哪一地区的环境对人们的影响更大？

12. ① 每个倍频程包括几个 1/3 倍频程？

② 如果每个 1/3 倍频程有相同的声能，那么一个倍频程的声压级比 1/3 倍频程的声压级大多少分贝。

13. 在铁路旁某处测得：当货车通过时，2.5 min 内的平均声压级为 72 dB；当客车通过时，1.5 min 内的平均声压级为 68 dB；无车通过时的环境噪声约为 60 dB；该处白天 12 h 内共有 65 列火车通过，其中货车 45 列、客车 20 列。计算该地点白天的等效连续声级。

14. 点声源与线声源的声传播规律如何？试写出其表达式。举例说明在环境噪声预测中，哪些噪声源在什么条件下可视为点声源或线声源。

15. 按发声机理划分，噪声源分为哪几类？试比较机械噪声源和空气功力性噪声源的异同。

16. 污染城市声环境的噪声源有几类？哪类是你所在的城市最主要的噪声源，如何控制？

17. 有一个房间大小为 4×5×3（长×宽×高）m³，500 Hz 时地面吸声系数为 0.02，墙面吸声系数为 0.05，平顶吸声系数为 0.25，求房间总吸声量和吸声系数的平均值。

18. 穿孔板厚度为 4 mm，孔径为 8 mm，穿孔按正方形排列，孔间距为 20 mm，穿孔板后留有 10 cm 厚的空气层，试求穿孔率和共振频率。

19. 某房间大小为 6×7×3（长×宽×高）m³，墙壁、天花板和地板在 1 000 Hz 的吸声系数分别为 0.06、0.08、0.08，若在天花板上安装一种 1 000 Hz 吸声系数为 0.8 的吸声贴面天花板，求该频程在吸声处理前后的混响时间及处理后的吸声降噪量。

20. 为隔离强噪声源，某车间用一道隔墙将车间分成两部分，墙上装一扇隔声量为 20 dB 的玻璃窗，面积占墙体的 1/4，若墙体的隔声量为 45 dB，则该组合墙的隔声量为多少？

21. 某尺寸为 4×4×5（长×宽×高）m³ 的隔声罩，在 2 000 Hz 倍频程的插入损失为 32 dB，罩顶、底部和壁面的吸声系数分别为 0.9、0.2 和 0.5，试求罩壳的隔声量。

22. 某声源排气噪声在 125 Hz 有一个峰值，排气管直径为 100 mm，长度为 2 m，请设计一个单节扩张室消声器，要求在 125 Hz 处有 13 dB 的消声量。

第三章　振动污染及其控制

本章在概述部分介绍振动的定义、振动污染及影响的基础上，详细介绍振动污染的来源、分类和危害。在振动基础部分介绍了振动的基本物理量、振动的性质、简谐振动系统、振动的产生与传播。在振动评价与标准部分介绍了振动的评价、环境振动标准、城市区域环境振动标准和城市轨道交通引起建筑物振动与二次辐射噪声限值及其测量方法标准。在振动控制技术部分介绍各种不同的控制技术。在减振材料与装置部分介绍隔振材料、阻尼材料和各种常见的隔振器。最后介绍相关的应用实例。

第一节　概　　述

一、振动与振动污染

（一）振动

声波是物体机械振动产生的一种能在特定介质（包括固态介质、液态介质和气态介质）中传播的纵波。物体振动通过空气传播的波称为噪声，通过固体或液体传播的波称为振动。振动是力学系统在观察时间内，它的位移、速度或加速度往复经过极大值和极小值变化的现象。每经过相同的时间间隔，上述物理量能够重复出现的振动称为周期振动。完成一次振动所需要的时间称为周期，每秒完成的振动数称为频率。不是周期性出现的振动称为非周期振动。最简单的周期振动是按正弦形规律变化的简谐振动。由频率不同的简谐振动合成的振动则称为复合振动。

振动是自然界最普遍的现象之一。各种形式的物理现象，诸如声、光、热等都包含振动；人的生命现象也离不开振动，心脏的搏动、耳膜和声带的振动，都是人体不可缺少的生理机能；声音的产生、传播和接收都离不开振动。

在工程技术领域中振动现象比比皆是。例如，桥梁和建筑物在阵风或地震作用下的振动、飞机和船舶在航行中的振动、机床和刀具在加工时的振动、各种动力机械的振动、控制系统中的自激振动等。

物体振动产生声音，因此振动与声音密切相关，但同时具有相对的独立性，声音的产生、传播和接收都离不开振动。

（二）振动污染

实际上，影响人类活动的振动污染主要是人为振动，其发生源包括高速行驶的车辆、飞速运转的机器、喷气打桩的打桩机等。人为造成的振动虽然不像地震那样破坏性强，但是它对人体健康带来的损害是持久而深远的。因此，科学家们把振动也视为一种污染。次声波的特点是频率低、波长长、穿透力强，故其可传播至很远的地方而能量衰减很小。飞驰的车辆、飞速运转的机器、打桩机打桩、火箭发射、核爆炸等，都是次声波的一种形式。

振动污染即振动超过一定的界限时，对人体的健康和设施产生损害，对人的生活和工作环境形成干扰，或使机器、设备和仪表不能正常工作。人类生产活动产生的地基振动传递到建筑物，使人直接受到或通过门窗等发出的声响而间接受到心理危害；振动也可直接对物体产生危害，过强的振动会使房屋、桥梁等建筑强度降低甚至受到损坏，增大机器和交通工具等设备的部件损耗；振动本身可以形成噪声源，以噪声的形式影响和污染环境。

与噪声污染一样，振动污染带有强烈的主观性，是一种危害人体健康的感觉公害。即振动本身不像大气污染物那样对人体有很大的影响，相反，适度的振动有时还会使身体感到舒适、安稳（例如，在行驶的车内打盹，婴儿在摇篮中安睡以及使用电动按摩器按摩等）。振动污染的这一特征不仅使振动污染问题的解决复杂化，而且也会妨碍防治政策的顺利实施。

振动污染和噪声污染同样具有局部性，即振动传递时，振动随距离增大而衰减，仅涉及振动源邻近的地区。振动污染也不像大气污染那样随气象条件改变，不会污染场所，是一种瞬时性的能量污染，正如在地震时所见到的那样，振动只通过在地基内的简单物理变化传递，随着距离增大而逐渐消失，不会引起环境的其他变化。

随着社会发展，接触振动作业的人数日益增多，振动污染导致的职业危害也越来越引起人们的重视。

二、振动污染源

自然振动带来的灾害难以避免，只能通过加强预报减少损失。人为振动污染源主要包括工厂振动源、工程振动源、道路交通振动源、低频空气振动源等。

1. 工厂振动源

工业生产中的振动源主要有旋转机械、往复机械、传动轴系、管道振动等，如锻压、铸造、切削、风动、破碎、球磨及动力等机械和各种输气、输液、输粉的管道。常见的工厂振动源在其附近的面上加速度级为 80~140 dB，振级为 60~100 dB，峰值频率为 10~125 Hz。

2. 工程振动源

工程施工现场的振动源主要是打桩机、打夯机、水泥搅拌机、碾压设备、爆破作业及各种大型运输机车等。常见的工程振动源在其附近的面上振级为 60~100 dB。

3. 道路交通振动源

道路交通振动源主要是铁路振动源和公路振动源。对周围环境而言，铁路振动源呈间隙振动状态；而公路振动源则取决于车辆的种类、车速、公路地面结构、周围建筑物结构和距公路中心距离等因素。一般说来，铁路振动的频率成分一般为 20~80 Hz；在离铁轨 30 m 处的振动加速度级为 85~100 dB，振级为 75~90 dB。而公路交通振动的频率为 2~160 Hz，其中以 5~63 Hz 的频率成分较为集中，振级多在 65~90 dB 范围内。

4. 低频空气振动源

低频空气振动是人耳可听见的 100 Hz 左右的低频振动，如玻璃窗、门产生的人耳难以听见的低频空气振动。这种振动多发生在工厂。

振动污染源按其形式又可分为两类：① 固定式单个振动源，如单台冲床或单台水泵等；② 集合振动源，如厂界环境振动、建筑施工场界环境振动、城市道路交通振动等均是各种振动源的集合作用。按振动源的动态特征又可分成表 3-1 所示的四类。

表 3-1　振动源动态特征

动态特征	定义	示例
稳态振动	观测时间内振级变化不大的环境振动	往复运动机械，如空气压缩机、柴油机等；旋转机械类，如发电机、发动机、通风机等
冲击振动	具有突发性振级变化的环境振动	建筑施工机械类，如打桩机等；锻压机械类，如冲床、纺锤等
无规则振动	未来任何时刻不能预先确定振级的环境振动	道路交通振动、居民生活振动、房屋施工、室内运动等
铁路振动	列车行驶带来的轨道两侧 30 m 外的环境振动	铁路机车的运行

三、振动的影响

图 3-1 所示为锻造机振动对睡眠影响的试验结果。由图可知，睡眠深度 1 度（浅睡眠）时，振级 60 dB 无影响，69 dB 以上则全部觉醒；深度 2 度（中度睡眠）时，振级 60~65 dB 无影响，79 dB 则全部觉醒，由于 2 度睡眠占 8 小时睡眠时间的一半以上，故影响这种睡眠的振级最令人厌烦；睡眠深度 3 度（深睡眠）时，振级 74 dB 以上方会觉醒，觉醒的概率很低；睡眠深度 REM（rapid eye movement sleep，快速眼动睡眠，指睡眠多梦期）时，振动影响介于睡眠深度 2 度和 3 度之间。若将试验结果换算成地面值，则 55 dB 对睡眠不产生影响，60~64 dB 对浅睡眠有影响，69 dB 以上则对深睡眠有影响。

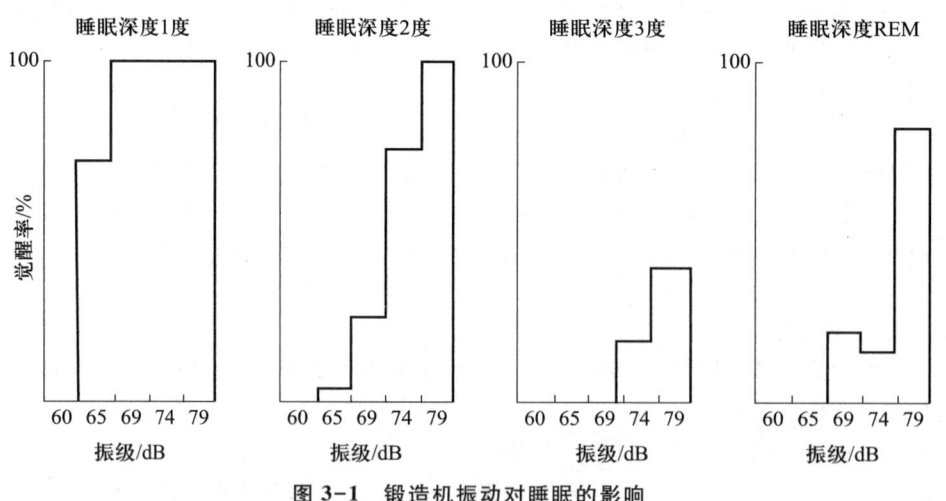

图 3-1　锻造机振动对睡眠的影响

第二节　振 动 基 础

一、振动的基本物理量

振动的基本物理量主要有振动的频率、周期、位移、速度和加速度。

简谐振动是最简单的周期振动，即某个物理量（位移、速度或加速度）按时间的正弦或余弦规律变化的振动。若振动为正弦振动，设该振动振幅为 x_0、频率为 f、角频率为 ω，则其位移、速度和加速度分别为

$$x = x_0 \sin \omega t \tag{3-1}$$

$$\frac{\mathrm{d}x}{\mathrm{d}t} = \omega x_0 \cos \omega t \tag{3-2}$$

$$\frac{\mathrm{d}^2 x}{\mathrm{d}t^2} = -\omega^2 x_0 \sin \omega t \tag{3-3}$$

二、振动的性质

（一）正弦波振动

如图 3-2 所示的正弦波最大振幅为 A，周期为 T，频率为 f，角速度 $\omega = 2\pi f = 2\pi/T$，以时间 t 为横坐标，则瞬间振动振幅 a 可表示为

$$a = A\sin(\omega t - kx_0) \tag{3-4}$$

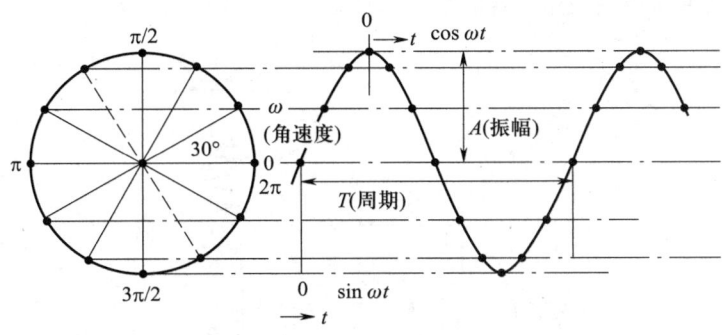

图 3-2　正弦波

若以距离 x 为横轴，则瞬间振动振幅 a 可写成

$$a = A\sin(\omega t_0 - kx) \tag{3-5}$$

式中：k——角波数，$k = \omega/c = 2\pi/\lambda$，$\lambda = cT$。

（二）复合正弦波振动

实际存在的波几乎没有单纯的正弦波，主要是复合波。复合波的组成相当复杂，至少由两个波组成。随着波形移动，其峰值（复合波的振幅）也随之变化。这种复合波仍是周期波形。实际存在的振动波，即便再简单，也是一个相互没有倍频关系的周期波形的集合，通常是在一个波上再加上一个非周期的波动，而且随着时间的变化，所形成的冲击波也急剧变化。例如，从鼓风机

等发出的叶片声既包含叶片旋转的周期性清音（乐音），也包含从整个叶片所发出来的噪声（涡音），尤其喷气发动机所发出来的声音中几乎没有周期性振动波，而只是噪声性振动波。

振动频率相同的正弦波合成后仍是以相同频率振动的简谐振动。然而只要频率稍有不同，两个正弦波的合成波就会出现拍频现象，即两个频率相近的振动合成时产生振幅周期性变化的现象。

（三）冲击波振动

公害振动往往为冲击波振动，大多是冲压、锤锻之类的物体碰撞、下落运动产生的振动。冲击指给予系统的激励，与该系统的固有振动周期相比，这种激励能在很短时间内终结。实际发生的冲击波振动时间往往并不很短，而是经过数个周期的衰减振动形式的过渡激励。

三、简谐振动系统

结构振动时，描述振动情况的物理量是随时间变化的，可以表示为时间 t 的函数，如 $X(t)$、$F(t)$ 等。这种描述振动的方法称为时域描述，而函数 $X(t)$、$F(t)$ 称为时间历程。

周期振动中最简单的是简谐振动，可以用一个简单的实验来演示简谐振动的特性。图 3-3 所示为简谐振动，弹簧上悬挂着一个质量块，在静止时给质量块轻轻一击，质量块便在原来静平衡位置附近上下振动。如在质量块上放一个小光源 s，使一束光线照射在一条匀速水平移动的光敏纸带上，记录下质量块的运动过程，则这一运动过程可用下面正弦函数表达：

$$x = A \sin \frac{2\pi}{T} t \tag{3-6}$$

式中：T——周期；

　　　A——离开静平衡位置的最远距离，称为振幅。

这种按时间的正弦函数（或余弦函数）所做的振动，称为简谐振动。

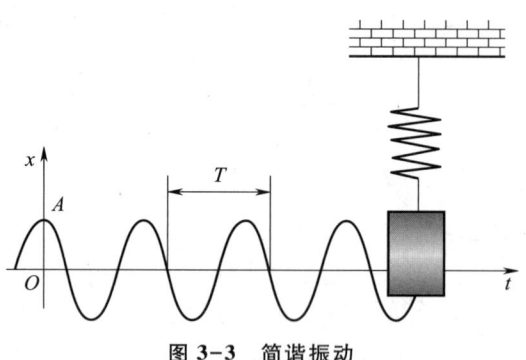

图 3-3　简谐振动

上述简谐振动还可以看作一个做等速圆周运动的点在铅垂轴上投影的结果。如图 3-4 所示，长度为 A 的直线段 OP，由水平位置开始，以等角速度 ω 绕 O 点转动，任一瞬时 OP 在铅垂轴上的投影为

$$x = A \sin \omega t \tag{3-7}$$

式中：ω——角速度，rad/s；

　　　ωt——相位，表示 OP 在时间 t 内的转角。

因为 OP 转过 2π 为一个周期，故应满足条件

$$A \sin \omega (t+T) = A \sin (\omega t + 2\pi)$$

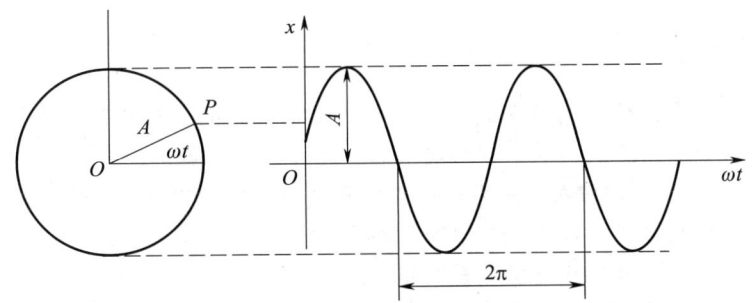

图 3-4　简谐运动表示为圆圈上点的投影

即

$$\omega T = 2\pi \quad 或 \quad \omega = \frac{2\pi}{T}$$

代入式（3-8）就得到和式（3-7）同样的结果。通常用式（3-8）表示简谐振动。

在周期振动中，周期的倒数定义为频率

$$f = \frac{1}{T} \tag{3-8}$$

式中：f——频率，1/s 或 Hz，即每秒钟振动的次数，它和 ω 的关系显然有

$$\omega = 2\pi f \tag{3-9}$$

当 $f=1/\text{s}$ 时，$\omega = 2\pi\text{rad/s}$，相当于直线段 OP 每秒转一圈。因此振动理论中把 ω 称为圆频率。

图 3-3 所示的振动，在开始时质量块不在静平衡位置，则其位移表达式将具有一般形式

$$X = A\sin(\omega t + \varphi) \tag{3-10}$$

式中：φ——初相位；

$A\sin\varphi$——质量块的初始位置。

简谐振动的速度和加速度分别为位移表达式（3-10）的一阶和二阶导数，即有

$$V = \dot{x} = A\omega\cos(\omega t + \varphi) = A\omega\sin\left(\omega t + \varphi + \frac{\pi}{2}\right) \tag{3-11}$$

$$a = \ddot{x} = -A\omega^2\sin(\omega t + \varphi) = A\omega^2\sin(\omega t + \varphi + \pi) \tag{3-12}$$

可见，只要位移是简谐函数，速度和加速度就也是简谐函数，而且与位移具有相同的频率。但是，速度的相位比位移的相位超前 $\pi/2$，加速度的相位比位移超前 π。

由式（3-13）式（3-11）可以看出

$$\ddot{x} = -\omega^2 x \tag{3-13}$$

这表明在简谐运动中，加速度的大小与位移成正比，而其方向与位移相反，即始终指向静平衡位置，这是简谐振动的一个重要特性。

四、振动的产生与传播

（一）波动的产生

波动产生的机理是由于激振力的作用。由往复运动、旋转运动之类的周期性运动产生的激振力直接作用于介质，就会发生振动。这种振动往往以波动的形式迁移，或将周期性作用力施加到其他部件或基座上，形成振动源。压缩机、破碎机、自动织布机、各种风钻、振动输送机等就是

典型例子。

（二）共振引起的扩大

激振力有时以原有形式传递，但多数场合存在若干种形式的共振现象，激振力受到过滤乃至变形，某些成分被突出、扩大后传递。共振现象的主要形式列举如下：

① 包括基础在内的机器质量和支承基础的支承弹簧引发的力的传递即为共振。一般为多自由度共振，除上下的直线振动外，还有因回转振动而引起的共振。除各种机械及其基础之外，机械所在的建筑物及其基础，以及建筑地基的弹簧作用而引起的共振几乎都以类似的形式发生。

② 激振力传递过程中，可能发生因地质构造引起地基共振的现象。在进行公害振动测量时很难将其分离测知，一般也不能控制。

③ 从受振即受损方还须考虑与振动源方同样的机械或建筑及其支承引起的共振。通常，振动测量时建筑内部振动大于地面振动，原因之一是地面测量结果往往并不等于传导到建筑物的真实振动，往往建筑物整体或部分会发生共振现象，从而使振动扩大。

④ 当机械或建筑的部分或部件的固有频率与传递来的激振力频率一致时，就会强烈共振，使激振力扩大。通常这种共振现象出现得并不多。

（三）振动波的种类和形态

一般在流体场中必须考虑的只是体积弹性。因此，在空气中只发生纵波，在液体表面发生以重力和表面张力为恢复力的横波。然而，在固体中，除体积变化的阻尼外，还有很强的形变阻尼，前者是纵波产生的原因，后者导致横波产生。以一根圆杆为例，当施以纵向冲击力时，长度变形的弹性，即体积变化的阻尼导致产生纵波；反之，当弯曲或扭转时，形变弹性是横波产生的原因。纵波又称为压缩波或疏密波，横波又称为剪切波，是不发生体积变化的波。由于纵波的传播速度快，在振动源观测时总是先到达观测点，故也称纵波为一次波（primary wave），简称为 P 波，称横波为二次波（secondary wave），简称为 S 波。

在无限大的介质体中传播的仅为纵波和横波，两者也称为实体波（body wave）。但在性质完全不同的固体界面或固体与真空、固体与气体的界面，所产生的波称为表面波。瑞利波（Rayleigh wave，R 波）是最具代表性的表面波，在公害振动中起重要贡献。另外，在不同固体表面层内发生的表面波称为勒夫波（Love wave）。

（四）波动沿地面的传递特性

1. 波动传递的顺序

作用于均匀且广阔的地面上一点的纯冲击波，一般随着距离的增加，波形本身会产生变形。假定波形传播时保持原状，则波动传递顺序如图 3-5 所示。首先观测到的是与地面平行的 P 波，其次是 S 波，最后是具有与地面垂直振动分量的 R 波。

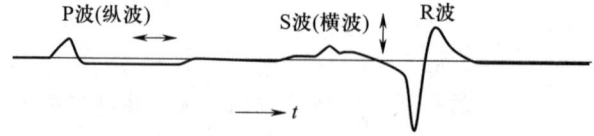

图 3-5　振动波传递顺序示意图

2. 波动的空间分布特征

图 3-6 所示为置于均匀地面上的圆板受到垂直冲击振动时，P 波、S 波、R 波的空间传播状况。P 波最快，S 波次之，两者都以振动源为中心呈球面波传播；R 波稍滞后，以振动源为中心呈圆柱波传播。质点运动如粗箭头所示，P 波与振动传播方向平行运动；S 波与振动传播方向垂直运动；R 波的运动由水平分量（图右侧）和垂直分量（图左侧）组成，其质点无论向何方向运动都是两种分量的合成。在地面水平分量大，垂直分量稍小；地面稍向下，水平分量为 0 处质点运动仅为垂直分量；再深处，水平分量与地面做反相位运动，并随深度增加而急剧减弱。

在图 3-6 模拟情况下，R 波能量最强，约占总能量的 67%，横波占 26%，纵波能量最小，仅为 7%。因此在振动公害处理时，首先要考虑的是 R 波。

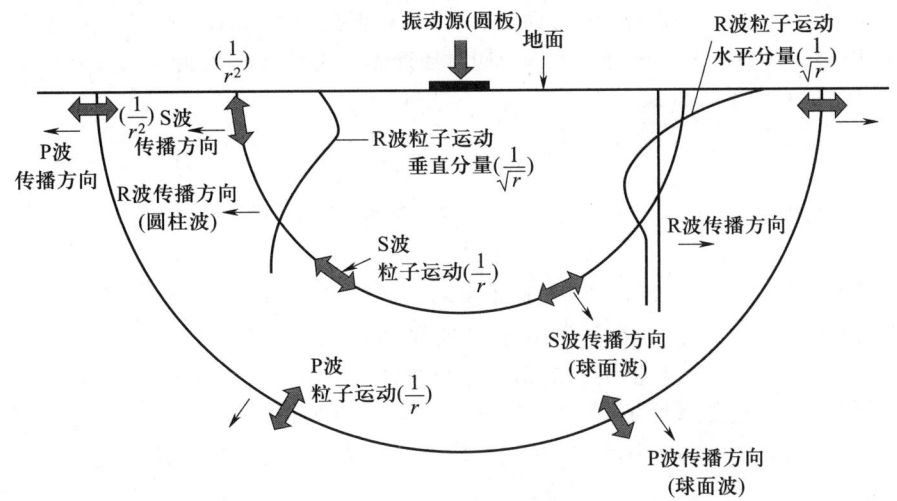

图 3-6　在均匀地面上施加振动力时波的传播状况示意图

3. 波动随距离的衰减

振动以波动的形式从振动源传递到地面，随波动距离的增加逐渐衰减，直至消失。因波的形态不同，波动随距离 r 的衰减也不同。沿地面传播的 P 波和 S 波的位移或速度与 $1/r^2$ 成正比衰减，R 波则与 $1/\sqrt{r}$ 成正比衰减；若按强度计，则 P 波和 S 波与 r^4 成反比急剧衰减，而 R 波与 r 成反比缓慢衰减；在地中 P 波和 S 波的位移或速度与 $1/r$ 成正比衰减。圆柱波的强度与距离 r 成反比，以 dB 计，即每倍程（double distance）衰减 3 dB。但测量地面振动随距离的衰减时，除距振动源极近处外，大致在数十米的范围内与 r^2 成反比，即每倍程约衰减 6 dB；超过 50 m，则急剧减小。

以距振动源 r_0 的点为基准，则基准点与距离 r 点的振幅比 x_r/x_0 为

$$20\lg\left(\frac{x_r}{x_0}\right) = -20\lambda\,(r-r_0)\lg e - 20\lg\left(\frac{r}{r_0}\right)^n \tag{3-14}$$

式中：x_0、x_r——分别为基准点和距离 r 点的振动位移振幅；

　　　　λ——地基的衰减常数；

　　　　n——与波动类型相关的参数，表面波的 $n=1/2$。

式（3-14）右侧第一项是介质吸收引起的衰减，每隔一定距离衰减一定量；第二项是波面扩展引起的衰减，若为表面波，则每倍程衰减 3 dB。

若 R 波的强度与波阵面扩展距离的平方成反比衰减，且无其他衰减，则位移、速度或加速度

与距离间近似存在下列关系

$$\frac{a_1}{a_2} = \sqrt{\frac{r_1}{r_2}} \qquad (3-15)$$

式中：a_1、a_2——分别为距离 r_1、r_2 对应的振动量位移、速度或加速度。

4. 波动的反射、折射和衍射

振动在固体中的反射、折射、衍射、透射等基本原理都与声场无异，复杂之处在于固体中纵波、横波、表面波共存且传播速度不同。

图 3-7 所示为 P 波、S 波从固体介质 1 传递到固体介质 2 的界面产生反射和折射的情况。设 P 波、S 波在介质 1 中的振动速度分别为 c_{P1}、c_{S1}，在介质 2 中的振动速度分别为 c_{P2}、c_{S2}。由图 3-7（a）可知，P 波以角度 α 入射时，在两介质界面上 P_1 波以相同的 α 角反射，相当于光的正反射。此时在介质 2 中折射形成折射波 P_2，折射角为 e。同时还产生反射波 SV_1 和折射波 SV_2，其入射角和反射角分别为 b 与 f，有如下关系成立

$$\frac{\sin \alpha}{c_{P1}} = \frac{\sin e}{c_{P2}} = \frac{\sin b}{c_{S1}} = \frac{\sin f}{c_{S2}} \qquad (3-16)$$

这里，SV 波与下述的 SH 波均为横波，但如图中箭头所示，SV 波的质点运动与纸面平行，SH 波质点运动与纸面垂直。

SV 波入射［图 3-7（b）］时，SV_1 波作正反射，此外产生 $SV(P_1)$ 反射波、$SV(SV_2)$ 折射波和 $SV(P_2)$ 折射波。SH 波入射［图 3-7（c）］时所产生的反射和折射都是 SH 波。

如式（3-16）所示，入射、反射、折射的角度取决于 P 波、S 波的速度。此外，不同种类的反射波和折射波的强度还受密度的影响。令 ρ_1、ρ_2 分别为两介质的材料密度，不同波的强度受 $\rho_1 c_{P1}$、$\rho_1 c_{S1}$、$\rho_2 c_{P2}$、$\rho_2 c_{S2}$ 的影响，介质 1 和介质 2 的 ρc 比越大，材质越相异，反射波就越强，则折射波越弱。

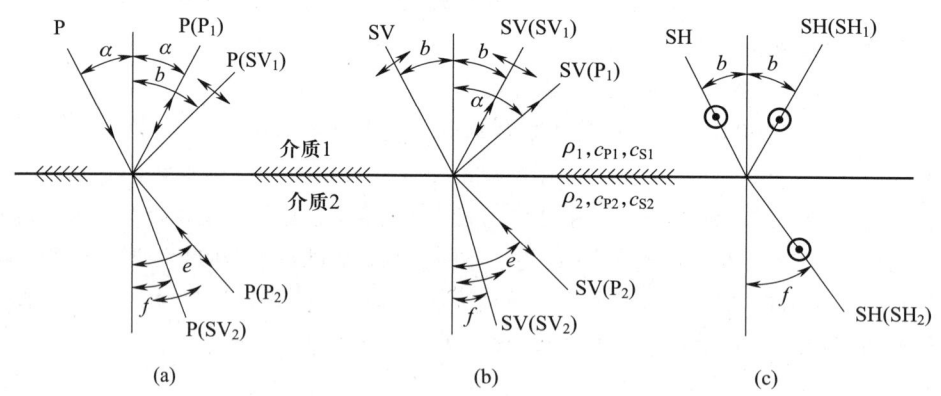

图 3-7　不同入射波的反射波和折射波
（a）P 波入射；（b）SV 波入射；（c）SH 波入射

若界面的一侧是气体或液体，则其中只存在 P 波即压缩波（纵波），界面阻抗显著变化，相互折射显著减少，与声场情况相同。若为固-固界面，即使是异质材料，阻抗变化也很小，振动易于导入，折射、透射也相当大。

如图 3-8 所示，当波动在不同材质的多层介质中传播时，各种形式的波多重反射、折射，情况极其复杂，界面（1）会产生 R 波，层间界面（2）、（3）也会产生勒夫波，沿界面传播。

图 3-9 是 R 波在固体端部传播的示例。R 波在固体端部反射，同时向端部侧面弯曲传播。例如，地面的沟深远远大于波长时，部分表面波沿沟内侧行进，其中会有若干波到达沟对侧。

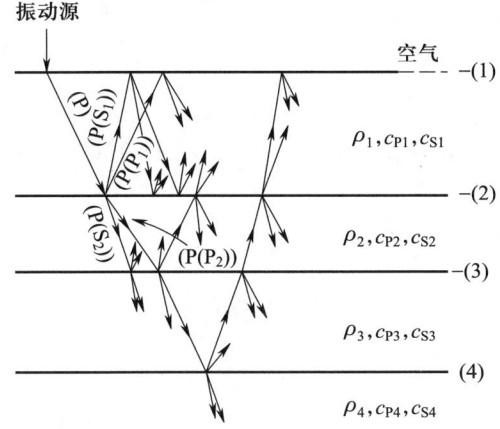

图 3-8 各层间的多重反射、折射

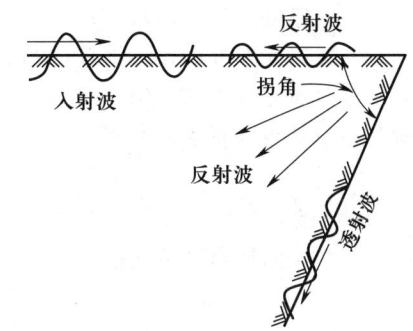

图 3-9 R 波在固体端部的反射波和透射波

第三节 振动评价与标准

一、振动的评价

（一）描述振动的主要参数

1. 振动位移

振动位移是物体振动时相对于某一个参照系的位置移动。振动位移能很好地描述振动的物理现象，常用于机械结构的强度和变形的研究。在振动测量中，常用位移级 L_s（单位为 dB）来表示

$$L_S = 20 \lg \frac{S}{S_0} \qquad (3-17)$$

式中：S——振动位移，m；

S_0——位移基准值，一般取 8×10^{-12} m。

2. 振动速度

人们受振动影响的程度也取决于振动速度。振动速度即物体振动时位移的时间变化量。通常，当振动比较小、频率比较高时，振动速度对人们的感觉起主要作用。在振动测量中。常用速度级 L_v（单位为 dB）来表示

$$L_v = 20 \lg \frac{v}{v_0} \qquad (3-18)$$

式中：v——振动速度，m/s；

v_0——速度基准值，一般取 5×10^{-8} m/s。

3. 振动加速度和振级

人们受振动影响的程度也取决于振动的加速度。振动加速度是物体振动速度的时间变化量。

通常，当振幅较大、频率较低时，加速度起主要作用。一般在研究机械疲劳、冲击等方面采用振动加速度，现在也普遍用来评价振动对人体的影响，在外加振动频率接近人体及其器官的固有频率时，机体的反应最明显。分析和测量振动加速度时常用加速度级 L_a（单位为 dB）来表示

$$L_a = 20 \lg \frac{a_e}{a_0} \tag{3-19}$$

式中：a_e——加速度有效值，m/s²；

　　　　a_0——加速度基准值，根据我国制定的《城市区域环境振动测量方法》（GB/T 10071—88），加速度基准值取 10^{-6} m/s²。

振级的定义为修正的加速度级，用 L_a' 表示

$$L_a' = 20 \lg \frac{a_e'}{a_0} \tag{3-20}$$

式中：a_e'——修正的加速度有效值，m/s²。

$$\sqrt{a_e'} = \sqrt{\sum a_{fe}^2 \cdot 10^{\frac{c_f}{a_{fe}}}} \tag{3-21}$$

式中：a_{fe}——频率为 f 的振动加速度有效值；

　　　　c_f——振动修正值，参见表 3-2。

表 3-2　垂直与水平振动修正值

中心频率/Hz	1	2	4	8	16	31.5	63	90
垂直振动修正值/dB	−6	−3	0	0	−6	−12	−18	−30
水平振动修正值/dB	3	3	−3	−9	−15	−21	−27	−30

振动位移、速度、加速度之间存在一定的微分或积分关系，因此，在实际测量中，只要测量出其中一个量就可以用积分或微分来对另外两个量进行求解。例如，利用加速度计测量振动的加速度，再利用合适的积分器进行积分运算，一次积分可以求得振动速度，二次积分则可求得振动位移。

4. 振动周期与频率

振动由最大值—最小值—最大值变化一次，完成一次周期性振动所需要的时间称为周期，单位是秒（s）。

振动频率是在单位时间内振动的周期数，单位为赫兹（Hz）。简谐振动只有一个频率，在数值上等于周期的倒数；非简谐振动具有多个频率，周期只是基频的倒数。

（二）振动的主观评价原则

在一定条件下，振动可引起人的主观感觉，当振动强度大到一定程度时，振动可引起人的不良主观感觉，进而可对人体产生较大的心理影响和生理影响，危害人体健康。振动对人的影响是复杂的心理学、生理学，乃至社会学问题。因此振动的评价要综合各种因素加以考虑。

1. 建立振动的物理量和振动对人受影响程度之间的关系

振动的物理量可以通过测量获得，但物理量的尺度和人对振动响应的程度并不是成比例的关系。因此建立振动的物理量和人对其响应程度之间的定量关系，是研究振动评价的关键。

当振动超过一定强度时，振动会对人体的健康产生危害。然而振动的物理量和人体健康受损程度之间的定量关系是比较难以确定的，目前这方面的研究还远远不够。因而振动评价问题的关键，一是要找出保护人体健康和使人处于危险状态的界限；二是要建立振动的物理量与人对振动的响应（开始感觉到无法忍受）之间的定量关系，即建立振动的物理量与人的主观评价之间的关系。

然而，影响人对振动的感觉的因素是复杂的，不同的人对同一振动的感觉不一样，甚至可能有很大差异。这与人的年龄、身体状况、文化水平、职业、生理和心理特点等均有关系。例如，心脏病患者要比健康人对振动更敏感；老年人一般要比青年人对振动更敏感等。此外，当其身态姿势不同，即直接接触振动的部位不同时，同一个人对振动的感觉也不一样。这使得振动的主观评价研究十分复杂。对此，各国学者广泛采用试验的方法和调查统计的方法来进行研究。

试验的方法，即让受试者位于振动台上，当振动的强度、频率等因素改变时，受试者报告自身的主观感觉，并对某些生理反应做有关测试。

调查统计的方法主要是采用流行病学的调查方法，对劳动环境里的工人和生活环境里居民对振动的生理反应和心理反应做调查。

在研究过程中，不仅应注意评价量与人对振动的反应的相关性要好，而且评价量的测定方法应力求准确、简单和易于掌握。

对振动感觉进行科学性研究，始于 1931 年 Belcher 和 Meister 的试验，该试验给出了振动感觉的容许限度和极限值，为之后研究人对振动的感觉打下了良好的基础。第二次世界大战以后，这方面的研究得到了进一步的发展，并且被列入国际标准化组织（ISO）的活动当中。

2. 建立统一的评价方法

在研究振动的评价方法时，应该确立被国际承认的统一的评价方法。因此，在以往各国学者研究的基础上，国际标准化组织对全身振动和局部振动的评价制定了相应标准。下文将具体介绍振动对人体、城市区域环境、机器设备、建筑物等影响的评价标准。

二、环境振动标准

振动的影响是多方面的，它损害或影响振动作业工人的身心健康和工作效率，干扰居民的正常生活，还影响或损害建筑物、精密仪器和设备等。评价振动对人体的影响比较复杂，根据人体对某种振动刺激的主观感觉和生理反应的各项物理量，国际标准化组织和一些国家提出了不少标准，概括起来可以分成以下几类。

1. 振动对人体影响的评价标准

振动对人体的影响比较复杂，人的体位，接受振动的器官，振动的方向、频率、振幅和加速度都会对其造成影响。人体对振动的感觉标准是：人体刚感到振动的加速度是 $0.03\ \mathrm{m/s^2}$，不愉快感的加速度是 $0.49\ \mathrm{m/s^2}$，不可容忍感的加速度是 $4.9\ \mathrm{m/s^2}$。评价振动对人体的影响远比评价噪声复杂。根据振动强弱对人体的影响，大致分为以下四种情况。

① 振动的"感觉阈"：在此范围内人体刚能感觉到振动的信息，但一般不会感觉不舒适，此时大多数人可以容忍，对人体无影响。

② 振动的"不舒适阈"：这时振动会使人感到不舒服，或有厌烦的反应，这是一种大脑对振动的本能反应，不会产生生理的影响。

③ 振动的"疲劳阈"：当振动的强度使人进入"疲劳阈"时，人体不仅对振动产生心理反应，

而且出现了生理反应，它会使人感到疲劳，造成注意力转移，工作效率低下等。但当振动停止后，这些生理反应也随之消失。实际生活中以该阈为标准，超过该标准者被认为有振动污染。

④ 振动的"危险阈"：当振动的强度不仅对人体产生心理影响，而且还造成生理性伤害时，振动强度就达到了"危险阈"。此时振动会使人体的感觉器官和神经系统产生永久性的病变，即使振动停止也不能复原。

根据振动强弱对人体的影响，国际标准化组织对局部振动和整体振动都提出了相应的标准。

① 局部振动标准。国际标准化组织1981年起草推荐了《局部振动标准》(ISO 5349)。该标准规定了8~1 000 Hz不同暴露时间的振动加速度和振动速度的容许值，用来评价手传振动对人体的损伤。从图3-10可以看出，对于加速度值，8~16 Hz曲线平坦，16 Hz以上曲线每倍频程上升6 dB；人对加速度最敏感的振动频率是8~16 Hz。

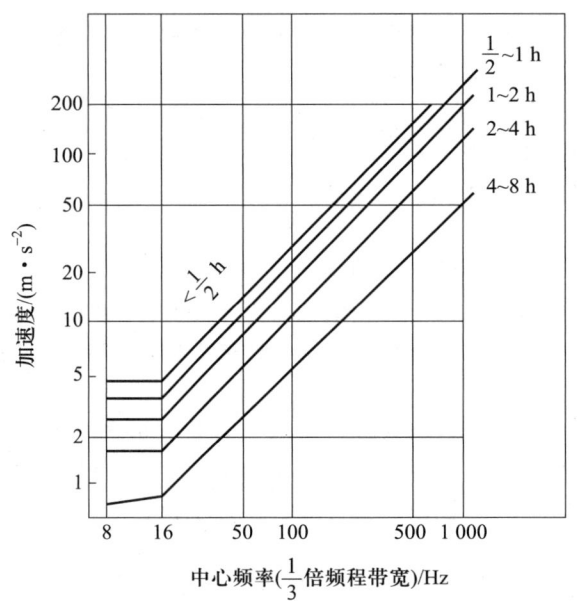

图 3-10 手传振动暴露评价曲线

② 整体振动标准。振动对人体的作用取决于4个参数：振动强度、频率、方向和暴露时间。国际标准化组织于1978年公布推荐了《整体振动标准》(ISO 2631)。该标准规定了人体暴露在振动作业环境中的允许界限，振动的频率范围为1~80 Hz。这些界限按三种公认准则给出，即舒适性降低界限、疲劳-工效降低界限和暴露极限。这些界限分别按振动频率、加速度值、暴露时间和对人体躯干的作用方向来规定。图3-11、图3-12分别给出了垂直振动和水平振动疲劳-工效降低界限曲线，横坐标为频率或1/3倍频程的中心频率，纵坐标是加速度的有效值。当振动暴露超过这些界限时，常会出现明显的疲劳和工作效率的降低。对于不同性质的工作，可以有3~12 dB的修正范围。超过图中曲线的2倍（即+6 dB）为暴露极限，即使个别人能在强的振动环境中无困难地完成任务，也是不允许的。暴露极限和舒适性降低界限具有相同的曲线，将暴露极限曲线向下移10 dB，即将相应值减去10 dB为舒适性降低界限曲线，降低的程度与所做事情的难易程度有关。

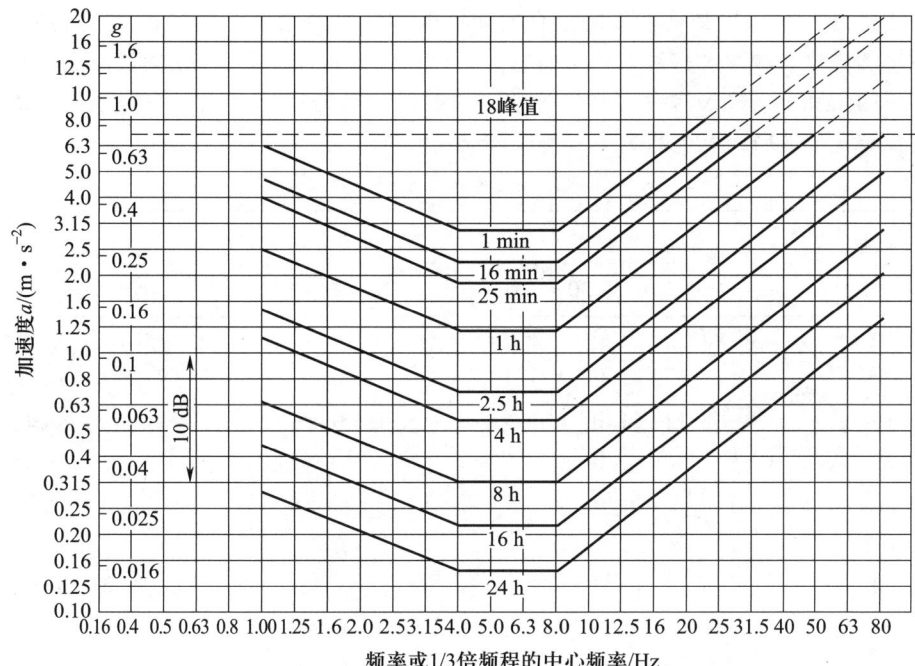

图 3-11 垂直振动标准曲线 (疲劳-工效降低界限)

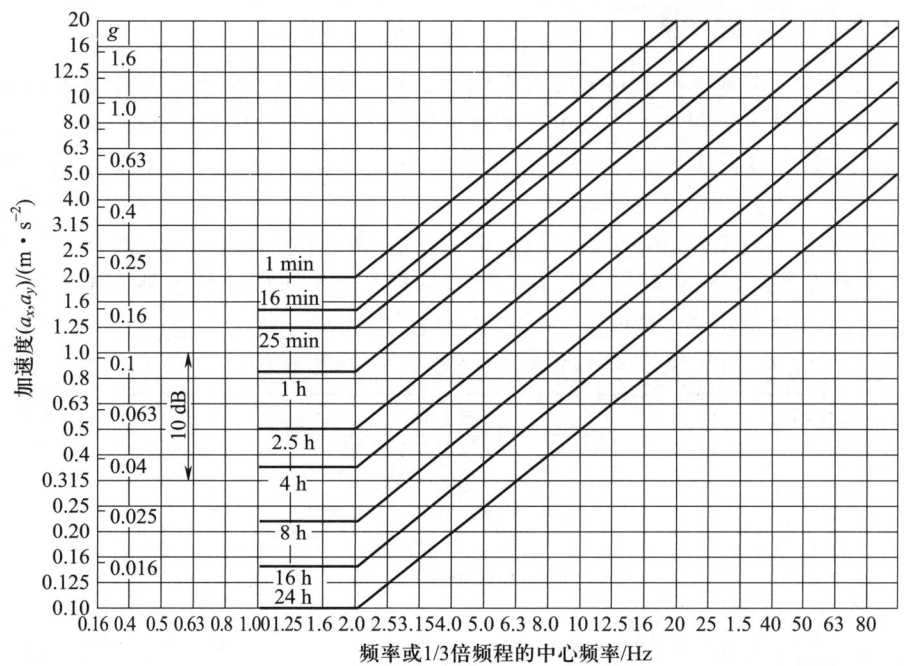

图 3-12 水平振动标准曲线 (疲劳-工效降低界限)

对于垂直振动，人最敏感的频率是 4~8 Hz；对于水平振动，人最敏感的频率是 1~2 Hz。低于 1 Hz 的振动会出现许多传递形式，并产生一些与较高频率完全不同的影响，如引起晕动病和晕动并发症等。0.1~0.63 Hz 的振动传递到人体，会引起从不舒适到感到极度疲劳等病症，《整体振动标准》对 0.1~0.63 Hz 人承受垂直方向全身振动极度不舒适的限定值见表 3-3。这些影响不能简单地通过振动的强度、频率和持续时间来解释。不同的人对低于 1 Hz 的振动反应会有相当大的差别，这与环境因素和个人经历有关。高于 80 Hz 的振动，感觉和影响主要取决于作用点的局部条件，目前还没有建立 80 Hz 以上的关于人的整体振动标准。

表 3-3　人承受垂直方向全身振动极度不舒适的限定值

1/3 倍频程的 中心频率/Hz	加速度/$(m \cdot s^{-2})$		
	振动时间 30 min	振动时间 2 h	振动时间 8 h（暂行）
0.10	1.0	0.5	0.25
0.125	1.0	0.5	0.25
0.16	1.0	0.5	0.25
0.20	1.0	0.5	0.25
0.25	1.0	0.5	0.25
0.315	1.0	0.5	0.25
0.40	1.5	0.75	0.375
0.50	2.15	1.08	0.54
0.63	3.15	1.60	0.80

三、城市区域环境振动标准

由各种机械设备、交通运输工具和施工机械产生的环境振动，对人们的正常工作和休息都会产生较大的影响。我国已经制定了《城市区域环境振动标准》（GB 10070—88）和《城市区域环境振动测量方法》（GB 10071—1988）。表 3-4 是我国为控制城市环境振动污染而制定的《城市区域环境振动标准》（GB 10070—88）中的标准值及适用区域。表 3-4 中的标准值适用于连续发生的稳态振动、冲击振动和无规则振动。对于每天只发生几次的冲击振动，其最大值昼间不允许超过标准值 10 dB，夜间不允许超过标准值 3 dB。标准规定测量点应位于建筑物室外 0.5 m 以内振动敏感处，必要时测点置于建筑物室内地面中央，标准值均取表 3-4 中的值。

表 3-4　城市各类区域垂直方向振级标准值

适用区域	昼间/dB	夜间/dB
特殊住宅区	65	65
居民、文教区	70	67
混合区、商业中心区	75	72
工业集中区	75	72
交通干线道路两侧	75	72
铁路干线两侧	80	80

《城市区域环境振动标准》（GB 10070—88）对表 3-4 中适用区域的划定为：特殊住宅区指特别需要安静的住宅区；居民、文教区指纯居民和文教、机关区；混合区指一般商业与居民混合区，以及工业、商业、少量交通与居民混合区；商业中心区指商业集中的繁华地区；工业集中区指在

一个城市或区域内规划明确的工业区；交通干线道路两侧指车流量每小时 100 辆以上的道路两侧；铁路干线两侧指每日车流量不少于 20 列的铁道外轨 30 m 外两侧的住宅区。

垂直方向振级的测量及评价量的计算方法，按国家标准《城市区域环境振动标准》（GB 10070—88）有关条款的规定执行。

环境振动一般并不构成对人体的直接危害，主要是对居民生活、睡眠、学习、休息产生干扰和影响。

四、城市轨道交通引起建筑物振动与二次辐射噪声限值及其测量方法标准

（一）基本规定

城市轨道交通沿线建筑物，根据其功能应按表 3-5 进行区域分类。

表 3-5　振动噪声影响区域分类

区域分类	适用范围
0 类	特殊住宅区
1 类	居住、文教区
2 类	混合区、商业中心区
3 类	工业集中区
4 类	交通干线道路两侧

地下轨道线路下穿建筑物的地段，应按振动噪声敏感点或敏感区对待，并采取必要的工程预防或治理措施。按本标准要求测量的数据应与本标准规定的限值进行比较，评判城市轨道交通沿线建筑物振动和二次辐射噪声的达标情况。城市轨道交通引起沿线建筑物室内二次辐射噪声超标的地段，必须采取特殊的减振降噪措施，确保沿线建筑物在其使用年限内始终满足本标准的限值要求。

（二）限值

城市轨道交通沿线建筑物室内振动限值应符合表 3-6 的规定。

表 3-6　城市轨道交通沿线建筑物室内振动限值　　　　　　　　单位：dB

区域	昼间	夜间
0 类	65	62
1 类	65	62
2 类	70	67
3 类	75	72
4 类	75	72

注：昼间为 06：00—22：00；夜间为 22：00—次日 06：00；昼夜时间适用范围在当地另有规定时，可按当地人民政府的规定来划分。

与建筑物室内振动限值对应的测点宜布置在建筑物一楼的室内，也可布置在建筑物的基础距外墙 0.5 m 范围内。

城市轨道交通沿线建筑物室内二次辐射噪声限值应符合表 3-7 的规定。

表 3-7　城市轨道交通沿线建筑物室内二次辐射噪声限值　　单位：dB(A)

区域	昼间	夜间
0 类	38	35
1 类	38	35
2 类	41	38
3 类	45	42
4 类	45	42

注：昼间为 06：00—22：00；夜间为 22：00—次日 06：00；昼夜时间适用范围在当地另有规定时，可按当地人民政府的规定来划分。

与建筑物室内二次辐射噪声限值对应的测点应布置在室内，并应密闭门窗。

（三）振动测量方法

1. 一般规定

振动测量仪器和数据处理方法应满足 4～200 Hz 频率范围的振动测量，并应符合现行国家标准《城市区域环境振动测量方法》（GB/T 10071—88）和《电声学　倍频程和分数倍频程滤波器》（GB/T 3241—2010）有关条款的规定。

测量仪器应经国家认可的计量部门检定合格，并应在检定有效期内使用。

测量的铅垂向振动加速度应按表 3-8 规定的 1/3 倍频程中心频率的 Z 计权因子进行数据处理，按 Z 计权因子修正后得到各中心频率的振动加速度级（振级），而采用的评价量应为 1/3 倍频程中心频率上的最大振动加速度级（简称为分频最大振级，记为 VL_{max}）。

表 3-8　加速度在 1/3 倍频程中心频率的 Z 计权因子

1/3 倍频程中心频率/Hz	4	5	6.3	8	10	12.5	16	20	25
Z 计权因子/dB	0	0	0	0	0	−1	−2	−4	−6
1/3 倍频程中心频率/Hz	31.5	40	50	63	80	100	125	160	200
Z 计权因子/dB	−8	−10	−12	−14	−17	−21	−25	−30	−36

2. 测量要求

测量环境的气候条件应符合现行国家标准《城市区域环境振动测量方法》（GB/T 10071—88）对环境温度、湿度和风速的要求。

测点位置及拾振器安装应符合下列规定：

① 在敏感点或敏感区布设测点时，应设在建筑物一楼室内；当室内布设条件不允许时，可设在建筑物的基础距外墙 0.5 m 范围内的振动敏感处；

② 在室内测量时，至少应布置 3 个测点；当需要在建筑物室外测量时，在建筑物靠近轨道一侧的基础上至少应布设 1 个测点；

③ 测量铅垂向振动的拾振器应牢固安装在平坦、坚实的地面上，不应置于地毯、草地、沙地或雪地等松软的地面上，拾振器的灵敏度主轴方向应为铅垂向。

每个测点在同时进行测量的持续时间内应有不少于上下行各 5 列车按该区段设计的最高速度或实际的运营速度通过，测量应分昼间和夜间进行。在测量期间，当轨道交通之外的其他振动源对振动测量结果产生干扰时，本次测量应视为无效。

（四）二次辐射噪声测量方法

1. 一般规定

噪声测量应采用精密等级不低于 1 级的积分式声级计或其他相当的声学仪器，并应满足 16～200 Hz 噪声测量的要求，其性能应符合国家现行相关标准的规定。测量仪器应经国家认可的计量部门检定合格，并应在检定有效限期内使用。应采用等效连续 A 声级，作为轨道交通沿线建筑物室内二次辐射噪声测量的量。

2. 测量要求

① 针对昼间和夜间应分别在各测点测量等效连续 A 声级及室内背景噪声。

② 测点布设应符合下列规定：每个敏感点所设的测点不应少于 1 个；多个测点的布设，应根据建筑物的楼层、房间平面分布以及受城市轨道交通的影响程度确定；敏感区的测点布设应选择邻近线路的建筑物或受轨道交通影响较大的建筑物。

③ 同一建筑物内的各个测点应在规定时间内同步测量。

④ 在背景噪声和二次辐射噪声的测量过程中，测点所在房间的门窗应密闭。

⑤ 在测点受到外界其他噪声源的偶然干扰时，应在测量记录中说明干扰的声级、类型和持续时间。

⑥ 传声器布设应符合下列规定：各测点的传声器应安装在距地面 1.2 m 的高度，距墙壁的水平距离应在 1.0 m 以上；测点周围 1.0 m 之内不应有声反射物；测量时，传声器应朝向房间中央。

⑦ 测量时间应符合下列规定：在昼间和夜间，应各选一段时间进行测量，测量时段不应小于 1 h；昼间测量时，应选择行车高峰时段；夜间测量时间内通过的列车不应少于 5 列；在行车密度较低的线路，可分段测量列车通过时的声级。

⑧ 仪器动态时间响应特性应采用快挡（Fast），采样间隔不应大于 1 s，测量时间应符合《城市轨道交通引起建筑物振动与二次辐射噪声限值及其测量方法标准》（JGJ/T 170—2009）第 6.2.7 条的规定。

⑨ 仪器的动态范围应满足测点噪声波动的要求，测量时应选择与二次辐射噪声幅值相应的动态范围。

⑩ 测量前后应校准仪器，灵敏度相差不得大于 0.5 dB(A)，否则测量结果应视为无效。

⑪ 测量应有记录，并应符合《城市轨道交通引起建筑物振动与二次辐射噪声限值及其测量方法标准》（JGJ/T 170—2009）附录 A 的规定。

第四节　振动控制技术

一、振动源控制

虽然振动来源不同，但振动的主要来源是振动源本身的不平衡力引起的对设备的激励。减少或消除振动源本身的不平衡力（即激励力），从振动源本身控制，改进振动设备的设计和提高制造加工装配精度，使其振动最小，是最有效的控制方法。振动机械的类别有以下几种：

（1）往复机械

由曲柄连杆机构所组成的往复运动机械，如柴油机、压缩空气机、曲柄压力机等，是常见的振动机械，应采用各种平衡方法来改善其平衡性能。可以附加质量平衡装置（通常就是平衡质量块），使其在运转过程中产生反向作用力以抵消惯性力，从而减少振动。某织针厂的织针抛光机，系利用曲柄连杆偏心轴的高速运动使织针抛光，由于动平衡不好（虽然原机已有偏心质量块），运转时出现大的离心力，产生了很大的振动，严重地影响了居民的生活。通过振动测量分析，减弱此抛光机的振动宜先从机器本身的平衡着手，虽然飞轮原来已在偏心轴对方配有平衡质量块，但仍不足以抗衡偏心力，后在轮侧加上 15 kg 的平衡质量块，比原来的平衡质量块重 2.5 倍，运用后开机实测，振级降低了 10~12 dB。加上平衡质量块后，车间地坪上的振动大为减弱，开机后居民也不会受干扰。此例说明，在振动控制中，对机器本身振动源与声源的分析和识别，采用相应的动平衡措施，也是防治环境振动污染危害行之有效的办法。

（2）旋转机械

通常这类机械指的是电动机、鼓风机、离心水泵、蒸汽轮机、燃气轮机等。此类机械，大多属于高速运转类，转速在每分钟千转以上，其微小的质量偏心或安装间隙的不均常带来严重的振动危害。为此，应尽可能地调好其静、动平衡，提高其制造质量，严格控制其对中要求和安装间隙，以减少其离心偏心惯力的产生。

（3）传动轴系的振动

它随各类传动机械的要求不同而有不同的振动形式，会产生扭转振动、横向振动和纵向振动。对这类轴系（如汽车、机车的传动轴，纺织机械的天、地轴，轻工机械的传动轴等），通常应使其受力均匀，传动扭矩平衡，并应有足够的刚度等，以改善其振动情况。典型的事例是常发生汽车发动机曲轴和变速齿轮的断裂，主要原因是受扭矩不均及突然变化，产生扭振，促使应力疲劳而破坏，有效解决措施是运用扭振隔振器。

（4）管道振动

工业中各种管道的应用越来越多，不同输送传递介质（气、液、粉等）产生的管道振动也不一。通常在管道内流动的介质，其压强、速度、温度和密度等往往是随时间而变化的，这种变化又常是周期性的。例如，与压缩机相衔接的管道系统，由于周期性的注入和汲走气体，激发了气流脉动，而脉动气流形成了对管道的激振力，即产生了管道的机械振动。剧烈的管道机械振动常使管路附件、连接部位及支承固定处等发生松动或破裂，轻则造成泄漏，重则引起爆炸。这类重大事故常有发生。并且，还伴随着强烈的噪声。为此，在管道设计时，一是应注意各管道元件的适当配置，以改善介质流动特性，避免气流共振和降低脉冲压强；二是采用橡胶、金属波纹软管，设置缓冲器、降压及稳压装置，有目的地控制气流脉动，从而改善和减少管道机械振动；三是正确选择支承架间距和支承方式，隔振悬吊，以改善管系结构动力特性及隔离振动传递。必要时还可以对进、排气口采取消声装置。

二、机械振动控制

一般机械设备产生的振动可分为两种类型，一种是稳态振动，另一种是冲击振动。产生稳态振动的机器有风机、水泵、发电机等旋转式机器及柴油机、往复式空气压缩机等往复式机器；产生冲击振动的机器有锻锤、冲床、剪板机、折边机、压力机及打桩机等冲击式机器，这两种类型的振动控制及隔离方法有所不同。

（一）降低机械的振动加速度

振动传递到地面的力是通过加速度产生的，故降低机械的振动加速度对振动控制尤为重要。采用使自由振幅倍率减小的设计，可以降低机械的振动加速度。

设自由位移振幅为 x_f，则自由振幅倍率（也称为加速度振幅倍率）$\dfrac{x_0}{x_f}$ 定义为

$$\frac{x_0}{x_f}=\frac{\left(\dfrac{\omega}{\omega_0}\right)^2}{\sqrt{\left[1-\left(\dfrac{\omega}{\omega_0}\right)^2\right]^2+\left(2\xi\dfrac{\omega}{\omega_0}\right)^2}} \tag{3-22}$$

（二）利用支承台架质量的减振措施

激振力的频率 f 与系统的固有频率 f_0 之比，即频率比 ω/ω_0 可由下式表示：

$$\frac{\omega}{\omega_0}=2\pi\sqrt{\frac{m}{k}}\cdot f \tag{3-23}$$

因此，当支承台架质量 m 越大，弹簧劲度系数 k 越小，且激振力的频率 f 越大时，ω/ω_0 越大。

在阻尼小的情况下，当 $\omega/\omega_0>1$ 时，m 越大，自由振幅倍率随 ω/ω_0 增大而减小；当 $\omega/\omega_0<1$ 时，m 越小，自由振幅倍率随 ω/ω_0 减小而减小。由此可见，通过增减机械支承台架的质量能够降低振动加速度。同样地，需要将机械的位移振幅控制在允许值以内时，也可利用支承台架的质量予以调节。

位移振幅 x_0 为

$$x_0=\frac{F_0}{k}\left|\frac{1}{\left(\dfrac{\omega}{\omega_0}\right)^2-1}\right| \tag{3-24}$$

质量 m 为

$$m=\frac{1}{x_0}\frac{F_0}{\omega_0^2}\left|\frac{1}{\left(\dfrac{\omega}{\omega_0}\right)^2-1}\right| \tag{3-25}$$

若要控制位移振幅 x_0 在许可位移振幅以下，则可按上式求得相应的质量 m 或劲度系数 k。

【例题 3-1】 质量为 70 kg 的机械转速为 60 rpm，每转一圈在垂直方向产生 60 N 的激振力。该机械固定在水泥台上，欲通过架台下的弹性支承（图 3-13）传递 1/3 的激振力。在无阻尼情况下试求：

① 系统的固有频率；

② 将机械的许可位移控制在 0.2 mm 的水泥台的质量；

③ 水泥台下敷设的弹性材料的总劲度系数。

解： ① 系统的固有频率

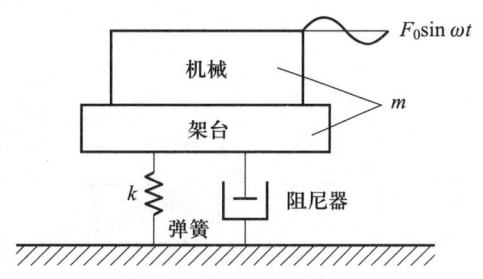

图 3-13　支承台架质量减振

由 $\dfrac{1}{\left(\dfrac{f}{f_0}\right)^2-1}=\dfrac{1}{3}$，即 $\dfrac{1}{\left(\dfrac{600/60}{f_0}\right)^2-1}=\dfrac{1}{3}$ 得 $f_0=5$ Hz

② 系统总质量

$$m=\frac{1}{x_0}\frac{F_0}{\omega_0^2}\frac{1}{\left(\dfrac{\omega}{\omega_0}\right)^2-1}=\frac{1\,000}{0.2}\times\frac{60}{(2\pi\times5)^2}\times\frac{1}{\left(\dfrac{10}{5}\right)^2-1}\text{kg}\approx100\text{ kg}$$

水泥台的质量为

$$(100-70)\text{kg}=30\text{ kg}$$

③ 总劲度系数为

$$100\times\frac{(2\pi\times5)^2}{\text{s}^2}\text{kg}\approx100\,000\text{ kg/s}^2=100\text{ kN/m}$$

（三）利用动力吸振的减振措施

当外力的频率与质量–弹簧系统的固有频率接近时，就会产生共振。因此当机械安装不良而形成共振状态时，可采用动力吸振器的方法，作为减振处理措施之一。

如图 3-14 所示，当弹簧上的机械质量 M 的振幅异常大时，在 M 上通过弹簧 k 再加以质量 m（动力吸振器）。在此二自由度无阻尼系统中，机械的质量 M 的位移振幅 x_{01} 为

$$x_{01}=\frac{\left[1-\left(\dfrac{\omega}{\omega_2}\right)^2\right]x_{\text{st}}}{\left[1-\left(\dfrac{\omega}{\omega_2}\right)^2\right]\left[1+\dfrac{k}{K}-\left(\dfrac{\omega}{\omega_1}\right)^2\right]-\dfrac{k}{K}}\tag{3-26}$$

动力吸振器质量 m 的位移振幅 x_{02} 为

$$x_{02}=\frac{x_{\text{st}}}{\left[1-\left(\dfrac{\omega}{\omega_2}\right)^2\right]\left[1+\dfrac{k}{K}-\left(\dfrac{\omega}{\omega_1}\right)^2\right]-\dfrac{k}{K}}\tag{3-27}$$

式中，$\omega_1=\sqrt{\dfrac{K}{M}}$，$\omega_2=\sqrt{\dfrac{k}{m}}$。

要使 x_{01} 趋近 0，即 $\omega_1\approx\omega_2$，此时动力吸振器施加给机械的力为 $-F\sin\omega t$，与外力 $F\sin\omega t$ 相互抵消，理论上机械处于静止状态。又由于机械处于共振状态的前提是

$$\omega\approx\omega_1\approx\omega_2$$

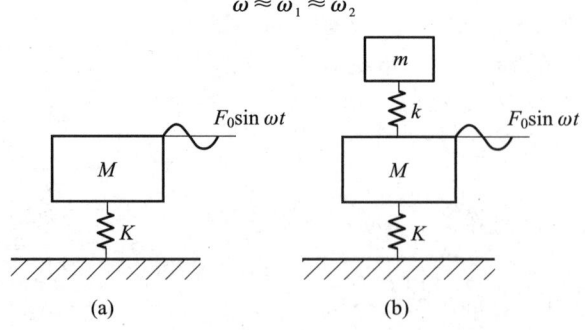

图 3-14　动力吸振器

则

$$\frac{k}{K} \approx \frac{m}{K} \tag{3-28}$$

【**例题 3-2**】 质量为 200 kg 的机械被支承在劲度系数为 300 kN/m 的弹簧上，由于设计失误，运行时发生共振。欲采用动力吸振器的方法，在机械上部设置 50 kg 的附加质量，试求在附加质量下所用弹簧的劲度系数应为多大？

解： 要使主振动系统与附加质量的振动系统的固有频率一致，按式（3-28）

$$\frac{k}{K} \approx \frac{m}{M}$$

可简单求得

$$k \approx \frac{mK}{M} = \frac{300 \times 10^3 \times 50}{200} \text{ N/m} = 75 \times 10^3 \text{ N/m} = 75 \text{ kN/m}$$

三、弹性减振

（一）弹性减振原理

描述和评价隔振效果的物理量很多，最常用的是振动传递系数 τ。振动传递系数 τ 是通过隔振元件传递的力 F_τ 与激振力 F_0 的比值 F_τ / F_0，按下式计算

$$\tau = \sqrt{\frac{1 + \left(2\zeta \frac{\omega}{\omega_0}\right)^2}{\left[1 - \left(\frac{\omega}{\omega_0}\right)^2\right]^2 + \left(2\zeta \frac{\omega}{\omega_0}\right)^2}} \tag{3-29}$$

以阻尼比 $\zeta = c/c_0$ 为参数，将上式绘图（图 3-15），由图清楚地可知振动传递系数 τ 的特性。

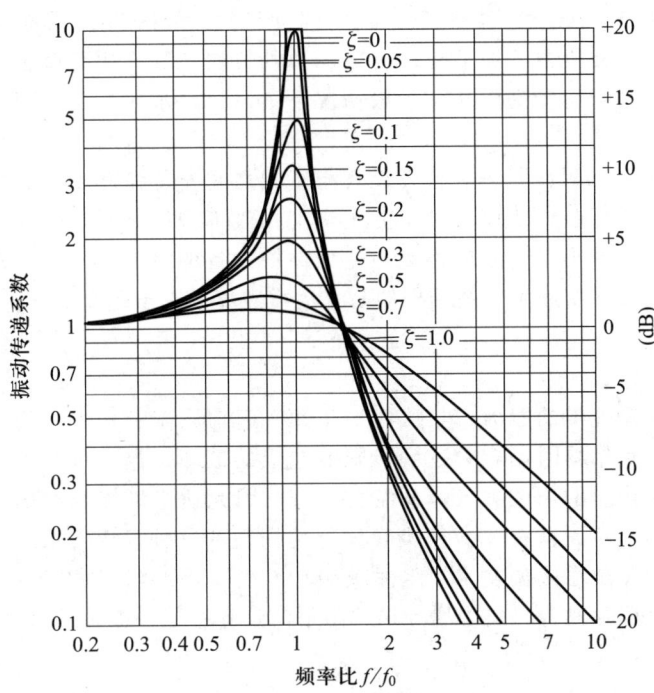

图 3-15　振动传递系数图

① $f \ll f_0$ 的区域：τ 接近 1，表明振动完全被传递，无减振效果；

② $0 < f < \sqrt{2} f_0$ 的区域：$\tau > 1$，传递力大于激振力，振动被放大，隔振系统设计失败时可能出现此情况。若增大阻尼，则可使 τ 减小；

③ $f \approx f_0$ 的区域：为共振状态，防振设计中须极力避免这种状态；

④ $f \approx \sqrt{2} f_0$ 的区域：$\tau \approx 1$，τ 与阻尼有无和阻尼的大小均无关，此时传递力与激振力相同；

⑤ $f > \sqrt{2} f_0$ 的区域：$\tau < 1$，传递力小于激振力，有防振效果。频率越高，τ 越小；阻尼越大，τ 越大。$\zeta = 0$ 时，τ 最小，防振效果最大。这就是用弹性材料支承机械使传递到基础的激振力减少的原理。实际防振设计中可以先确定质量，再选定弹簧；或者先大致选择弹簧，再用附加质量调节弹簧所支承的质量；或者选定弹簧个数，调节所支承的质量。

防振设计时须注意由弹性支承决定的振动传递系数，在忽视阻尼且 $\tau < 1$ 时

$$\tau = \frac{1}{\left(\dfrac{\omega}{\omega_0}\right)^2 - 1} \tag{3-30}$$

又因为 $\omega_0^2 = k/m$，代入上式，则

$$\omega^2 = \frac{\tau + 1}{\tau} \cdot \frac{k}{m} \tag{3-31}$$

因此，若 ω 和 k 都不变，欲使振动传递系数为 $\tau'(\tau' < \tau)$，则可依据下式附加质量来实现

$$\frac{m'}{m} = \frac{(\tau' + 1)\tau}{(\tau + 1)\tau'} \tag{3-32}$$

（二）弹性减振方法

弹性减振方法通常分为积极隔振和消极隔振两类。

积极隔振（也称为主动隔振）是在机器与基础之间安装弹性支承即隔振器，减少机器振动激振力向基础的传递量，迫使机器的振动得以有效隔离的方法，其作用是降低设备的扰动对周围环境的影响，同时使设备自身的振动较小。一般情况下，风机、水泵、压缩机及冲床的隔振都是积极隔振。

消极隔振（也称为被动隔振）是在仪器设备与基础之间安装弹性支承（即隔离器）减小基础的振动对仪器设备的影响程度，使仪器设备能正常工作或不受损害，其作用是减小地基的振动对设备的影响，使设备的振动小于地基的振动，达到保护设备的目的。一般情况下，仪器与精密设备的隔振都是消极隔振，在房屋下安装隔振器防止地震破坏也属于此类。

四、阻尼减振

阻尼是结构损耗振动能量的能力，与惯性和弹性一起均属于结构的固有特性。它不但可以降低结构的共振振幅，避免结构因动应力达到极限而造成的破坏，提高结构的动态稳定性，而且还有助于减少结构振动所产生的声辐射，降低结构噪声。因此适当增加结构的固有阻尼（或称为内阻尼）是抑制工程结构特别是薄板或薄壁类壳体结构振动的一种重要手段，目前这已发展成为一门专门的技术，通常称为阻尼减振技术。阻尼减振技术根据增加阻尼方式的不同而多种多样，其中以通过给结构附加大阻尼黏弹材料来增加结构阻尼的黏弹阻尼减振技术最为常用。

（一）阻尼减振的原理

阻尼的大小采用损耗因数 η 来表示，定义为薄板振动时一个周期时间内损耗的能量 D 与系统的最大弹性势能 E_P 之比除以 2π，即

$$\eta = \frac{1}{2\pi} \frac{D}{E_P} \tag{3-33}$$

板受迫振动的位移 y 和振速 u 分别为

$$y = y_0 \cos(\omega t + \varphi) \tag{3-34}$$

$$u = \frac{\mathrm{d}y}{\mathrm{d}t} = -\omega y_0 \sin(\omega t + \varphi) \tag{3-35}$$

阻尼力在位移 $\mathrm{d}y$ 上所消耗的能量为

$$\delta u \mathrm{d}y = \delta u \frac{\mathrm{d}y}{\mathrm{d}t} \mathrm{d}t = \delta u^2 \mathrm{d}t \tag{3-36}$$

因此，阻尼力在一个周期时间内耗损的能量为

$$D = \delta \omega y_0^2 \int_0^{2\pi} \sin(\omega t + \varphi) \mathrm{d}\omega t = \pi \delta \omega y_0^2 \tag{3-37}$$

系统的最大势能为

$$E_P = \frac{1}{2} k y_0^2 \tag{3-38}$$

因此

$$\eta = 2\zeta \frac{f}{f_0} \tag{3-39}$$

可以看出损耗因数 η 除与材料的临界阻尼系数 R_c 有关外，还与系统的固有频率 f_0 及激振力频率 f 有关。对同一系统，激振力频率越高，η 越大，即阻尼效果越好。材料的损耗因数 η 是通过实际测定求得的。根据共振原理，将涂有阻尼材料的试件（通常做成狭长板条）用一个外加振动源强迫它做弯曲振动，调节振动源频率使之产生共振，然后测得有关参量即可计算求得损耗因数，常用的测量方法有频率响应法和混响法两种。

大多数材料的损耗因数为 $10^{-2} \sim 10^{-5}$，其中金属为 $10^{-5} \sim 10^{-4}$，木材为 10^{-2}，软橡胶为 $10^{-2} \sim 10^{-1}$。

（二）阻尼材料

一般情况下，阻尼材料应有较高的损耗因子 β 和较好的黏结性能，在强烈的振动下不脱落、不老化。在某些特殊环境下使用还要求其耐高温、高湿和油污。阻尼材料广泛用于各种机械设备和运输工具的噪声和振动控制。

1. 阻尼材料的组成

根据不同的用途，可配制多种阻尼材料，主要由基料、填料和溶剂三部分组成。

① 基料：基料是阻尼材料的主要成分，作用是将构成阻尼材料的各种成分进行黏合，并黏结于金属板上。阻尼效果由基料性能的好坏来决定。沥青、橡胶、树脂等是常用的基料。

② 填料：作用是减少基料的用量和增加阻尼材料的内损耗能力以降低成本。珍珠岩粉、石棉绒、石墨、碳酸钙、硅石等是常用的填料。一般情况下，填料占阻尼材料的 $30\% \sim 60\%$。

③ 溶剂：作用是溶解基料，汽油、乙酸乙酯、乙酸丁醇等是常见的溶剂。

2. 阻尼材料的性能影响因素

① 温度的影响。温度是影响阻尼材料特性的一个重要因素。图 3-16 为在某频率下阻尼材料的弹性模量 E' 和阻尼损耗因子 β 随温度 T^{w} 变化的曲线。在这个图中可以看到三个明显的区域。Ⅰ 区称为玻璃态区，这时材料的 E' 最大，且随 T^{w} 的变化其值变化缓慢，而 β 值最小，但上升速率较大。Ⅱ 区称为玻璃态转变区，其特点是随温度的增加，E' 值很快下降，当 $T^{w}=T_{g}^{w}$ 时，β 有最大值。Ⅲ 区称为高弹态区或类橡胶态区，这时 E' 与 β 都很小，且随温度的变化很小。

② 频率 f 的影响。图 3-17 表示 E'、β 随频率 f 变化的曲线，从图中可以看出，在某温度下，E' 随频率 f 的增加始终呈增加趋势，而阻尼损耗因子 β 在一定的频率下有最大值。定性地从 E' 曲线的形状来看，它与阻尼材料的温度特性相反。也就是说阻尼材料的低温特性对应高频特性，而高温特性对应低频特性。

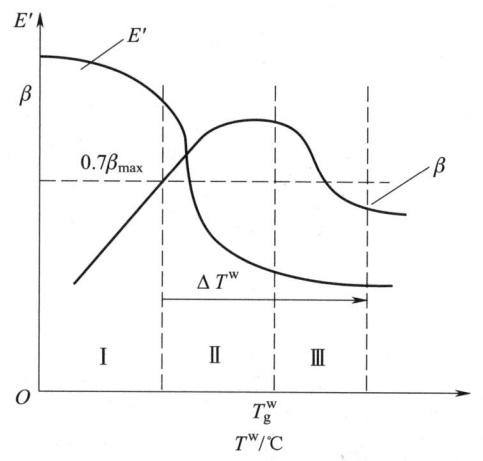

图 3-16　某频率下 E'、β 随温度变化曲线

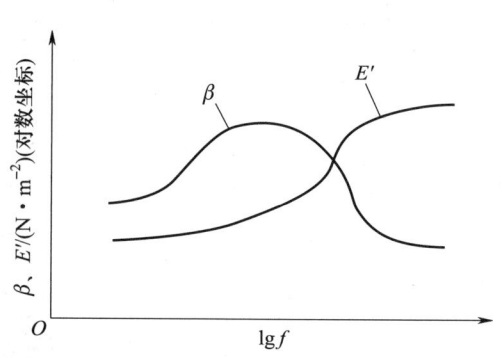

图 3-17　E'、β 随频率 f 变化的曲线

③ 其他环境因素的影响。动态应变、静态预载对阻尼材料高弹区的动态特性亦具有重要影响，动态应变增加，弹性模量 E' 减少而阻尼损耗因子 β 增加，而当静态预载增加时，弹性模量 E' 增加，阻尼损耗因子 β 下降。

五、冲击减振

与周期性激励力的振动隔离相似，对脉冲冲击的隔离减振也分为积极冲击隔离和消极冲击隔离两类。积极冲击隔离是隔离锻压机、冲床及其他具有脉冲冲击力的机械，以减少其对环境的影响；消极冲击隔离是隔离基础的脉冲冲击，使安装在基础上的电子仪器及精密设备能正常工作。

图 3-18 为单自由度冲击隔离系统示意图。冲击传递系数按下式计算

$$\tau_{a}=\tau_{p}\approx\frac{\omega_{0}}{e^{\zeta\cdot\omega_{0}\cdot t}} \tag{3-40}$$

式中：τ_{a}、τ_{p}——分别为积极冲击传递系数和消极冲击传递系数。

由上式可知，积极冲击隔离和消极冲击隔离的传递系数估算相同，即隔离原理是相同的。冲击传递系数与系统的固有频率成正比，即系统的固有频率越小，传递系数越小；隔离支承的阻尼越大，传递系数越小。为了达到一定的隔离效果，须选择较软且刚度低的弹性支承，并设法增大弹性支承的阻尼。

需要指出的是冲击隔离与缓冲有区别，缓冲是将缓冲材料置于相互碰撞的物体之间，使碰撞的冲击力比直接碰撞低，如汽车缓冲器、飞机着陆架等。冲击隔离与振动隔离的性质既有相似之处，也有区别。一些设备的隔振系统或有些隔振器同时具有隔振和防冲击的作用。

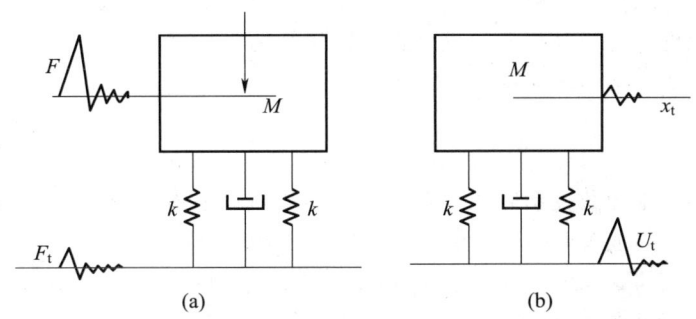

图 3-18　单自由度冲击减振系统

（a）积极冲击隔离系统；（b）消极冲击隔离系统

单冲体冲击减振技术是利用两物体相互碰撞后动能损失的原理，在振动体上安装一个起冲击作用的刚性冲击块，当系统振动时，冲击块将反复地冲击振动体，消耗振动能量，达到减振的目的。为提高冲击减振效果，在设计冲击减振器时，应遵循以下准则。

① 要实现冲击减振，首先要使冲击块 m 对振动体 M 产生稳态的周期性冲击运动，即在每个振动周期内，m 和 M 分别左右碰撞一次。为此，通过实验选择合适的间隙 δ 是关键，因为 δ 在某些特定范围内才能实现稳态周期性冲击运动。同时，希望 m 和 M 都以最大速度运动进行碰撞，以获得有利的碰撞条件，造成最大的能量损失。

② 冲击块 m 质量越大，碰撞时消耗的能量就越大。因此，在结构空间尺寸允许的前提下，要选用质量比 $\mu=m/M$ 尽可能大的冲击块。若空间尺寸受限制，则可在冲击块内部注入密度较大的材料（如铅、钨等），以增加冲击质量。

③ 冲击块的刚度越大，减振效果越好，通常选用淬硬钢或硬质合金钢制造冲击块。

④ 将冲击块安装在振动体振幅最大的位置，可以提高减振效果。

六、传播途径的减振对策

当振动源振动难以消除时，需要考虑采取相应措施阻断振动的传播途径，以减轻振动。振动随距离的衰减是振动传播阻断措施之一，另外还可采用防振沟和隔墙的方法。

增大距离，使受影响对象远离振动源，当距离为 4~20 m 时，距离增大一倍，振动可衰减 3~6 dB；当距离大于 20 m 时，距离增大一倍，振动可衰减 6 dB 以上。一般情况下不提倡防振沟，为使振动下降 6 dB 以下，沟的深度要达 5~10 m，且施工困难，维护也困难，一旦积水，效果就受影响。

振动源产生的沿地面传播的波动，有振动方向与波动传播方向一致的纵波，也有振动方向与传播方向垂直的横波，以及在包括波的前进方向在内的垂直面内做椭圆运动且振幅随面向内加深而明显减小的表面波等。

一般在坚硬的基础上存在表面层时，瑞利波的速度受到频率的影响，这种现象称为频散。频率增高时，该速度与表面层的横波速度接近；频率降低时，则与基底层的横波速度接近。勒夫波只限于在基础上有比较柔软表面层的情况下存在。振动仅在与波的前进方向成直角的水平面内产生，并具有频散性。

还有一种必须引起重视的地基特征振动，即地基经常性微动，是具有固有特殊周期的振动。这种振动不像一般有感振动那样强烈，而是微弱地振动。根据不同地区的地基特性，经常存在这种周期的固有振动。若以接近这种振动的频率激振，则波动随距离的衰减不大，会引起振动污染。此外，若地面建筑物的固有频率与该频率相近，则建筑物容易因共振而受到激励。与地基种类相对应，地基越硬，微弱振动的频率越高，固有周期越短。

七、振动衰减

从振动源传播经过地面的波动随距离而衰减，其影响因素有土质、地层、地下水、频率、振动方向等。当波动有反射或折射的边界层时，衰减情况十分复杂。

设地面为半无限均质弹性体，L_0、L_r 分别为距离 r_0、r 处的振级，r 处地基的劲度系数为 k，则距离 r_0 和 r 两地间的振动距离衰减为

$$L_0 - L_r = 10 \lg \frac{r}{r_0} + k(r - r_0) \tag{3-41}$$

实际的振动距离衰减大多遵从平方反比定律，即距离增大一倍衰减 6 dB。但这并不意味着几何衰减（扩散衰减）项以 $\left(\dfrac{r}{r_0}\right)^{-1}$ 的规律减小，而是由地基引起的内部扩散（振动能的吸收）更大。因此，在安装机械设备时，要确切地了解附近的地基特性，通过试验求得距离衰减量，据此推算振动源与周围受振体的合适距离。无论是振动源还是受振方，凡难以采取减振措施的场合，可考虑这种距离衰减的减振方法，将振动源和可能出现问题之处的距离拉开，以确保机械安装场所和用地。

当地层为多层重叠，在坚硬层上部有厚度为 H 的黏土层时，若假设横波的传播速度为 v，则通常以频率 f_0 形成固有振动，并随机械而产生共振，应注意避免。f_0 的计算式为

$$f_0 = \frac{v}{4H} \tag{3-42}$$

另外，当硬地层中间有柔软层时，其固有频率以 $v/2H$ 表示，当以间距 D 安装多台机械时，激振力的频率为

$$f = \frac{nv}{2D}(n = 1, 2, \cdots) \tag{3-43}$$

地面振幅大于基础振幅也能形成二次振源，需要注意机械的间距配置。无论何种情况，限制异常现象的发生，拉开距离减少振动是防振的必要措施。

【例题 3-3】 规定工厂边界的振级为 60 dB，调查结果表明，地基的劲度系数 $k = 0.3$。若在距某机械 5 m 处测得的振级为 75 dB，则该机械至少应设置在距工厂边界多远处？

解：由式（3-41）得

$$75 - 60 = 10 \lg \frac{r}{5} + 0.3(r - 5)$$

解得 $r \approx 29.5$ m。该机械至少应设置在距工厂边界大于 30 m 处。

第五节　减振材料与装置

一、减振材料

（一）隔振材料

在设备和基础之间安装隔振器或者隔振材料，使设备和基础之间的刚性连接变成弹性支承，以防止振动的能量向外传递。一般来说，隔振材料和元件应该符合下列要求：材料的弹性模量低，承载能力大，强度高，耐久性好，不易疲劳破坏，阻尼性能好，无毒，无放射性，抗酸、碱、油等环境条件，取材方便，易于加工等。工程中广泛使用的隔振材料和元件有金属弹簧、空气弹簧、橡胶、软木、毛毡、玻璃纤维、矿棉毡等。表3-9列出了常见的隔振材料和元件的性能特点。

表 3-9　常见的隔振材料和元件的性能特点

隔振材料和元件	频率范围	最佳工作频率	阻尼	缺点	备注
金属螺旋弹簧	宽频	低频	很低，仅为临界阻尼的 0.1%	容易传递高频振动	广泛应用
金属板弹簧	低频	低频	很低	—	特殊情况使用
空气弹簧	取决于空气容积	—	低	结构复杂	—
橡胶	取决于成分和硬度	高频	随硬度增加而增加	载荷容易受影响	—
软木	取决于密度	高频	较低，一般为临界阻尼的 6%	—	—
毛毡	取决于密度和厚度	高频（40 Hz 以上）	高	—	通常采用厚度 1~3 cm

（二）阻尼材料

在工程上应用较多的是阻尼材料。现有的阻尼材料大致可以分为：① 弹性阻尼材料，如橡胶类、沥青类和塑料类；② 复合材料，包括层压材料及混合材料；③ 阻尼合金，基体包括铁基、铝基等；④ 库仑摩擦阻尼材料，如不锈钢丝网、钢丝绳和玻璃纤维；⑤ 其他类，如阻尼陶瓷、玻璃等。

衡量阻尼材料的主要参数是材料的损耗因子，用 β 来表示，它不仅可以作为材料内部阻尼的量度，还可以成为涂层与金属薄板复合系统阻尼特征的量度。同时，β 与薄板的固有频率和在单位时间内转变为热能而散失的部分振动能量成正比。β 值越大，则单位时间内损耗的振动能量越多，减振的阻尼效果越好。作为阻尼材料，β 至少要在 10^{-2} 数量级，通常由于制作配方成分不一，β 的变化很大。

在所有的阻尼材料中，弹性阻尼材料具有很大的阻尼损耗因子和良好的减振性能，但适应温度的变化范围窄，只要温度稍有变化，其阻尼特性就会有较大的变化，性能不够稳定，不能作为机器本身的结构件，同时对于一些高温场合也不能应用。因此，人们研制出了耐高温的大阻尼合金，这是一种新型的具有较高阻尼损耗因子的金属材料，其弹性模量在 10^{11} Pa 左右，损耗因子为 $0.05 \sim 0.15$，可以直接用这种材料做机器的零件，具有良好的导热性，但是价格贵。复合阻尼材料是一种由多种材料组成的阻尼板材，通常具有自黏性，可由铝质约束层、阻尼层和防黏纸组成。这种材料施工工艺简单，有较好的控制结构振动和降低噪声的效果。

二、减振装置

(一) 金属弹簧隔振器

金属弹簧隔振器广泛应用于工业振动控制中，其优点是：能承受各种环境因素，在很宽的温度范围内和不同的环境条件下都可以保持稳定的弹性，耐腐蚀、耐老化；设计加工简单、易于控制，可以大规模地生产，且能保持稳定的性能；允许大的位移，在低频可以保持较好的隔振性能。它的缺点是阻尼系数很小，因此在共振频率附近有较高的传递率；在高频区域，隔振效果差，使用中常需要在弹簧和基础之间加橡胶、毛毡等内阻较大的衬垫。

在实际中，常见的有圆柱螺旋弹簧、圆锥螺旋弹簧和板弹簧等，其中应用较多的是圆柱螺旋弹簧和板弹簧。螺旋弹簧在各类风机、空气压缩机、球磨机、粉碎机等大、中、小型的机械设备中都有使用。板弹簧是由几块钢板叠合而成的，利用钢板间的摩擦可以获得适宜的阻尼比，这种减振器只有一个方向上的隔振作用，一般用于火车、汽车的车体减振和只有垂直冲击的锻锤基础隔振。隔振器常用的材料为锰钢、硅锰钢、铬钒钢等。

通常应用最广泛的金属弹簧隔振器是螺旋弹簧隔振器。因此，这里仅介绍最为常用的圆柱螺旋弹簧隔振器的使用和设计程序。

① 首先根据机器设备的质量、可能的最低激振力频率、预期的隔振效率确定弹簧的安装数目。

② 根据激振力频率和按设计所要求的隔振效率查得钢弹簧的静态压缩量 x。

③ 由机器设备总负荷 W 和安装支点数 N，确定选用弹簧的劲度系数 k。

$$k = \frac{W}{Nx} \qquad (3-44)$$

④ 确定弹簧的有效工作圈数 n_0 和弹簧条的直径 d。

$$n_0 = \frac{Gd^4}{8kD^3} \qquad (3-45)$$

式中：G——弹簧的剪切弹性系数，对于钢弹簧，常取 8×10^6 N/cm²；

$\quad\quad D$——弹簧圈平均直径，cm；

$\quad\quad d$——弹簧条直径，cm。

$\quad$ 其中

$$d = 1.6 \sqrt{\frac{K W_0 C}{t}} \qquad (3\text{-}46)$$

式中：K——系数，$K = (4C+2)/(4C-3)$；

　　　C——弹簧圈直径与弹簧条直径的比值，即 D/d，一般取 $4 \sim 10$；

　　　W_0——单个弹簧上的荷载，N；

　　　τ——弹簧材料的允许扭应力，对于金属弹簧，取值为 $4 \times 10^4 \ N/cm^2$。

⑤ 确定弹簧未受荷载时的高度 H 和弹簧条的长度 L。

$$H = nd + (n-1)\frac{d}{4} + x \qquad (3\text{-}47)$$

弹簧的全部圈数 n 应包括有效工作圈数 n_0 和不工作圈数 n'，即 $n = n_0 + n'$。

弹簧条的长度为

$$L = \pi D n \qquad (3\text{-}48)$$

（二）空气弹簧隔振器

空气弹簧隔振器也称为"气垫"，其组成原理如图 3-19 所示。当载荷振动时，空气在空气室与贮气室间流动，可通过节流阀调节压强。橡胶腔内充入带压气体使隔振器具有一定弹性，从而达到隔振目的。空气弹簧隔振器一般设有自动调节机构，每当载荷改变时，可调节橡胶腔内的气体压强，使之保持恒定的静态压缩量。

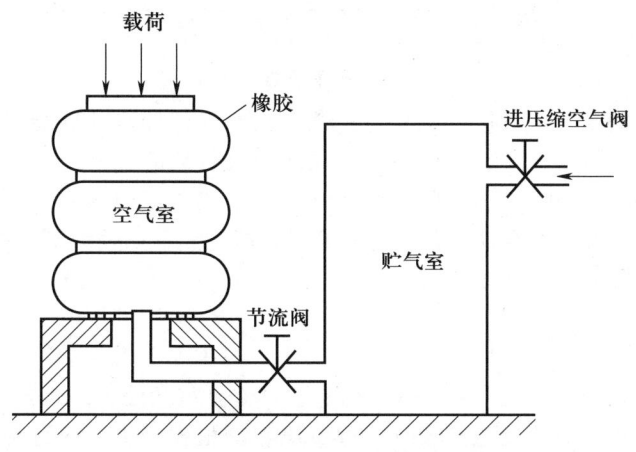

图 3-19　空气弹簧隔振器的组成原理

空气弹簧隔振器的隔振效率高，固有频率低（小于 1 Hz），且具有黏性阻尼，因此，隔振性能良好，多用于火车、汽车和一些消极隔振的场合。工业用消声室，在数百吨混凝土结构下垫上空气弹簧，向内充气压强达 10 个大气压，固有频率接近 1 Hz。

空气弹簧隔振器的缺点是需要有压缩气源及一套复杂的辅助系统，造价昂贵，并且载荷只限于单一方向，故工程上很少采用。

（三）液体弹簧隔振器

图 3-20 所示为利用水的浮力和空气的弹性支承的液体弹簧隔振器。锻造机安装在下部有空腔的台架上，空腔朝下开放，整个机身浮在水槽内，水槽则设在地坪上。由于空腔内外的水头差而

产生的水压通过空腔内的空气层，作用于台架的底部，台架上将承受与其排水量相等的上浮力。在构成惯性基座且有激振力作用时，台架可上下自由运动，导辊可控制倾斜和回转，叠板簧则作为辅助部分的浮力。

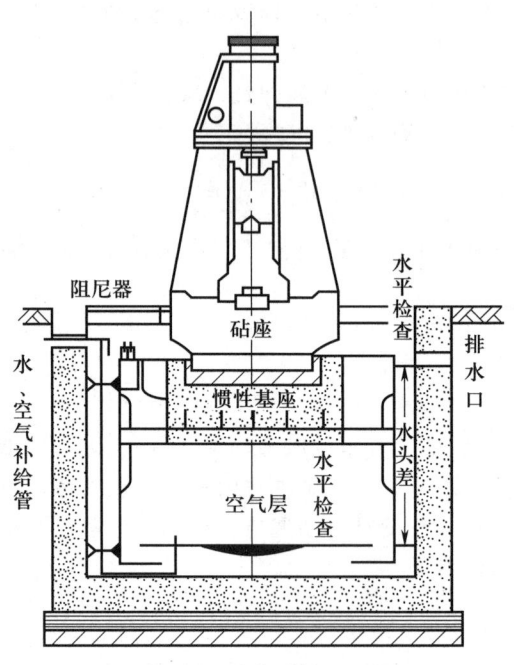

图 3-20 液体弹簧隔振器

良好的隔振装置须满足支承机械设备动力负载和良好的弹性恢复性能的要求，从降低传递系数，使其静态压缩量大。然而，多数隔振装置往往承受大负载的压缩量较小，而承受小负载的压缩量大。在实际应用中，必须适当选择隔振装置，同时也应考虑经久耐用、维护方便等因素。工程应用中也常将几种隔振装置结合使用，综合不同材料的优点，如钢弹簧-橡胶复合式隔振器、软木-弹簧隔振装置、毡类-弹簧隔振装置等。

（四）橡胶隔振器

橡胶隔振器是使用最为广泛的一种隔振元件。它具有良好的隔振缓冲和隔声性能，加工容易，形状、面积和高度均根据受力情况进行设计。橡胶隔振器根据受力情况分为压缩型、剪切型、压缩-剪切复合型，适于压缩、剪切和切压状态，不宜用于拉伸状态，受剪切的隔振效果一般比受压缩的隔振效果好。

橡胶隔振器具有良好的阻尼特性，在共振区时不致造成过大的振动，甚至接近共振点还能完全适用；固有频率低，隔振缓冲和隔声性能好，对吸收机械高频振动的能量较突出；橡胶隔振器可以设计成各种形状和不同刚度，适应工程实际需要。但橡胶不耐高温，易老化，导致弹性劣化，在高温下使用性能不好，低温下弹性系数也会改变。天然橡胶隔振器使用温度为 30～60 ℃。一般橡胶忌油污，在油中使用时应改用丁腈橡胶。

制造隔振材料的橡胶主要有以下几种。

① 天然橡胶。具有较好的综合物理机械性能，如强度、延伸性、耐寒、耐磨性均较好，可与金属牢固连接，但耐热、耐油性较差。

② 氯丁橡胶。主要用于防老化、防臭氧较高的地方，具有良好的耐气候性，但容易发热。

③ 丁基橡胶。具有阻尼大、隔振性能好、耐酸、耐寒等优点，但与金属结合性较差。

④ 丁腈橡胶。具有较好的耐油性和耐热性，阻尼较大，可与金属牢固连接。

橡胶隔振器设计主要是选用硬度合适的橡胶材料，根据需要确定一定的形状、面积和高度等。分析计算中，就是根据所需要的最大静态压缩量 x，计算材料厚度和所需压缩或剪切面积。

材料的厚度可用下式计算

$$h = \frac{xE_d}{\sigma} \tag{3-49}$$

式中：h——材料厚度，cm；

　　x——橡胶的最大静态压缩量，cm；

　　E_d——橡胶的动态弹性模量，kg/cm^2；

　　σ——橡胶的允许负荷，kg/cm^2。

所需要面积用下式计算

$$S = \frac{P}{\sigma} \tag{3-50}$$

式中：P——设备质量，kg。

橡胶隔振与金属弹簧隔振相比，有以下特点。

① 可以做成各种复杂形状，有效利用有限空间。

② 橡胶有内摩擦，阻尼比较大，因此不会产生像钢弹簧那样的强烈共振，也不至于形成螺旋弹簧所特有的共振激增现象。另外，橡胶隔振器都是由橡胶和金属连接而成的，金属与橡胶的声阻抗差别较大，也可以有效地起到隔声作用。

③ 橡胶隔振器的弹性系数可通过改变橡胶成分和结构而在相当大的范围内变动。

④ 橡胶隔振器对太低的固有频率 f_0（如低于 5 Hz）不适用，其静态压缩量也不能过大（一般不应大于 1 cm）。因此，橡胶隔振器对具有较低的干扰频率机组和质量特别大的设备不适用。

⑤ 橡胶隔振器的性能易受到温度影响。在高温下使用性能不好；在低温下使用，弹性系数也会改变。如用天然橡胶制成的橡胶隔振器，使用温度为 $-30 \sim 60$ ℃。

第六节　振动污染控制应用实例

【实例 1】印刷板滚筒的冲击振动控制

印刷机的印刷板滚筒是用于固定印刷板的，为此必须在滚筒上开出锁紧印刷板的锁紧槽，这样就造成印刷板滚筒表面的不连续，使得印刷时印刷板滚筒与胶皮滚筒之间的接触压力在每转中有一次突变，进而使相连的机械结构受激励而产生振动，影响印刷质量。

为了消除这种不连续干扰，在印刷板滚筒内部装入如图 3-21 所示的旋转式单冲体冲击减振器。减振器壳体中心与印刷板滚筒中心有偏心距 e，偏心方向朝向滚筒表面的锁紧槽处。滚筒旋转时，减振器的冲击质量因离心力作用朝向不连续的干扰位置，干扰处的脉冲激励响应能量由减振器吸收。这种冲击减振器是一种巧妙的具有方向性的减振器。

当印刷板滚筒装入冲击阻尼减振器后，锁紧槽处的最大瞬态干扰幅值显著下降，印刷板滚筒与胶皮滚筒对滚时的接触压力更加均匀，消除了印刷过程中出现的深浅不均匀条纹，提高了印刷机的印刷质量。

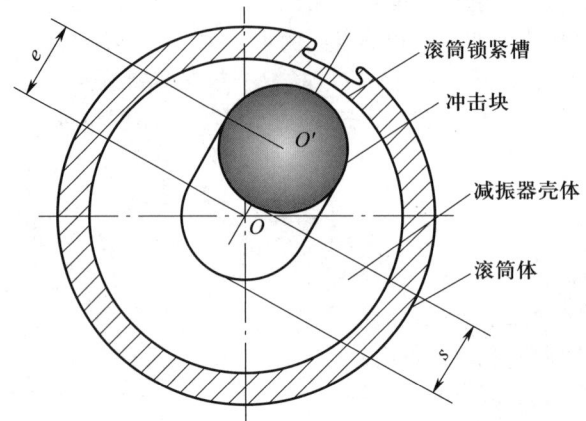

O.滚筒中心；O′.减振器壳体中心；s.间隙；e.偏心距

图 3-21 旋转式单冲体冲击减振器示意图

【实例 2】16 m 立式车床的振动控制

某 16 m 立式车床是一种重型机床，其立柱用 22 mm 厚的钢板焊接，高度为 13 m，是板厚度的近 600 倍。由于钢材的阻尼只有铸铁的 1/3，因此该立柱结构抗振性能较差。为此，采用黏弹阻尼技术来增加立柱的结构阻尼，从而改善机床的抗振性能。

图 3-22 所示为 16 m 立式车床的立柱—横梁（1 : 5.5）模型，结构虽经某些简化，但几何尺寸严格按比例缩小，材料保持相同。

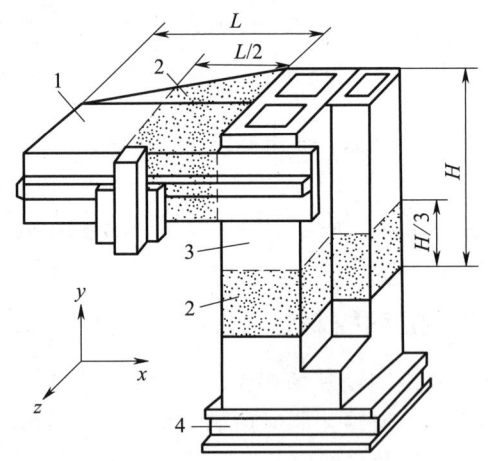

1.横梁；2.阻尼材料；3.立柱；4.底座

图 3-22 16 m 立式车床的立柱—横梁（1 : 5.5）模型

立柱—横梁模型采用局部约束阻尼处理，处理位置如图 3-22 所示，立柱仅在 1/3 高度内的外表面，横梁在靠近固定端 1/2 长度内的外表面。阻尼层为厚度 1 mm 的 ZN05 型阻尼材料，约束层采用 1.2 mm 厚的钢板，实验结果表明这种阻尼处理是有效的。因此对于实际的机床结构，处理位置与上述模型保持一致，只不过阻尼层厚度变为 3 mm，约束层厚度变为 2 mm。

表 3-10 列出了阻尼处理前后立柱的前 7 阶固有频率和模态阻尼比。可见，经阻尼处理后，立柱的固有频率略有降低，模态阻尼比均有所提高（第 3 阶模态除外），对于一个超重型结构而言，表 3-10 中所列各阶模态阻尼比的提高效果是显著的。

表 3-10　阻尼处理前后立柱的前 7 阶固有频率和模态阻尼比

模态阶数		1	2	3	4	5	6	7
固有频率 /Hz	处理前	25.7	58.7	124.2	155.2	233.4	248.1	339.5
	处理后	25.3	57.8	120.9	153.6	228.8	248.0	337.6
模态阻尼比 /%	处理前	2.70	0.80	0.39	0.33	0.26	0.18	0.14
	处理后	3.20	1.64	0.39	0.74	0.36	0.25	0.20

【实例 3】地铁列车运行振动污染防治

（1）地铁减振措施

由于采用地下线路，地铁列车运行产生的振动成为其最主要的污染。

根据国内主要城市地铁振动监测结果，在标准线路条件下的地铁振动源强为 87.0～87.4 dB。地铁振动轨下峰值频率为 40～100 Hz，隧道振动速度级峰值一般出现在 40～80 Hz。

地铁振动在土壤介质传播中获得的衰减由两部分组成，一部分是由于土壤内部结构的变化而引起阻尼衰减，另一部分则是由于距离的增加而引发的辐射衰减。其中辐射衰减是传播衰减的主要贡献者，目前国内主要采用经验公式进行辐射衰减的简单定量计算。阻尼衰减相对较小，在地铁影响范围内，衰减量一般小于 5 dB。不同建筑物对振动的响应是不同的。一般而言，质量大、基础好的建筑物对振动有较大的衰减；而质量轻、基础差的建筑物对振动产生放大作用。

为防止地铁振动污染，选线与城市规划时应注意防振对策。

① 线路走向尽量与城市高速路、主干道或次干道相重合。这样一方面地铁线路在道路下面选线布局有较大的余地，能尽量减少对地表敏感建筑物的影响；另一方面，上述道路两侧商业、公共福利性建筑较多，基础好的建筑多，不易产生振动环境影响问题。

② 合理控制地铁线路两侧建筑物类型和建设距离，同时按项目环境影响评价的要求预留相应的防护距离，并加强建筑物的抗振性能。

③ 在轨道交通规划布局中，应充分利用振动波的天然屏障，如河流、高大建筑物等，来阻隔振动的影响。

（2）车辆减振措施

① 车辆轻型化：根据日本轨道交通的研究成果，车辆轴重与振动加速度级存在以下关系

$$\Delta L = 20 \lg\left(\frac{W_1}{W_0}\right) \tag{3-51}$$

式中：W_1——车辆轻量化后的轴重；

W_0——车辆轻量化前的轴重。

由上式可知，当车辆轴重由 16 t 减至 11 t 时，车辆产生的振动约降低 3 dB。

② 车轮平滑化：通过采用弹性车轮、阻尼车轮和车轮踏面打磨等车轮平滑措施，可有效降低车辆振动强度。

弹性车轮一般是在车轮的轮箍与车圈间用弹性材料（如天然橡胶块）分开，其主要作用是减少或消除滑动振动；阻尼车轮主要是在车轮的轮箍上采用阻尼结构，其作用原理主要是利用阻尼材料把车轮的振动能转换成热能，从而达到降低振动的目的；车轮在运营一段时间后，踏面就会出现不同程度的粗糙面。当踏面出现长度大于 18 mm 的一系列粗糙点时，就应对车轮进行修整。试验表明打磨后的光滑车轮振动可降低 10 dB。

（3）轨道结构减振措施

① 采用重型钢轨和无缝线路重型钢轨不仅能增强轨道的稳定性，减少养护维修工作量和降低车辆运行能耗，而且能减少列车的冲击荷载。资料表明，车辆在 60 kg/m 钢轨上运行产生的振动较 50 kg/m 钢轨降低 10%。

车辆在钢轨接头处产生的振动是非接头的 3 倍，因而铺设无缝线路，减少钢轨接头，可大大减少地铁振动源强。

② 扣件减振措施：扣件除能固定钢轨，阻止钢轨的纵向和横向位移，防止钢轨倾覆外，还能提供适量的弹性，具有较好的减振效果。

③ 道床减振措施：地铁工程受隧道净空和维修作业的要求，普遍采用整体道床。其中一般减振地段采用短枕式或长枕式整体道床结构形式，较高减振地段采用弹性整体道床，特殊减振地段采用浮置板道床。

弹性整体道床因在轨枕与道床间设有橡胶减振套，提高了道床的减振性能。其减振效果能较一般整体道床增加 8~10 dB。

浮置板道床目前主要有橡胶浮置板道床和钢弹簧浮置板道床两种。橡胶浮置板道床通过设置在道床下面及两侧的橡胶支座来吸收列车动荷载，从而达到减振的目的。根据广州地铁一号线体育馆—体育馆西区的测量结果，橡胶浮置板道床的减振效果较普通整体道床增加 13~15 dB，但对 50 Hz 以下频率的振动的隔振效果不明显。

钢弹簧浮置板道床是把整体道床块置放在由柔性弹簧构成的隔振器上，从而组成弹簧—质量隔振系统。钢弹簧浮置板道床的减振效果为 20~30 dB，尤其对低频振动具有良好的隔振效果。

【实例4】 昆明新国际机场航站楼的隔振层设计

昆明长水国际机场是我国"十一五"期间批准新建的大型机场，项目总体定位为"面向东南亚、南亚，连接亚欧的国家门户枢纽机场"，属于国家重点工程。航站楼由前中心区、前端东西两侧指廊、中央指廊、远端东西 Y 型指廊等几部分组成。

隔振层由铅芯橡胶支座、叠层橡胶支座和黏滞阻尼器组成。考虑当时国内隔振支座的生产能力，隔振层全部采用直径为 1 000 mm 的铅芯橡胶支座和叠层橡胶支座，根据每根柱子所承受竖向荷载的不同，其下部分别设置一个或多个隔振支座。隔振层采用 535 个直径为 1 000 mm 的铅芯橡胶支座（LRB 1 000），以及 1 177 个直径为 1 000 mm 的叠层橡胶支座（RB 1 000），见图 3-23 和图 3-24。由隔振层的外围向内部，铅芯橡胶支座和叠层橡胶支座交错布置。隔振支座的设计参数如表 3-11 所示。

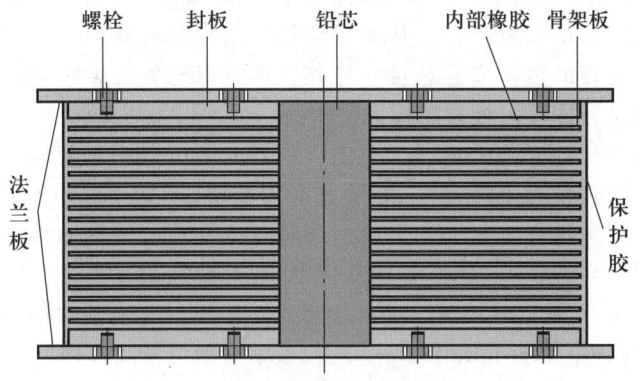

图 3-23　隔振橡胶支座结构示意图

图 3-24　隔振橡胶支座实物图

表 3-11　隔振支座的设计参数

型号	剪切模量 /(N·mm⁻²)	第一形状系数	第二形状系数	有效面积 /cm²	水平刚度/(kN·m⁻¹)			竖向刚度 /(kN·mm⁻¹)
					屈服前刚度	屈服力	屈服后刚度	
RB 1 000	0.55	38.0	5.4	7 834	2 540	—	2 540	5 779
LRB 1 000	0.55	41.7	5.2	7 854	28 900	208	2 670	6 030

【实例 5】平潭海峡公铁大桥施工期斜拉索减振技术

大跨度斜拉桥的斜拉索容易在风环境下发生明显的振动，可采用安装阻尼器的方式对其振动进行控制。通常情况下，正式阻尼器都是在斜拉桥成桥之后才进行安装，而在斜拉索开始张拉到正式阻尼器安装之前长达数月的时间内，若不采取有效的减振措施，则斜拉索振动可能导致桥梁在施工期出现难以修复的疲劳损伤。目前传统的施工期斜拉索减振措施包括：① 张拉钢丝绳；② 索导管内塞木块；③ 施工期安装正式阻尼器。

施工期斜拉索临时阻尼器由钢丝绳和橡胶阻尼装置构成，其中，橡胶阻尼装置主要由剪切型高阻尼橡胶圈、压缩弹簧及调节花篮等组成。橡胶阻尼装置构造如图 3-25 所示。

　　图 3-25 中橡胶阻尼装置通过剪切型高阻尼橡胶圈的剪切变形来耗散斜拉索的振动能量；通过压缩弹簧可使剪切型橡胶自动恢复中位，从而保证临时阻尼器有效地抑制斜拉索的振动；通过调节花篮可以改变临时阻尼器的整体安装长度。另外，临时阻尼器安装时利用钢丝绳与花篮螺杆将斜拉索和橡胶阻尼装置进行连接，拆装操作方便快捷。

　　平潭海峡公铁大桥全长约为 16.34 km，共有 3 座航道桥，其中，元洪航道桥为主跨 532 m 的钢桁梁斜拉桥，鼓屿门水道桥为主跨 364 m 的钢桁梁斜拉桥，大小练岛水道桥为主跨 336 m 的钢桁梁斜拉桥。航道桥桥址环境具有风速大、大风持续时间长及台风频繁的特点，该区域百年重现期 10 min 平均最大风速达 44.8 m/s，全年 6 级以上大风天数超过 300 d，7 级以上大风天数约为 230 d。施工过程中的斜拉索风致振动问题突出，因此，采用斜拉索临时阻尼器进行振动控制。橡胶阻尼装置箱体长为 35 cm，螺杆长为 50 cm。斜拉索临时阻尼器实体构造如图 3-26 所示。

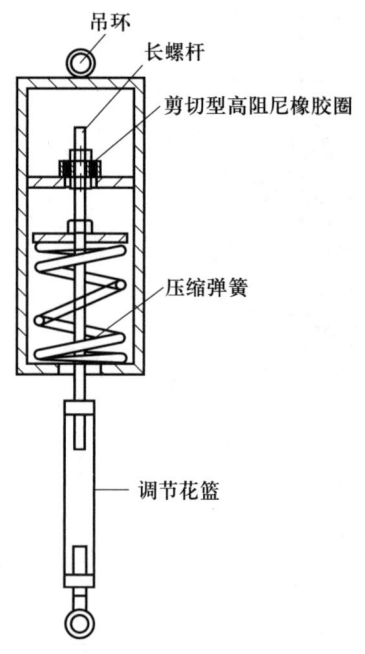

图 3-25　橡胶阻尼装置构造

图 3-26　斜拉索临时阻尼器实体构造

　　临时阻尼器安装时，在斜拉索 3~5 m 的高度处安装索夹，索夹及临时阻尼器本体吊环之间通过钢丝绳进行连接，适当收紧钢丝绳使临时阻尼器本体、调节花篮与索夹在同一直线上；将调节花篮下部吊环（挂钩）与桥面预埋件进行连接，通过收紧调节花篮，将斜拉索、临时阻尼器、桥面连接起来，使整个临时阻尼器处于工作状态，进而达到减振目的。

思考题与习题

　　1. 什么是振动污染，振动污染具有什么特征？

　　2. 简谐振动系统具有哪些性质？

　　3. 沿地面传递的波动具有什么特点？

　　4. 表示振动的主要参数有哪些，是如何定义的？

5. 振动源的控制方法有哪些？

6. 简述控制机械振动污染的原理。

7. 弹性减振的原理是什么，可采取哪些方法？

8. 将两台机器先后开动，由某一测点测量其振动，得加速度有效值分别为 4.25 g 和 3.62 g，求两台机器同时开动时的加速度级（1 g 为 10^{-2} m/s^2）。

9. 假设机械本身的质量为 80 kg，转速为 60 r/m，不平衡力为每转 58.8 N，作用于垂直方向。此时，若使支承台架之下为弹性支承，系统的固有频率为 5 Hz，机械的最大位移振幅控制在 0.2 mm 以下，则支承台架的质量不得低于何值时，可起到减振作用？

10. 一台质量为 1 000 kg 的机械，以 900 r/m 的转速回转，在上下方向产生 200 N 的不平衡力时，若采用四个弹簧，则当一个弹簧的劲度系数为何值时，可使 $\tau \leqslant 0.25$？

第四章　电磁辐射污染及其防治

本章在概述部分介绍了电磁环境的定义与电磁辐射污染现状，详细介绍电磁辐射的污染来源、产生和危害。在电磁辐射基础知识部分介绍电磁场与电磁辐射的关联、电磁辐射相关的物理量。在电磁辐射标准与监测部分介绍电磁辐射的评价标准、监测方法，以及影响预测等内容。最后介绍电磁辐射污染防治的基本类型、基本方法与措施，以及相关应用实例。

第一节　概　　述

一、电磁环境和电磁辐射污染现状

所谓电磁环境是指某个存在电磁辐射的空间范围。电磁辐射以电磁波的形式在空间环境中传播，不能静止地存在于空间某处。人类工作和生活的环境充满了电磁辐射。

所谓电磁辐射污染（pollution of electromagnetic radiation）是指人类使用产生电磁辐射的器具而泄漏的电磁能量流传播到室内外空气中，其量超出环境本底值，且其性质、频率、强度和持续时间等综合影响引起周围受辐射影响人群的不适感，并使健康和福利受到损害。

随着现代电磁技术不断普及，不同频率电磁波的叠加导致城市电磁辐射能量显著提升，电磁辐射污染呈现持续恶化的特征。由于大型电磁辐射设备缺乏合理规划布局，如广播电视塔建在人口密集的城市中心区，使得部分地区电磁辐射场强偏高。此外，部分地区无线通信基站密度过大，导致这些基站之间的相互干扰十分严重，影响其周围区域的正常通信，同时对周边居民的健康产生一定威胁。相关统计表明，医疗、工业等领域的高频电磁设施正以每年超过 20% 的增长率持续增加。这些设施当中存在较强的电磁振荡源，且振荡源频谱质量并不理想，会产生宽频率电磁辐射，无论是对电子设备、操作人员，还是对城市环境，均会带来一定危害。总体上讲，电磁设备的持续增长使得城市电磁环境越来越复杂，电磁辐射污染影响日趋严重。

二、电磁辐射污染源

（一）电磁辐射污染源的种类

电磁场源可以分为自然电磁场源和人工电磁场源。各自分类和来源如表 4-1 和表 4-2 所示。

表 4-1 自然电磁场源分类和来源

分类	来源
大气杂波污染源	自然界的火花放电、雷电、台风、高寒地区飘雪、火山喷发……
太阳电磁场源	太阳的黑子活动与黑体发射……
宇宙电磁场源	银河系恒星的爆发、宇宙间电子移动……

表 4-2 人工电磁场源分类和来源

分类		设备名称	污染来源与部件
放电所致场源	电晕放电	电力线（送配电线）	高电压、大电流而引起静电感应、电磁感应、大地泄漏电流所造成
	辉光放电	放电管	白炽灯、高压水银灯及其他放电管
	弧光放电	开关、电气铁道、放电管	点火系统、发电机、整流装置……
	火花放电	电气设备、发动机、冷藏车、汽车……	整流器、发电机、放电管、点火系统……
工频感应场源		大功率输电线、电气设备、电气铁道	高电压、大电流的电力线场电气设备
射频辐射场源		无线电发射机、雷达……	广播、电视与通风设备的振荡与发射系统
		高频加热设备、热合机、微波干燥机……	工业用射频利用设备的工作电路与振荡系统
		理疗机、治疗机	医学用射频利用设备的工作电路与振荡系统
家用电器		微波炉、计算机、电磁灶、电热毯……	功率源为主
移动通信设备		手机、对讲机	天线为主
建筑物反射		高层楼群及大的金属构件	墙壁、钢筋、吊车……

注：表 4-1、表 4-2 摘自赵玉峰. 现代环境中的电磁污染 [M]. 北京：电子工业出版社，2003。

（二）电磁辐射体与电磁辐射的产生

电力系统工业设备、电气化铁道系统、广播电视和微波发射系统、电磁冶炼系统及电加热设备等均能产生电磁辐射。以电磁冶炼系统为例，电磁冶炼采用的是感应加热，即将需要加热的对象物质放置于工作频率为 200~300 kHz 的电磁场中，利用涡流的损耗进行加热。感应加热设备的辐射场源一般指感应加热器、馈线及高频变压器等元器件，尤其是高频感应加热设备在工作时会产生非常强大的电磁感应场和辐射场，辐射场内的基波与谐波往往造成比较严重的环境污染。

输出功率为 100 kW、频率为 200~300 kHz 的高频冶炼机电磁辐射污染状况如表 4-3 所示。

表 4-3　某厂高频冶炼机电磁辐射污染状况

测试部位		电场强度/$(V \cdot m^{-1})$	磁场强度/$(A \cdot m^{-1})$
距高频感应器 30 cm 处	头部	75~80	0
	胸部	55~85	1~5
	腹部	50~90	2~7
距馈线 40 cm 处	头部	18~35	0
	胸部	8~30	0.5~1.0
	腹部	3~25	0.5~0.6
距设备 30 cm 处	头部	20~40	0.2~0.5
	胸部	25~55	0.2~0.7
	腹部	35~75	0.4~0.5
距设备 50 cm 处	头部	10~25	0
	胸部	8~18	0
	腹部	5~12	0
距设备 1 m 处	头部	5~6	0
	胸部	3~5	0
	腹部	3~5	0

注：摘自刘文魁、庞东. 电磁辐射的污染及防护与治理 [M]. 北京：科学出版社，2003。

三、电磁辐射污染的危害

电磁辐射对人体健康、生态环境以及装置和设备都能产生影响和危害。

（一）电磁辐射对人体健康、生态环境的影响与危害

1. 对人体健康的影响与危害

电磁辐射对人体健康的危害与辐射源、周围环境及受体差异有关。以辐射源为例，主要是频率（波长）、电磁场强度、波形、与辐射源的距离、照射时间与累计频次影响人体健康。部分频段

电磁波对人体的影响如表 4-4 所示。

表 4-4 部分频段电磁波对人体的影响

频率/kHz	波长/cm	受影响的主要器官	主要的生物效应
<100	>300		穿透不受影响
150~1 200	200~15	体内各器官	过热时引起各器官损伤
1 000~3 000	30~10	眼睛晶状体和睾丸	组织加热显著，眼睛晶状体混浊
3 000~10 000	10~3	表皮和眼睛晶状体	伴有温热感的皮肤加热，白内障患病率增高
>10 000	<8	皮肤	表皮反射，部分吸收而发热

电磁辐射对人体的危害主要表现为非电离辐射的作用，非电离辐射主要指工频电磁场和射频电磁场。当工频电磁场和射频电磁场的场强达到足够限度时，能对人体产生作用。从事射频作业时，直接对人体产生影响的是电磁辐射作用。人体处于射频电磁场的环境中，能吸收一定的辐射能量，发生生物学作用，主要是热作用。当人体处在电磁场中时，体内的分子发生重新排列。分子在排列过程中相互碰撞摩擦，消耗了场能而转化为热能，引起热作用。体内各组织的导电性不同，射频电磁场对其的热作用也不相同。电磁场强度越大，分子运动将场能转化为热能的量值越大，人体热作用就越明显与剧烈。

微波辐射对人体健康的影响，主要表现在大脑及中枢神经系统等几个方面：神经系统，尤其是大脑，长时间受到低强度微波辐射的反复作用后，可以引起机能紊乱，出现神经衰弱等症状，并可能产生血流动力学失调、血管通透性和张力降低等问题，表现为心动不稳（过缓或过速）、血压波动（下降或升高）、迷走神经发生过敏反应，心脏房室传导不良；机体血象出现白细胞不稳定，主要呈下降倾向，白细胞有轻微减少，白细胞吞噬能力下降；长期的辐射可导致血液的组织胺含量增加，白蛋白和球蛋白升高，白蛋白与球蛋白比值降低，胆碱酯酶活性下降，白细胞碱性磷酸酶活性增高；对于视觉系统，眼球的温度易升高，使眼睛晶状体蛋白质凝固，产生白内障；电磁辐射能造成人体内的微粒细胞染色体发生突变和有丝分裂异常，而使某些组织出现病理性增生过程，正常细胞变为癌细胞。

不过，近年来的研究发现，如果适当应用微波辐射，也可取得对人体健康有益的效果。例如，利用微波对人体组织的致热效应，采用适当的电磁辐射强度和照射时间能使癌组织中心温度上升，破坏癌细胞的增生，进而达到治疗癌症的目的。

除此之外，电磁辐射对内分泌系统、听觉系统、物质代谢和组织器官的形态改变等均可产生不良影响。

2. 对生态环境的影响与危害

地球生物包括人类在原始电磁环境中不断地进化，在漫长的生物进化过程中，虽然其他环境条件可能在不断地变化，但是原始电磁环境的变化是很微小的。近几百年来人为用电产生的强大电磁波动已经严重扰乱了地球原来的电磁场，使地球的电磁环境发生了巨大的变化，干扰了生态环境。

大脑的思索、神经系统对感觉的传递、细胞的新陈代谢、各种体能的转换和释放等都伴随电生理过程。在电磁环境中进行这些电生理过程，无疑要受到地球电磁环境的直接影响。地球上存在的所有生物均受到电磁环境的影响。适当的微波功率辐照农作物种子可以提高发芽率；用微波能量照射土壤里农作物的根部，可以刺激其生长而且还能抑制杂草生长；在某些农作物浸种、发芽、育苗和生长过程中给予一定的磁场作用，其长势会更好，产量会更高。

（二）电磁辐射对装置和设备的影响和危害

1. 电磁辐射污染的干扰方式

电磁辐射通过空间干扰、线路传播和复合污染三种途径对电磁敏感设备、仪器仪表产生干扰。

（1）空间干扰

电磁波在空间传播时可以引起敏感设备的电磁感应和干扰电磁噪声。一些电子设备或者电器装置本身就是一个很大的多型发射天线。其发射的电磁波可以分为两种：一种是以场源为中心，半径为 1/6 波长的范围之内的电磁场，以电磁感应的方式对附近的电子设备、仪器仪表施加电磁能量而形成电磁感应；另一种是在半径为 1/6 波长范围之外，以辐射方式对附近敏感元件和人体施加能量而形成干扰。

（2）线路传播

在射频设备或其他能产生干扰波的设备与被干扰的设备共用一个电源，或者它们之间有电气连接时，电磁能量就通过线路传播而形成干扰波。另外，信号的输入输出电路、控制电路等在强电场中也能截取信号，并将信号传播出去。

（3）复合污染

即载有干扰波的线路通过接收天线附近时，由于空间干扰和线路传播的复合作用而造成的电磁污染。

2. 电磁干扰的危害

（1）对通信、电视信号的干扰

射频设备和广播发射机振荡回路的电磁泄漏，以及电源线、馈线和天线等向外辐射的电磁能，可干扰位于这个区域范围内的各种电子设备的正常工作。值得注意的是，电磁波既可对它同频或邻频的设备产生干扰，也可干扰比它频率高得多或低得多的设备。

（2）对通信电子设备的损害

电磁辐射强度高时可能对通信电子设备造成永久性的损害，作用于绝缘材料时表现为绝缘材料温度升高，热应力增加。电子元器件中最易受损的是三极管和二极管等，辐射类型、辐射时间和周期、受辐射器件、电磁场性质等因素都会影响受损情况。设备损坏有两种：一种是辐射引起发热导致设备损坏，另一种是天线端、线路连线、元件端子、电源线等器件感应的电压或电流导致设备损坏。固体电路对峰值电平及电压和电流的变化非常敏感，继电器触点、天线耦合器等元件可能由于感应了高电压引起电弧和电晕放电而损坏。

（三）高压静电的危害

高压静电的静电场中没有辐射，然而高压静电放电也能对人体健康、电子仪器等产生引爆、引燃重大危害。易燃气体的最小引燃能量仅有几十至几百微焦，其危险极限电位为 5 kV 左右。一个普通体力工人在活动过程中所带的静电即高达 30 kV，可能放电而形成电火花，引燃易燃物品发生静电火灾。此外，还会产生静电干扰。静电对人体健康也会产生影响。

第二节　电磁辐射基础知识

一、电场与磁场

（一）电场

电荷存在于一切物体之中，但通常正、负电荷的作用正好互相抵消，故电荷存在不为人们所觉察。近代物理学研究表明，凡是有电荷的地方，四周就存在着电场，即任何电荷都在自己周围的空间激发电场，而电荷与电荷之间通过电场发生相互作用，电荷与电场是不可分割的整体，有电荷的存在就必然有电场。静止电荷周围的电场称为静电场，运动电荷周围的电场则称为动电场，起电的过程就是电场建立的过程。

（二）磁场

在电流通过的导体周围所产生的具有磁力的场称为磁场。若通过导体的是直流电，则相应产生的磁场是恒定的；若通过导体的是交流电，则相应产生的磁场是变化的。磁场频率随着电场频率的变化而改变，两者大小呈正比例关系。

二、电磁场与电磁辐射

交变磁场周围会产生电场，交变电场周围又会产生新的磁场，它们相互作用、方向相互垂直，并与自己的运动方向垂直。这种交替产生的具有电场与磁场作用的物质空间，称为电磁场。电磁场以一定速度在空间传播，在其传播过程中不断地向周围空间辐射能量，此能量称为电磁辐射，亦称为电磁波。

（一）电磁波的基本术语、能量和波谱

1. 周期、频率与波长

电磁振荡产生电磁波，各种电磁波的频率与波长虽不相同，但在空气中均以光速（$c \approx 3 \times 10^{8}$ m/s）传播。

周期是电磁波发生一次完全振动（电子开始向一个方向运动，由正值到负值，然后回到原点的平行位置的运动过程）所需要的时间，单位是 s，周期与频率互为倒数。

频率是电磁波每秒钟振动的次数，单位是 Hz（赫兹）。微波的频率很高，通常用 kHz（千赫）、MHz（兆赫）或 GHz（吉赫）作单位。它们的换算关系是

$$1 \text{ GHz} = 10^{3} \text{ MHz} = 10^{6} \text{ kHz} = 10^{9} \text{ Hz}$$

波长是电磁波在一个周期时间内所经过的距离，其单位有 Å（埃）、μm（微米）或 m（米）等。它们的换算关系是

$$1 \text{ m} = 10^{3} \text{ mm} = 10^{6} \text{ μm} = 10^{10} \text{ Å}$$

电磁波的传播速度与所处介质的电和磁的特性有关，其影响参数有介质的介电常数 ε 和磁导率 μ 等。相对介电常数 ε_r 是同一平板电容器在含有某种介质时的电容量与真空电容量之比。真空介电常数 ε_0 值为 8.85×10^{-12} F/m，通常以空气代替真空。磁导率 μ 描述介质对磁场的影响，相对磁

导率 μ_r 是介质磁导率与真空磁导率之比，也是一个无量纲量。真空磁导率 μ_0 值为 1.257×10^{-6} H/m。电磁波在介质中的传播速度 c 为

$$c = \frac{c_0}{\sqrt{\varepsilon_r \mu_r}} \qquad (4-1)$$

式中：c_0——真空中的光速（$c_0 \approx 2.998\times10^8$ m/s $\approx 3\times10^8$ m/s）。

定义空气的 ε_r 和 μ_r 均为 1，故电磁波在空气中的波长和频率的关系可简化为

$$\lambda = \frac{c}{f} \qquad (4-2)$$

在空气中，不论电磁波的频率是多少，电磁波每秒传播距离总是一定的（3×10^8 m），因此频率越高，波长就越短，二者是互为反比例的。

2. 电磁场的能量

电场所具有的能量可用电场中各点的能量密度（即单位体积中所含的能量）来表示，电场能量密度与各点电场强度的平方成正比，即

$$W_e = \frac{1}{2}\varepsilon \cdot E^2 \qquad (4-3)$$

式中：ε——介电常数，F/m；

E——电场强度，F/m；

W_e——电场能量密度，J/m³ 或 W·s/m³。

磁场所具有的能量可用磁场中各点的能量密度来表示。磁场的能量密度与各点磁场强度的平方成正比，即

$$W_M = \frac{1}{2}\mu H^2 \qquad (4-4)$$

式中：μ——磁导率，H/m；

H——磁场强度，A/m；

W_M——磁场能量密度，J/m³ 或 W·s/m³。

电磁场中的能量密度 W 等于各点电场能量密度和磁场能量密度之和，即

$$W = W_e + W_M = \frac{1}{2}(\varepsilon E^2 + \mu H^2) \qquad (4-5)$$

辐射能与波源的结构和频率有密切的关系。辐射能的平均辐射功率（单位时间内辐射的能量）与振荡电流频率的 4 次方成正比；若恒定电磁场频率为零，则不存在辐射；低频场变化缓慢，频率很低，辐射也很弱。对实用的辐射系统来说，波源的最低频率在 10^5 Hz 以上，低频场才会产生有效辐射。

3. 电磁波谱

无线电波、红外线、可见光、紫外线、X 射线和 γ 射线等都是电磁波，但它们的频率（或波长）不同，为了便于比较，按它们的波长（或频率）的大小，依次排成一个谱，即电磁波谱，如图 4-1 所示。

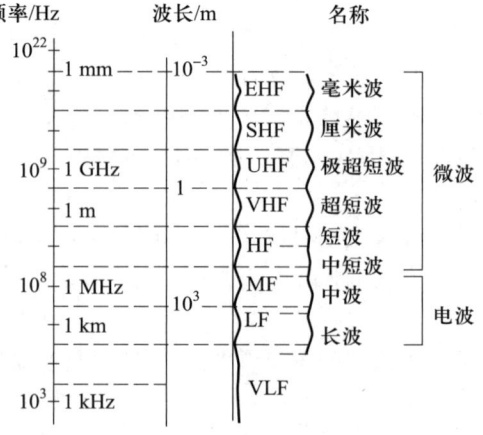

图 4-1　电磁波谱图

（二）电磁场区分类及其特性

1. 近区场

以场源为零点或中心，在1/6波长范围之内的区域称为近区场。由于近区场的作用方式为电磁感应，故又称为感应场，感应场内的电磁能量随与场源距离的增大而发生比较快的衰减。

近区场具有如下特性：

① 在近区场内，电场强度 E 与磁场强度 H 的大小没有确定的比例关系。一般来讲，电场强度较大时磁场强度比较小；只在槽路线圈等部位附近，磁场强度很大而电场强度很小。高电压小电流的场源（如天线、馈线等）电场强度比磁场强度大得多，低电压大电流的场源（如电流线圈）磁场强度则大于电场强度。

② 近区场电磁场强度比远区场的要大得多，且近区场电磁场强度比远区场电磁场强度的衰减速度快。

③ 近区场电磁感应现象与场源密切相关，近区场不能脱离场源而独立存在。

2. 远区场

相对于近区场而言，在1/6波长范围之外的区域称为远区场，由于该区域内的电磁波以辐射状态出现，故又称为辐射场。

远区场具有如下特性：

① 远区场的电场强度与磁场强度有固定的关系，即

$$E = \sqrt{\frac{\mu_0}{\varepsilon_0}} H \tag{4-6}$$

式中：μ_0——真空中的磁导率，H/m；

ε_0——真空中的介电常数，F/m。

② 电场 E 与磁场 H 互相垂直，并且都与传播方向垂直。

③ 远区场电磁辐射强度随距离的衰减比近区场缓慢。

（三）电磁波的传播特性

1. 电场分量与磁场分量

当做简谐振动的平面电磁波沿着 z 方向传播时，x 分量的电场 E_x 的表达式为

$$E_x = E_m \cos(\omega t - \beta z) \tag{4-7}$$

式中：E_m——电磁波电场的振幅，A/m；

$$\beta = \frac{2\pi}{\lambda} = \frac{\omega}{v} = 2\pi f \sqrt{\varepsilon \cdot \mu}$$

y 分量的磁场 H_y 的表达式为

$$H_y = \frac{E_x}{\eta} \tag{4-8}$$

式中：$\eta = \dfrac{E_x}{H_y} = \sqrt{\dfrac{\mu}{\varepsilon}}$——媒质的本征阻抗。

2. 电磁波的传播方向与极化

电场强度 E 和磁场强度 H 互相垂直的关系可以用右手螺旋法则来描述，即右手四指由电场强

度方向转向磁场强度方向时，垂直伸直的大拇指方向就是电磁波的传播方向，用矢量 S 来表示：

$$S = E \times H \qquad (4-9)$$

所谓波的极化是指电场 E 的取向，由电场的方向来决定。电场的水平分量和垂直分量的相位相同或相反时为直线极化波；电场的水平分量和垂直分量振幅相等，而相位相差 90°或者 270°时为圆极化波；若电场两个分量的振幅和相位都不相等，则为椭圆极化波。工程上常使用的是直线极化波和圆极化波。

3. 电磁波在不同介质中的衰减

均匀介质（如空气）中，由于没有能量损耗，电磁波的波形不随距离改变。电场和磁场在时间上同相，在空间上互相垂直，均做正弦函数的周期性变化，而且也都与传播方向垂直，见图 4-2。

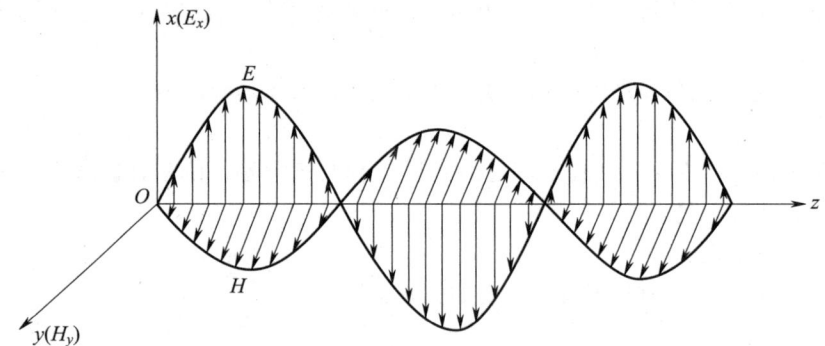

图 4-2　电磁波在均匀介质中的传播

金属等传导介质有大量自由电子，在电磁场的作用下形成定向运动而产生电流，形成的电流在传导介质中做功产生热，引起电磁波能量的损耗，使其能量衰减。由于金属电导率很大，导体内的电荷密度为零，电荷只能分布在导体的表面层，加之电磁波在导体内强烈衰减不能深入导体内层，因此电磁波在传导介质中的传播，实际上只在传导介质的表面层或界面上进行。电磁波在传导介质中传播会发生强烈衰减，波形为如图 4-3 所示的衰减正弦波。

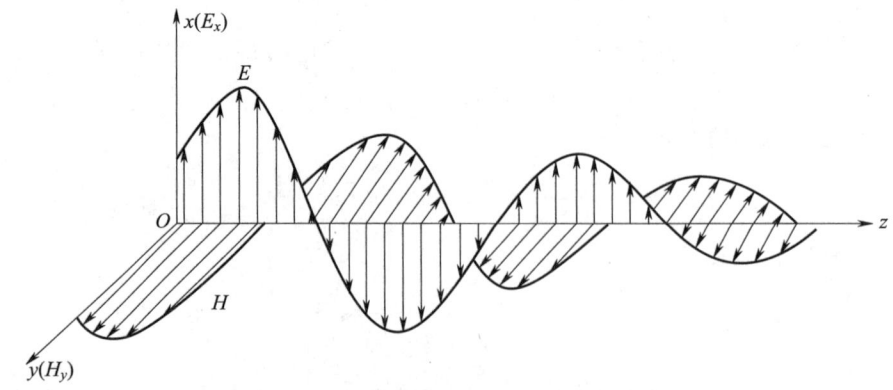

图 4-3　电磁波在传导介质中的衰减

电磁波在良导体（金属）中衰减很快，通常只能在表面层或界面上传播，尤其在频率很高的情况下，只能透入良导体中一薄层。电磁波所能穿入金属的深度常用趋肤厚度（又称为穿透深度）

来表示，公式为

$$\delta = \frac{1}{\alpha} = \frac{1}{\sqrt{\pi \cdot f\sigma\mu}} \tag{4-10}$$

式中：σ——媒质的电导率，m/s；

δ——穿透深度，m。

频率越低，进入良导体的厚度即穿透深度越大。

4. 电磁波的反射和透射

当电磁波在传播途中遇到分界面时，将发生反射和透射，如图4-4所示。特别是当平面波在理想导电平面上垂直入射时，其反射系数 R 和传输系数 T（又称为透射系数）分别表示为

$$R = \frac{\eta_2 - \eta_1}{\eta_2 + \eta_1} \tag{4-11}$$

$$T = \frac{2\eta_2}{\eta_2 + \eta_1} \tag{4-12}$$

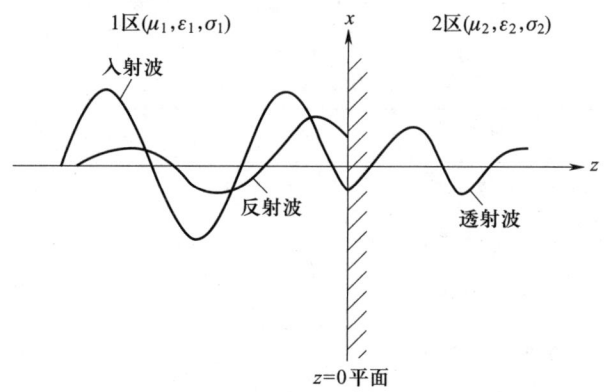

图4-4 电磁波的反射和透射

5. 电磁波的相速与群速

电磁波相位变化的速度称为相速度 v_p，表示为

$$v_p = \frac{\omega}{\beta} \tag{4-13}$$

电磁波信号传播的速度，也就是能量传播的速度称为群速度 v_g，可表示为

$$v_g = \frac{\mathrm{d}\omega}{\mathrm{d}\beta} \tag{4-14}$$

式中：β——相位常数；

ω——电磁波的角速度，rad/s。

只有相速度不随频率变化时，相速度才等于群速度，如自由空间里的情况。

所有交流电磁场都处于电磁波的频谱中。无线电波波长为0.1 mm~10 000 m，它在电磁波谱中占有很大的频段，按频率高低（即波长的长短）可以将无线电波再进行划分。继无线电波之后为红外线、可见光、紫外线、X射线等。

三、射频电磁场

一般交流电的频率在 50 Hz 左右，当交流电的频率达到每秒钟十万次以上时，其周围就形成了高频率电场和磁场，即射频电磁场，通常将每秒钟振荡十万次以上的交流电称为高频电流，因此射频电磁场也叫作高频电磁场。

如前所述，发射电磁能量的场源周围空间中，存在着感应场（近区场）和辐射场（远区场）两种作用场。近区场中电磁场储存和反射的能量比辐射的大，电磁场的强度比远区场中电磁场的强度大得多且衰减快，随测试点所在空间位置而变化，电场或磁场强度不仅和距离的立方或平方成反比变化，随角度的变化也很显著。

远区场因脱离了场源的束缚，以自持方向向外辐射，电场和磁场强度均按距离线性衰减，电磁辐射强度衰减比近区场要缓慢得多。

射频电磁场是非电离辐射，其电子能量为 $1.2 \times 10^{-6} \sim 4 \times 10^{-4}$ eV，没有电离作用。由于初期多应用在无线电广播中，故又称为无线电波。通常射频电磁辐射按频率划分不同的频段，见表 4-5。其中低→高频段应用的对象为无线电广播，甚高频段应用的对象为电视，特高→极高频段应用的对象为微波技术。

表 4-5　射频电磁辐射的频段

频段名称	对应波段	缩写名称	频率范围
甚低频	万米波（甚长波）	VLF	3~30 kHz
低频	千米波（长波）	LF	30~300 kHz
中频	百米波（中波）	MF	300~3 000 kHz
高频	十米波（短波）	HF	3~30 MHz
甚高频	米波（超短波）	VHF	30~300 MHz
特高频	分米波	UHF	300~3 000 MHz
超高频	厘米波	SHF	3~30 GHz
极高频	毫米波、亚毫米波	EHF	30~300 GHz 300~3 000 GHz

注：摘自赵玉峰等. 现代环境中的电磁污染［M］. 电子工业出版社，2003。

四、电磁辐射的量度单位

（一）电场强度

电场强度 E 是用来表示电场中各个点电场的强弱和方向的物理量，用单个电荷在电场中所受到的力的大小来衡量，同一电荷在电场中所受力大的地方其电场强度就大，反之电场强度就小。电场强度的表示单位一般用伏/米（V/m）、毫伏/米（mV/m）和微伏/米（μV/m）表示。在表示电场干扰大小时，常用分贝（dB）来衡量。在微波领域，电场的强弱常用功率密度来表示，如瓦/平方厘米（W/cm^2）、毫瓦/平方厘米（mW/cm^2）和微瓦/平方厘米（$\mu W/cm^2$）。

（二）磁场强度

磁场强度 H 的大小在数值上等于该点单位磁极所受到力的大小。磁场强度通常用安/米（A/m）、毫安/米（mA/m）、微安/米（μA/m）表示。

由于射频电磁场的频段不同，其测量采用的单位也有所不同。高频（3~30 MHz）与甚高频（30~300 MHz）的电场强度用 V/m、mV/m、μV/m 或分贝表示。特高频（300~3 000 MHz）以功率密度量度，其单位为 W/cm^2、mW/cm^2 或 $μW/cm^2$。

（三）复合场强

复合场强是两个或两个以上频率的电磁波复合在一起的场强，其大小用下式来计算：

$$E = \sqrt{E_1^2 + E_2^2 + \cdots + E_n^2} \qquad (4-15)$$

式中：　　　　E——复合场强，V/m；

E_1，E_2，$\cdots$，E_n——各单个频率所测得的电磁场强度，V/m。

以工频电场为例，其电场强度在空间中衰减很快，通常与距离成反比。图 4-5 所示为 500 kV 工频电场强度随距线路中心距离变化的曲线，曲线上标注的数据为导线高度。

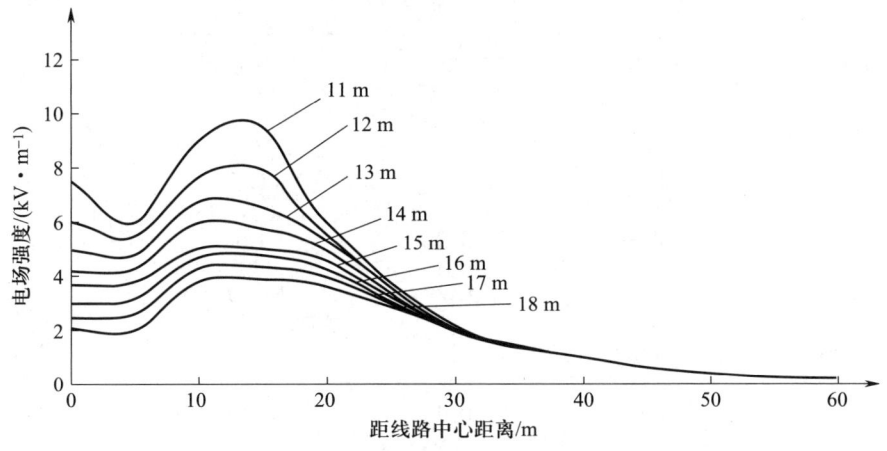

图 4-5　500 kV 工频电场强度随距线路中心距离变化的曲线

第三节　电磁辐射标准与监测

一、电磁辐射评价标准及相关计算方法

（一）我国电磁辐射标准

我国电磁辐射标准一般分为作业场所电磁辐射安全卫生标准、电磁辐射环境安全卫生标准和干扰控制标准三类。现行的常用电磁辐射标准列于表 4-6。

表 4-6　现行的常用电磁辐射标准

标准名称	标准号
电磁环境控制限值	GB 8702—2014
工业企业设计卫生标准	GBZ 1—2010
工作场所有害因素职业接触限值　第2部分：物理因素	GBZ 2.2—2019

1.《电磁环境控制限值》（GB 8702—2014）

《电磁环境控制限值》（GB 8702—2014）是对《电磁辐射防护规定》（GB 8702—88）和《环境电磁波卫生标准》（GB 9175—88）的整合修订。在满足本标准限值的前提下，鼓励产生电场、磁场、电磁场设施（设备）的所有者遵循预防原则，积极采取有效措施，降低公众曝露（表 4-7）。

该标准规定了电磁环境中控制公众暴露的电场、磁场、电磁场（1～300 GHz）的场量限值、评价方法和相关设施（设备）的豁免范围，如表 4-7 所示。

表 4-7　公众暴露限值

频率范围	电场强度 /($V \cdot m^{-1}$)	磁场强度 /($A \cdot m^{-1}$)	磁感应强度 /μT	等效平面波功率密度 /($W \cdot m^{-2}$)
1～8 Hz	8 000	$32\,000/f^2$	$40\,000/f^2$	—
8～25 Hz	8 000	$4\,000/f$	$5\,000/f$	—
0.025～1.2 kHz	$200/f$	$4/f$	$5/f$	—
1.2～2.9 kHz	$200/f$	3.3	4.1	—
2.9～57 kHz	70	$10/f$	$12/f$	—
57～100 kHz	$4\,000/f$	$10/f$	$12/f$	—
0.1～3 MHz	40	0.1	0.12	4
3～30 MHz	$67/f^{1/2}$	$0.17/f^{1/2}$	$0.21/f^{1/2}$	$12/f$
30～3 000 MHz	12	0.032	0.04	0.4
3 000～15 000 MHz	$0.22f^{1/2}$	$0.000\,59f^{1/2}$	$0.000\,71f^{1/2}$	$f/7\,500$
15～300 GHz	27	0.073	0.092	2

注：1. 表中 f 是频率，单位为所在行中第一栏的单位。

2. 0.1 MHz～300 GHz 频率，场量参数是任意连续 6 分钟内的方均根值。

3. 100 kHz 以下频率，需要同时限制电场强度和磁感应强度；100 kHz 以上频率，在远区场，可以只限制电场强度或磁场强度或等效平面波功率密度，在近区场，须同时限制电场强度和磁场强度。

4. 架空输电线路线下的耕地、园地、牧草地、畜禽饲养地、养殖水面、道路等场所，其频率为 50 Hz 的电场强度控制限值为 10 kV/m，且应给出警示和防护指示标志。

对于脉冲电磁波，除满足上述要求外，其功率密度的瞬时峰值不得超过表 4-7 中所列限值的 1 000 倍，或场强的瞬时峰值不得超过表 4-7 中所列限值的 32 倍。

从电磁环境保护管理角度，下列产生电场、磁场、电磁场的设施（设备）可免于管理：① 100 kV 以下电压等级的交流输变电设施；② 向没有屏蔽空间发射 0.1~300 GHz 磁场的，其等效辐射功率小于表 4-8 所列数值的设施（设备）。

表 4-8　可豁免设施（设备）的等效辐射功率

频率范围/MHz	等效辐射功率/W
0.1~3	300
3~300 000	100

2. 《工业企业设计卫生标准》（GBZ 1—2010）

《工业企业设计卫生标准》（GBZ 1—2010）与《工业企业设计卫生标准》（GBZ 1—2002）相比，调整了防非电离辐射的卫生学设计要求，包括：① 增加了大型极低频电磁场发射源选址、极低频电磁场发射源和电力设备选择及新建电力设施的卫生学要求；② 调整了工频电磁场设备安装地址与居住区等区域距离的卫生学要求；③ 增加了居住区等区域磁通量密度最高容许接触水平；④ 增加了高频电磁辐射作业劳动定员设计的卫生要求。该标准删除了已在《工作场所有害因素职业接触限值　第 2 部分：物理因素》（GBZ 2.2—2019）中包含的职业接触限值：① 工作地点微波辐射强度卫生限值；② 高频辐射强度卫生限值；③ 工频高压电作业场所的电场强度限值。相关的限制要求按《工作场所有害因素职业接触限值　第 2 部分：物理因素》（GBZ 2.2—2019）执行。

《工业企业设计卫生标准》（GBZ 1—2010）对防非电离辐射的具体要求如下：① 产生工频电磁场的设备安装地址（位置）的选择应与居住区、学校、医院、幼儿园等保持一定的距离，使上述区域电场强度最高容许接触水平控制在 4 kV/m 以下。② 对有可能危及电力设施安全的建筑物、构筑物进行设计时，应遵循国家有关法律、法规要求。③ 在选择极低频电磁场发射源和电力设备时，应综合考虑安全性、可靠性及经济社会效益；新建电力设施时，应在不影响健康、社会效益及技术经济可行的前提下，采取合理、有效的措施以降低极低频电磁场的接触水平。④ 对于在生产过程中可能产生非电离辐射的设备，应制定非电离辐射防护规划，采取有效的屏蔽、接地、吸收等工程技术措施及自动化或半自动化远距离操作，预期不能屏蔽的应设计反射性隔离或吸收性隔离措施，使劳动者非电离辐射作业的接触水平符合《工作场所有害因素职业接触限值　第 2 部分：物理因素》（GBZ 2.2—2019）的要求。⑤ 设计劳动定员时应考虑电磁辐射环境对装有心脏起搏器病人等特殊人群的健康影响。

3. 《工作场所有害因素职业接触限值　第 2 部分：物理因素》（GBZ 2.2—2019）

该标准规定了工作场所超高频辐射、高频电磁场、工频电场、微波及紫外辐射的职业接触限值。

（1）超高频辐射职业接触限值

超高频辐射又称为超短波辐射，标准中涉及的是频率为 30 MHz~300 MHz 或波长为 1 m~10 m 的电磁辐射，包括连续波和脉冲波。一个工作日内超高频辐射职业接触限值见表 4-9。

表 4-9　工作场所超高频辐射职业接触限值

接触时间	连续波		脉冲波	
	功率密度 /(mW·cm⁻²)	电场强度 /(V·m⁻¹)	功率密度 /(mW·cm⁻²)	电场强度 /(V·m⁻¹)
8 h	0.05	14	0.025	10
4 h	0.1	19	0.05	14

注：1. 连续波指的是以连续振荡所产生的超高频辐射。

2. 脉冲波指的是以脉冲调制所产生的超高频辐射。

3. 功率密度指的是单位面积上的辐射功率，以 P 表示，单位为 mW/cm^2。

工作场所超高频辐射的测量，按《工作场所物理因素测量　第 1 部分：超高频辐射》（GBZ/T 189.1—2007）的规定执行，内容包括：

① 测量前应按照仪器使用说明书进行校准。

② 测量操作者接触强度时，应分别测量其头部、胸部、腹部。立姿操作，测量点高度分别取 1.5~1.7 m、1.1~1.3 m、0.7~0.9 m；坐姿操作，测量点高度分别取 1.1~1.3 m、0.8~1 m、0.5~0.7 m。

③ 测量超高频设备场强时，将仪器天线探头置于距设备 5 cm 处。

④ 测量时将偶极子天线对准电场矢量，旋转探头，读出最大值。测量时手握探头下部，手臂尽量伸直，测量者身体应避开天线杆的延伸线方向，探头 1 m 内不应站人或放置其他物品，探头与发射源设备及馈线应保持一定距离（至少 0.3 m）。每个测量点应重复测量 3 次，取平均值。

⑤ 不同操作岗位的测量结果应分别计算和评价。接触时间不足 4 h 的，按 4 h 计；接触时间超过 4 h、不足 8 h 的，按 8 h 计。测量人员应注意个体防护。

（2）高频电磁场职业接触限值（100 KHz~30 MHz）

高频电磁场是指频率为 100 kHz~30 MHz 或波长为 10 m~3 km 的电磁场。8 h 工作场所高频电磁场职业接触限值见表 4-10。

表 4-10　8 h 工作场所高频电磁场职业接触限值

频率 f/MHz	电场强度/(V·m⁻¹)	磁场强度/(A·m⁻¹)
0.1≤f≤3.0	50	5
3.0<f≤30	25	—

工作场所高频电磁场的测量，按《工作场所物理因素测量　第 2 部分：高频电磁场》（GBZ/T 189.2—2007）的规定执行，内容包括：

① 测量前应按照仪器使用说明书进行校准。

② 测量操作位场强时，一般测量头部和胸部位置。当操作中其他部位可能受到更强烈的照射时，应在该位置予以加测。

③ 测量高频设备场强时，由远及近测量，仪器天线探头距离设备不得小于 5 cm，当发现场强接近最大量程或仪器报警时，应立刻停止前进。

④ 手持测量仪器，将检测探头置于所要测量的位置，并旋转探头至读数最大值方向，探头周围 1 m 以内不应有人或临时性地放置其他金属物件。磁场测量不受此限制。每个测点连续测量 3 次，每次测量时间不应小于 15 s，并读取稳定状态的最大值。当测量读数起伏较大时，应适当延长测量时间，取 3 次值的平均值作为该点的场强值。

⑤ 不同操作岗位的测量结果应分别计算和评价。测量人员应注意个体防护。

（3）工频电场职业接触限值

工频电场在标准中指的是频率为 50 Hz 的极低频电场。8 h 工作场所工频电场职业接触限值见表 4-11。

表 4-11　8 h 工作场所工频电场职业接触限值

频率/Hz	电场强度/(kV·m^{-1})
50	5

工作场所工频电场的测量，按《工作场所物理因素测量　第 3 部分：1 Hz~100 kHz 电场和磁场》（GBZ/T 189.3—2018）的规定执行：

① 现场调查。调查内容主要包括：电磁场源的位置、体积、频率、功率、电流、电压等；生产工艺流程；接触作业人员工作班制度、作业方式（固定作业或巡检作业）、作业姿势（站姿作业或坐姿作业）、接触情况（接触时间和频率）、防护情况等。

② 测量点的选择。测量点应布置在存在电场和磁场的有代表性的作业点。作业人员为巡检作业时选择其规定的巡检点和巡检过程中靠近电磁场源最近的位置；作业人员为固定作业时选择其固定的操作位。相同或类似的测量点可按电磁场源进行抽样，相同型号、相同防护、相同电流电压的低频电磁场设备，数量为 1~3 台时至少测量 1 台，4~10 台时至少测量 2 台，10 台以上至少测量 3 台。不同型号、不同防护或不同电流电压的设备应分别测量。

③ 测量高度。以作业人员操作位置或巡检位置为依据，测量头部、胸部或腹部离电磁场源最近的部位，无法判断时，应对头部、胸部、腹部三个部位分别进行测量。

④ 测量读数。现场环境电磁场较稳定，如电厂或变电站中的变压器、配电柜及变压开关等设备作业点，每个测量点连续测量 3 次，每次测量时间不少于 15 s，并读取稳定状态的均方根值，取平均值。现场环境电磁场不稳定，如电阻焊作业等，应在预期电场或磁场强度最高的时间段测量，读取电磁场峰值及最高时间段的均方根值，每次测量时间一般不超过 5 min，劳动者接触时间不足 5 min 按实际接触时间进行测量，每个测量点连续测量 3 次，取最大值。

⑤ 测量注意事项。测量应在电磁场源正常运行状态下进行。为减少误差，测量仪器应选择没有电传导的材质支架（如塑料支架等）进行固定。测量电场时测量者和其他人宜距离测量探头 2.5 m 以外。测量地点应比较平坦，且无多余的物体。对不能移开的物体应记录其尺寸及其与探头的相对位置，以及该物体的物理性质并应补充测量离物体不同距离处的场强。测量时环境温度和相对湿度应符合仪器规定的要求。测量仪器有挡位设置的，应先将测试仪器调至最高挡位，然后进行测试，避免超过仪器挡位量程，造成仪器失灵。评估作业人员接触的 8 h 工频电场强度时，须调查作业人员在各作业点的停留时间。佩戴心脏起搏器或类似医疗电子设备者不宜从事该项测量工作。在进行现场测量时，测量人员应注意个体防护。

（4）微波辐射职业接触限值（300 MHz~300 GHz）

微波是频率为 300 MHz~300 GHz 或波长为 1 mm~1 m 的电磁波，包括脉冲微波和连续微波。

工作场所微波辐射职业接触限值见表 4-12。

表 4-12　工作场所微波辐射职业接触限值

类型		日剂量 /(μW·h^{-1}·cm^{-1})	8 h 平均 功率密度 /(μW·cm^{-2})	非 8 h 平均 功率密度 /(μW·cm^{-2})	短时间接触 功率密度 /(mW·cm^{-2})
全身 辐射	连续微波	400	50	400/t	5
	脉冲微波	200	25	200/t	5
肢体局 部辐射	连续微波或 脉冲微波	4 000	500	4 000/t	5

注：1. t 为受辐射时间，单位为 h。

2. 连续微波指不用脉冲调制的连续振荡的微波。脉冲微波指以脉冲调制的微波。

3. 肢体局部辐射指微波设备操作过程中，仅手部或脚部受辐射。全身辐射指除肢体局部外的其他部位，包括头部、胸部、腹部等一处或几处受辐射。

4. 平均功率密度表示单位面积上一个工作日内的平均辐射功率。日剂量表示一日接受辐射的总能量，等于平均功率密度与受辐射时间（按照 8 h 计算）的乘积。

工作场所的微波测量，按《工作场所物理因素测量　第 5 部分：微波辐射》（GBZ/T 189.5—2007）的规定执行，内容包括：

① 测量前应按照仪器使用说明书进行校准。

② 应在微波设备处于正常工作状态时进行测量，测量中仪器探头应避免红外线及阳光的直接照射及其他干扰。

③ 在目前使用非各向同性探头的仪器测量时，将探头对着辐射方向，旋转探头至最大值。

④ 各测量点均须重复测量 3 次，取其平均值。

⑤ 测量值的取舍：全身辐射取头部、胸部、腹部等处的最高值；肢体局部辐射取肢体某点的最高值；既有全身，又有局部的辐射，则取除肢体外所测的最高值。

（5）紫外辐射职业接触限值

紫外辐射又称为紫外线，是波长为 100~400 nm 的电磁辐射。8 h 工作场所紫外辐射职业接触限值见表 4-13。

表 4-13　8 h 工作场所紫外辐射职业接触限值

紫外光谱分类	8 h 职业接触限值	
	辐照度（μW·cm^{-2}）	照射量（mJ·cm^{-2}）
中波紫外线（280 nm≤λ<315 nm）	0.26	3.7
短波紫外线（100 nm≤λ<280 nm）	0.13	1.8
电焊弧光	0.24	3.5

工作场所的紫外辐射测量，按《工作场所物理因素测量　第 6 部分：紫外辐射》（GBZ/T 189.6—2007）的规定执行，内容包括：

① 测量前应按照仪器使用说明书进行校准。

② 为保护仪器不受损害，应从最大量程开始测量，测量值不应超过仪器的测量范围。

③ 计算混合光源（如电焊弧光）的有效辐照度方法。

混合光源需分别测量长波紫外线、中波紫外线、短波紫外线的辐照度，然后将测量结果加以计算。例如，电焊弧光的主频率分别为 365 nm、290 nm 及 254 nm，其相应的加权因子 S_λ 分别为 0.000 11、0.64 及 0.5，则有效辐照度 E_{eff} 可用式（4-16）计算：

$$E_{\text{eff}} = 0.000\ 11 \times E_A + 0.64 \times E_B + 0.5 \times E_C + \cdots \tag{4-16}$$

式中：E_A——所测长波紫外线（UVA）的辐照度，W/cm^2；

E_B——所测中波紫外线（UVB）的辐照度，W/cm^2；

E_C——所测短波紫外线（UVC）的辐照度，W/cm^2。

（二）国际电磁辐射导则

1. 时变电场和磁场暴露限值

国际非电离辐射防护委员会（ICNIRP）于 2010 年发布了《限制时变电场、磁场暴露导则（1 Hz ~ 100 kHz）》。在本导则中，低频范围从 1 Hz 扩展到 100 kHz。由于需要考虑不同频率电磁辐射的神经系统效应，本导则中的一些指标值扩展到 10 MHz 频率区段，时变电场和磁场的职业暴露限值、公众暴露限值分别见表 4-14 和表 4-15。

表 4-14　时变电场和磁场的职业暴露限值

频率	电场强度/(kV·m⁻¹)	磁场强度/(A·m⁻¹)	磁通密度/T
1 ~ 8 Hz	20	$1.63 \times 10^5/f^2$	$0.2/f^2$
8 ~ 25 Hz	20	$2 \times 10^4/f$	$2.5 \times 10^{-2}/f$
25 ~ 300 Hz	$5 \times 10^2/f$	8×10^2	1×10^{-3}
300 Hz ~ 3 kHz	$5 \times 10^2/f$	$2.4 \times 10^5/f$	$0.3/f$
3 kHz ~ 10 MHz	1.7×10^{-1}	80	1×10^{-4}

表 4-15　时变电场和磁场的公众暴露限值

频率	电场强度/(kV·m⁻¹)	磁场强度/(A·m⁻¹)	磁通密度/T
1 ~ 8 Hz	5	$3.2 \times 10^4/f^2$	$4 \times 10^{-2}/f^2$
8 ~ 25 Hz	5	$4 \times 10^3/f$	$5 \times 10^{-3}/f^2$
25 ~ 50 Hz	5	1.6×10^2	2×10^{-4}
50 ~ 400 Hz	$2.5 \times 10^2/f$	1.6×10^2	2×10^{-4}

续表

频率	电场强度/$(kV \cdot m^{-1})$	磁场强度/$(A \cdot m^{-1})$	磁通密度/T
400 Hz ~3 kHz	$2.5 \times 10^2/f$	$6.4 \times 10^4/f$	$8 \times 10^{-2}/f$
3 kHz~10 MHz	8.2×10^{-2}	21	2.7×10^{-5}

2. 射频电磁辐射暴露限值

ICNIRP 发布的《限制电磁场暴露导则（2020）》，规定了 100 kHz~300 GHz 电磁场暴露基本限值，具体见表 4-16 和表 4-17。

表 4-16　100 kHz~300 GHz 电磁场暴露基本限值（平均间隔≥6 min）

暴露场景	频率	全身平均 SAR/$(W \cdot kg^{-1})$	局部头部/躯干 SAR/$(W \cdot kg^{-1})$	局部四肢 SAR/$(W \cdot kg^{-1})$	局部 S_{ab}($W \cdot m^{-2}$)
职业暴露	100 kHz~6 GHz	0.4	10	20	NA
	6~300 GHz	0.4	NA	NA	100
公众暴露	100 kHz~6 GHz	0.08	2	4	NA
	6~300 GHz	0.08	NA	NA	20

注：1. SAR 定义为比吸收率，指单位时间内单位质量的物质吸收的电磁辐射能量；S_{ab} 是吸收功率密度。

2. "NA"表示"不适用"，不需要考虑该情况下是否符合限值要求。

3. 全身平均 SAR 为时间大于 30 min 的平均值。

4. 局部 SAR 和 S_{ab} 的平均暴露剂量为时间大于 6 min 的平均值。

5. 局部 SAR 值是 10 g 立方质量的平均值。

6. 局部 S_{ab} 是在身体表面 4 cm² 的平均值。对于 30 GHz 以上的电磁场，需要满足附加条件，即在 1 cm² 的身体表面积上的平均暴露限值为 4 cm² 的两倍。

表 4-17　100 kHz~300 GHz 电磁场暴露基本限值（0<平均间隔<6 min）

暴露场景	频率	局部头部/躯干 SA/$(kJ \cdot kg^{-1})$	局部四肢 SA/$(kJ \cdot kg^{-1})$	局部 U_{ab}($kJ \cdot m^{-2}$)
职业暴露	100 kHz~400 MHz	NA	NA	NA
	400 MHz~6 GHz	$3.6[0.05+0.95(t/360)^{0.5}]$	$7.2[0.025+0.975(t/360)^{0.5}]$	NA
	6~300 GHz	NA	NA	$36[0.05+0.95(t/360)^{0.5}]$

暴露 场景	频率	局部头部/躯干 SA/(kJ·kg^{-1})	局部四肢 SA/(kJ·kg^{-1})	局部 U_{ab}(kJ·m^{-2})
公众 暴露	100 kHz~400 MHz	NA	NA	NA
	400 MHz~6 GHz	$0.72[0.05+$ $0.95(t/360)^{0.5}]$	$1.44[0.025+$ $0.975(t/360)^{0.5}]$	NA
	6~300 GHz	NA	NA	$7.2[0.05+$ $0.95(t/360)^{0.5}]$

注：1. "NA"表示"不适用"，不需要考虑该情况下是否符合限值要求。

2. t 为时间（s），在 $0<t<360$ s 的值必须满足限值要求，且无论暴露本身的时间特性如何，均适用。

3. SA 为比吸收能，局部 SA 是 10 g 立方质量的平均值。

4. U_{ab} 为吸收能量密度，局部 U_{ab} 是在 4 cm^2 的身体表面积上获得的平均值。对于 30 GHz 以上的电磁场，需要增加附加限制条件，即在 1 cm^2 的身体表面积上的平均值限制在 $7.2[0.025+0.975(t/360)^{0.5}]$ 的职业暴露和 $1.44[0.025+0.975(t/360)^{0.5}]$ 的公众暴露。任何脉冲、脉冲组或序列中子脉冲的暴露，以及规定时间内的暴露总和（包括非脉冲电磁场）不得超过这些限值。

二、电磁辐射监测

环境电磁辐射的监测指的是对居民区内电磁辐射水平的测量。居民区泛指城市及其郊区人群较集中的生活区域。居民区电磁辐射测量包括一般电磁辐射环境测量和邻近电磁辐射体有限区域的特定电磁辐射环境测量。造成特定电磁辐射环境的辐射体也称为"典型辐射源"。

（一）一般电磁辐射环境的布点与监测方法及应用

一般电磁辐射环境指在较大范围内的电磁辐射背景值，该值是由各种电磁辐射源通过多种传播途径造成的电磁辐射环境本底值。其监测可以采用方格法布点，以主要的交通干线为参考基准线，把所要监测的区域划分为 1 km×1 km 的方格小区，原则上取每个方格小区中心作为监测点，照此在地图上布点后，应对实际监测点进行考察。要考虑地形、地物的影响，实际监测点应选在比较平坦、开阔的地方，尽量避开高压线和其他导电物体，避开建筑物和高大树木的遮挡。此监测点还应避免与大功率的辐射源距离过近。

允许对规定监测点进行调整，监测点调整的最大幅度为方格边长的1/4，允许对特殊地区方格不进行监测。当需要对高层建筑监测时，应在各层阳台或室内选点监测。

监测某一区域（如城市市区）电磁辐射的水平时，须将被测区域划分为几十个到一百多个方格小区，但无须在所有方格小区都设监测点，可采用"人口密度加权"和"辐射功率加权"的方法选择其中典型的、有代表性的方格小区设置监测点。方格法具体实施步骤如下：

（1）将被测区域划分成 1 km×1 km 的方格小区。

（2）统计每个方格小区中的人口密度（1 km×1 km 的方格小区中的人口数量）和每个方格小

区中辐射源的数量及有效辐射功率。

有效辐射功率的计算方法如下：

① 广播、电视发射天线的辐射功率按 100%计算。

② 在计算广播、电视发射天线邻近（东、西、南、北）各方格小区内的有效辐射功率时，应加上发射天线辐射功率的 10%作为其附加的辐射功率，用于计算辐射功率密度加权系数，以体现不同天线的电磁辐射对邻近各方格小区内电磁环境的影响，但此附加辐射功率值不计入被测区域的总辐射功率。

③ 通信设备的辐射功率按 100%计算，雷达按平均辐射功率计算。

④ 工业、科学、医疗等射频设备泄漏的辐射功率占其输出功率的比例小。300 kHz 以下的低频设备，按其输出功率的 0.01%计算辐射功率；30 MHz 左右的高频设备，按其输出功率的 5%计算辐射功率；微波设备辐射较强，可按屏蔽情况估算泄漏的辐射功率。

（3）计算每个方格小区内的人口密度加权系数，其定义为

$$m = \frac{\text{该方格小区内人口数量/km}^2}{\text{被测区域内平均人口数量/km}^2} \tag{4-17}$$

（4）计算每个方格小区内的辐射功率加权系数，其定义为

$$n = 1 + \frac{\text{该方格小区内辐射功率/km}^2}{\text{被测区域内平均辐射功率/km}^2} \tag{4-18}$$

若该方格小区内没有辐射源，则 n 取为 1。

（5）由方格小区的人口密度加权系数和辐射功率加权系数计算各方格小区的加权系数，其定义为

$$a_i = m \cdot n \tag{4-19}$$

被测区域内的加权平均值为

$$\bar{a} = \frac{\sum_{i=1}^{N} a_i}{N} \tag{4-20}$$

式中：N——被测区域内的方格小区的个数，个。

（6）选择监测点。满足下式的方格小区可设监测点

$$a_i \geqslant C \cdot \bar{a} \tag{4-21}$$

式中：C——选择系数，一般取 1.0~3.0，视具体情况而定。

【例题 4-1】以某城市市区选择电磁辐射环境监测点为例，说明上述方法的应用：

① 首先把该市区划分为 1 km×1 km 的方格小区，如图 4-6 所示，每个方格小区内上面一行数字是指方格小区内的人口密度（10^4/km^2），中间一行数字是有效辐射功率的计算值（kW/km^2）。

② 分别计算各方格小区的人口密度加权系数 m 和辐射功率加权系数 n，并计算每个方格小区的加权系数 a_i，将 a_i 标示在图 4-6 中每个方格小区内的下面一行。

③ 算出加权平均值

$$\bar{a} = \frac{\sum_{i=1}^{N} a_i}{N} = 3.123$$

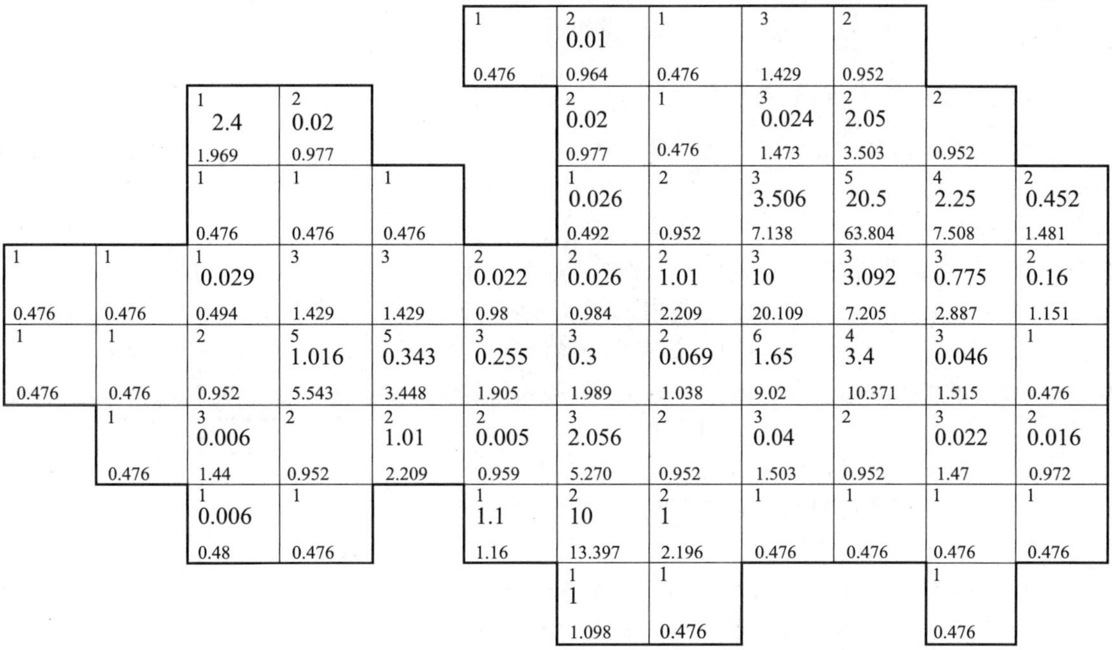

c1	c2	c3	c4	c5	c6	c7	c8	c9	c10	c11	c12
				1 0.476	2 0.01 0.964	1 0.476	3 1.429	2 0.952			
		1 2.4 1.969	2 0.02 0.977		2 0.02 0.977	1 0.476	3 0.024 1.473	2 2.05 3.503	2 0.952		
		1 0.476	1 0.476	1 0.476	1 0.026 0.492	2 0.952	3 3.506 7.138	5 20.5 63.804	4 2.25 7.508	2 0.452 1.481	
1 0.476	1 0.476	1 0.029 0.494	3 1.429	3 1.429	2 0.022 0.98	2 0.026 0.984	2 1.01 2.209	3 10 20.109	3 3.092 7.205	3 0.775 2.887	2 0.16 1.151
1 0.476	1 0.476	2 1.016 0.952	5 0.343 5.543	5 0.255 3.448	3 0.3 1.905	3 0.069 1.989	2 1.65 1.038	6 3.4 9.02	4 0.046 10.371	3 1.515	1 0.476
	1 0.476	3 0.006 1.44	2 0.952	2 1.01 2.209	2 0.005 0.959	3 2.056 5.270	2 0.952	3 0.04 1.503	2 0.952	3 0.022 1.47	2 0.016 0.972
		1 0.006 0.48	1 0.476	1 1.1 1.16	10 1 13.397	2 1 2.196	1 0.476	1 0.476	1 0.476	1 0.476	
				1 1 1.098	1 0.476					1 0.476	

图 4-6　某城市市区电磁辐射环境监测点示意图

（注：本图摘自邹澎等. 环境电磁场测量［M］. 北京：中国计量出版社，1992。）

④ 取选择系数 $C=1.6$，即选 $a_i \geqslant C \cdot \bar{a}$（约为 5）的小区的中心为监测点，这样可以选出 10 个监测点，其具体情况见表 4-18。若选 $C=2.8$，则监测点可减少为 5 个。

表 4-18　10 个监测点的具体情况

监测点	a_i	说明
(10, 6)	63.804	电视台、商业区、行政区、人口密度大
(9, 5)	20.109	商业区
(7, 2)	13.397	电视台、居民区
(10, 4)	10.371	工业射频设备较多、商业区
(9, 4)	9.02	火车站附近、商业区、人口密度大
(11, 6)	7.508	邻近电视台、行政区、居民区
(10, 5)	7.205	邻近电视台、居民区
(9, 6)	7.138	邻近电视台、居民区
(4, 4)	5.543	工业区、商业区、人口密度大
(7, 3)	5.270	邻近电视台、文化区

注：摘自邹澎等. 环境电磁场测量［M］. 北京：中国计量出版社，1992。

由表4-18可以看出，这些方格小区或者有较强的辐射源，或者人口密度较大，其中包括了商业区、工业区、文化区和居民区，总的来看监测点的分布是比较合理的。

（二）典型辐射源的布点与监测方法

典型辐射源的监测一般采用"米"字形布点法（图4-7），以辐射源为中心，在水平面内间隔45°的8个方向（一般选东、东南、南、西南、西、西北、北、东北8个方向），根据具体辐射源监测的要求，分别选取距辐射源不同距离的点作为监测点。例如，对于工业、科学、医疗射频设备，可分别选8个方向上距辐射源1 m、3 m、5 m、10 m、30 m、50 m、100 m的点作为监测点；对于广播、电视发射设备，可分别选8个方向上距发射塔100 m、200 m、300 m、500 m、700 m、1 000 m的点作为监测点；对于定向辐射源，可在最大辐射方向上按上述方法布点监测。具体监测范围可根据实际需要而定，上述方法也称为梅花瓣法监测。

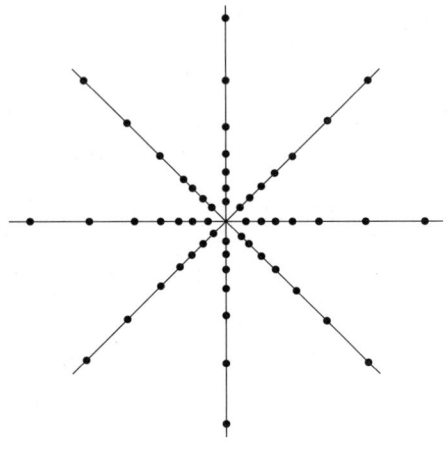

图4-7 "米"字形布点法

监测时要考虑附近地形地物的影响，实际监测点除应尽量选空旷地带外，还应远离导电物体和交通干线，避免机动车辆放电辐射的干扰。

（三）其他类型电磁辐射的监测

1. 高频冶炼电磁辐射的监测

（1）场源的辐射状况

某些高频冶炼设备的场源，若采取有效的屏蔽措施，则可使其场源附近部位的场强较低，一般为几至十几伏特每米，0.5～1 m远处场强衰减为零。若未采取屏蔽措施，设备本身工艺粗糙，则其近区场强会很高，可达几十至几百伏特每米，甚至上千伏特每米，0.5～1 m远处场强可达几至几十伏特每米，随着距离加大，场强衰减明显。

（2）控制台及操作地带的场强

控制台一般设在电源箱处，靠近振荡器和高频变压器段，其场强较高。有些控制台远离电源振荡部分，可通过远距离控制来降低场强。冶炼炉处场强较高，分布范围也较大，从几十至几百伏特每米，个别的可达上千伏特每米。

（3）附近空间的场强

对于高频冶炼工艺来说，由于其频率不高，一般为200～500 kHz，并且大负载使用，因此场强随着距离的增加而很快衰减，高频辐射的作用范围很小，在3～4 m远处，场强基本测不出。如山西某工厂高频冶炼炉的场强分布状况。根据监测部位的不同：立姿操作位头部、胸部、腹部的电场强度分别为50～65 V/m、70～82 V/m、33～45 V/m，磁场强度分别为4.5 A/m、10 A/m、5 A/m；上料部位电场强度为70～78 V/m，磁场强度为11 A/m；距本机2 m、3 m、4 m处，电场强度分别为20～25 V/m、5～10 V/m、0 V/m，磁场强度均为0 A/m；输出变压器部位电场强度为80～85 V/m，磁场强度为13 A/m。

2. 交流输变电工程电磁辐射的监测

按照《输变电建设项目环境保护技术要求》（HJ 1113—2020）对交流输变电工程电磁辐射进

行监测。此类监测对象为 10 kV 及以上电压等级的交流输变电工程，主要监测因子为工频电场强度（kV/m）和工频磁场强度（μT）等，采用的监测仪器探头为一维或三维，支架采用非导电材质，监测须在无雨、无雾、无雪的天气，以及环境湿度在 80% 以下的条件下进行。

监测时，监测仪器探头应架设在地面以上 1.5 m 处，在进行其他高度的工频电场强度监测时，应注明监测人员与监测仪器探头的距离大于 5 m。监测仪器探头与固定物体的距离应大于 1 m。在输变电工程正常运行的时间内进行监测，每个监测点连续监测 5 次，每次监测时间大于 15 s，并读取稳定状态的最大值。最后求出每个监测点的 5 次读数的算术平均值作为监测结果。

（1）架空输电线路的监测

监测地点应选择平坦、无干扰的空地。断面监测路径应设置在导线中央弧垂最低位置的横截面方向，单回路输电线路应以弧垂最低位置处中相导线对地投影点为起点，同塔多回输电线路应以弧垂最低位置处档距对应两杆塔中央连线对地投影为起点，监测点均匀分布在边向导线两侧的横断面上。监测点间距一般为 5 m，顺序测至距离对地投影 50 m 处为止。在测量最大值时，两相邻监测点的距离小于 1 m。

（2）其他场所

① 地下输电电缆：断面监测路径以地下输电电缆线路中心正上方的地面为起点，沿垂直于线路方向进行，监测点间距为 1 m，顺序测至电缆管廊两侧边缘各外延 5 m 处为止。

② 变电站：开关站、变电站和串补站的断面监测路径应选择在变电站电压等级最高区域的围墙外侧，避开进出线路，以围墙为起点，监测点间距为 5 m，顺序测至距围墙 50 m 处为止。各侧围墙外 5 m 处均须布置监测点，包括靠近配电区域、主变区域和进出线路的位置。

③ 建（构）筑物：在建（构）筑物外监测，应选择在建（构）筑物高压输变电工程的一侧，且距离建（构）筑物大于等于 1 m 处布点。在建（构）筑物内监测，应在距离墙壁或其他固定物 1.5 m 外的区域处布点。若不能满足上述距离要求，则取房屋立足平面中心位置作为监测点，但监测点与周围固定物之间的距离大于等于 1 m。在建（构）筑物的阳台或平台监测，应在距离墙壁或其他固定物 1.5 m 外的区域布点。

3. 5G 基站电磁辐射的监测

5G 基站电磁辐射的监测按照《5G 移动通信基站电磁辐射环境监测方法（试行）》（HJ 1151—2020）进行。

① 基本信息的收集与监测因子：开展监测工作前，应收集被测 5G 移动通信基站的基本信息。移动通信基站电磁辐射环境的监测因子为射频电磁场，监测参数为功率密度。

② 监测仪器：对 5G 基站进行监测时，监测仪器的工作性能应满足待测电磁场要求，监测时，仪器应采用选频式电磁辐射监测仪，监测频率选取被测移动通信基站发射天线工作状态时的下行频段。对同一站址存在 5G 及其他网络制式的移动通信基站开展电磁辐射环境监测时，使用选频式电磁辐射监测仪的列表模式，取得 5G 及其他网络制式移动通信基站的电磁辐射场强数据。监测仪器的探头（天线）如果采用各向同性探头，那么应满足各向同性的指标要求；如果采用非各向同性探头，那么应考虑天线方向性的影响，并在结果处理时合成天线因子等参数，监测时必须调节探测方向，直至测到最大场强值；监测仪器支架应使用不易受潮的非导电材质支架。监测仪器的检波方式为方均根检波方式，监测仪器的读数为任意连续 6 分钟内的平均值。

③ 监测点布置：监测点位应布设在移动通信基站天线覆盖范围内的电磁辐射环境敏感目标处，并优先布设在公众居住、工作或学习距离天线最近处，但不宜布设在需借助工具（如梯子）或采取特殊方式（如攀爬）等到达的位置。在建筑物内监测时，监测点位可布设在朝向基站天线的窗

口位置，监测仪器探头尖端应在窗框界面以内，也可布设在室内其他位置。监测仪器探头与家用电器等设备之间的距离不少于 1 m。监测仪器探头距地面 1.7 m。也可根据不同目的，选择监测高度，并在监测报告中注明。

④ 监测：应记录现场监测点示意图，标注 5G 移动通信基站天线、监测点和其他已知的电磁辐射源位置。记录监测点名称（或经纬度）、监测点与 5G 移动通信基站发射天线的垂直距离和水平距离及监测数据。监测保留频谱分布图。

三、电磁辐射影响预测

（一）预测范围

对于有方向性天线，功率≥200 kW 的发射设备，以发射天线为中心、半径为 1 km 范围进行全面评价，若辐射场强最大处的地点超过 1 km，则需在选定方向评价到最大场强处和低于标准限值处。当功率≤100 kW 时，其半径为 0.5 km。当高层建筑楼层进入天线辐射主瓣的半功率角以内时，需选择该楼层不同高度，监测其室内或室外场强。

工业、科学、医疗电磁辐射设备，如高频热合机、高频淬火炉、热疗机等评价范围为：以设备为中心、半径为 250 m。评价范围为以天线为中心：当功率>100 kW 时，其半径为 1 km；当功率≤100 kW 时，其半径为 0.5 km。一般按移动设备载体的移动范围确定评价范围。对于陆上可移动设备，若其可能进入人口稠密区，则应考虑对载体外公众的影响。

（二）预测内容及方法

1. 达标控制距离预测

根据国家环保行业标准《辐射环境保护管理导则　电磁辐射监测仪器和方法》（HJ/T 10.2—1996）中列出的微波频段远场区轴向场的预测模式计算公式，可以推导出基站电磁环境达标控制距离的预测公式：

$$R = \sqrt{\frac{100PG}{4\pi P_{d}}} \tag{4-22}$$

式中：P_d——功率密度评价标准限值，$\mu W/cm^2$；

P——基站天线口功率，W；

G——天线增益（倍数）；

R——基站电磁环境达标控制距离，m。

根据该公式计算得到基站的主瓣电磁环境达标控制距离，可判断基站周围各敏感点至天线的直线距离是否满足安全防护要求。若敏感点至天线的直线距离大于基站的主瓣电磁环境达标控制距离，则满足评价标准。反之，则需判断敏感点处于基站天线的主瓣（最大辐射波束）区域还是副瓣（其他辐射波束）区域。根据敏感点所在区域，比较其直线距离与基站的主（副）瓣达标控制距离。若直线距离小于控制距离，则基站需要整改，反之则满足相应达标要求。

2. 敏感点功率密度值预测

根据国家环保行业标准《辐射环境保护管理导则　电磁辐射监测仪器和方法》（HJ/T 10.2—1996）中列出的微波频段远场区轴向场预测模式，远场轴向功率密度 P_d 为

$$P_{d} = 100 \times \frac{P \times G}{4 \times \pi \times r^{2}} \tag{4-23}$$

式中：P——基站天线口功率，W；

　　G——天线增益（倍数）；

　　r——天线与预测点之间的距离，m。

对处于基站主瓣达标控制距离之外的敏感点，其对应的功率密度预测值能满足相应的评价标准，不再进行功率密度预测。在基站主瓣达标控制距离内的敏感点，若处于天线垂直副瓣范围内，则取最大垂直副瓣增益归一化值来进行预测；若处于天线水平副瓣范围内，则取相对天线水平夹角对应点的水平波瓣增益归一化值和天线最大垂直副瓣增益归一化值中的最大值进行功率密度预测。

第四节　电磁辐射污染防治

为减少或避免电磁辐射的不良影响，防止电磁辐射污染环境，影响人体健康，一方面要制定适当的安全卫生标准，另一方面要对电磁辐射源加强防护和治理。具体来讲，就是对高频设备施加有效的屏蔽防护，选定无线电台场地要符合有关规定；新增设电视发射塔要考虑对环境的影响；在微波应用方面，也要采取防护措施，减少对人体的危害和对环境的污染。

一、电磁辐射污染防治的基本类型

减少电磁辐射的危害，要从源头上开始治理，从产品的设计等角度入手，标本兼治，才能达到理想的治理效果。

防护技术措施的基本类型有两种：

① 主动防护与治理，即抑制电磁辐射源，包括所有电子设备及电子系统。具体做法是：对设备的合理设计；加强电磁兼容性设计的审查与管理；做好模拟预测和危害分析工作等。在泄漏和辐射源层面采取防护措施，减少设备的电磁漏场和电磁漏能，使泄漏到空间的电磁场强度和功率密度降低到最低程度。

② 被动防护与治理，即从被辐射方着手进行防护，具体做法有：采用调频、编码等方法防治干扰；对特定区域和特定人群进行屏蔽保护。在作业人员层面（包括其工作环境）所采取的防护措施为：增加电波在介质中的传播衰减，使到达人体的场强和能量水平降低到电磁波照射卫生标准以下。

二、电磁辐射污染防治的基本方法

（一）屏蔽

1. 屏蔽的分类

屏蔽指采取一切可能的措施将电磁辐射的作用与影响限定在一个特定的区域内。为便于理解，我们根据不同的分类方法将屏蔽进行分类。

① 按照屏蔽的方法可分为主动场屏蔽与被动场屏蔽，两者的区别在于场源与屏蔽体的位置不同。场源位于屏蔽体之内，用来限制场源对外部空间影响的称为主动场屏蔽；场源位于屏蔽体之外，主要用于防治外界电磁场对屏蔽室内的影响的称为被动场屏蔽。

② 按照屏蔽的内容可分为电磁屏蔽、静电屏蔽和磁屏蔽三种。电磁屏蔽指人们采取一定的措施以消除电磁感应的影响；静电屏蔽则是利用静电场的特性将电力线终止于屏蔽体的表面上从而

抑制电场的干扰；磁屏蔽则是用高磁导率材料制成的磁屏蔽体将磁场封闭在内，以防止电磁辐射的危害。实际防治工作中采用最多的是电磁屏蔽。

2. 电磁屏蔽机理

电磁屏蔽的作用机理是利用电磁感应现象，外界交变电磁场产生电磁感应，使屏蔽体内产生感应电流，感应电流在屏蔽空间能产生与外界电磁场方向相反的电磁场，通过内外电磁场的相互作用从而达到屏蔽效果。电磁屏蔽就是利用某种材料制成的屏蔽体所具有的两重作用，屏蔽体可以减轻甚至消除外部电磁场对其内部的影响，同时屏蔽体的外部区域也不受其内部电磁场的影响。

电磁场中，电场分量 E 和磁场分量 H 是同时存在的，在频率 f 很低、高磁场场源很近的近区场，随场源特性不同，电场分量 E 和磁场分量 H 有很大的差别：高电压、低电流场源，近区场以电场为主；低电压、高电流场源，近区场以磁场为主。随着频率与场源距离的增大，平面波电磁场起主要作用。

电磁场屏蔽主要是依靠屏蔽体的吸收和反射。

（1）吸收

电损耗、磁损耗及介质损耗等共同组成了屏蔽体的吸收作用。通过这些损耗转化为热消耗在屏蔽体内，从而达到阻止电磁辐射和防止电磁干扰的目的。

（2）反射

主要利用介质（空气）与金属的波阻抗不一致而产生反射作用。二者阻抗相差越大，反射作用越明显。

（3）电磁波在屏蔽体表面及屏蔽体内的吸收与反射

入射电磁波遇到屏蔽体后，由于两者波阻抗不一致而使一部分电磁波被反射回空气介质中，但仍有一部分能穿透屏蔽体。穿透的电磁波由于屏蔽体在电磁场中产生的电损耗、磁损耗及介电损耗等而消耗部分能量，即部分电磁波被吸收，吸收后剩余的电磁波在到达屏蔽体另一表面时同样由于阻抗不匹配又会使部分电磁波反射回屏蔽体内，形成在屏蔽体内的多次反射，而剩余部分则穿透屏蔽体进入空气介质。

电磁干扰过程必须具备三要素，即电磁干扰源、电磁敏感设备和传播途径。屏蔽措施主要从电磁干扰源及传播途径两方面来防治电磁辐射，一方面抑制屏蔽体内电磁波外泄，即抑制电磁干扰源；另一方面阻断电磁波的传播途径，以防止外部电磁波进入屏蔽体内。电磁屏蔽作用一般可以分成三种。第一种是对静电场及变化很慢的交变电场的屏蔽（静电屏蔽）。这种屏蔽现象是由屏蔽体表面的电荷运动而产生的，在外界电场的作用下电荷重新分布，直到屏蔽体的内部电场均为零时停止运动。高压带电作业工人所穿的带电作业服就是利用这个原理研制的。第二种是对静磁场及变化很慢的交变磁场的屏蔽即磁屏蔽。它与静电屏蔽类似，也是通过一个封闭体把磁场封闭在厚壁中而实现屏蔽的。与静电屏蔽不同的是，它使用的材料不是铜网，而是有较高磁导率的磁性材料。有防磁功能的手表，就是基于这一原理制造的。第三种是对高频、微波电磁场的屏蔽。若电磁波的频率达到百万赫兹或者亿万赫兹，则此时射向导体壳的电磁波就像光波射向镜面一样被反射回来，另外还有一小部分电磁波能量被消耗掉，即外部电磁波很难穿过屏蔽体进入内部，同样，屏蔽体内部的电磁波也很难穿透出去。

3. 电磁屏蔽室的设计制作

如今，人们把电磁屏蔽包围物制造成各种统一规格，便于拆装运输，这类包围物统称电磁屏蔽室。

屏蔽室按其结构可以分成两类，第一类是板型屏蔽室，这类屏蔽室由若干块金属薄板制成，对于毫米波段，只能采用这类屏蔽室；第二类是网型屏蔽室，这类屏蔽室由若干块金属网或板拉网等嵌在金属骨架上构成。它们有的用装配方法制作而成，也有的用焊接方法制作而成。

屏蔽室所要达到的屏蔽效果因其用途而异，电磁屏蔽效果的好坏用电场、磁场屏蔽效能（S_E、S_H）来评价。为了定量衡量这种效能，把室内空间这一区域屏蔽后监测点的功率密度与屏蔽前同一监测点的功率密度相比较，这个降低的值用分贝数（dB）来表示。

$$对于电场 \qquad S_E = 20 \lg \frac{E_b}{E_a} \tag{4-24}$$

$$对于磁场 \qquad S_H = 20 \lg \frac{H_b}{H_a} \tag{4-25}$$

式中：E_b、E_a——装屏蔽体前、后的电场强度，V/m；

H_b、H_a——装屏蔽体前、后的磁场强度，A/m。

由于各种材料吸收和反射的效果不同，材料的选择成为屏蔽效果好坏的关键。之前，金属外壳是对抗电磁干扰的首选材料，但对于较小的设备和组件，金属外壳会增加额外的质量，且易受腐蚀，因此需要轻质、低成本、高强度和易于制造的屏蔽材料。嵌入导电填料的聚合物基复合材料与碳基填料，特别是碳纳米管和石墨烯与磁性组分的结合，近年来引起了人们的极大兴趣。一些新型二维碳化物材料在电磁干扰屏蔽方面已有应用尝试，其结构也已通过多层或夹层结构中的优先组装而实现技术上的进步。

材料内部电场强度 E 与磁场强度 H 在传播过程中均按指数规律迅速衰减，用电磁波的衰减系数 α 来衡量电磁波在导体材料中衰减的快慢，α 值越大，衰减得越快，屏蔽效果越好。也可以用屏蔽效率来表现屏蔽作用的大小，所谓屏蔽体的屏蔽效率（百分比），取决于电场和磁场在屏蔽前、后的强度比值，公式表示为

$$\alpha_E = \frac{E_2 - E_1}{E_1} \times 100\% \tag{4-26}$$

$$或 \qquad \alpha_H = \frac{H_1 - H_2}{H_1} \times 100\% \tag{4-27}$$

式中：α_E——电场屏蔽效率，%；

α_H——磁场屏蔽效率，%；

E_1、E_2——屏蔽前、后电场强度，V/m；

H_1、H_2——屏蔽前、后磁场强度，A/m。

影响电磁屏蔽室屏蔽效果的因素归纳起来有如下几个方面：

（1）孔洞与缝隙

屏蔽体上出现的各种不连续孔洞的大小及其分布密度，如屏蔽体上的焊接缝隙、可拆卸板或镶板缝隙及门缝等。

（2）屏蔽材料与空间

所选屏蔽材料的种类或材质、电气性能如导电率和磁导率等。当封闭的屏蔽体受到大功率高频设备泄漏的相关频率电磁能量的激励时，将产生谐振；甚至屏蔽体中的一些大功率脉冲（当脉冲的前后沿非常陡峭时）也能导致这种谐振的出现，从而降低了屏蔽效率。

（3）混合屏蔽及天线效应

不同种屏蔽材料在屏蔽体中的混合使用或各种金属导线的引入，会影响屏蔽的效果。

因此，基于上述影响，屏蔽室结构的一般设计要求包括：

（1）屏蔽厚度

一般认为，接地良好时，屏蔽效率随屏蔽厚度的增加而增加。但鉴于射频（特别是高频波段）的特性，厚度无须无限制地增加。由实验可知，当屏蔽厚度到达 1 mm 以上时，其屏蔽效率的差别不显著。

（2）屏蔽材料

屏蔽材料必须采用导电性高和透磁性高的材料，由在中波与短波各频段的实验结果可知，铜、铝、铁均具有较高的屏蔽效率，可结合具体情况选用。对于超短波和微波频段，一般采用屏蔽材料与吸收材料制成复合材料，用来防止电磁辐射。

（3）屏蔽结构

在设计屏蔽结构时，要求尽量减少不必要的开孔和缝隙及尖端突出物。

电磁屏蔽室内通常有各种仪器设备，工作人员还要进进出出，这就要求屏蔽室有门、通风孔、照明孔等工作配套设施，使屏蔽室出现不连续部位。孔洞上接金属套管可以减小孔洞的影响，套管与孔洞周围要有可靠的电气连接；孔洞的尺寸要小于干扰电波的波长。另外，屏蔽室的每一条焊缝都应做到电磁屏蔽。连续焊接接缝具有最好的射频特性。

（4）屏蔽网目数及间距

选用屏蔽网时，对于中、短波频段，一般目数小些就可以保证屏蔽效果；而对于超短波、微波来说，屏蔽网目数一定要大。一般情况下，屏蔽网的网孔越密，网丝的直径越粗，其屏蔽效率越高；对于同一种直径的网材，相同规格铜网的屏蔽效率要高于相同规格铁网的屏蔽效率；随频率增高，屏蔽材料的屏蔽效率也相应增高，当频率达到 3×10^8 Hz 左右时出现最高的屏蔽效率，而后屏蔽效率随频率增高呈急剧下降趋势；双层网屏蔽效率高于单层网，当金属网间距在 10 cm 以上时，双层网的衰减量相当于单层网的 2 倍。

一般情况下，屏蔽间距越大，电磁场强度的衰减就越快。为了提高屏蔽效率，可适当增大屏蔽体与场源的间距，间距太小，很可能达不到要求的屏蔽效率；间距太大，一方面会使屏蔽失去意义，另一方面会增加不必要的空间体积，给工作带来不便。一些常用设备主要部件的屏蔽间距为：① 高频输出变压器的水平屏蔽间距为 20~30 cm，垂直间距为 50~60 cm；② 在能保证屏蔽体有良好的高频电气接触性能与射频接地的条件下，振荡回路的屏蔽间距可缩小到 10~20 cm；③ 为了保证馈线输出匹配良好，一般将屏蔽馈线所用的屏蔽馈筒到传输线之间的距离调整为 1/4 工作波长的奇数倍。

（二）接地技术

1. 接地的机理

接地分为射频接地和高频接地两类。射频接地是将场源屏蔽体或屏蔽体部件内感应电流加以迅速地引流以形成等电势分布，避免屏蔽体产生二次辐射所采取的措施，是实践中常用的一种方法。高频接地是将设备屏蔽体与大地之间，或者与大地上可以看作公共点的某些构件之间，采用低电阻导体连接起来，形成电气通路，使屏蔽系统与大地之间形成等电势分布。

2. 接地的要求

在设计射频接地系统时要注意以下几点：

① 射频电流存在趋肤效应，故屏蔽体的接地系统表面积要足够大，以宽为 10 cm 的铜带为宜；② 为了保证接地系统的阻抗足够低，接地线要尽可能短；③ 要保证接地系统有良好的作用，接地应当避开 1/4 工作波长的奇数倍；④ 无论采取何种接地方式，都要求有足够的厚度，以便于维持

一定的机械强度和耐腐蚀性。

3. 接地的效果

在中、短波频段，接地正确与否对电场屏蔽效果的影响很大，接地状态下的屏蔽效率与不接地状态下的屏蔽效率相比，二者有显著的差异，可相差 30 dB 之多，对磁场屏蔽效率则无明显影响。在短波频段，特别是 30 MHz 以上频段，接地的效果不太明显；在微波频段，接地的效果则更不明显。

（三）滤波

1. 滤波机理

滤波是抑制电磁干扰的有效手段之一。滤波指在电磁波的所有频谱中分离出一定频率范围内的有用波段。线路滤波的作用是保证有用信号通过的同时阻止无用信号通过。

滤波器是一种具有分离频段作用的无源选择性网络，所谓选择性就是它具有能够从输入端（或输出端）电流的所有频谱中，分离出一定频率范围内的有用电流的能力。即在一个给定的频段范围内，滤波器具有非常小的衰减，能让电能（电流）很容易通过；而在此频段之外，滤波器具有极大的衰减，能抑制电能（电流）的通过。电源网络的所有引入线在屏蔽室入口处必须装设滤波器。若导线分别引入屏蔽室，则要求对每根导线都必须进行单独滤波。在抑制电磁干扰信号的传导和某些辐射干扰方面，电源电磁干扰滤波器是非常有效的器件。

2. 滤波器的设计要点

滤波器是由电阻、电容和电感组成的一种网络器件。滤波器在电路中的位置设置由干扰侵入途径来确定。在设计时尤其要注意截止频率、对象阻抗、衰减区域宽度和线圈 Q 值等几个因素。

三、电磁辐射污染防治技术与措施

（一）高频设备的电磁辐射防护

对于产生高频电磁辐射的高频设备，其防护技术有电磁屏蔽、接地技术及滤波等几种。由于感应电流和频率成正比，低频时感应电流很小，所产生的磁力线不足以抵消外来电磁场的磁力线，因此电磁屏蔽只适用于高频设备。

此外，电磁辐射防治还可采用其他方法：① 采用电磁辐射阻波抑制器，通过反作用场的作用，在一定程度上抑制无用的电磁辐射；② 在新产品和新设备的设计制造时，尽可能使用低辐射产品；③ 从规划着手，对各种电磁辐射设备进行合理安排和布局，并采用机械化或自动化作业，减少作业人员直接进入强电磁辐射区的次数或工作时间。④ 增加场源与工作人员或生活区的防护距离；⑤ 加强个体防护和安排适当的饮食，增强个体对电磁辐射的抵抗力。

（二）广播、电视发射台的电磁辐射防护

广播、电视发射台的电磁辐射防护首先应该在项目建设前，以《电磁环境控制限值》（GB 8702—2014）为标准，进行电磁辐射环境影响评价，实行预防性卫生监督，提出包括防护带要求等预防性防护措施。

① 降低辐射强度：在条件许可的情况下，采取措施，减少对人群密集居住方位的辐射，降低辐射强度，如改变发射天线的结构和方向角。

② 加强绿化，调整住房用途：在中短波天线周围设置绿化带，或将周围超出场强限值的住房

改作非生活用房，减轻电磁辐射影响。

③ 选择合适的建筑材料：利用建筑材料对电磁辐射的吸收或反射特性，在辐射频率较高的波段，可使用不同的建筑材料，如钢筋混凝土，甚至金属材料覆盖建筑物，以衰减室内场强。

（三）微波设备的电磁辐射防护

为了防止和避免微波辐射对环境的"污染"而造成公害，影响人体健康，可采取相应的防护措施。微波辐射的安全防护原则为：减少辐射源的直接辐射，降低或杜绝微波泄漏，屏蔽辐射源及其附近的工作地点，加大工作点与辐射源的距离，采用个人防护用品及其他有效安全措施等。

1. 减少辐射源的直接辐射或泄漏

根据微波传输原理，合理设计微波设备结构并采用适当的措施，完全可以将设备的泄漏水平控制在安全标准以下。在微波设备制成之后，应对泄漏进行必要的测定，达到安全标准的产品才能投放市场。通过严格维修制度和操作规程，合理使用微波设备以减少不必要的伤害。

在雷达等大功率发射设备调整和试验时，可利用等效天线或大功率吸收负载的方法将电磁能转化为热能散掉，从而减少微波天线的直接辐射。

2. 屏蔽辐射源

将微波辐射限定在一定的空间范围内，可采用反射型和吸收型两种屏蔽方法。

（1）反射微波辐射的屏蔽

使用板状、片状和网状金属组成的屏蔽壁来反射散射微波，可较大幅度地衰减微波辐射。板状、片状的屏蔽壁比网状的屏蔽壁效果好，也有人用涂银尼龙布来屏蔽，效果亦不错。

（2）吸收微波辐射的屏蔽

微波辐射也常利用吸收材料进行微波吸收加以屏蔽。目前电磁辐射吸收材料可分为谐振型和匹配型两类。谐振型吸收材料是利用某些材料的谐振特性制成的，其特点是材料厚度小，对较窄频率范围内的微波辐射有较好的吸收效果；匹配型吸收材料则通过某些材料和自由空间的阻抗匹配以吸收微波辐射能。

微波吸收的常见方式有两种：一是仅在罩体或障板其中之一上贴附吸收材料，将辐射电磁波能吸收；二是在屏蔽材料罩体和障板上都贴附吸收材料，以进一步削弱射频电磁波的透射。

3. 屏蔽辐射源附近的工作地点或加大工作点与场源的距离

微波辐射能量随距离加大而衰减，且波束方向狭窄，传播集中，遇到对场源无法进行屏蔽的情况时，就要采取对工作点进行屏蔽的方法。也可通过加大微波场源与工作人员或生活区的距离，来达到保护人民群众身体健康的目的。

4. 微波作业人员的个体防护

对于必须进入微波辐射强度超过照射卫生标准的微波环境操作的人员，可采取下列防护措施：

① 穿微波防护服。根据屏蔽和吸收原理设计而成的三层金属膜布防护服，其内层是牢固棉布层，可防止微波从衣缝中泄漏照射人体；中间层为涂有金属的反射层，可反射从空间射来的微波能量；外层用介电绝缘材料制成，用以介电绝缘和防蚀，并采用电密性拉锁，袖口、领口、裤角口处使用松紧扣结构。也有用直径很细的钢丝、铝丝、柞蚕丝、棉线等混织金属丝布制作的防护服。现在出现了使用经化学处理的银粒，渗入化学纤维布或棉布制成的渗金属布防护服，使用方便，防护效果较好，其缺点在于银来源困难且价格昂贵。

② 佩戴防护面具或眼镜。面部的防护可采用佩戴防护面具的方法。面具可做成封闭型或半边型。防护眼镜可用金属网或薄膜做成风镜式，较受欢迎的是金属膜防护镜。

（四）高压输变电工程的电磁辐射防护

高压输变电工程包括高压变电站及高压输电线路。高压变电站内主要有变压器、配电装置、无功补偿、导线等电气设备，输电线路是从电站向消耗电能地区输送电能的主要渠道，或不同电力网之间互送电能的联网渠道，是电力系统组成网络的必要部分。目前我国常用的高压输变电工程电压等级为 110 kV、220 kV。工频即工业频率，我国输变电工业的工作频率为 50 Hz，工频电场、工频磁场即指以 50 Hz 交变的低频电场和低频磁场。

1. 高压变电站电磁辐射防护

在 110 kV、220 kV 变电站四周设置高于站内电气设备的围墙，利用变电站内的建筑设施，形成金属屏蔽网，依靠变电站内的建筑设施及变电站四周围墙对产生的电磁场进行反射和吸收，降低电磁辐射。变电站内采用有源设备，产生方向相反、大小基本相同的电磁场，以达到屏蔽电磁场、降低电场辐射的目的。在生活、办公等区域建设高压变电站时，应设置户内式变电站，在降低电磁辐射的同时也起到美观的作用。变电站内变压器、电抗器等主要电气设备选用设计达标且容量符合区域性标准的设备，变电站设计应采用合理的布置，尽量多采用三相设备，减少分相设备的使用，从源头降低工频电场与工频磁场强度。

2. 高压输电线路电磁辐射防护

① 对 110 kV、220 kV 输电线路设置线路保护区，并严格控制输电线路的对地距离，使之不能超过设计规范要求，对有线通信设备及无线电接收设备按照相关规范设定防护距离。

② 输电线路导线和地线须采用国家标准型防振锤导线、地线，在与公路、输电线路等重要交叉处不得有接头，在输电线路下方，表面积很大的金属物体必须良好接地，防止附近行人或牲畜发生电击事故。对于经过计算或实地测量确定为超标区域的，应设置警示标识，严禁人员在未采取防护措施的情况下进入。

③ 在输电线路跨越其他输电线路、公路、河流、山林地时，应留有充裕的净高，减少输电线路运行时对交叉跨越对象的影响。输电线路经过人员密集区时，应严格按照规范保证其对地距离，降低电磁辐射影响。对有条件的区域，进行地下电缆敷设，屏蔽辐射。

（五）家用设备的电磁辐射防护

家用电子设备的暴露水平取决于使用者与电磁辐射源的接近程度。通过针对性的防护措施，可减少以下家用设备产生的电磁辐射的暴露。

移动电话：① 移动电话在拨号时辐射强度最高（因为电话试图与基站接触），而辐射强度随着人体与电话距离的增加而大大降低。因此，可在拨出并等待对方回应时，切换到扬声器或免提设备，增加天线与头部/身体之间的距离。② 应尽可能地加以限制呼叫持续时间。③ 短信通信（SMS）对暴露时间和与身体的接近有限制作用。④ 当信号较弱时，不宜拨打电话，因为辐射照射会相应增加。⑤ 移动电话不应在有金属墙的封闭空间中使用（因为金属墙会捕捉辐射并将其反射回在此空间的人）。⑥ 不应购买比吸收率高的手机。

无线路由器：① 路由器应放置在远离人们白天停留的地方；② 路由器必须在需要的时候连接，在睡眠的时候断开；③ 使用光纤会更好。

笔记本计算机：① 如果无线网络开启，那么不要把笔记本计算机放在腿上；② 与其距离应不少于 40 cm。

电视/智能电视：① 看电视的距离应至少 2 m；② 电视不应放在卧室内；③ 晚上必须拔掉电

视插头。

微波炉：① 应尽量减少微波炉的使用次数；② 在加热食物时，不应留在微波炉附近；③ 在准备食物过程中，不能停留在感应板附近。

带电子镇流器的荧光灯和紧凑型荧光灯（CFL）：① 避免在距离少于 1 m 的地方使用；② 最好使用发光二极管（LED）灯。

电器的电源线：电器的电源线是电磁辐射源，起着天线的作用。因此不应坐在它们附近，距离应在 1 m 以上。

（六）静电防治

只有静电积累到一定程度并引起放电，且能量超过物质的引燃点时才会发生火灾。防止和消除静电危害主要从三个方面入手：第一是尽量减少静电的产生；第二是在静电产生不可避免的情况下，采取加速泄放静电的措施，以减少静电的积累；第三是当静电的产生、积累都无法避免时，要积极采取防止放电着火的措施。

1. 防止或减少静电的产生

为了减少静电产生，选材时尽量考虑采用物性类同或导电性能相近的材料，尽量采用导体材料，不用或少用高绝缘材料。在运输过程中，改善装卸和运输方式，尽量减少摩擦和碰撞。防止和减少不同物质的混合和杂质的混入，控制速度（传动速度、流动速度、气体输送速度、排放速度等），增大接触面的平滑度，减小摩擦力。

2. 各种油料的防静电措施

液体易燃物质在流量大、流速高的情况下，可使油面静电电位很快上升，达到引燃点而引起着火，因此，要控制输送流量、速度。采用合适的进油方式，尽量避免上部喷注，宜采用底部进油，防止混入其他油料、水及杂质，确保油料清洁。油料搅拌时要均匀，改善过滤条件，过滤器材料的选用、孔径安装部位都要符合规定，控制流过过滤器的速度和压强。

放料时避免泄喷，在需要放出油料时，开口部要大些，喷出压强应在 10 kg/cm^2 以下。同时要严格执行清洗规程。

3. 加速静电泄放

加速静电荷的泄放，可采用良好的接地措施，改善材料的导电性等方法，如使用防静电添加剂，涂刷或者镀上防静电层，增加环境的相对湿度等。静电荷积累到一定程度后，消除静电可采用中和的方法。中和是指用极性相反的电荷抵消积累的电荷，如采用不同极性的缓冲器。消除静电可采用人为的方法再产生相反极性的电荷来消除原来积累的电荷，如自感应式静电消除器、外加电源式静电消除器及同位素静电消除器等。

4. 防止放电着火

① 安装放电器与屏蔽带电体。在设备的合适位置上预先设置放电器，以便于释放积累的静电，如飞机的机翼后沿设有多组放电器，以避免过载放电着火。同时也可采用隔离的方法来限制带电体对周围物体产生电气作用及放电现象。

② 加强静电的测量和报警。安装静电的测量和报警系统，及早发现危险，及时采取有效措施，防止发生静电着火。控制可燃物的浓度，从而降低着火的概率。

第五节　电磁辐射污染防治应用实例

一、高频感应加热设备的屏蔽防护

高频感应加热设备在工业企业中的用途很广，为了防止其对环境的污染，必须采取经济有效的屏蔽防护措施。常用的屏蔽防护措施主要有局部屏蔽、整体屏蔽、远程操作三种形式。

① 局部屏蔽是对主要辐射部件用铝板或铜网等屏蔽，并对屏蔽罩采取良好接地。

② 整体屏蔽是将高频设备放在一个金属网屏蔽室内，并对屏蔽室采取良好接地。工作时，工作人员一般不进入屏蔽室，控制台放在屏蔽室外。

③ 远程操作是利用电磁波随距离加大而衰减的特性，把控制台放在远离设备的低场强区域，通过远程控制进行操作。对高频设备本身只需采取简单的屏蔽措施即可。

（一）屏蔽装置构成及主要技术参数

GP-100-C3 型设备是常用的国产高频感应加热设备，其输出功率为 100 kW，频率为 200～300 kHz。屏蔽装置如图 4-8 所示，由以下几部分构成：

1. 淬火变压器屏蔽罩

采用 2 mm 厚铝板做屏蔽罩，其罩直径为淬火变压器直径的 1.8 倍以上，高度为直径的 3 倍，顶端采用圆弧曲面，屏蔽罩的形状采用平缓曲面的设计，以免棱角突出引起尖端辐射。

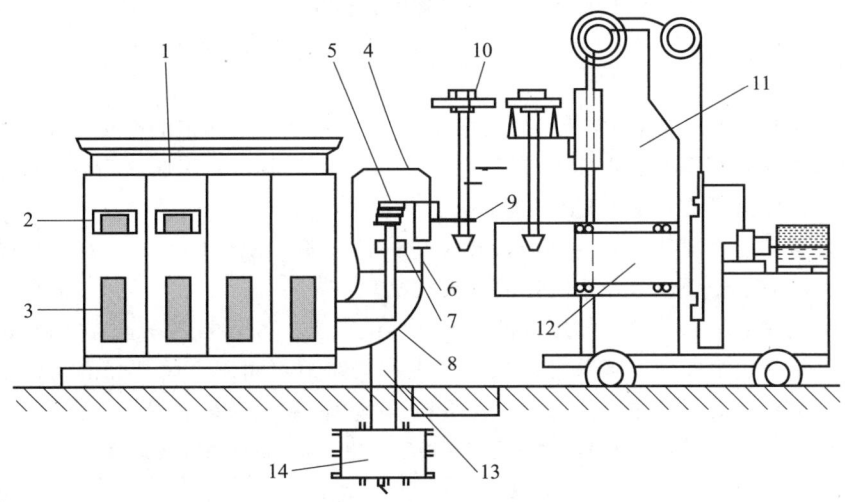

1. 振荡器柜；2. 窥视窗屏蔽网；3. 散热窗屏蔽网；4. 淬火变压器屏蔽罩；
5. 淬火变压器；6. 馈线屏蔽罩；7. 馈线安装检修窗；8. 输出馈线；9. 感应器；
10. 淬火工件；11. 淬火机床；12. 感应器屏蔽板；13. 接地线；14. 接地板。

图 4-8　屏蔽装置示意图

（注：本图摘自刘文魁、庞东. 电磁辐射的污染及防护与治理［M］. 北京：科学出版社，2003。）

2. 馈线屏蔽罩

采用 2 mm 厚铝板，罩做成圆锥桶，大端直径为 560 mm，小端直径为 350 mm，并与直径为 350 mm 的 90°弯桶组合而成为一个整体罩。在圆锥桶的对称两侧，开两个活动梯形检修窗（上底为 220 mm，下底为 180 mm，高为 150 mm）。

3. 感应器屏蔽板

采用 2 mm 厚铝板，两面对称安装，在板上安装 4 个滚轮，可往返活动，行程 600 mm。板长为 900 mm、宽为 700 mm，板的安装中心高度距地面 950 mm，板上装一面反光镜。工作时拉过屏蔽板既可起到屏蔽感应器的作用，又可通过反光镜观察工作的淬火状况。

4. 窥视窗屏蔽网及散热窗屏蔽网

二者均采用 32~40 目铜网，以框架的形式安装在振荡器柜内，拆装方便且不影响观察。

5. 屏蔽装置接地线

接地线采用宽为 90 mm、厚为 2 mm 的紫铜板，在避开波长整数倍的前提下尽可能缩短其长度。接地板采用埋深 2 m 的 1 m^2 铜板，以保证接地电阻小于 1 Ω（实际测得电阻为 0.2 Ω）。

（二）屏蔽罩原理

屏蔽装置工作原理为：利用导电性能好、磁导率高的铝板和铜网做成所需不同几何形状的屏蔽体 2、3、4、6、12。辐射源 1、5、8、9 辐射的电磁能量一方面引起屏蔽体 2、3、4、6、12 的电磁感应，生成与辐射源 1、5、8、9 相同的电荷，通过接地线 13 和接地板 14 流入大地；另一方面，由于辐射源 1、5、8、9 的磁场变化，屏蔽体 2、3、4、6、12 感应出涡流，产生与原来的磁场方向相反的磁场，二者方向相反并相互抵消，从而起到屏蔽作用。

（三）屏蔽效果

屏蔽效果参见表 4-19。在上述高频感应加热设备未屏蔽之前工作带的电场强度为 50~100 V/m，这一数值是我国作业场所辐射卫生标准规定的 20 V/m 的 2.5~4 倍；屏蔽之后各工作点的电场强度降为 1 V/m，主要部位屏蔽效率达到了 98.5%。

该屏蔽装置将固定式屏蔽板改为装有滚动滑轮的活动板，便于操作，安装了反光镜，减轻操作者劳动强度，同时便于操作者观察工作的淬火状况。

高频馈线的绝缘支架必须符合高压标准以保证屏蔽效果。胶木板易被击穿，造成高频无栅流，改用高压瓶就可解决这个问题；屏蔽之后振荡器柜和槽路柜之间用金属外壳隔离，以避免产生的热将柜子烧红；屏蔽之后高频输出会增加，需重新调整柜路和反馈线以保证工作。

表 4-19 GP-100-C3 型高频感应加热设备的屏蔽性能与效率

测试部位距离	测试高度[①]	屏蔽前		屏蔽后		屏蔽效率[②]	
		$E_1/$ (V·m^{-1})	$H_1/$ (A·m^{-1})	$E_2/$ (V·m^{-1})	$H_2/$ (A·m^{-1})	$\ni E/\%$	$\ni H/\%$
淬火变压器 30 m 处	头部	75	0.5	1	未测出	98.6	100
	胸部	100	0.5	1	未测出	99	100
	下腹部	50	0.5	1	未测出	98	100

测试部位 距离	测试高度[①]	屏蔽前		屏蔽后		屏蔽效率[②]	
		$E_1/$ $(\text{V} \cdot \text{m}^{-1})$	$H_1/$ $(\text{A} \cdot \text{m}^{-1})$	$E_2/$ $(\text{V} \cdot \text{m}^{-1})$	$H_2/$ $(\text{A} \cdot \text{m}^{-1})$	$\ni E/\%$	$\ni H/\%$
工人操作位	头部	40	0.5	1	未测出	97.5	100
	胸部	50	0.5	1	未测出	99	100
	下腹部	75	0.5	0.5	未测出	99	100
振荡器柜 20 cm 处	头部	9	未测出	1	未测出	67	
	胸部	10	未测出	1	未测出	70	
	下腹部	8	未测出	1	未测出	75	
淬火变压器 10 cm 处	上部	1 500	未测	1	未测出	99.6	
	铡部	750	未测	1	未测出	99.5	

注：摘自刘文魁、庞东. 电磁辐射的污染及防护与治理 ［M］. 北京：科学出版社，2003。

① 测试高度：指工人立位姿势的头部（距地面 170 cm）、胸部（距地面 130 cm）、下腹部（距地面 90 cm），铡部为加工部位。

② 屏蔽效率计算公式为

$$\ni E = \frac{E_1 - E_2}{E_1} \times 100\%$$

$$\ni H = \frac{H_1 - H_2}{H_1} \times 100\%$$

$\ni E$——电场屏蔽效率；

E_1、E_2——屏蔽前、后电场强度；

$\ni H$——磁场屏蔽效率；

H_1、H_2——屏蔽前、后磁场强度。

二、电力机车辐射的抑制技术

电力机车牵引列车一般具有牵引力大、速度快、污染少等优势。电力机车污染相对少，但事实上其电磁辐射污染问题较为突出，亟待治理。有学者提出利用高频铁氧体磁性材料抑制电力机车受电弓产生的无线电干扰的技术，效果较好。该技术是在电力机车受电弓上套装一种高频铁氧体磁环，这种磁环可以抑制因机车受电弓离线产生的部分干扰电磁波辐射，是一种从源头降低无线电干扰的方法。

（一）高频铁氧体磁环对电磁辐射的抑制作用

甚高频（VHF）段干扰电磁波实验结果表明，高频铁氧体磁环对电磁辐射的抑制作用机制主要是利用铁氧体高频区域的畴壁共振损耗来抑制电磁波的辐射。

电力机车产生的无线电干扰频域很宽，一部分是由受电弓向外辐射，在受电弓上套装铁氧体磁环后，使干扰电磁波首先射入铁氧体，然后穿过铁氧体向外辐射，在此过程中干扰电磁波的辐射能量就会有相当量的减少。另外,受电弓在干扰辐射过程中起天线作用,由于在上面套装磁性材料,必然对这个"天线"的参数有一定影响,也会使某些频段的干扰辐射能量相应减少,从而起到一定的抑制作用。

(二) 高频铁氧体磁环的抑制效果

将高频铁氧体磁环套装在电力机车受电弓上,用此磁环来抑制电气化铁道产生的无线电干扰确有一定效果,可有效减轻电气化铁道对沿线两侧无线电设施的影响。

磁环套装的位置及数量对抑制效果影响较大。目前,我国电力机车受电弓尚不允许增加 2 kg 以上的磁环。因此,要想提高抑制效果,必须对现有受电弓的电气、机械结构等加以改进,减少导电通路,提高铁氧体磁环对导电体的覆盖率,以改善高频铁氧体磁环的抑制效果。

三、室内电磁辐射污染的防护

室内电磁辐射主要由空间传播和导体的传导辐射产生,由于钢筋混凝土浇筑墙体及一些建筑材料对电磁波有反射、吸收和屏蔽作用,窗口和阳台等暴露部位成为室外电磁辐射渗漏进室内的主要原因,因此室内环境的电磁辐射的来源主要有两个:一是外界环境渗漏进室内的电磁辐射,这些电磁辐射的来源非常广泛,主要为微波电磁场;二是室内电器及室内电线产生的低频电磁场。

按照国标相关规定对重庆市市区人居环境的电磁辐射水平进行测量,分为 3 种状态:状态 A——客厅内家用电器未开启,在离地 1.7 m 高度处测量(站姿状态头部所处位置);状态 B—— 客厅内家用电器开启,在离地 1.7 m 高度处测量;状态 C——客厅内家用电器开启,在离地 1.0 m 高度处测量(坐姿状态头部所处位置)。

1 MHz~40 GHz 频段的平均电场强度最大,3 种状态下的平均电场强度分别是 17.17 V/m、17.18 V/m、17.17 V/m,均已接近 ICNIRP 导则中的限值水平。5 Hz~1 kHz 频段在状态 B 下,即室内家用电器开启且人体处于站姿状态时,所测得的平均电场强度为 16.797 V/m。1 kHz~100 kHz 频段在各状态下测得的电场强度均较其他频段小,且其值及剩余频段的平均电场强度均不超过 5 V/m,远远低于相应的限值水平。

室内电磁辐射可在一定程度上通过多种途径进行消除。例如,为降低射频设备引入的电磁污染,可装设滤波器和使用消波材料,在家居环境中布置绿色植物;注意科学使用家用电器:家用电器分散摆放,尽量不同时工作,减少使用频率和时间,不工作时切断电源,使用时与人体保持一定距离。

四、电磁辐射污染控制展望

加强电磁辐射相关法规、标准建设。构建统一的电磁辐射防护标准及电磁辐射安全管理导则,促使电磁设备规范化使用,控制城市电磁辐射污染。强制性实施电磁环境污染源申报制度,推进电磁辐射监测工作,建立电磁辐射污染数据库,掌握电磁辐射动态水平,避免电磁污染事件的发生。加强电磁辐射知识宣传,使公众树立电磁辐射防护意识,掌握防护方法,有效进行自身保护。

扩大电磁辐射控制技术应用范围。电力工程项目建设完善规划设计,通过地下埋线、高低压导线分层架设、双回路导线逆相布置等方式降低高压线路及设备对地面辐射的强度。对电磁辐射强度较大的辐射源,可采取主动屏蔽或被动屏蔽的方式,避免造成电磁辐射环境污染。在住宅房屋建设过程中,采用防电磁波玻璃、电磁波吸收涂料等,以阻碍室外电磁波进入室内,保证居住环境的适宜性。

思考题与习题

1. 什么是电磁辐射污染，电磁污染源可分为哪几类，各有何特性？

2. 电力系统、电气化铁道、电磁发射系统、电磁冶炼和电磁加热设备产生电磁污染的机理及其特性是什么？试总结说明并加以比较。

3. 电磁辐射防护标准有哪些，各自的适用范围是什么？

4. 电磁辐射评价包括哪些内容，评价的具体方法有哪些？

5. 电磁辐射监测时应如何布点，监测过程中要注意哪些问题？

6. 电磁辐射防治有哪些措施，各自的适用条件是什么？

7. 试以你所处城市（假设该城市为 10 km×6 km 的规则面积）为例，调查实际辐射源强及其分布情况，以方格法进行电磁辐射监测布点，并将结果标绘于电磁辐射监测点布置图上（建议以小组为单位进行）。

第五章 放射性污染及其控制

本章主要介绍电离辐射防护的基础术语和概念，我国电离辐射防护的评价标准、监测和辐射环境质量，放射性废物的分类、处理处置技术和表面去污技术，放射性污染的应急防护措施及污染防治案例。

第一节 概　　述

一、放射性及放射性物质

放射性指不稳定的原子核自发释放射线而衰变为稳定原子核的性质或现象。原子序数 ≥ 83（铋）的元素均有放射性，但某些原子序数小于 83 的元素（如锝）也具有放射性。

1895 年伦琴发现 X 射线，这是人类首次发现放射性现象；1896 年贝克勒尔发现铀具有天然放射性；1898 年居里夫人发现放射性元素钋和镭；1899 年卢瑟福发现 α、β 射线，1900 年维拉德发现 γ 射线；1902 年卢瑟福和索迪发现放射性元素半衰期并提出自然衰变理论；1905 年爱因斯坦提出质能方程，奠定了放射性研究的基础。随着人们对放射性的认识和研究逐渐深入，科学家们陆续发现了核裂变和核聚变，并研制出核武器。

放射性原子核反应过程包括核衰变、核裂变和核聚变，释放 α、β、γ 和 X 射线。核衰变和核裂变最为常见，分别指的是原子核转变或分裂为一个或多个其他原子核。

α 射线是带两个正电荷的氦原子核，其在空气中的行程通常不超过 10 cm，普通的纸张即可遮挡，但该射线具有强烈的电离作用。

β 射线是带电的高速电子流，通常能在空气中飞行几米，用几毫米厚的铝板可以遮挡，其电离作用明显弱于 α 射线。β 射线分为 β^+ 射线和 β^- 射线。

γ 射线是波长极短的高能电磁波，具有很强的穿透作用，用几厘米厚的铅板或一米厚的混凝土才能遮挡，其电离作用很弱。

X 射线是电子高速撞击靶金属产生的连续能谱电磁波，或核外电子由外层跃迁至内层时产生的特定能谱电磁波，波长介于紫外线和 γ 射线之间，穿透能力弱于 γ 射线，用几毫米厚的铅板可以遮挡，其电离作用介于 γ 射线和 β 射线之间。

二、放射性污染的来源

放射性污染是人类活动排出的放射性物质产生的电离辐射超过天然（本底）辐射或环境放射性标准而造成的污染。

环境中放射性的来源分为天然（本底）辐射源和人工辐射源。天然（本底）辐射源主要来自宇宙射线、地球和人体内的放射性物质，主要有铀系、锕系、钍系、^{3}H、^{14}C、^{40}K、^{87}Rb、^{99}Tc、^{115}In 等。

世界人均天然（本底）辐射的剂量约为 2.4 mSv/a，我国人均剂量约为 3.1 mSv/a，部分地区的天然（本底）辐射水平比平均值高得多。

人工辐射源主要来自核试验、核能利用、工农业生产、医疗、化石燃料燃烧、科学研究等。核试验、核事故会造成全球性放射性污染；核燃料循环、放射性同位素的生产和应用可能导致放射性废气或废液直接进入环境；核材料贮存、运输或放射性固体废物处理处置和核设施退役等，可能造成放射性物质间接进入环境；工农业生产中使用辐射源进行无损探伤、育种、食品保鲜，医学中广泛使用电离辐射诊断、治疗等，可能使工作人员受到辐射。

从 1938 年哈恩和斯特拉斯曼首次发现核裂变，到 1945 年美国率先研制出原子弹，1954 年苏联建成世界第一座核电站，标志着人类在核能利用的征程中走出了关键一步；随后氢弹、三相弹和中子弹等核武器相继问世，不同类型机组的核电站也陆续建成。20 世纪 60—80 年代，西方国家对能源和电力的需求急剧上升，核能发电进入高速发展期；进入 21 世纪，气候变化引发环境危机，核电作为清洁能源受到重视。

近二十年来，中国进入核电建设的高速发展期，截至 2023 年 12 月，我国有 55 台运行和 26 台在建的核电机组。放射性对环境的影响逐渐受到重视，科学家们对放射性物质的分布、迁移规律，以及其对人类健康和生态环境的影响，有了较为深入的研究和认识，并确定了相应的防治方法。

三、放射性污染的特点

能自发地放出射线的不稳定原子核称为放射性核素。放射性核素的性质决定了其不同于常规的物理、化学和生物污染，其危害较大且影响深远，特点如下：

（1）高毒性

放射性核素包含裂变产物、锕系元素、活化产物等多种成分，绝大多数放射性核素的毒性高于一般的化学毒物。

（2）隐蔽性

电离辐射具有穿透性，特别是 γ 射线和 X 射线能穿透一定厚度的屏障层，人体通常难以感知，且放射性剂量大小只能通过仪器检测。

（3）长期危害性

放射性辐射强度随时间的推移按指数规律自然衰减，除了尚在研究中的核嬗变技术之外，任何物理、化学、生物处理方法都不能予以消除。

第二节　电离辐射防护基础

一、电离辐射防护常用术语

（一）放射性活度

放射性活度是处于某一特定能态的放射性原子核在单位时间内的衰变数。

$$A = -\frac{\mathrm{d}N}{\mathrm{d}t} = \lambda N \tag{5-1}$$

式中：A——放射性活度，Bq 或 Ci、mCi，1 Ci = 1 000 mCi = 3.7×10^{10} Bq；

　　$-\mathrm{d}N$——$\mathrm{d}t$ 时间间隔内放射性原子核的衰变数，个；

dt——时间间隔，s；

N——t 时刻的放射性原子核数量，个；

λ——衰变常数，s^{-1}；$\lambda = (\ln 2)/T_{1/2}$，$T_{1/2}$ 为半衰期，s。

【例题 5-1】废水采样并放置 24 天后，^{131}I 的放射性活度浓度为 19.2 Bq/L，求废水采样时的放射性活度浓度。

解： 设废水采样时和 24 天后的活度浓度为分别为 C_0 和 C_{24}，其比值为

$$\frac{C_0}{C_{24}} = \frac{A_0}{A_{24}} = \frac{N_0}{N_{24}}$$

由 $-\mathrm{d}N/\mathrm{d}t = \lambda N$ 可知，$N_0/N_t = \mathrm{e}^{\lambda t}$。已知 ^{131}I 的半衰期约为 8 天，$\lambda t = (\ln 2)/T_{1/2} \cdot t = 2.08$ s^{-1}。将 λt 代入，可得 $N_0/N_{24} = 8$，故 $C_0 = 8C_{24} = 154$ Bq/L。

(二) 受照

1. 受照

受照是受到辐照的行为或状态。根据辐射源处于体内还是体外，可分为内受照和外受照；根据受照人员类型，可分为医疗受照、职业受照、公众受照；根据受照情况，可分为应急受照、现存受照、计划受照。

2. 受照量

受照量是 X 射线或 γ 射线的光子在空气中释放的所有正电子和负电子完全被空气阻止时，单位质量空气产生的同符号离子的总电荷值。受照量反映了 X 射线或 γ 射线在空气中电离能力的大小，用于度量受照物接受的辐射剂量。

$$X = \frac{\mathrm{d}Q}{\mathrm{d}m} \tag{5-2}$$

式中：X——受照量，C/kg；曾用单位 R（伦琴），1 R = 2.58×10^{-4} C/kg；

　　$\mathrm{d}Q$——光子在质量为 dm 的空气中释放的所有电子被空气阻止时，产生的同号离子的总电荷值，C；

　　$\mathrm{d}m$——受照空气的质量，kg。

3. 受照量率

受照量率是单位时间内的受照量。

$$\dot{X} = \frac{\mathrm{d}X}{\mathrm{d}t} \tag{5-3}$$

式中：$\dot{X}$——受照量率，C/(kg·s)；

　　$\mathrm{d}X$——dt 时间间隔内的受照量，C/kg；

　　$\mathrm{d}t$——时间间隔，s。

(三) 吸收剂量

1. 吸收剂量

吸收剂量是特定体积内单位质量受照物所吸收的平均辐射能量。

$$D = \frac{\mathrm{d}\varepsilon}{\mathrm{d}m} \tag{5-4}$$

式中：D——吸收剂量，Gy；曾用单位 rad（拉德），1 rad = 0.01 Gy；

　　ε——电离辐射授予质量为 dm 的受照物的平均辐射能量，J；

m——受照物的质量，kg。

吸收剂量既可来自"特定体积内"，也可来自"特定体积外"。吸收剂量适用于任何类型的辐射和受照物质，当给出吸收剂量时须指明受照类型、介质种类和所在位置。

【例题 5-2】 空气中某点的受照量为 6.45×10^{-3} C/kg，求该点空气的吸收剂量。

解： 根据定义 $D = (\mathrm{d}\varepsilon/\mathrm{d}Q) X$，已知带电粒子在空气中形成一对离子所消耗的平均能量为 33.85 eV，则 $\mathrm{d}\varepsilon/\mathrm{d}Q = 33.85$ eV/e = 33.85，故 $D = 33.85X$。

将 $X = 6.45 \times 10^{-3}$ C/kg 代入，可得 $D = 0.218$ Gy。

2. 吸收剂量率

吸收剂量率是受照物单位时间内的吸收剂量，定义为

$$\dot{D} = \frac{\mathrm{d}D}{\mathrm{d}t} \tag{5-5}$$

式中：$\dot{D}$——吸收剂量率，Gy/s；

$\mathrm{d}D$——时间间隔 $\mathrm{d}t$ 内的吸收剂量，Gy；

$\mathrm{d}t$——时间间隔，s。

（四）当量剂量和有效剂量

生物效应受辐射类型与能量、吸收剂量与吸收剂量率、受照条件及个体差异等因素的影响，相同吸收剂量未必会产生同等程度的生物效应。为了用同一尺度表征不同辐射类型与能量的生物效应的严重程度或发生概率，引入当量剂量的概念，即器官或组织 T 的平均吸收剂量与辐射权重因数乘积的总和。

$$H_T = \sum_R w_R D_{T,R} \tag{5-6}$$

式中：H_T——器官或组织 T 的当量剂量，Sv；曾用单位 rem，1 rem = 0.01 Sv；

w_R——第 R 种辐射对应的辐射权重因数；

$D_{T,R}$——第 R 种辐射产生的平均吸收剂量，Gy。

人体各部分对辐射的敏感性不同，为了使单个器官和组织受照所致的随机性效应的发生概率与全身均匀受照所致的随机性效应关联起来，引入有效剂量的概念，即全身不均匀受照时，人体所有器官或组织 T 的加权当量剂量之和。

$$E = \sum_T w_T H_T \tag{5-7}$$

式中：E——器官或组织 T 的有效剂量，Sv；

w_T——器官或组织 T 对应的权重因数；

H_T——器官或组织 T 的当量剂量，Sv。

在低水平电离辐射（低剂量率、小剂量）时，无论是外受照、内受照、全身受照或局部受照，只要有效剂量相等，人体遭受的随机性健康危害程度大致相仿，故有效剂量代表了低水平电离辐射时全身的随机性健康风险（癌症诱导和遗传效应的概率），主要用于论证受照情况是否遵循辐射防护标准。

需要注意的是，有效剂量不能用于特定人体的危险估计，也不能用于衡量确定性健康效应。在辐射事故情况下，若出现组织反应，则绝不能依据有效剂量来评估效应程度并采取计划行动，此时必须估计相关器官、组织的吸收剂量。

表 5-1 为国际放射防护委员会（ICRP）推荐的辐射权重因数和器官或组织权重因数。

表 5-1　ICRP 推荐的辐射权重因数和器官或组织权重因数

辐射类别	辐射权重因数 w_R
光子	1
电子和 μ 介子	1
质子和带电 π 介子	2
A 粒子、裂变碎片、重离子	20
中子	$2.5+18.2\,e^{-[\ln(E_n)]^2/6}$　$E_n <1$ MeV $5.0+17.0\,e^{-[\ln(2E_n)]^2/6}$　1 MeV$<E_n \le 50$ MeV $2.5+3.25\,e^{-[\ln(0.04E_n)]^2/6}$　$E_n >50$ MeV

器官或组织	器官或组织数	器官或组织权重因数 w_T	$\sum w_T$
肺、胃、结肠①、红骨髓、乳腺、其余组织②	6	0.12③	0.72
性腺	1	0.08④	0.08
食道、膀胱、肝、甲状腺	4	0.04	0.16
骨表面、皮肤、脑、唾液腺	4	0.01	0.04
合计			1.00

注：所有数值都适用于人体的外受照和内受照情况。
① 结肠剂量是上部大肠（ULI）、下部大肠（LLI）剂量的质量加权平均值；
② 其余组织包括口腔黏膜、小肠、肌肉、胰腺、胸腺、心壁、肾上腺、淋巴结、胸外组织、双肾、胆囊、脾、子宫（颈）、前列腺等；
③ 其余组织的 w_T 值，用男女平均的其余组织当量剂量的平均值；
④ 性腺的 w_T 是卵巢、睾丸剂量的平均值。

（五）集体剂量和集体有效剂量

对于同一辐射，因所处地理位置不同、生活习惯差异，受照群体的不同个体未必会受到相同水平的辐射。为评估特定辐射对受照群体的影响，引入集体剂量和集体有效剂量的概念，其实质是受照群体中以人数加权后的个体剂量的总和。

对于某一给定辐射源，集体剂量定义为受照群体所受的总当量剂量，集体有效剂量定义为受照群体所受的总有效剂量。

$$S_T = \sum_i \overline{H}_{Ti} N_i \tag{5-8}$$

$$S_E = \sum_i \overline{E}_i N_i \tag{5-9}$$

式中：S_T——集体剂量，人·Sv；

　　S_E——集体有效剂量，人·Sv；

　　$\overline{H}_{Ti}$——第 i 组成员的器官或组织所接受的平均当量剂量，Sv；

　　$\overline{E}_i$——第 i 组成员所接受的有效剂量，Sv；

　　N_i——第 i 组的成员数。

给出集体剂量时，须同时说明相关受照涉及的时间和该时间内群体人数。

集体剂量可用于估计一次作业或事故的总体健康影响，不能用作流行病学研究的工具，不适合用于风险预测。总的集体剂量是指从受照开始到完全消除前人群所受的总剂量，积分时间甚至可能到无穷大。

（六）待积当量剂量和待积有效剂量

放射性核素进入人体，器官或组织的内受照量随着放射性核素的衰变而逐渐增加，通常采用待积当量剂量和待积有效剂量来评价人体的内受照量大小。

人体单次摄入某种放射性核素后，某一特定器官或组织的受照量用待积当量剂量描述，对所有器官或组织造成的危害采用待积有效剂量评价。

$$H_T(\tau) = \int_{t_0}^{t_0+\tau} H_T(t)\,dt \tag{5-10}$$

$$E_T(\tau) = \sum_T w_T H_T(\tau) \tag{5-11}$$

式中：$H_T(\tau)$——器官或组织 T 的待积当量剂量，Sv；

　　$H_T(t)$—— t 时刻器官或组织 T 的当量剂量率，Sv/s；

　　　　τ——摄入放射性核素后经过的时间，s；

　　$E_T(\tau)$——器官或组织 T 的待积有效剂量，Sv。

未规定时，成人 τ 取 50 年，儿童 τ 取 70 年。

（七）危险和危害

1. 危险

危险是表述与实际或潜在受照有关的危害、损害的可能性或伤害后果等的多属性量，它与诸如特定有害后果可能发生的概率及此类后果的大小和特性等量有关。

2. 危害

危害是辐射对受照人群及其后代所致损害的总量，数值上等于辐射所致一切有害效应的严重程度的权重因子与发生该效应的概率乘积的总和。

有害效应可能对人体有害（躯体效应），也可能对后代有害（遗传效应）。

3. 代表人

基于保护公众的目的，人群中代表高受照量的典型个人，称为代表人。

4. 关键受照途径

关键受照途径指人体受照的各种途径（食入、吸入和外受照等）中，最具代表性的受照途径。

5. 关键核素

关键核素指某种辐射实践向环境释放多种放射性核素时，对公众危害较大并成为关键人群组受照量的主要来源的核素，主要用于评价公众受照量，指导环境监测计划及制定排放物的管理限值等。

二、电离辐射生物效应

电离辐射作用于机体后，其能量传递给机体的分子、细胞、组织和器官所造成的形态、结构和功能的变化，称为电离辐射生物效应。电离辐射生物效应的性质和程度主要取决于机体组织吸收的辐射能量，演变过程如图 5-1 所示。

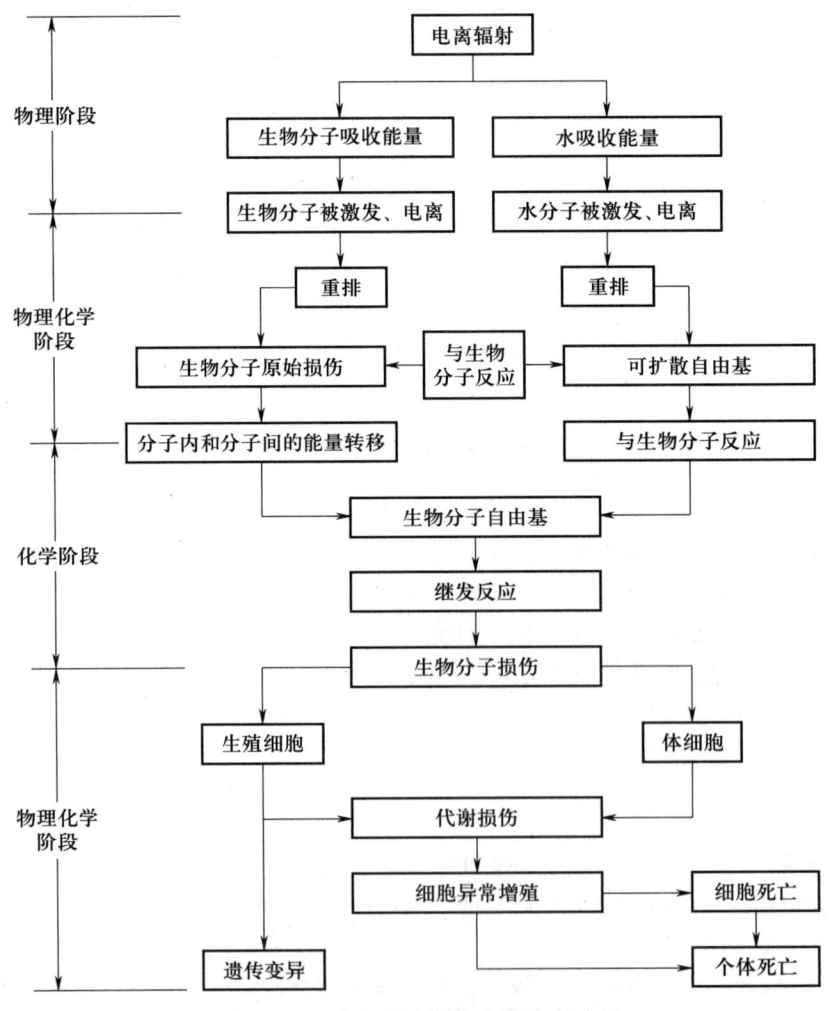

图 5-1　电离辐射生物效应的演变过程

电离辐射生物效应按效应与剂量的关系，分为随机性效应和确定性效应；按效应作用的对象，分为躯体效应和遗传效应；按效应出现的时间，分为近期效应和远期效应。

(一) 随机性效应和确定性效应

1. 随机性效应

随机性效应是发生概率（而非严重程度）与剂量正相关的辐射效应，其发生的概率极低，不存在剂量阈值。

在一般辐射防护的受照量下，随机性效应与剂量的关系被假设为"线性""无阈"。线性指随机性效应的发生概率与受照量之间呈线性关系，无阈意味着任何微小的剂量都可能诱发随机性效应。据此，可将一个器官或组织的若干次受照量简单求和，用以度量该器官或组织受到的总的辐射影响。

2. 确定性效应

确定性效应指通常存在剂量阈值的辐射效应。受照量高于阈值时确定性效应就会发生，其严重程度与受照量呈正相关；低于阈值时，不会引起器官或组织的功能性损伤。具体的阈值大小与个体情况有关。

确定性效应的剂量阈值相当大，正常情况下不可能达到。2~3 Gy 以下低剂量率的单次急性受照，或者几年内剂量率不足 0.5 Gy/a 的持续受照，出现死亡的可能性不会很大。当组织受照量超过阈值后，确定性效应的发生形式取决于组织的细胞动力学特性，细胞更新频率高的组织（如骨髓），伤害通常在受照后几天或几周发生；细胞更新频率不高的组织（如肝），伤害多在受照后几个月、几年，有的甚至 10 年以上才发生。发生确定性效应的剂量与受照组织对辐射的敏感性有关，睾丸、卵巢、晶状体及骨髓最为敏感。

(二) 躯体效应和遗传效应

躯体效应指辐射引起的、发生于受照者本身的损伤效应。躯体效应是人体普通细胞受到损伤引起的，只会影响受照者本人，故确定性效应都是躯体效应，而随机性效应可以是躯体效应（辐射诱发癌变），也可以是遗传效应。

遗传效应指辐射引起的、发生于受照者后代的损伤效应。个体生殖细胞（精子和卵子）受到电离辐射，遗传物质 DNA（脱氧核糖核酸）受到损伤产生变异，并在受照者的后代传递，表现为受照者后代的身体缺陷。作为随机性效应，遗传效应与辐射致癌不同，受照人群的流行病学研究不能证明辐射诱发遗传效应，也无法证实不存在遗传效应风险。目前，遗传效应最明确的证据来自动物实验。

(三) 近期效应和远期效应

1. 近期效应

当机体一次或短时间内多次受大剂量电离辐射后，数小时至数周内出现临床可观察到的有害效应，称为近期效应。

根据效应发生的缓急，近期效应分为慢性和急性效应。急性效应通常是短时间内大剂量受照造成的，如突发核事故、核战争等，损伤程度随剂量大小而不同：

剂量<0.1 Gy 时，未见生物效应；

剂量为 0.1~0.25 Gy 时，未见明显变化；

剂量为 0.25~0.5 Gy 时，可见血液学变化，无明显损伤；

剂量为 1.0 Gy 时，可见轻度放射病；

剂量为 2.0 Gy 时，可见中度放射病；

剂量为 4.0 Gy 时，可见重度放射病；

剂量为 6.0 Gy 时，可见极重度放射病。

对于受照人群来说，剂量小于 1 Gy 预计不会导致个体死亡，剂量大于 5 Gy 会造成严重的胃肠道损伤，在骨髓损伤的情况下可于 1~2 周死亡。

2. 远期效应

在一次较大剂量或多次小剂量受照后，经过数年甚至数十年才会出现的有害效应，称为远期效应。远期效应主要是慢性放射病和长期小剂量受照，多属于随机性效应。

慢性放射病是多次受照、长期累积的结果，危害程度取决于受照时间和受照量。受照者在数年或数十年后，可能出现白血病、恶性肿瘤、白内障、生长发育迟缓、生育力降低等躯体效应。慢性放射病属于随机性效应。

长期小剂量受照的影响特点是潜伏期较长、发生概率很低，既有随机性效应，也有确定性效应。

（四）电离辐射生物效应的影响因素

电离辐射生物效应的影响因素很多，可归纳为与辐射有关的物理因素和与机体有关的生物因素。

1. 与辐射有关的物理因素

辐射与细胞作用的物理因素主要是辐射类型、吸收剂量、剂量率，以及受照方式、部位和面积等。

（1）辐射类型

不同类型的辐射对机体引起的生物效应不同，主要取决于辐射的电离密度和穿透能力。一般来说，外受照时，γ 射线>β 射线>α 射线；而内受照时，α 射线>β 射线>γ 射线。

（2）吸收剂量与剂量率

通常，在吸收剂量相同的情况下，剂量率越大，则生物效应越显著；受照分次越多，间隔时间越长，生物效应就越小。

（3）受照方式

辐射损伤与受照方式有关。人体的外受照量分布受辐射入射角分布、空间分布及辐射能谱的影响，还与受照时的姿势及在辐射场内的取向有关；内受照取决于进入人体的放射性核素的种类、数量、性质、体内沉积部位，以及在相关部位滞留的时间等物理因素的影响。混合受照时，兼有内、外受照的效应。

（4）受照部位和受照面积

辐射损伤与受照部位及受照面积密切相关，各部位器官对辐射的敏感性不同，不同器官受损后对人体的影响也不尽相同。受照量相同，受照面积越大，产生的生物效应也越大。

2. 与机体有关的生物因素

辐射与细胞作用的生物因素主要是生物体对辐射的敏感性。表 5-2 列出了受 X 射线、γ 射线辐照的不同种系生物死亡 50%（LD_{50}）所需的吸收剂量值，种系的演化程度越高，机体结构越复杂，其对辐射的敏感性越高。

表 5-2　不同种系生物死亡 50% 所需的吸收剂量值

生物种系	人	猴	大鼠	鸡	龟	大肠杆菌	病毒
LD_{50}/Gy	4.0	6.0	7.0	7.15	15.0	56.0	2×10^4

个体不同发育阶段的辐射敏感性也不同，一般幼年期和老年期对辐射的敏感性比成年期高。不同细胞、组织或器官的辐射敏感性各不相同，一般人体内繁殖能力强、代谢活跃、分化程度低的细胞对辐射更敏感。

三、电离辐射剂量限制体系

（一）辐射防护原则

为了达到辐射防护目的，国际放射防护委员会（ICRP）针对受控源辐射的防护，提出了辐射实践正当性、辐射防护最优化和剂量限制三项基本原则。

（1）辐射实践正当性

在施行伴有辐射的任何实践之前，必须经过正当性判断，确认这种实践具有正当的理由，获得的利益大于代价（包括健康损害和非健康损害的代价）。

（2）辐射防护最优化

应避免一切不必要的受照，在考虑经济和社会因素的条件下，所有辐射都应保持在可合理达到的尽量低的水平。

（3）剂量限制

用剂量限值对个人受照加以限制。在辐射防护基本原则中，当辐射实践正当性和辐射防护最优化结果与剂量限制原则相抵触时，应服从剂量限制原则。

（二）剂量限值、剂量约束和参考水平

人们对危险的可接受程度，可分为"不可接受""可忍受"和"可接受"，剂量限值代表的是"不可接受"和"可忍受"的分界线（图5-2），剂量约束和参考水平则是"可忍受"的上限。但是，剂量限值、剂量约束和参考水平不能理解为"安全"和"危险"的分界线。

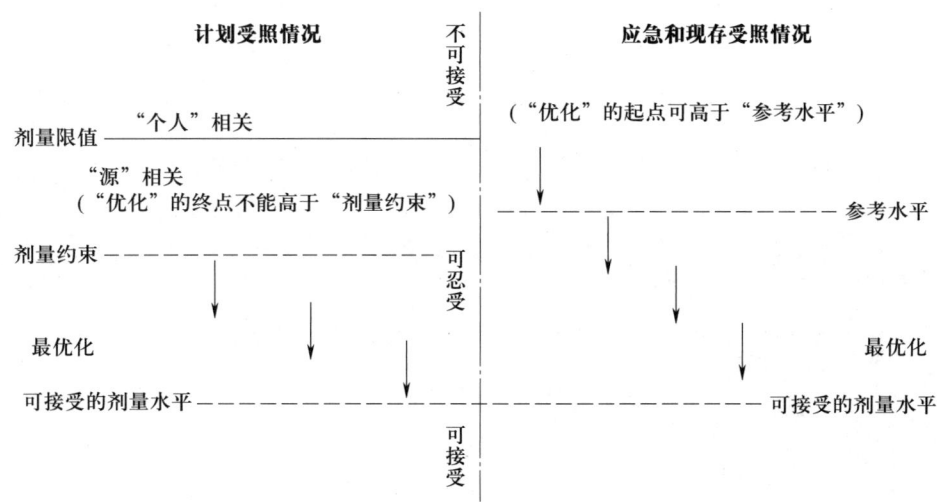

图5-2 辐射防护中个人剂量限值、剂量约束和参考水平的使用

对计划受照，个人受照量的源相关限制是剂量约束；对应急和现存受照，源相关限制是参考水平。剂量约束和参考水平可确保所有的受照保持尽可能低的水平。

1. 剂量限值

剂量限值是计划受照情况时个人有效剂量或当量剂量不得超过的数值。旨在防止发生确定性效应，并将随机性效应限制在可以接受的水平。

个人剂量限值通常分为两类：职业受照（适用于辐射工作人员）和公众受照（适用于公众）。剂量限值不包括医疗受照和天然本底受照，具体要求见表 5-3。

2. 剂量约束

剂量约束是在计划受照情况下，对某一辐射源引起的个人剂量的预期限制，为辐射防护预期剂量的上限。潜在受照情况下，剂量约束的对应概念为危险约束。

剂量约束代表防护的基本水平，且始终低于有关的剂量限值。设计中必须确保源相关的剂量不得超过剂量约束值，辐射防护最优化的结果是建立一个低于剂量约束的可以接受的剂量水平，超过剂量约束时须采取行动。

职业受照的剂量约束是个人剂量值的预期上限，公众受照的剂量约束是公众从受控源辐射接受的年剂量上限。具体要求见表 5-3。

表 5-3　ICRP 对实践活动或受照情况的剂量要求

受照类别	1990 年建议书	2007 年建议书
计划受照情况		
	剂量限值[①]	
职业受照（含恢复作业）[③]	5 年期内年平均 20 mSv，任何一年不超过 50 mSv	5 年期内年平均 20 mSv，任何一年不超过 50 mSv
晶状体[②]	150 mSv/a	150 mSv/a
皮肤[②]	500 mSv/a	500 mSv/a
手和足[②]	500 mSv/a	500 mSv/a
孕妇，其他妊娠者[②]	腹部表面 2 mSv，摄入核素 1 mSv	胚胎或胎儿 1 mSv
公众受照	1 mSv/a	1 mSv/a
晶状体[②]	15 mSv/a	15 mSv/a
皮肤[②]	50 mSv/a	50 mSv/a
	剂量约束[①]	
职业受照	≤20 mSv/a	≤20 mSv/a
公众受照		<1 mSv/a
一般	—	视情形
放射性废物处置	≤0.3 mSv/a	≤0.3 mSv/a
长寿命放射性废物处置	≤0.3 mSv/a	≤0.3 mSv/a

续表

受照类别	1990 年建议书	2007 年建议书
持续受照④	0.3~1 mSv/a	0.3~1 mSv/a
长寿命放射性核素持续受照	≤0.3 mSv/a	≤0.3 mSv/a
医疗受照		
生物医学研究志愿者		
较小的	<0.1 mSv	<0.1 mSv
中间的	0.1~1 mSv	0.1~1 mSv
较大的	1~10 mSv	1~10 mSv
重大的	>10 mSv	>10 mSv
安抚者或照顾者	每个安抚者或照顾者 5 mSv	每个安抚者或照顾者 5 mSv
应急受照情况		
	干预水平①,⑤,⑥	参考水平①,⑦
职业受照		
抢救生命（知情志愿者）	无剂量限制	若其他人获益超过抢救者的危险，则无剂量限制
其他紧急抢救作业	约 500 mSv；约 5 Sv（皮肤）	1 000 mSv 或 500 mSv
其他抢救作业		≤100 mSv
公众受照		
食品	10 mSv/a	
稳定碘的分发②	50~500 mSv（甲状腺）	
屏蔽	2 天内 5~50 mSv	
临时撤离	1 周内 50~500 mSv	
永久迁居	1 000 mSv 或第 1 年 100 mSv	
总体防护策略中的所有防范措施		视情况，计划过程中典型值为 20~100 mSv/a
现存受照情况		
	行动水平①	参考水平①
氡		
住宅	3~10 mSv/a（200~600 Bq/m³）	<10 mSv/a（<600 Bq/m³）
工作场所	3~10 mSv/a（500~1 500 Bq/m³）	<10 mSv/a（<1 500 Bq/m³）

续表

受照类别	1990 年建议书	2007 年建议书
天然存在的放射性物质，天然本底辐射，人类住处放射性残留物	一般干预水平①	参考水平①
不可能正当	<10 mSv/a	
可能正当	>10 mSv/a	三种情况视情形，在 1~20 mSv/a
正当	接近 100 mSv/a	

注：① 除特别说明外，均为有效剂量；

② 当量剂量；

③ 当用于摄入核素时，剂量是待积有效剂量；

④ 剂量约束应小于 0.1 mSv，不超过 0.3 mSv 的数值是合适的；

⑤ 可防止剂量：在不采取防护行动情况下预期会受到的剂量与采取防护行动情况下预期会受到的剂量之差；

⑥ 干预水平指特定应对措施的可防止剂量；

⑦ 参考水平指用于评估防护策略的剩余剂量，与干预水平相反。

3. 参考水平

参考水平是应急或现存可控受照情况下的一个剂量、危险或放射性活度浓度水平，不宜使拟允许发生的受照高于此值。辐射防护实践中可测的任何一种量都可以建立参考水平，如行动水平、干预水平、调查水平或记录水平等。一般来讲，参考水平由国家监管部门制定。

辐射防护实践中不应忽视低于参考水平的受照，应根据具体情况进行评价，以查明防护是否达到最优化，或者是否需要采取进一步的防护措施。最优化过程的终点应当根据具体情况确定，不能事先统一规定一个固定水平。

现存受照的参考水平用年有效剂量表示，仅用于公众受照。应急受照的参考水平用剩余剂量表示，可根据公众受照和职业受照分别设置，详见表 5-3。

ICRP 将紧急或一年的最大参考水平设为 100 mSv，可以是急性受照值或年受照值。只有在极端情况下（受照不可避免、需要拯救生命或阻止严重的灾难等），高于此值才是合理受照。

（三）导出限值

辐射防护监测的测量结果很少能直接用当量剂量来表示，根据基本限值可以导出用于辐射监测结果比较的限值，称为导出限值。

导出空气的放射性活度浓度用于评价工作场所和住宅的空气污染状况，表 5-3 给出了氡年平均有效剂量的参考水平导出值。

$$DAC = \frac{ALI}{V} \tag{5-12}$$

式中：DAC——导出空气的放射性活度浓度，Bq/m^3；

ALI——年摄入量限值，m^3/a；

V——标准人在一年内吸入的空气体积，V。

第三节　电离辐射防护标准与评价

一、电离辐射防护标准

同位素的广泛应用增加了放射性污染的概率，电离辐射防护标准可确保工作人员、患者、公众和环境免受潜在的辐射风险。

（一）中国辐射防护标准

我国辐射防护标准包括法律、行政法规、部门规章、核导则、国家/行业标准和其他监管要求等。此外，我国政府在辐射防护领域与国际原子能机构（IAEA）签署的国际公约，具有等同于法律的地位。

我国的辐射防护涉及放射性污染的管理与规划、污染防治、污染监测等领域。

1. 放射性污染管理与规划

《中华人民共和国放射性污染防治法》（2003）规定：① 县级以上人民政府应当将放射性污染防治工作纳入环境保护规划，组织开展有针对性的放射性污染防治宣传教育。② 国务院环境保护行政主管部门对全国放射性污染防治工作依法实施统一监督管理。

2. 放射性污染防治

《中华人民共和国放射性污染防治法》（2003）规定：向环境排放放射性废气、废液，必须符合国家放射性污染防治标准。

《中华人民共和国核安全法》（2017）规定了放射性废气、废液和固体废物的处理、处置要求。

《放射性废物分类》（2017）规定了放射性固体废物的处理、处置要求。

3. 放射性污染监测

《中华人民共和国放射性污染防治法》（2003）规定：国家建立放射性污染监测制度。

《放射性废物安全管理条例》（2011）规定：对放射性固体废物贮存设施及设施周围地下水、地表水、土壤和空气进行放射性监测。

（二）国际原子能机构辐射防护安全标准

国际原子能机构（IAEA）辐射防护安全标准涉及范围：辐射医疗应用，核设施运行，放射性物质生产、运输和使用，放射性废物管理。由成员国自行决定是否采纳安全标准。

IAEA辐射防护安全标准分为三个层次：① 安全基本法则：确立防护与安全的基本安全目标和原则，为其他层次的安全要求提供依据；② 安全要求：遵循"安全基本法则"的目标和原则；③ 安全导则：就如何遵守安全要求提出建议和指导。

二、电离辐射监测

（一）监测对象及内容

1. 监测对象

① 现场监测：对放射性物质生产或应用单位内部工作区域的监测。

② 个人监测：对放射性工作人员或公众进行内、外受照量的监测。

③ 环境监测：对放射性物质生产或应用单位外部环境（空气、水、土壤、生物、固体废物等）的监测。

2. 监测指标及核素成分

① 监测指标：总 α 放射性和总 β 放射性。

② 核素成分：α 放射性核素和 β 放射性核素。

α 放射性核素：^{239}Pu、^{235}U、^{232}Th、^{226}Ra、^{210}Po 等。

β 放射性核素：^{3}H、^{90}Sr、^{137}Cs、^{131}I、^{60}Co 等。

3. 监测内容

① 放射源强度、半衰期、射线种类及能量。

② 放射性物质含量、放射性强度、空间受照量或电离辐射剂量。

（二）监测方法及步骤

放射性监测方法分为定期监测和连续监测，均包括样品采集、样品预处理和环境放射性监测三部分。

1. 样品采集

（1）放射性沉降物采集

放射性沉降物主要来源于大气层核爆炸产生的放射性尘埃，小部分来源于人工放射性颗粒物。干沉降物可用水盘法、黏纸法、高罐法采集样品。湿沉降物除采用上述方法采集之外，常用一种能同时收集雨水核素的采样器进行样品采集。

（2）放射性气溶胶采集

放射性气溶胶包括核爆炸裂变产物、人工放射性物质及氡、钍的衰变子体等。

样品采集常用滤膜分离，原理与大气中颗粒物的采样相同。对于被 ^{3}H 污染的空气，除吸附法外，还常用冷阱法收集空气中的水蒸气作为样品。

（3）其他类型样品采集

水体、土壤、生物样品的采集、制备和保存方法可以参考非放射性样品。

2. 样品预处理

样品预处理方法有衰变法、共沉淀法、灰化法、电化学法、有机溶剂溶解法、蒸馏法、溶剂萃取法、离子交换法等。

衰变法用于去除样品中的短寿命核素，避免其对放射性测量结果的干扰。在测量大气中气溶胶的总 α、β 放射性时，放置 4~5 h 可去除短寿命的氡、钍的衰变子体。

共沉淀法可以使待分离的放射性核素与性质相近的非放射性核素发生同晶/混晶共沉淀或吸附共沉淀，从而实现分离富集。

有机溶剂溶解法、蒸馏法、溶剂萃取法、离子交换法的原理和操作与非放射性物质无本质差别。

3. 环境放射性监测

（1）水、土壤中总 α、β 放射性的测定

水中常见的 α 放射性核素有 ^{226}Ra、^{222}Rn 及其衰变产物等，β 放射性核素有 ^{40}K、^{90}Sr、^{129}I 等，监测方法可采用：

《水质 总 α 放射性的测定 厚源法》（HJ 898—2017）

《水质 总β放射性的测定 厚源法》（HJ 899—2017）

《生活饮用水标准检验方法 第13部分：放射性指标》（GB/T 5750.13—2023）

上述方法同样适用于土壤中总α、β放射性活度浓度测量。

（2）空气中 ^{222}Rn、^{131}I 的测定

^{222}Rn 的检测可采用《环境空气中氡的测量方法》（HJ 1212—2021），^{131}I 的检测可采用《环境空气 气溶胶中γ放射性核素的测定 滤膜压片/γ能谱法》（HJ 1149—2020）

（3）个体外受照量

个体外受照量可用佩戴在身上的个体剂量计测量，此法简单、方便。

三、电离辐射防护评价

（一）放射性污染去污效果

放射性废物的污染去除效果通常用去污因数（DF）和去污率（DE）评价：

$$DF = \frac{A_0}{A_i} \tag{5-13}$$

$$DE = \frac{A_0 - A_i}{A_i} \times 100\% \tag{5-14}$$

式中：A_0——去污前放射性核素的活度，Bq；

A_i——i 次去污后放射性核素的活度，Bq。

浓缩倍数（CF）用于评估放射性废液处理过程中的污泥产量。

$$CF = \frac{V_0}{V_i} \tag{5-15}$$

式中：V_0——去污前放射性废液的体积，m^3；

V_i——i 次去污后放射性废液的体积，m^3。

（二）放射性废物固化特性指标

理想的固化体要阻止其所含的放射性核素释放，主要特性指标如下：

（1）抗浸出性

浸出率为衡量固化体中放射性核素在水或其他溶液中的析出情况，即

$$R_n = \frac{a_n/A_0}{(S/V) \cdot (\Delta t)_n} \tag{5-16}$$

$$P_t = \frac{\sum a_n/A_0}{S/V} \tag{5-17}$$

式中：R_n——第 n 浸出周期中第 i 组分的浸出率，cm/d；

a_n——第 n 浸出周期中浸出的第 i 组分的活度或质量，Bq 或 g；

A_0——实验样品中第 i 组分的初始活度或质量，Bq 或 g；

S——实验样品与浸出剂接触的几何表面积，cm^2；

V——实验样品的体积，cm^3；

$(\Delta t)_n$——第 n 浸出周期的持续天数 $(\Delta t)_n = t_n - t_{n-1}$，d；

P_t——时间为 t 时第 i 组分的累积浸出分数，cm；

t——累积的浸出天数 $t = \sum (\Delta t)_n$，d。

（2）高热导性

高热导性可以将固化体所含核素放热导致内部温度过高而损坏的可能性减至最小，因而容许固化高浓度的放射性废物，又不致产生过高的内部温度。

（3）耐辐照性

该特性能够保证固化体不会因放射性废物产生的辐射而损坏。

（4）高生化稳定性和耐腐蚀性

该特性能够保证固化体不会因周围环境介质的腐蚀或本身所含化学物质的腐蚀而损坏。

（5）机械强度

固化体应具有足够的机械强度，保证其在装卸、运输、处置期间的结构完整性，而不致出现破裂或粉碎。

（6）高减容比

固化体体积应尽可能小于掺入的废物体积，减容比取决于能嵌入固体中的废物和可以接受的水平。

$$C_R = \frac{V_1}{V_2} \tag{5-18}$$

式中：C_R——减容比；

V_1——固化前废物体积，m^3；

V_2——固化后产品体积，m^3。

（三）放射性环境评价标准

放射性环境评价标准包括：《生活饮用水卫生标准》（GB 5749—2022）、《地表水环境质量标准》（GB 3838—2002）、《地下水质量标准》（GB/T 14848—2017）、《海水水质标准》（GB 3097—1997）、《污水综合排放标准》（GB 8978—1996）、《食品中放射性物质限制浓度标准》（GB 14882—1994）、《核动力厂环境辐射防护规定》（GB 6249—2011）、《室内空气质量标准》（GB/T 18883—2022）、《拟开放场址土壤中剩余放射性可接受水平规定（暂行）》（HJ 53—2000）和《伴生放射性物料贮存及固体废物填埋辐射环境保护技术规范（试行）》（HJ 1114—2020）。

四、中国电离辐射环境质量

当前中国电离辐射环境质量总体良好。

① 环境 γ 辐射剂量率自动和累积监测结果处于当地天然本底涨落范围内。

② 空气中天然放射性核素活度浓度处于本底涨落范围内，人工放射性核素活度浓度未见异常。

③ 七大水系、浙闽片河流、西南诸河、西北诸河、重要湖泊（水库）水中总 α 和总 β 活度浓度、天然放射性核素活度浓度处于本底涨落范围内，且天然放射性核素活度浓度与全国环境天然放射性水平调查结果处于同一水平；人工放射性核素活度浓度未见异常。

④ 城市地下水中总 α 和总 β 活度浓度处于本底涨落范围内，其中饮用用途的地下水中总 α 和总 β 活度浓度低于《生活饮用水卫生标准》（GB 5749—2022）规定的放射性指标指导值。地下水中天然放射性核素活度浓度处于本底涨落范围内，且与全国环境天然放射性水平调查结果处于同一水平。

　　⑤ 城市集中式饮用水水源地水中总 α 和总 β 活度浓度、天然放射性核素活度浓度处于本底涨落范围内，总 α 和总 β 活度浓度低于《生活饮用水卫生标准》（GB 5749—2022）规定的放射性指标指导值；人工放射性核素活度浓度未见异常。

　　⑥ 近岸海域海水中天然放射性核素活度浓度处于本底涨落范围内，且与全国环境天然放射性水平调查结果处于同一水平；人工放射性核素活度浓度未见异常，其中 ^{90}Sr 和 ^{137}Cs 活度浓度低于海水水质标准。海洋生物中人工放射性核素活度浓度未见异常，且低于《食品中放射性物质限制浓度标准》（GB 14882—1994）规定的限制浓度。

　　⑦ 土壤中天然放射性核素活度浓度处于本底涨落范围内，且与全国环境天然放射性水平调查结果处于同一水平；人工放射性核素活度浓度未见异常。

第四节　放射性废物

　　放射性废物指含有放射性核素或被放射性核素污染，其放射性活度浓度或比活度大于国家审管机构规定的清洁解控水平，且预计不再被利用的物质。放射性活度浓度或比活度小于等于清洁解控水平的物质，从物理学观点看仍然有放射性，但其放射性危害可以忽略。

一、放射性废物的来源

　　放射性废物主要有核设施、伴生矿和核技术应用三个来源（图 5-3）。

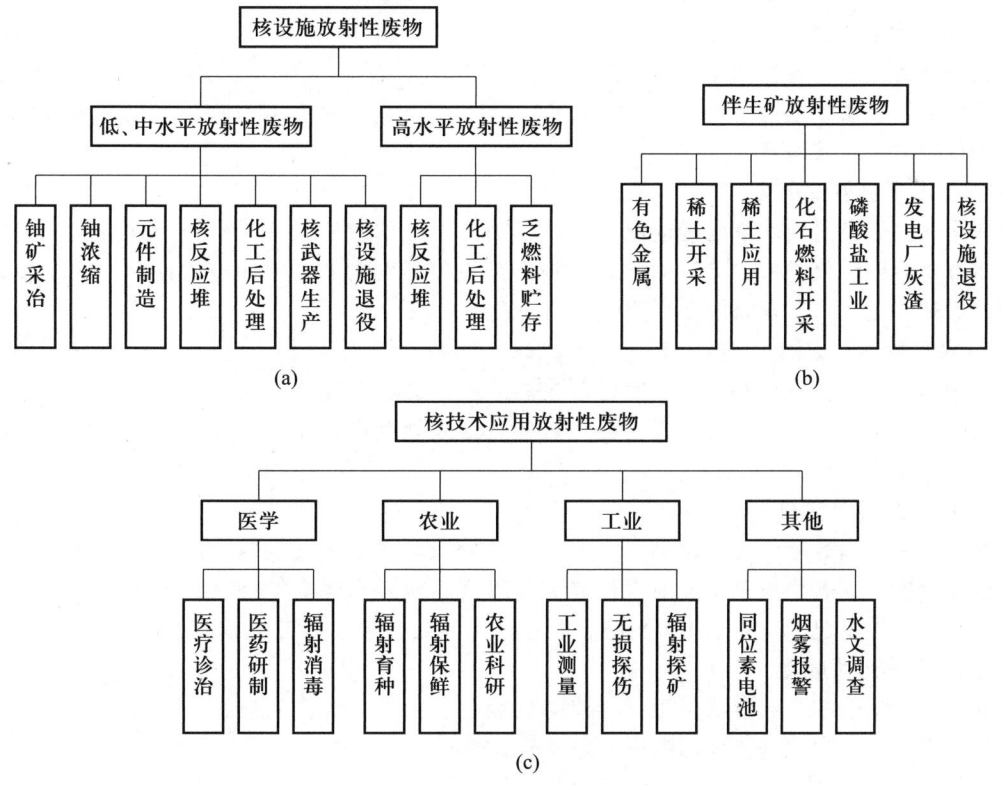

图 5-3　放射性废物的主要来源
（a）核设施放射性废物；（b）伴生矿放射性废物；（c）核技术应用放射性废物

二、放射性废物的分类

对放射性废物进行合理分类，对废物的产生、处理、整备、贮存、运输和处置的各步骤，以及核设施退役等，都有重要的影响。

（一）放射性废物分类概述

① 按废物的物理、化学形态可分为废气、废液、固体废物；

② 按放射性水平可分为低水平、中水平、高水平放射性废物；

③ 按废物的来源可分为核燃料循环、核技术利用、退役、铀（钍）伴生矿废物；

④ 按核素的半衰期可分为长寿命、短寿命废物；

⑤ 按辐射类型可分为 β 放射性、γ 放射性、α 放射性废物；

⑥ 按处置方式可分为免管、可清洁解控、近地表处置和地质处置废物；

⑦ 按毒性可分为低毒组、中毒组、高毒组、极毒组废物；

⑧ 按释热性可分为高发热、低发热、微低热废物。

（二）我国放射性废物分类

我国经过多年的实践并借鉴 IAEA—1994 分类，于 2017 年发布了《放射性废物分类》（原环境保护部、工业和信息化部、国家国防科技工业局公告 2017 年第 65 号），根据废物的潜在危害及处置时所需的包容和隔离程度，将其分为表 5-4 所示的废物类别。

1. 极短寿命放射性废物

废物中所含主要放射性核素的半衰期很短，长寿命放射性核素的活度浓度在解控水平以下，极短寿命放射性核素半衰期一般小于 100 d，通过最多几年时间的贮存衰变，放射性核素活度浓度即可达到解控水平，实施解控。

2. 极低水平放射性废物

废物中放射性核素活度浓度接近或者略高于豁免水平或解控水平，长寿命放射性核素的活度浓度应当非常有限，仅需采取有限的包容和隔离措施，可以在地表填埋设施处置，或者按照国家固体废物管理规定，在工业固体废物填埋场中处置。

3. 低水平放射性废物

废物中短寿命放射性核素活度浓度可以较高，长寿命放射性核素含量有限，需要长达几百年时间的有效包容和隔离，可以在具有工程屏障的近地表处置设施中处置。近地表处置设施深度一般为地表到地下 30 m。

4. 中水平放射性废物

废物中含有相当数量的长寿命核素，特别是发射 α 粒子的放射性核素，不能依靠监护措施确保废物的处置安全，需要采取比近地表处置更高程度的包容和隔离措施，处置深度通常为地下几十到几百米。一般情况下，中水平放射性废物在贮存和处置期间不需要提供散热措施。

5. 高水平放射性废物

废物所含放射性核素活度浓度很高，使得衰变过程中产生大量的热，或者含有大量长寿命放射性核素，需要更高程度的包容和隔离，并采取散热措施，应采取深地质处置方式处置。

表 5-4　我国放射性废物分类

废物类别	典型特征	处置方案
豁免废物	个人受照有效剂量不超过 0.01 mSv/a，低概率意外情况下受照有效剂量不超过 1 mSv/a	无放射学限制
极短寿命放射性废物	$T_{1/2} \leqslant 100$ 天	近地表处置
极低水平放射性废物	解控水平 $< A_m \leqslant$ 解控水平 10 倍	近地表处置
低水平放射性废物	极低水平上限 $< A_m \leqslant 4 \times 10^5$ Bq/kg（平均）且 $\leqslant 4 \times 10^6$ Bq/kg（单个包），$T_{1/2} > 5$ 年的超铀核素 极低水平上限 $< A_m$，且 A_m 上限为 $1 \times 10^6 \sim 5 \times 10^{10}$ kBq/kg 的 ^{14}C、^{59}Ni、^{63}Ni、^{90}Sr、^{94}Nb、^{99}Tc、^{129}I、^{137}Cs 极低水平上限 $< A_m \leqslant 4 \times 10^{11}$ kBq/kg	近地表处置
中水平放射性废物	低水平上限 $< A_m \leqslant 4 \times 10^{11}$ Bq/kg 且释热率 $\leqslant 2$ kW/m³	地质处置
高水平放射性废物	4×10^{11} Bq/kg $\leqslant A_m$ 或释热率 > 2 kW/m³	深地质处置

三、放射性物质或设施分类

（一）放射源分类

1. 放射源

根据放射源对人体健康和环境的潜在危害程度，从高到低将放射源分为四类：

（1）Ⅰ类放射源（极高危险源）

在没有防护的情况下，接触这类源几分钟到 1 小时就可致人死亡；典型Ⅰ类放射源包括放射性同位素热电发生器、多束远距离放射疗（γ刀）源、远距放射离治疗源。

（2）Ⅱ类放射源（高危险源）

在没有防护的情况下，接触这类源几小时至几天可致人死亡；典型Ⅱ类放射源包括工业射线探伤源、近距离放射治疗源（高、中剂量率）。

（3）Ⅲ类放射源（危险源）

在没有防护的情况下，接触这类源几小时可对人造成永久性损伤，接触几天至几周可致人死亡；典型Ⅲ类放射源包括固定工业测量源（料液、挖泥测量等）。

（4）Ⅳ类放射源（低危险源）

基本不会对人造成永久性损伤，但对长时间、近距离接触这些放射源的人可能造成可恢复的临时性损伤；典型Ⅳ类放射源包括骨密度仪、静电消除器、仪器源（学校）、近距离放射治疗源（低剂量率）。

2. 非密封放射源

非密封放射源工作场所按放射性核素日等效最大操作量分为甲、乙、丙三级：

① 甲级：活度≥$4×10^9$ Bq；

② 乙级：活度为 $2×10^7$～$4×10^9$ Bq；

③ 丙级：活度为豁免活度值以上～$2×10^7$ Bq。

（二）射线装置分类

根据射线装置对人体健康和环境的潜在危害程度，从高到低将射线装置分为Ⅰ类、Ⅱ类、Ⅲ类，具体如下：

（1）Ⅰ类射线装置

短时间受照可以使人产生严重放射损伤，其安全与防护要求高；典型Ⅰ类射线装置包括质子治疗装置、重离子治疗装置、粒子能量≥100 MeV 的加速器。

（2）Ⅱ类射线装置

可以使受照人员产生较严重的放射损伤，其安全与防护要求较高；典型Ⅱ类射线装置包括 X 射线治疗机、放射治疗装置、工业辐照/工业探伤/安全检查用加速器、粒子能量<100 MeV 的加速器。

（3）Ⅲ类射线装置

一般不会使受照人员产生放射损伤，其安全与防护要求相对简单；典型Ⅲ类射线装置包括医用 X 射线计算机断层扫描装置、人体安全检查用 X 射线装置、X 射线行李包检查装置、X 射线衍射仪/荧光仪、各类 X 射线检测装置（测量厚度、质量、孔径、密度等）。

（三）放射性物品分类

针对放射性物品运输及运输容器的设计、制造等活动，根据放射性物品的特性及其对人体健康和环境的潜在危害程度，将放射性物品分为三类：

（1）一类放射性物品

Ⅰ类放射源、高水平放射性废物、乏燃料等释放到环境后对人体健康和环境产生重大辐射影响的放射性物品。

（2）二类放射性物品

Ⅱ类和Ⅲ类放射源、中等水平放射性废物等释放到环境后对人体健康和环境产生一般辐射影响的放射性物品。

（3）三类放射性物品

Ⅳ类和Ⅴ类放射源、低水平放射性废物、放射性药品等释放到环境后对人体健康和环境产生较小辐射影响的放射性物品。

（四）核设施分类

针对各类核设施的重要度、风险度和安全状况的不同，将核设施分为四类。

① 核电厂、核热电厂、核供汽供热厂等核动力厂及装置；

② 除核动力厂以外的研究堆、实验堆、临界装置等其他反应堆；

③ 核燃料生产、加工、贮存和后处理设施等核燃料循环设施；

④ 放射性废物的处理、贮存、处置设施。

四、放射性事件/事故分级

（一）核事件与放射性事件分级

《国际核事件与放射性事件分级表》将核事件与放射性事件分为 7 级。

① 1 级事件：异常。一名公众成员过量受照，超过法定限值。安全部件发生少量问题，但纵深防御仍然有效。低活度放射源、装置或运输货包丢失或被盗。

② 2 级事件：一般事件。一名公众成员的受照量超过 10 mSv。一名工作人员的受照量超过法定年限值。工作区的辐射水平超过 50 mSv/h。设计中预期之外的区域内设施受到明显污染。安全措施明显失效，但无实际后果。发现高活度密封无监管源、器件或运输货包，但安全措施保持完好。高活度密封源包装不适当。

③ 3 级事件：重大事件。受照量超过工作人员法定年限值的 10 倍。辐射造成对健康的非致命确定性影响。工作区的辐照剂量率超过 1 Sv/h。设计中预期之外的区域严重污染，公众明显受照的概率低。核电厂接近发生事故，安全措施全部失效。高活度密封源丢失或被盗。高活度密封源错误交付，并且没有准备好适当的程序来进行处理。

④ 4 级事故：局部区域的事故。放射性物质少量释放，除需要采取食品控制外，不需要实施额外的应对措施。至少 1 人死于辐射。燃料熔化或损坏造成堆芯放射性总量释放超过 0.1%。放射性物质在设施范围内明显释放，公众明显受照的概率高。

⑤ 5 级事故：大范围区域事故。放射性物质有限释放，可能要求实施部分有计划的应对措施。辐射造成多人死亡。反应堆堆芯受到严重损坏。放射性物质在设施范围内大量释放，公众明显受照的概率高，其发生原因可能是重大临界事故或火灾。

⑥ 6 级事故：重大事故。放射性物质明显释放，可能要求实施有计划的应对措施。

⑦ 7 级核事故：特大事故。放射性物质大量释放，具有大范围健康和环境影响，要求实施有计划和长期的应对措施。

（二）放射性同位素和射线装置辐射事故分级

根据事故源项、后果及危害分类，将辐射事故分为四个等级：

① 特别重大辐射事故：Ⅰ类、Ⅱ类放射源丢失、被盗、失控造成大范围严重辐射污染后果，或者放射性同位素和射线装置失控导致≥3 人急性死亡。

② 重大辐射事故：Ⅰ类、Ⅱ类放射源丢失、被盗、失控，或者放射性同位素和射线装置失控导致≤2 人急性死亡或者≥10 人患急性重度放射病、局部器官残疾。

③ 较大辐射事故：Ⅲ类放射源丢失、被盗、失控，或者放射性同位素和射线装置失控导致≤9 人患急性重度放射病、局部器官残疾。

④ 一般辐射事故：Ⅳ类、Ⅴ类放射源丢失、被盗、失控，或者放射性同位素和射线装置失控导致人员受到超过年剂量限值的受照。

五、放射性废物管理的原则、方针

放射性废物管理包括废物的产生、预处理、处理、整备、运输、贮存和处置在内的所有活动，以"安全"为目标，以"处置"为核心，实现从"产生"到"处置"全生命周期优化管理，达到经济、环境和社会效益的统一。

废物最小化是放射性废物管理必须遵守的宗旨。把豁免的废物和物料分出，将可再利用、再循环的物料进行适当处置后回用，使最终处置的废物尽可能少，经过适当处理和整备得到安全处置。

我国放射性废物管理的 40 字方针：减少产生、分类收集、净化浓缩、减容固化、严格包装、安全运输、就地暂存、集中处置、控制排放、加强监测。

第五节 放射性废物处理处置技术

放射性废物中污染物的质量浓度通常为痕量，须采用复杂的技术手段经多次处理才能达标排放，而且放射性核素衰变会释放较多的热量，处理时必须采取屏蔽、冷却等措施，并远距离操作，因此处理难度较大。

方法可概括为两类：① 分散稀释。放射性废气和废液经过处理后分别排放到大气和水体。② 浓集隔离。放射性固体废物和废气、废液处理中产生的浓缩液等经过减容、固化、整备，将放射性核素浓集至固化体，在环境隔绝的条件下长期安全地存放。

一、放射性废气处理技术

（一）放射性粉尘处理

工业除尘设备均可用来处理含放射性粉尘的气体。重力沉降室、旋风分离器常用于去除粒径 > 60 μm 的粉尘。湿式除尘器常用于去除粒径为 10 ~ 60 μm 的粉尘，净化气粉尘浓度一般 ≤ 100 mg/m³。去除粒径 < 10 μm 的粉尘，常用布袋式除尘器、填料及油过滤器，净化气粉尘浓度为 1 ~ 2 mg/m³。静电除尘器对微米粒径颗粒物的去污效率 ≥ 99%。高温陶瓷过滤器对粒径 > 5 μm 的粒子去除率高达 99%，烧结金属过滤器（5 ~ 10 μm）对 3 μm 粒径的粒子去除率 > 99.9%。

（二）放射性气溶胶处理

高效微粒空气过滤器（HEPA）对捕集放射性气溶胶粒子最为有效，粒径 < 0.3 μm 颗粒的去除效率 > 99.97%。滤芯由玻璃纤维、石棉、聚氯乙烯纤维或陶瓷纤维构成。滤膜为孔径 1 ~ 4 μm 的亚微孔纤维织物，层间用有机黏合剂黏合；滤膜厚度仅为 4 μm，质量厚度为 80 g/m²，质地脆且易碎，属于一次性的干式过滤器。过滤器之前通常要安装预过滤器，用以去除废气中的大颗粒固体。

（三）放射性气体处理

放射性气体处理最常用的方法是吸附。^{85}Kr、^{133}Xe、^{222}Rn 等惰性气体一般可用活性炭吸附、液体吸收、低温分馏装置及贮存衰变等方法去除，废气中的水蒸气和 NO_x 可以用硅胶柱吸附。

活性炭对 ^{85}Kr、^{133}Xe 有良好的吸附选择性，常温操作，压力低，保持干燥状态的活性炭固定床可长期使用，无须再生和更换活性炭。

使用有机溶剂（如制冷剂）吸收溶解度较高的惰性气体，再洗涤吸收溶解度低的惰性气体。该方法成本低，溶剂价廉易得，稳定性好。

低温分馏装置是将气载放射性废物在 -170 ℃ 低温下液化，通过分馏使惰性气体从气体中分离并得以浓集，该方法对 ^{85}Kr 的回收率大于 99%。

核电厂废气中大多数放射性核素的半衰期小于 1 d，通过自然衰变，可使惰性气体核素的活度浓度水平大幅度降低：贮存 30 min，惰性气体混合物的活度可降低至原来的 1/50；贮存衰变 3 d， ^{85}Kr 去污因数达 10^3 ；衰变 35~40 d， ^{133}Xe 去污因数可达 10^3 。贮存衰变对短寿命放射性核素是有效、经济的处理方法。

挥发性放射性同位素（ ^{131}I 、 ^{129}I ）主要有单质碘（ I_2 ）、碘甲烷（ CH_3I ）等，可采用活性炭或专用吸附剂去除。活性炭最为常用，能够吸附多种放射性碘同位素。从湿空气中去除有机碘，活性炭需用碘化钾或三乙烯二胺（TEDA）等浸渍。活性炭的吸附量随时间下降，其原因是空气中碳氢化合物及水分占据了活性炭的活性位点，或与浸渍剂反应而导致活性炭"中毒"，以及浸渍剂的挥发。专用吸附剂有 MOF、COF、银改性无机吸附剂等，具有良好的选择性。

（四）废气的排放

放射性废气处理达标后，一般要通过高烟囱（60~150 m）稀释扩散排放。烟囱的高度根据排放方式、排放量、地形及气象条件等实际情况设计，并选择有利的气象条件排放。排放口要设置连续监测器。核工业中常用的放射性废气处理设备及去污因数列于表 5-5 中，典型的废气处理流程图见图 5-4。

表 5-5　核工业常用的放射性废气处理设备及去污因数

设备	颗粒物质	挥发性钌	碘	NO_2	NO
旋风分离器	10	1	1	1	1
文丘里洗涤塔	100~600	10	2	2	1
冷凝器	100~1 000	200	1	2	1
NO_x 吸收塔	10	10	20	5	1
填充喷雾塔	1 000	100	1	4	1
转化塔	2	400		100	1
硅胶柱	8	1 000	1	1	100
碘塔	1	1	500	1	1
烧结金属过滤器	1 000	1	1	1	1
高效微粒空气过滤器（HEPA）	1 000	1	1	1	1

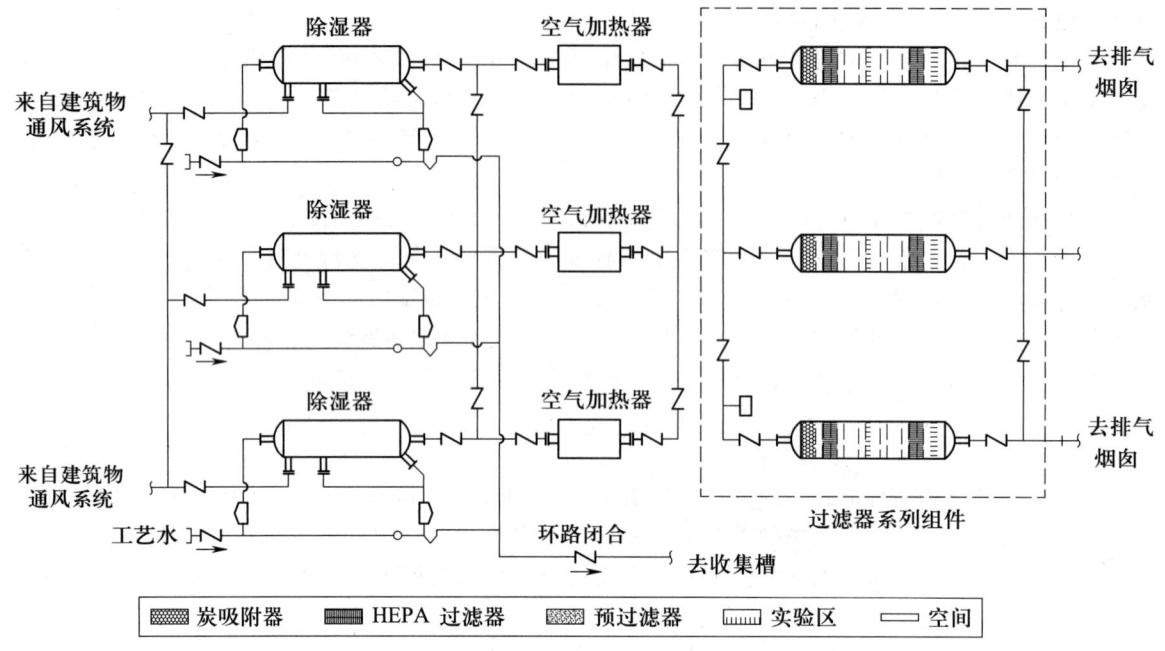

图 5-4 典型的废气处理流程图

二、放射性废液处理技术

因来源不同，放射性废液具有高、中、低水平放射性。低、中水平放射性废液的处理方法有沉淀、离子交换、吸附、膜分离技术和过滤等。高水平放射性废液的处理方法一般是先蒸发浓缩，再对冷凝水做进一步处理。常见的放射性废液处理技术如下。

(一) 沉淀

放射性核素通常以悬浮固体、胶体或溶解性离子形式存在于废液中，通过向废液中投加化学药剂使其生成难溶盐沉淀到反应器底部去除。沉淀法适用于低、中、高水平放射性废液处理，根据化学药剂的作用机理不同，沉淀法主要有混凝沉淀、化学沉淀和结晶沉淀。混凝/化学沉淀去污因数为 1~10，结晶沉淀去污因数为 10~100。

混凝沉淀是向废液中投放一定量的混凝剂（如氯化铁、聚合硫酸铁、聚合氯化铝等），混凝剂水解生成带正电荷的胶体粒子，在缓慢搅拌下胶体凝聚长大，污染物被其吸附载带，除去絮状矾花，即可实现对放射性废液的处理。

化学沉淀是向废液中投放一定量的沉淀剂（如碳酸钠、氢氧化钠、硫化钠等），使其与放射性核素离子生成难溶于水的颗粒物，沉淀到反应器底部，从而与废液分离，即可处理放射性废液。

结晶沉淀是向废液中投放沉淀剂（如碳酸钠、氢氧化钠等），使其与放射性核素离子生成难溶盐，并在预先投加的晶种（如碳酸钙、重晶石、软锰矿等）表面生长，从而形成较大的晶体沉淀到反应器底部，即可处理放射性废液。

废液的碱度（或 pH）、药剂投加量、搅拌强度、混合均匀程度和温度对上述三种沉淀的处理效果都有影响。为了强化去除效果，通常将混凝沉淀和化学沉淀或结晶沉淀结合使用。该方法简便，成本低廉，在去除放射性物质的同时，还能去除悬浮物、胶体、常量盐、有机物和微生物等，与其他方法联用时通常作为预处理。缺点是放射性去除效率较低，产生大量的放射性污泥。混凝沉淀、化学沉淀的去除率一般为50%~99%，结晶沉淀的去除率一般为95%~99.5%。

（二）蒸发

蒸发工艺多用于非挥发性放射性核素的高、中水平放射性废液的处理。在某些情况下蒸发可以回收有用的化学物质（如硝酸等），二次蒸汽的冷凝水可直接排放或经过其他方法处理后排放。蒸发的去污效率高，去污因数可达10^5，但不适合处理含起泡物质和易挥发核素（如Ru、I）的废液，且蒸发耗能大，处理费用较高。

蒸发器有强制循环蒸发器和自然循环蒸发器。废液在蒸发器内被加热沸腾，其中的水分逐渐蒸发为水蒸气，而后冷凝成水，污染程度大为降低；大部分非挥发性放射性核素及其他化学杂质残留在蒸发浓缩液中，需进一步固化处理。图5-5所示为典型蒸发法处理放射性废液流程。

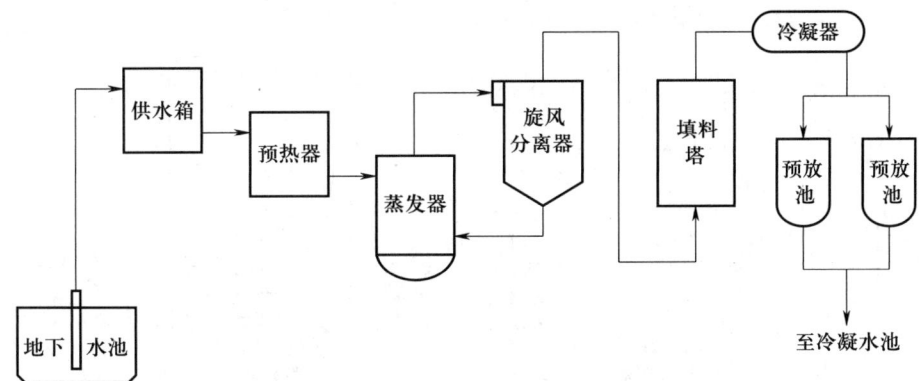

图5-5　典型蒸发法处理放射性废液流程

蒸发最重要的指标是去污因数和浓缩倍数。提高去污因数的关键在于二次蒸汽的处理，可选用泡罩塔、旋风分离器、填料塔等雾沫分离装置。但是，二次蒸汽处理要求有相当大的气流速度才能有效地去除夹带的液滴，因此蒸发器去污因数随蒸发速率的增大而下降，当超过某一极限速率后，去污因数急剧下降。蒸发的浓缩倍数一般为10~50倍。影响蒸发器去污因数的不利因素还有起泡、结垢和腐蚀等。

蒸发的费用偏高，未来的发展趋势为低能耗蒸发器及太阳能蒸发器。

（三）膜分离和过滤

1. 膜分离技术

膜分离是借助膜的选择渗透性，在压强或电位差的推动下对废液中污染物和水剂进行分离的单元操作。与其他分离方法相比，膜分离具有简单、无相变、分离系数较大、可在常温下连续操作等特点。根据膜分离去污机理的不同，可分为反渗透、电去离子、微滤、超滤、纳滤、膜蒸馏等。

（1）反渗透

反渗透利用压强使水通过半渗透膜，从废液中分离水和污染物，可分离0.0001~0.001 μm的物质。适用于中、高水平放射性废液的处理，去污因数为10~100。

典型的反渗透工艺流程如图5-6（a）所示，废液经加压泵通过反渗透膜，可得到浓缩液和淡化水。提高操作压强，可增大其处理效率和淡水产率。传统的反渗透膜操作压强为 4~10 MPa，近年来开发的低压反渗透技术，工作压强降低至 0.3~1.5 MPa，透水通量也显著提高。

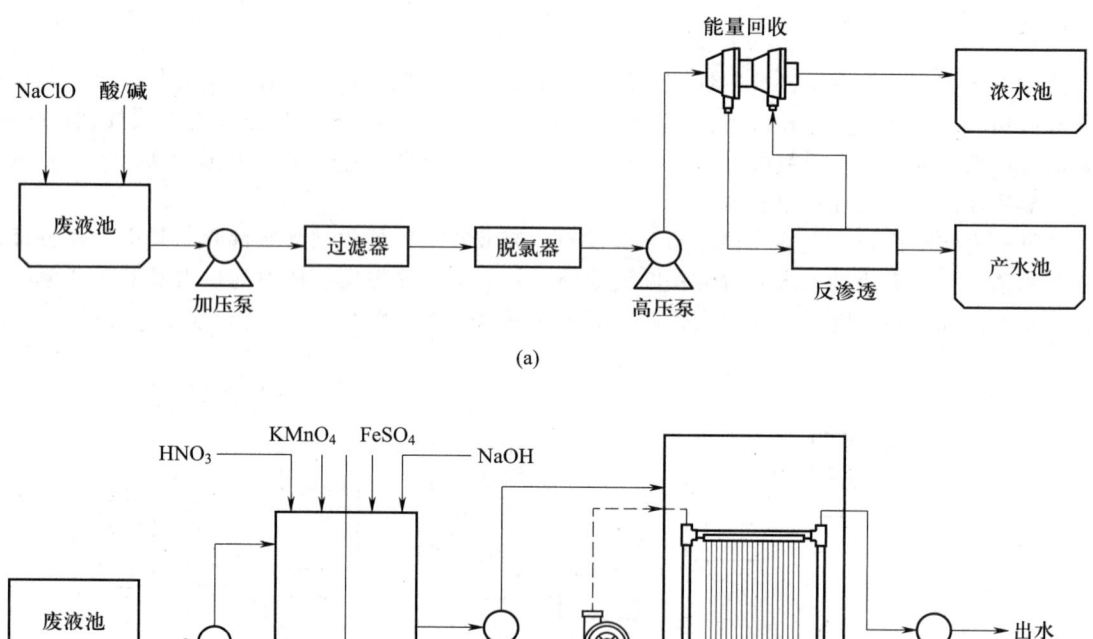

(a)

(b)

图 5-6　典型的膜分离工艺流程

（a）反渗透工艺；（b）氧化/混凝沉淀-超滤工艺

（2）电去离子

用离子交换膜将装置内部分割为间隔排列的淡水室和浓水室，淡水室中填充阴、阳混合离子交换树脂，对废液除盐和去除放射性核素离子相当有效，但对胶体状态的核素去污效果极差。

（3）微滤和超滤

微滤和超滤的分离粒径范围分别为 0.1~10 μm 和 0.01~0.1 μm，因而单独的微滤或超滤仅能去除废液中附着在大颗粒悬浮固体或胶体的放射性组分，对溶解的放射性核素离子几乎没有去污效果。

将微滤或超滤与沉淀、吸附、氧化等技术联用，放射性核素离子经过预处理生成大颗粒的悬浮固体、晶体等，能够被微滤和超滤膜高效分离，实现放射性核素离子的去除（图 5-6）。微滤/超滤-膜分离技术可用于废液中的多种核素离子（Cs、Sr、I、Co、Mn、Fe、Ni、Cu、Cr、Pb、Pu、Am、U 等），去污效果与核素的种类和化学形态有关，去污因数为 $1\times10^2 \sim 1\times10^5$。

2. 过滤技术

放射性废液流经过滤器时，颗粒物被滤料截留而清水通过，即实现放射性污染的去除。过滤器的冲洗废液可用作水泥固化时的供水。蒸发和除盐之前，可采用过滤除去悬浮固体，蒸发器的结垢将会减少，而离子交换树脂的再生周期也会延长。

滤料一般用石英砂、颗粒活性炭、滤布、玻璃纤维、陶粒、金属等。若在滤料表面预涂一层不可压缩的大颗粒材料（如硅藻土等），则可提高过滤速度。

（四）离子交换和吸附

离子交换树脂是一种高分子共聚物合成的带功能基团的不溶性有机单体。在处理含盐量较低的中、低水平放射性废液时，离子交换树脂能显著去除放射性离子。去污因数为 $10\sim100$。表 5-6 列出了阳、阴及混合离子交换床去除单一放射性核素的去除率。

表 5-6 阳、阴及混合离子交换床去除单一放射性核素的去除率

放射性核素	去除率/%		
	阳离子交换床	阴离子交换床	混合离子交换床
^{185}W	$12.0\sim16.0$	$97.2\sim99.2$	98.9
^{91}Y	$86.0\sim93.1$	$94.2\sim98.5$	$97.6\sim98.7$
^{46}Sc	$95.7\sim97.2$	$98.8\sim99.0$	$98.5\sim98.7$
^{89}Sr	$99.1\sim99.8$	$5.0\sim7.0$	$99.95\sim99.97$
$^{140}Ba-^{140}La$	$98.3\sim99.0$	$36.0\sim42.0$	$99.5\sim99.6$
^{137}Cs	99.8	9.0	99.8
^{115}Cd	98.5	0	99.2
$^{95}Zr-^{95}Nb$	$58.0\sim75.0$	$96.4\sim99.9$	$90.9\sim99.4$

图 5-7 是典型离子交换工艺流程，离子交换器由阳离子交换床、阴离子交换床和混合离子交换床组成。提升泵将废液加入 pH 调节池，加入酸或碱以确保金属离子溶解，继续用加压泵将废液送至过滤器，除去残余的不溶物，然后进入阳离子交换床、阴离子交换床、混合离子交换床去除放射性核素离子。满足排放要求后，方可将废水排入受纳水体。

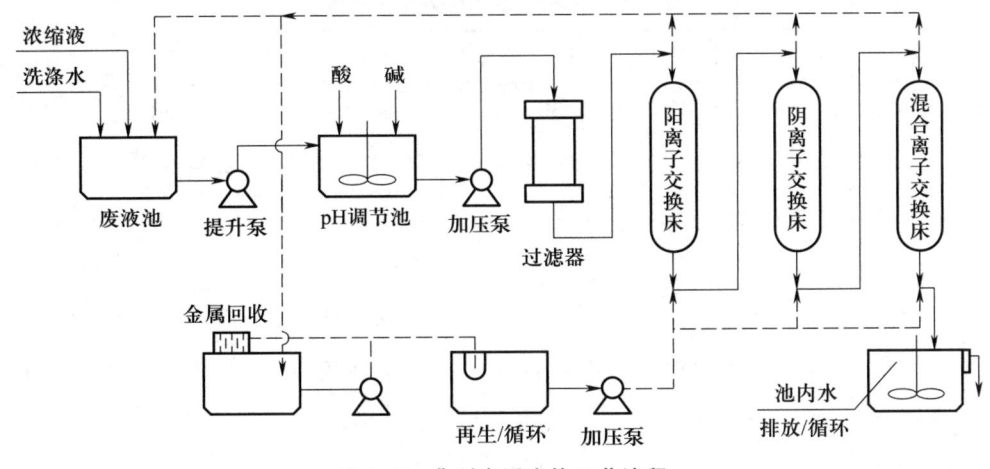

图 5-7 典型离子交换工艺流程

改性矿物材料或合成材料对废液中某些放射性核素离子具有较高的选择性，能够将这些离子吸附至吸附材料的表面，从而去除废液中的放射性核素离子。吸附法的优点是选择性好、吸附速度快，缺点是原水含盐量高或共存离子含量较多时，去污效果显著下降。常见的合成吸附材料有亚铁氰化物、碳纳米管、金属硫化物、金属氧化物、有机金属框架、钛酸盐吸附材料等。亚铁氰化物对碱金属离子具有很高的选择性，可用于吸附水中的 ^{137}Cs、^{134}Cs、^{40}K、^{22}Na 等放射性核素离子，亚铁氧化铜吸附-微滤组合工艺对 ^{137}Cs 的去污因数为 $1×10^3 \sim 1×10^5$。

三、放射性固体废物处理技术

放射性固体废物种类繁多，可分为湿废物（浓缩废液、蒸发残液、污泥、废离子交换树脂/吸附剂等）和干废物（污染的劳保用品、工具、设备、滤芯、活性炭、焚烧灰渣等）两大类。为了适合运输、贮存和最终处置，需要对固体废物进行固化/固定、减容、分离-整备等处理处置。

（一）固化/固定技术

1. 定义

固化是在放射性废物中添加固化剂，使其转变为不易向环境扩散的固体。固化的途径通常是通过化学转变，将放射性核素引入某种稳定固体的晶格中，或者通过物理过程把放射性核素直接掺入惰性基材。固化材料的选择应保证固化体满足长期安全处置的要求和工业规模生产的需要，对废物的包容量要大。

固定是通过固化、埋置或封装等手段把废物转化成废物体的过程，减少了放射性核素在装卸、运输、贮存和处置时迁移或弥散的可能性。污染的滤芯、切割解体的设备需要装填在钢桶或箱中，用水泥砂浆或熔融态沥青灌注填充孔隙进行固定。

2. 常用固化方法

固化或固定的废物包括：① 中、高水平放射性浓缩废液；② 中、低水平放射性污泥，废离子交换树脂/吸附剂，滤芯，焚烧灰渣等。固化工艺的一般要求：高水平放射性废物的固化操作应能进行远距离控制；中、低水平放射性废物的固化操作过程应简单，处理处置费用应低廉。表 5-7 是几种主要固化方法的比较。

表 5-7　几种主要固化方法的比较

项目	水泥固化	沥青固化	塑料固化	玻璃固化	陶瓷固化
干废物包容量/%	5~40	30~60	30~60	10~30	15~30
密度/$(g \cdot cm^{-3})$	1.5~2.5	1.1~1.9	1.1~1.5	2.5~3.0	2.5~3.0
浸出率/$(g \cdot cm^{-3} \cdot d^{-1})$	$10^{-4} \sim 10^{-1}$	$10^{-5} \sim 10^{-3}$	$10^{-6} \sim 10^{-1}$	$10^{-7} \sim 10^{-4}$	$10^{-8} \sim 10^{-5}$
抗压强度/MPa	10~30	塑性	20~100（或塑性）	脆性	高
耐辐照/Gy	约 $1×10^8$	约 $1×10^7$	约 $1×10^7$	约 $1×10^9$	约 $1×10^9$
投资	低	中	中	高	高
操作和维修	简单	中等	中等	复杂	复杂

项 目	水泥固化	沥青固化	塑料固化	玻璃固化	陶瓷固化
适用性	低、中水平放射性废物	低、中水平放射性废物	低、中水平放射性废物	高水平放射性、α放射性废物	高水平放射性、α放射性废物
应用状况	工业规模	工业规模	工业应用	工业应用	研究开发

（1）水泥固化

① 水泥固化原理：水泥固化基于水泥的水合和水硬胶凝作用对废物进行固化处理，适用于中、低水平放射性浓缩废液的固化。来自核电站的污泥、浓缩液、废树脂/吸附剂和滤渣等，以及核燃料处理厂或其他核设施产生的各种放射性废物，通常采用水泥固化。

水泥固化的最佳配方由实验确定。影响水泥固化配方的因素主要有废物种类、pH、水泥类型、添加剂、废物比、水灰比（水与水泥质量比）、盐灰比（废物干盐分与水泥质量比）及固化体要求等。水泥固化时因废物组成的特殊性，会出现混合不均匀、过早或过迟凝固、浸出率较高、固化体强度较低等问题，为改善固化性质，须在固化时加适宜的添加剂。

水泥固化的优点是工艺、设备简单，投资费用少，既可连续操作，又可直接在贮存容器中固化；缺点是增容大（固化体的体积约为掺入废物体积的 1.67 倍），放射性核素的浸出率较高。

② 水泥固化方法：基本方法是桶内混合和在线混合，也有其他特殊的方法用于废物处理。

桶内混合方法就是在最终处置用的桶里混合废物和水泥。桶内混合有两种方法：一是将废物和预定数量的水泥分别加入运输桶，加盖前将可升降的搅拌器降到桶中去搅拌；二是向桶内加入水泥和能起捣动作用的重物，注入要处理的废物后，加盖封严，送至滚翻或振动台架上使废物和水泥混合。前者混合均匀，但需要清洗搅拌器，容易污染；后者操作简单，但混合均匀度差。图 5-8（a）所示为桶内混合系统。

图 5-8（b）所示为典型的水泥-放射性废物在线混合系统。将计量好的废物和水泥送入在线混合送料机（通常是螺旋形），使水泥和废物混合好后再装入桶。此法的优点是可以进行连续生产，搅拌均匀，缺点是停车后清洗工作麻烦。

其他用于废物处理的方法有如下几种。

水力压裂地下水泥固化法：利用石油开采技术，选择地下 200~400 m 处的不渗透的页岩层作为预定处置场址，将中水平放射性废液、水泥和添加剂（粉煤灰、活性白土、沸石、缓凝剂）组成的灰浆，连续以高压（注射压强一般为 15~30 MPa）注入页岩层压出的裂缝中，使灰浆渗入页岩层去凝结固化，完成放射性废物的处理处置。

大体积浇注水泥固化：该法是低、中水平放射性废物处置场就地进行水泥固化的方法，适用于处置场附近废物量大的核设施。该法的关键是对水泥凝结速度的控制，对固化配方的要求较高。

移动式水泥固化法：该法适合于核设施分散，废物点多、量小的地区，其最大的特点是经济实用。

冷压水泥固化法：在常温下加压（约为 175 MPa）制成密度较大的水泥固化体。美国蒙特实验室用此法处理含超铀核素的焚烧灰渣，用硅酸盐水泥或高铝水泥冷压成圆柱体产品，废物包容量高达 65%（质量分数）。

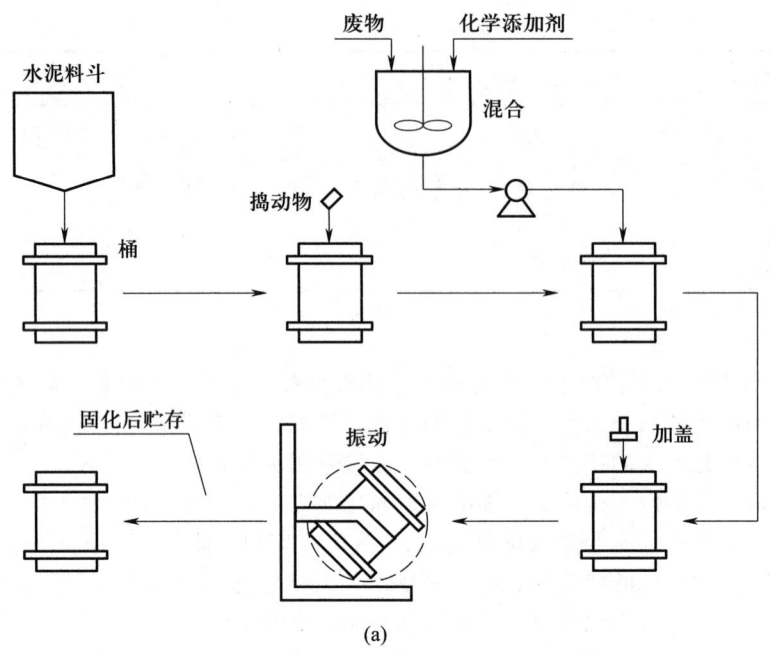

(a)

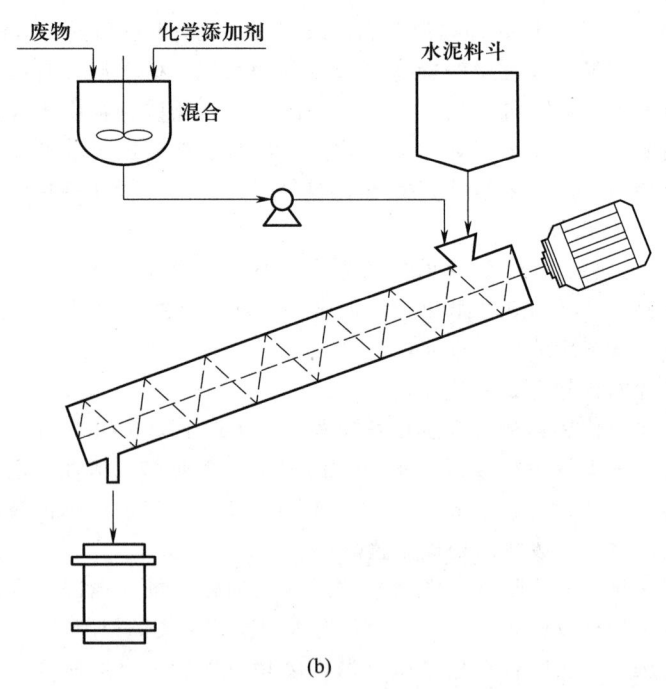

(b)

图 5-8 废物水泥固化混合系统

（a）桶内混合；（b）在线混合

热压水泥固化法：在较高温度（150～400 ℃）和压强（175～700 MPa）下进行水泥固化。美国橡树岭国家实验室用硅酸盐水泥热压成高密度、高强度、低含水量、低孔隙率和低透气性的固化体。该法对工艺设备条件要求高，操作过程复杂。

聚合物浸渍混凝土固化法：将放射性废物水泥固化体加热获得多孔固化体，在常压或减压下浸泡于有机单体（如苯乙烯、甲基丙烯酸甲酯等）并使其进入固化体孔隙，然后加热至 $50 \sim 70$ ℃使单体聚合。该法处理后，固化体的核素浸出率由约 0.1 g/$(cm^2 \cdot d)$ 降至约 1×10^{-4} g/$(cm^2 \cdot d)$，机械强度提高上千倍，抗辐射和抗化学作用功能也有所改善，缺点是工艺复杂。

废物固定：将放射性废物装入容器内，灌注水泥砂浆，通过振动或捣动，使水泥砂浆充满孔隙，形成整体水泥块。

③ 水泥固化技术指标包括如下几种。

抗浸出性：水泥固化体具有较高的浸出率，按其几何表面计算可高达 1×10^{-2} g/$(cm^2 \cdot d)$。水泥固化体所能保留各种放射性核素的能力各不相同。

废物包容量：盐灰比一般为 $0.15 \sim 0.3$，最高可达 0.5；盐灰比大，包容废物量大，但产品机械强度降低。

机械强度：《低、中水平放射性废物固化体性能要求　水泥固化体》（GB 14569.1—2011）规定：抗压强度不小于 7 MPa，从 9 m 高处竖直自由下落到混凝土地面不应有明显的破碎。

水灰比：硅酸盐水泥水灰比以 0.4 左右为最佳，浆液碱度一般为 pH = $8 \sim 13$。如果水灰比大，那么凝固时间加长，机械强度低，可能残留未被完全凝固的水分。

（2）沥青固化

适宜于处理低、中放射性蒸发残液、化学沉淀物、焚烧灰渣等。沥青固化体具有很低的渗透性及溶解度，与绝大多数环境条件兼容，核素浸出率低，减容大，经济代价较小。但沥青中不能加入强氧化剂，如硝酸盐及亚硝酸盐，沥青固化温度不应超过 230 ℃，否则固化体可能燃烧。

① 沥青固化原理：在一定的碱度、配料比、温度和搅拌速度下，放射性废液与沥青发生皂化反应，冷却后得含盐量高达 60% 的均匀混合物。

② 沥青固化方法：沥青固化工艺主要包括废物的预处理、废物与沥青的热混合及二次蒸汽的处理。放射性废物沥青固化的基本方法有高温熔化混合蒸发法、乳化法和化学乳化法三种。

高温熔化蒸发法：如图 5-9（a）所示，将放射性浓缩废液与熔融沥青连续加入刮板薄膜蒸发器，废液和沥青在降膜式刮板的作用下成膜状旋转下降，同时被加热脱水和搅拌混合，从刮板薄膜蒸发器底部流入固化物桶中，待冷却凝固后存入处置库。刮板薄膜蒸发器可连续操作，能将可溶或沉淀的废物掺入沥青中，同时由于导热性好，减少了废物和沥青的混合接触时间，避免因沥青降解而产生的安全缺陷。

若采用间歇式混合蒸发器，则需要将废物加至熔化沥青中，在 $150 \sim 230$ ℃混合蒸发，待水分和挥发组分排出后，再将混合物装入桶中。该法设备简单，适用于处理多种废物。然而，沥青的导热性较差，需要长时间加热才能去除水分，造成沥青降解、硬化和黏度增加，并可能导致排料困难、设备污染、气体难以处理等情况。为提高蒸发效率和缩短加热时间，污泥在进行沥青固化之前，可用冷冻、离心分离等脱水方法使含水率降至 $50\% \sim 80\%$。

乳化法：如图 5-9（b）所示，放射性污泥、沥青与表面活性剂混合成乳浆状并保持温度为 90 ℃，固体物质与沥青产生混合和包容作用，通过机械脱水分离约 90% 的水分；在螺杆作用下强制循环，使物料在干燥器表面形成一层薄膜，升温至 $110 \sim 150$ ℃干燥，水分减至 <0.5%，最后将混合物排至桶内。该法的优点是蒸发、固化和干燥在同一设备中进行，有利于简化流程；设备所占空间小；沥青停留时间短（约 1.7 min），避免长期受热而降解及硬化；强烈的挤压推送可使固化体有较高的含盐量（60%）。缺点是结构复杂，设备制造要求高，价格较贵。

化学乳化法：常温下将放射性废物与乳化沥青混合加热，蒸发水分和易挥发的有机组分，干

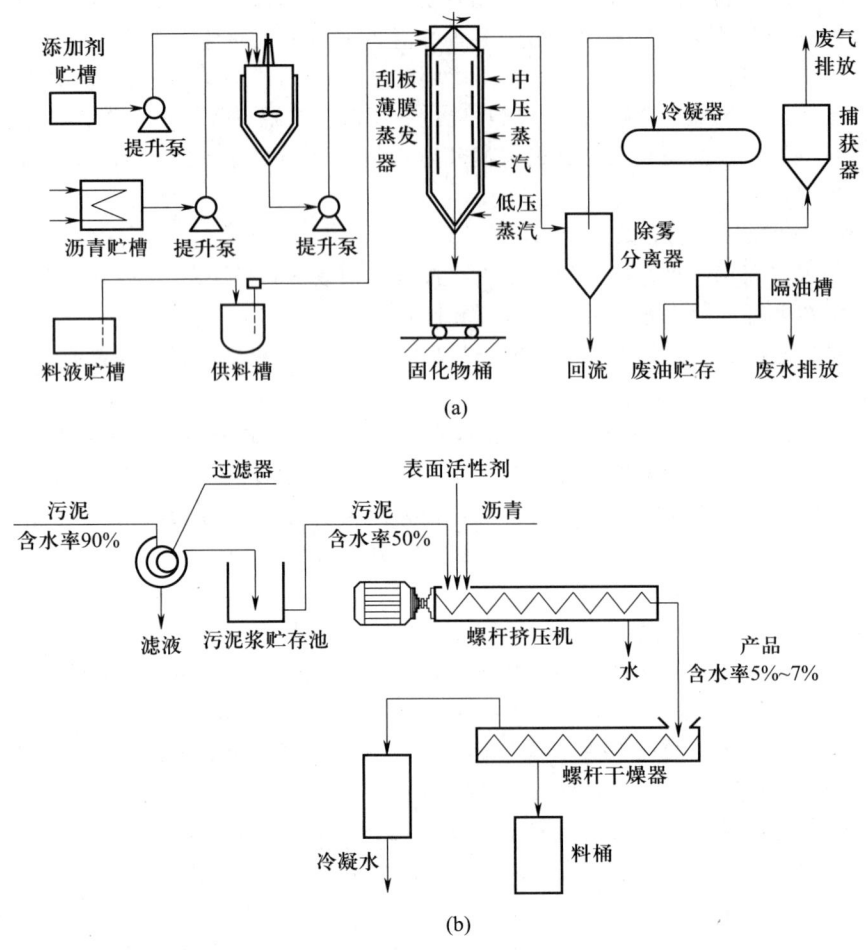

图 5-9　典型沥青固化工艺流程示意图

（a）刮板薄膜蒸发沥青固化工艺；（b）双螺杆挤压暂时乳化沥青固化工艺

燥后的混合物排入废物容器，冷却硬化后形成沥青固化体。该法的优点是乳化沥青能在常温下顺利流动，在低温下蒸发使沥青降解达到最低限度，在较低的搅拌速度下即可达到充分混合。缺点是不适于处理含硝酸盐和亚硝酸盐的废物。

③ 沥青固化技术指标有如下几种。

抗浸出性：沥青固化体的浸出率为 $1 \times 10^{-5} \sim 1 \times 10^{-3}$ g/（cm² · d），与放射性核素的种类、水平及赋存形式有关。直馏沥青的效果较好；混合均匀、孔隙度小的固化体浸出率一般较低；碱性固化体的浸出率较低。用硫酸钡沉淀 Sr，亚铁氰化物吸附 Cs，氢氧化铁吸附超铀核素，可获得更低的浸出率。

耐辐照性：在较强辐照条件下（约 10^6 Gy），碳氢化合物受到破坏，释放氢气量为 0.3～1.0 mL/g，使固化体硬度增加，体积胀大。这些影响随沥青类型、掺入废物的性质和数量、累积吸收剂量和剂量率的不同而变化。

减容比：沥青固化废物的体积一般较小。提高产品含盐量，可增大减容比，但易使沥青硬化，黏度增加，导致搅拌停止、难以排料等困难。一般含固率为 50%～60% 的混合物是兼顾各种性质

（如减容比、均匀性、黏度、浸出率等）的优良产品。

（3）塑料固化

将放射性废物浓缩物（如树脂、泥浆、蒸残液、焚烧灰渣等）掺入有机聚合物而固化。可用的聚合物有脲甲醛、聚乙烯、苯乙烯-二乙烯苯共聚物（用于二蒸残液）、环氧树脂（用于废离子交换树脂）、聚酯、聚氯乙烯、聚氨基甲酸乙酯等。

与沥青固化相比，塑料固化的优点是在室温下进行，水可与放射性组分一同掺和入聚合物；对硝酸盐、硫酸盐等可溶性盐有很高的掺和效率；固化体浸出率低，并与可溶性盐的组分关系不大；固化体的体积小、密度小，不可燃。缺点是某些有机聚合物能被生物降解；固化体老化破碎后，可能造成二次污染；固化材料价格昂贵等。

（4）玻璃固化

高水平放射性废液的比活度高、释热量大、放射毒性大，其处理和处置难度极大。玻璃固化已成为处理高水平放射性废液的标准工艺流程，可分为一步法和两步法。一步法是将废液直接注入熔融的硼硅酸盐玻璃中，称为液体进料的陶瓷（或金属）电熔炉法；两步法是先使高水平放射性废液蒸发和煅烧，然后将烧结后的残渣熔入硼硅酸盐玻璃中，称为煅烧-熔融法。

与玻璃固化类似的高放射性固化工艺还有陶瓷固化和人工合成岩固化。陶瓷固化添加的是黏土页岩，人工合成岩固化添加的是锆、钛、钡、铝的氧化物。

① 玻璃固化原理：玻璃固化以玻璃原料为固化剂，与高水平放射性废物按一定配料比混合后，经高温（900~1 200 ℃）蒸发、煅烧、熔融、烧结，废液中的所有固体组分均在高温下掺和入硼硅酸盐玻璃基质中，装桶后经退火处理成为稳定的玻璃固化体，其放射性浸出率很低。但玻璃固化温度高，放射性核素挥发量大，设备腐蚀极为严重，需要特殊的耐高温、耐腐蚀材料和高效的尾气处理系统。玻璃固化在极高的辐射条件下进行，需要高度自动化控制和维修，技术难度大，处理成本较高。

② 玻璃固化方法：玻璃固化方法可分为间歇式进料玻璃固化法和连续式进料玻璃固化法两种。

间歇式进料玻璃固化法：亦称为罐式玻璃固化法，将高水平放射性废液和玻璃原料一起加入罐内，蒸发、煅烧、熔融过程均在罐内完成。熔融成玻璃后，采用浇注法把熔融玻璃注入贮存容器中，固化罐继续使用；也可以将固化罐本身兼作贮存容器，熔融玻璃在固化罐内凝固后运到贮存库贮存，属于弃罐方式。

连续式进料玻璃固化法：一种方法是将高水平放射性废液与硼酸盐微珠按一定配比混合后连续加入陶瓷（或金属）电熔炉，废液蒸发脱水和煅烧后，放射性核素及其氧化物成为玻璃组分，在1 100~1 150 ℃保温数小时，经退火处理后得到含高水平放射性废物的玻璃固化体。加热煅烧过程产生的废气经钌过滤器、冷凝器和气体洗涤塔处理回收，可使大部分挥发性核素保持在玻璃固化体中。图5-10是硼酸盐玻璃固化流程示意图。另一种方法是将蒸发、煅烧过程与熔融过程分别在煅烧炉和熔融炉内完成，蒸发、煅烧过程采用连续进料和排料的方式，而熔融过程既可连续进料和排料，也可连续进料和间歇排料。该法的优点是生产能力大，适应性强，操作简单；缺点是工艺复杂，设备要求高。

玻璃固化方法的一种改型是就地玻璃固化法。在需要进行玻璃固化的地点，将电极插入废物中，土壤和废物被加热，最终熔融成玻璃体。

③ 玻璃固化技术指标包括如下几种。

增容比：玻璃固化体对废物氧化物的包容率一般为16%~20%（质量分数）。

抗浸出性：玻璃固化体在水及酸、碱溶液中的浸出率小，约为1×10^{-7} g/（$cm^2 \cdot d$）。

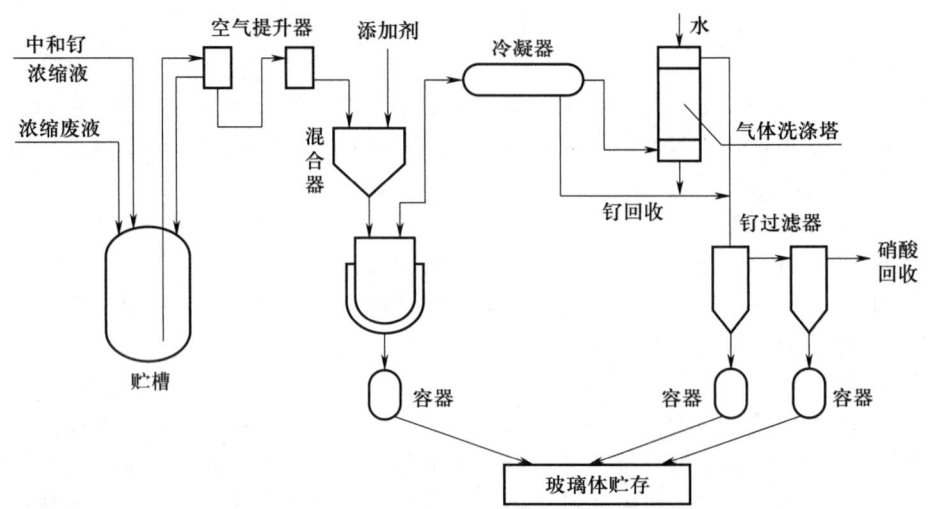

图 5-10　硼酸盐玻璃固化流程示意图

稳定性：玻璃固化体导热性好，有较高的热稳定性、耐辐照性和化学稳定性。

（5）人造岩石固化

根据"类质同象"替代和低共熔原理，可通过高温固相反应制造一种热力学稳定的多相钛酸盐陶瓷固化体。人造岩石使高水平放射性废物中的大部分核素进入矿相晶格位置或镶嵌于晶格孔隙中，形成稳定性好的固熔体。

人造岩石在高温、高压下合成，密度大、孔隙率极低，非常有利于减小废物体积和降低浸出率。其浸出率比玻璃固化体低 2~3 个数量级；沸水中的浸出率小于 $0.1\ \mathrm{g/(m^2 \cdot d)}$，在不高于 150 ℃的水中浸泡 1 个月后，人造岩石中找不到水分子。其缺点是生产工艺比较复杂，设备条件要求较高，生产原料使用烷氧基金属化合物等，生产成本较高。

（二）减容技术

固体废物减容的目的是减小体积，降低废物包装、贮存、运输和处置的费用。处理方法主要包括压缩和焚烧。松散的固体废物可采用压缩减容，废弃设备则经切割、破碎后再进行压缩减容，并用标准容器加以包装。可燃性废物常用焚烧法减容，焚烧灰渣必须经固化处理后装入密封容器做最终处置。

1. 压缩

压缩是依靠机械力作用，使废物密实化，减小废物体积。虽然压缩可获得的减容比比较低（2~10），但是与焚烧相比，压缩处理操作简单，设备投资和运行成本低，故压缩处理在核电厂的应用相当普遍。

（1）常规压缩

压缩一般用圆筒式压缩机来实现。将装满可压缩固体废物的钢制运输桶（一般为 220 L）的标准金属桶放置在挤压机平台上，然后用液压将挤压机圆盘压进金属桶，重复多次直到金属桶装满为止。液压挤压机的工作压强为 1~100 MPa，减容因子约为 5。每个金属桶可装 100 kg 的固体废物。

（2）超级压缩

超级压缩机的高端压强大于 100 MPa。超级压缩的减容情况见表 5-8，用超级压缩机可将金属、混凝土、橡胶制品和玻璃等废物压至密度约为 2 500 kg/m³。

表 5-8　超级压缩的减容情况

废物类型	减容因子	压块密度/(kg·m⁻³)
金属废屑	4~5	3 200~4 000
重废物的混合物	3.5~5	1 600~2 400
轻废物的混合物	2.5~3.5	800~1 280
塑料制品	2~3	800~1 120

注：在超级压缩前已用桶内压缩机包装过。

2. 焚烧

焚烧是将可燃性废物氧化处理成灰烬（或残渣）的过程。焚烧可获得很高的减容比（10~100），可使废物向无机化转变，降低热分解、腐烂、发酵和着火等风险，还可以回收钚、铀等有用物质。

焚烧分为干法焚烧和湿法焚烧两大类，前者包括过剩空气焚烧、控制空气焚烧、裂解、流化床、熔盐炉等；后者包括酸煮解、过氧化氢分解等。焚烧放射性废物，要求采用专门设计的焚烧炉，炉内维持一定负压，配置完善的排气处理系统，焚烧后>70%的放射性物质进入灰渣，灰渣应进行固化或直接装入高整体性容器中进行处置。图 5-11 为典型焚烧炉及其废气处理示意图。

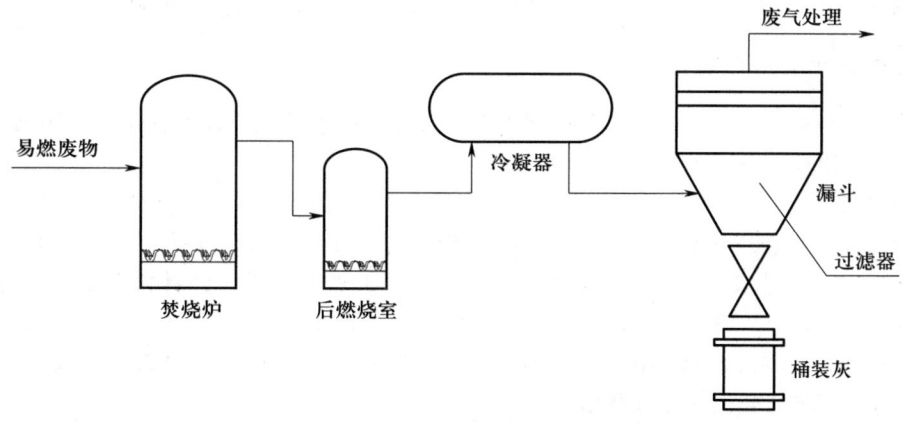

图 5-11　典型焚烧炉及其废气处理示意图

（三）分离-整备技术

乏燃料后处理高水平放射性废液的成分复杂，核素放射性强、毒性大、半衰期长、发热率高、酸性强，而且会产生 H_2、CO、CH_4、C_2H_6、C_2H_4 等爆炸性气体。

将高水平放射性废液分离成小体积高水平放射性废液和大体积低、中水平放射性废液两部分，对前者进行玻璃固化，对后者进行玻璃固化或其他固化。

整备之前要求将高水平放射性废液中的核素分为多组：① 超铀核素组（Np、Am、Cm）；② 碘和锝组；③ 锶和铯组；④ 一般低、中水平放射性核素组。

第六节　放射性污染表面去污技术

一、去污目的和去污技术选择原则

放射性污染表面去污是用物理、化学或生物等方法去除或降低核设施结构、材料或设备内外表面的放射性核素的过程。去污实际上仅改变了放射性核素的存在形式和位置。表面去污的效果用去污因数和去污率评价。

(一) 去污目的

表面去污的目的是去除表面放射性核素，降低残留的放射性水平。因不同的目标和技术要求，去污的目的一般分为：

① 为运行管理和检修的去污：在合理的范围内，降低运行和检修工作人员的放射性受照；

② 为退役进行去污：便于手动拆卸技术的使用；

③ 为废物治理进行的去污：降低污染水平，使产生的废物能作为放射性较低的废物进行处理和处置；

④ 为长期监护进行的去污：减少监护贮存方式中残余放射源的数量，或缩短监护贮存周期；

⑤ 为环境整治进行的去污：出于政治或公众健康和安全的原因，使场地设施恢复到不受限制使用的状态；

⑥ 为其他目的进行的去污：如经济目的（回收利用设备和材料）、事故处理等。

(二) 核设施去污技术选择原则

核设施去污通常需要几种去污技术联合使用，当选择用于系统或设备去污的一项具体技术时，需要考虑效益和技术两方面的问题。

1. 效益方面

① 辐射安全：不应因操作人员的外部污染或吸入放射性尘埃和气溶胶而增加辐射危害。

② 去污效率：应使表面去污达到预期水平，以便手工操作或者允许材料再循环或再利用，或至少使废物的等级下降。

③ 经济效益：设备去污和维修后可再利用，但增加的费用不应超过材料的回收价值，或超过所节约的放射性废物的处理、处置费用。

④ 废物的最少化：应产生最少量的二次废物，使处理和处置费用尽可能低，辐射危害尽量小。

2. 技术方面

去污技术一般分为腐蚀性去污技术和温和去污技术两种。使用腐蚀性去污技术去污后，设备材料受损，可回收但往往不能重复使用；温和去污技术只是将表面的核素去除，多数达不到清洁解控水平；两者要根据去污目的和要求进行选择。

去污技术有化学去污、物理去污、电化学去污、熔炼去污、生物去污技术等，每种技术对待去污的特定系统、结构及装置的适用范围和去污效率各不相同，应在制定去污技术方案时反复比较确定。

二、化学去污技术

化学去污的原理是利用化学溶剂去除污染部件表面的放射性核素、油漆涂层或氧化膜,达到去污的目的。化学冲洗用于对无损伤管道系统的远距离去污,可有效降低大面积区域(如地面和墙壁)的放射性活度。

化学去污因简单可靠,去污效率能满足要求,是目前主要的去污方法。

(一)化学去污的优缺点

优点:化学试剂易得,适用于难以接近的表面的去污,所需工作时间少,通常可遥控操作,产生的放射性废气较少,一般清洗液经处理后可回用。

缺点:对粗糙、多孔的表面去污效率低,清洗废液体积较大,产生组分复杂的混合废液;使用不当时会产生腐蚀和安全问题,大型核设施的去污,一般需要建化学药品贮存和收集设施,去污成本较高。

(二)化学去污剂

按照化学去污剂的性质和类型可分为水(水蒸气)、酸、碱、盐、络合剂、氧化剂、还原剂、去垢剂、表面活性剂等;按照对去污对象的腐蚀性可分为非腐蚀性、低腐蚀性和强腐蚀性化学去污剂等。

1. 水(水蒸气)

水是广泛使用的去污剂,能用于所有的无孔表面。提高水温、在水中添加润湿剂和清洁剂或采用水射流均可提高去污效果。由于水蒸气的气流可快速冲击物体表面,对于平面覆盖层或抛光表面,水蒸气的去污因数比水更高。

优点是价廉、易得、无毒、无腐蚀性,与大多数放射性废物系统相容;缺点是易使放射性核素扩散而难以控制。

2. 无机酸和酸式盐

(1)无机酸

无机酸的去污作用是破坏和溶解金属表面的氧化膜,降低溶液的 pH 以增加溶解度或金属离子的交换能力。强酸去污快且有效,可有控制地用于工厂运行阶段,主要用于核设施退役活动中。

常用的无机酸包括硝酸、盐酸、磷酸等。硝酸适用于溶解不锈钢、铝合金、因科镍合金等材料的金属氧化膜(层),因其具强腐蚀性,不能用于碳钢去污;硫酸适用于不锈钢和碳钢材料去污;盐酸适用于不锈钢、铬钢、钼钢及铜合金等材料去污,是电力锅炉去污的首选化学去污剂之一;磷酸适用于碳钢材料去污;氢硼酸、氢氟酸-硝酸及酸式盐可用于大部分金属表面去污。核设施退役活动中使用的强酸性化学去污剂为 $25\%HCl+20\%HNO_3+3\%HF$,该化学去污剂去污效率高,具有强腐蚀性。

(2)酸式盐

用弱酸和强酸的盐来代替酸,或与不同的酸混合为更有效的混合物。酸式盐与无机酸的去污作用类似,都是溶解或络合金属表面的氧化物,也可以提供游离的钠或铵离子,以离子交换的方式置换污染物,其去污因数比单独用酸更高。$NaHSO_4$ 常用于碳钢和铝材的适度去污。

常用的酸式盐:硫酸氢钠($NaHSO_4$)、硫酸钠(Na_2SO_4)、草酸铵 $[(NH_4)_2C_2O_4]$、柠檬酸氢

251

二铵 [$(NH_4)_2HC_6H_5O_7$] 和氟化钠 (NaF)。

3. 有机酸和络合剂

有机酸和络合剂具有溶解金属氧化膜和分离金属污染物的双重作用,常与洗涤剂、酸或氧化剂的溶液混合使用,可大幅度提高去污因数,主要用于工厂运行阶段,较少用于核设施退役活动中。优点是腐蚀性弱,安全性较高;缺点是价格昂贵,反应速度较慢。

常用的有机酸和络合剂:柠檬酸、草酸及草酸过氧化物、乙二胺四乙酸、羟乙基乙二胺三乙酸、乙二胺二琥珀酸、羟基亚乙基二膦酸酸、二乙烯三胺五乙酸。

4. 碱和碱式盐

氢氧化钠可用于去除油脂、油膜、油漆和其他涂层,去除碳钢的铁锈及中和酸,作为表面钝化剂等,还可作为一种溶剂在高 pH 溶液中溶解某些物质,为其他化学试剂(主要是氧化剂)提供良好的化学反应环境。优点是价廉、易贮存,比用酸的问题少;缺点是反应时间长,对铝有破坏作用。

常用的碱性试剂:氢氧化钾 (KOH)、氢氧化钠 (NaOH)、碳酸钠 (Na_2CO_3)、磷酸钠 (Na_3PO_4) 和碳酸铵 [$(NH)_2CO_3$] 等。

5. 氧化剂和还原剂

氧化剂广泛用于处理金属氧化膜,溶解裂变产物、各种化学物质,对金属表面进行氧化处理。许多金属或其化合物在高氧化态下易碎裂或溶解,碱金属被氧化后方能溶解。碱性高锰酸盐广泛用于处理金属氧化膜,特别是不锈钢。有机酸和过氧化氢往往比强氧化性酸的去污因数更高,且不存在腐蚀和安全问题。

低氧化态金属离子与螯合剂有较强的络合作用,还原剂也可用于去污。

氧化剂的优点是可以对各种酸性溶液进行去污,允许使用腐蚀性不强的酸和盐,在许多化合物的溶解中起独特的作用。缺点是对某些金属具有腐蚀作用,与一些化合物产生剧烈反应,在放射性废物处理处置前需要进行还原。

常用的氧化剂有高锰酸钾、重铬酸钾和过氧化氢等,还原剂有连二磷酸钠、肼、草酸、乙二胺四乙酸等。

6. 去垢剂和有机溶剂

去垢剂是处理各种设施表面、设备、衣物和玻璃制品等有效而柔和的通用型清洁剂,但在有金属腐蚀和持久性污染物时的去污效果并不好。有机溶剂可用于去除物体表面的有机物。

7. 缓蚀剂和表面活性剂

缓蚀剂用来抑制腐蚀反应和基体金属的损失。表面活性剂可以降低液体表面张力,使液体与表面更好地接触,常用作润湿和乳化剂。表面活性剂价廉、易得、安全,几乎无材料处理问题;缺点是作用有限,可能会在放射性废物系统中释放出泡沫或氨气。

(三) 化学去污常用工艺

常见的化学去污工艺有浸泡法、循环冲洗法、可剥离膜去污法、泡沫去污法和化学凝胶去污法等。

1. 浸泡法

该方法向放射性废物系统投放去污剂,使其充满系统,对废物进行浸泡而不循环。该过程可重复进行数次,每次浸泡时间和更换试剂次数要根据实际情况而定。适用于系统的循环泵不能使用时,或某段回路没有被污染而必须与污染溶剂隔离时,或部分系统必须与某种特殊的腐蚀性溶剂隔离时。浸泡时辅以搅拌和加热，可提高去污效果，但提高温度导致设备腐蚀加剧，去污剂分解也会加快，须综合考虑。

2. 循环冲洗法

通常用水和去污剂的混合物充满系统或将去污剂直接加入充满水的系统，在规定时间内强制循环，对金属表面尤其是不锈钢表面有很好的去污效果。该方法已用于系统管道和设备的去污，尤其是在后处理系统和部件的去污方面取得了很大成功。

3. 可剥离膜去污法

可剥离膜去污法是把聚合物的混合物涂到已被污染的表面上，使污染物包含在聚合物中并固化，再将该聚合物层剥离下来送去处置的去污工艺。可剥离膜成膜前是一种溶液或水性分散乳液，去污时可用喷雾法或抹刷法将其涂于沾污表面，干燥成膜（约 1 mm 厚）。可剥离膜去污法用于处理光滑的塑料或金属表面，可得到较高的去污因数（约 100）；如果用于处理粗糙的混凝土表面，以及放射性核素渗入内层的情况，那么去污效果很差。可剥离膜去污法只产生固体废物，用过的可剥离膜可以焚烧处理，二次废物量是一般去污的 1/3，节省工时 1/2，节约费用 1/3。涂层也可以用作保护膜，防止产生新的污染，或者用来封闭放射性核素，防止扩散。

4. 泡沫去污法

泡沫去污法利用诸如洗涤剂和润湿剂产生的泡沫作为化学去污剂的载体来去污，特别适用于金属表面、复杂形状或庞大体积部件的去污。泡沫去污法通常用络合剂作去污剂，也可以用酸作去污剂。泡沫去污法适用于各个方位的去污，甚至包括天花板表面，还能注入管道或其他封闭系统中去污。

泡沫去污法的优点是，在核设施退役拆卸前，可以很好地去除大设备内部的污染物，避免喷雾法产生的气载污染，二次污染物少，易远程操作，工艺成熟且使用广泛，可以循环运行，以提高其有效性；缺点是去污效果随泡沫在表面停留时间的延长而增加，单次处理不能获得高的去污因数，不适用于有深的或错综复杂的裂隙表面。

5. 化学凝胶去污法

当化学去污剂对泡沫稳定性有影响时，可以用化学凝胶代替泡沫。化学凝胶用作化学去污剂的载体时，可以喷或刷涂在部件表面，凝固后可进行洗涤、擦拭、冲洗或剥离。化学凝胶通常使用络合剂或酸作去污剂，典型配方是硝酸-氢氟酸-草酸的混合物、非离子型洗涤剂与羧甲基纤维素凝胶剂相混合，加硝酸铝作为氟化物络合剂。

此法的优点是适用于化学去污剂需要与污染表面长时间接触的情况，能有效去除大部件内表面可擦去的污染物，去污因数高达 100，且废物量最小；缺点是技术和操作比较复杂。

三、物理去污技术

物理去污技术是以物理方法作用于污染表面并达到一定的去污效果。物理去污技术大致分为表面清洗法和表面去除法两大类。

（一）表面清洗法

表面清洗法是非破坏性去污方法，适用于污染表面比较光洁，污染物比较松散的情况，常用水冲洗、擦洗和刷洗、蒸汽清洗、高压水喷洗和超声波清洗等方法。

1. 水冲洗

水冲洗可用于大面积的去污，对去除疏松沉淀微粒（如树脂）和易溶污染物非常有效，也常用作其他去污方法的预处理。该法可与洗涤剂或其他能提高去污效果的化学去污剂一起使用，但不适用于去除固定的、不溶污染物。

2. 擦洗和刷洗

擦洗和刷洗是利用普通的清洁技术对建筑物和设备表面上的灰尘、气溶胶、粒子进行物理去除。污染不严重时，可以用湿布进行擦洗；污染较严重时，先用吸水纸小心吸起污染物，用适量化学去污剂浸泡污染表面一定时间，再用毛刷、棉纱进行擦洗，注意要从外向内进行，不要反方向，以免污染扩大。刷洗不适用于多孔或具有吸收性的物体，也不适用于去除不溶污染物。

3. 蒸汽清洗

蒸汽清洗是将热水的溶解作用与蒸汽的冲击动能结合起来，用物理方法从建筑物和设备的表面去除污染物。蒸汽清洗适用于各种污染物和结构材料，特别适合去除复杂形状和大面积的污染物，可与刷洗同时使用，作为预处理，或作为刷洗工艺的一部分，该法产生的废液较少，但仍需备有污水坑和废液贮存容器。

4. 高压水喷洗

高压水喷洗利用加压水喷射对工件表面进行去污（图5-12）。在喷射液中加入化学去污剂，使冲刷作用和化学作用相结合，可提高喷洗去污的效果。高压水喷洗的压强和流量可调节，一般为 $5\sim70$ MPa，去污因数为 $2\sim100$。该法使用方便、省时（小于 10 min）、二次废液少，但不适用于塑料表面的去污，有时去污因数较低，去污产生的废液和污染物需要进一步循环处理。

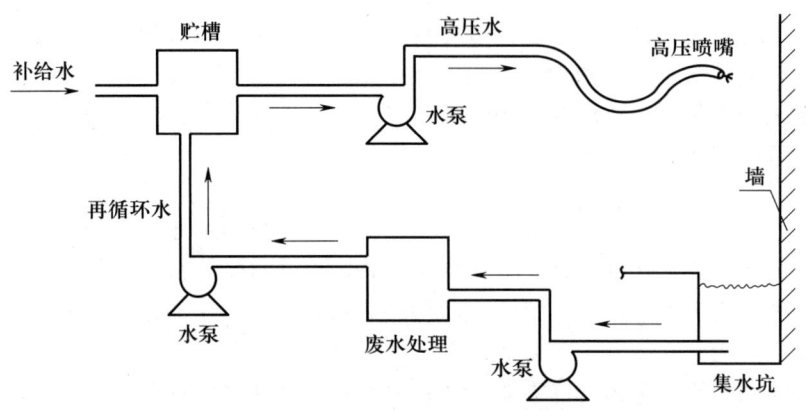

图 5-12　高压水喷洗去污流程示意图

5. 超声波清洗

将超声波（约 20 kHz）转变为低振幅机械能，使清洗液对污染部件产生空化效应和机械冲击作用，从而达到洗涤去污的目的。受清洗槽尺寸和换能器功率的限制，超声波清洗通常适用于小型物体的去污，如工具和小型装置（阀、泵的部件等）。该法对能吸收超声波的混凝土、塑料和橡胶制品等不适用。

（二）表面去除法

表面去除法是破坏性去污方法，适用于污染表面粗糙有孔，污染物渗入表层以下的情况，常用喷射磨料、研磨、破碎剥离等方法。

1. 喷泡沫塑料法

当将带水的氨基甲酸乙酯泡沫塑料喷射到污染表面时，泡沫塑料的膨胀和收缩产生洗涤和剥离效应。泡沫塑料有两种类型：一种是清洗敏感或关键性表面污染的非侵蚀性泡沫塑料，另一种是浸渍磨蚀物的"侵蚀"级泡沫材料。后者可以用于剥蚀油漆、保护涂层和铁锈等，也能用于粗糙混凝土和金属表面的去污。泡沫塑料具有吸收性，能与各种净化剂和表面活性剂一起进行干洗或湿洗，以吸附、吸收和去除表面的沾污物，如腐蚀产物、铁锈、油类、油脂、铅化合物、油漆、化学物品和低水平放射性核素。泡沫塑料去污介质一般能循环使用 8~10 次，使用过的泡沫塑料可采用真空法加以收集，然后做适当处置。将清洗水中的泡沫塑料收集、过滤后返回清洗装置复用。

2. 干冰喷洗法

以小干冰丸作清洁去污介质，用压缩空气（0.35~1.05 MPa）加速小干冰丸使其经过喷嘴冲撞到基体表面时，小干冰丸破碎渗入基体材料并分散，干冰立刻升华，加速污染物的去除。此法对塑料、陶瓷、合成物及不锈钢的去污有效，对木材和一些较软塑料有损坏作用，对脆性材料可能使其破碎。一般最好在室内喷射干冰，以便隔绝施工产生的高达 125 dB 的噪声，并收集去污后松散的污染物。

3. 喷砂法和喷丸法

喷砂法利用离心力或高速流体（压缩空气或水）的喷射力，使磨料冲刷物体表面以达到去污目的，收集清除下来的表面物质及磨料并放置在合适的容器内，以便进行处理或处置。喷砂法可用于大多数材料表面的去污，但不能用于可被磨料打碎的材料（如玻璃、石棉水泥板或有机玻璃）的去污。由于喷砂时磨料被分散，因此对平的表面喷砂去污效果最好。喷砂磨料有砂、金刚砂、玻璃微珠、塑料球、氧化铝或氧化硼粒、天然产物（如稻谷皮或花生壳）等。

喷丸法是一种真空去污方法，喷丸（磨料）被抛到污染表面，又和去除下来的碎屑弹回分离设备，污染表面的剥落、净化和侵蚀作用同时发生。该过程是无尘作业，产生气载污染物的可能性小，去污后表面干燥，无化学物质，故无须另外进行废物处理。喷丸法常用于地面和墙壁等混凝土表面的去污，也能用于金属部件的去污，如贮槽。喷丸法能去除油漆、镀层和铁锈，还能对被酸、碱、溶剂、油和脂污染的表面进行有效去污。

4. 研磨法

研磨法使用水冷却的粗颗粒金刚石砂轮机或碳化钨多层研磨盘研磨待磨面，以摩擦去除表面污染层。一般说来，研磨法用于去除薄层污染，如去除油漆涂层或混凝土保护层。地面式研磨机的研磨头与地面平行，并以环状旋转进行研磨，冷却水注入研磨头中心。在研磨前和研磨过程中使研磨面潮湿，以减少粉尘扩散，敷设在设备附近的高效微粒空气过滤器（HEPA）和湿真空系统是辅助的污染控制手段。典型的金刚石砂轮机（用于地面式研磨机）每天能研磨数百平方米污染表面，其去污厚度约为 12.7 mm，若污染层厚，则砂轮或研磨盘会很快磨损，使总去污效率下降。

5. 破碎剥离法

破碎剥离法是一种用于混凝土表层去污的磨划工艺。一般将几个能同时冲击混凝土表层的气动活塞头（即凿子）组合在一起，破碎会产生交叉污染，因此在少量的破碎设备上安装了真空装置和屏蔽结构。

微波破碎是用微波加热混凝土表面以去除基体中的水分，连续加热产生的蒸汽使混凝土内部产生机械应力和热应力，致混凝土的表面污染层破碎成屑。大碎屑用人工真空设备吸拾，小碎屑被装有高效微粒空气过滤器的真空系统收集。

6. 激光去污法

激光去污法是利用光能吸收及其转变为热能来有选择性地去除物体表面的涂层和污染物。光烧蚀法使用的光源有激光、氙闪光灯和等离子体灯。针对污染物和被污染基体的性质，选用合适频率的光，当光强足够大时，在微秒或更短时间内可将污染层加热到 1 000~2 000 ℃，而对基体基本无影响。每次光脉冲后，物体表面的污染物等离子体化而从物体表面上喷发出来。去污过程不用化学去污剂和磨料，因而不增加二次废物体积。

7. 高温火焰去污法

高温火焰去污法利用可控高温火焰来热分解去除不易燃烧表面的有机污染物。该热分解反应为放热、自催化，由火焰产生的自由基在接近焰锋处可实现残留污染物的完全分解。由于高温火焰去污温度高，火焰停留时间应尽量短，以使对材料的破坏减少到最低程度。高温火焰去污法主要用于有涂层和无涂层的混凝土、水泥、砖和金属表面的去污。有机污染物热分解时有产生气态污染物的危险，因此需要洗涤，以防止污染物释放到大气中去。

四、电化学去污技术

电化学去污技术是将待去污构件放在电解槽中，待去污构件作阳极，电流通过时阳极材料表面发生溶解，从而去除放射性污染物。该法不仅能够去除表面及表面缺陷内的污染物，还可以使物体表面变得平滑。电化学去污技术原理见图 5-13。

电化学去污技术有：① 浸泡法；② 电解隔离法；③ 电解液抽吸法。

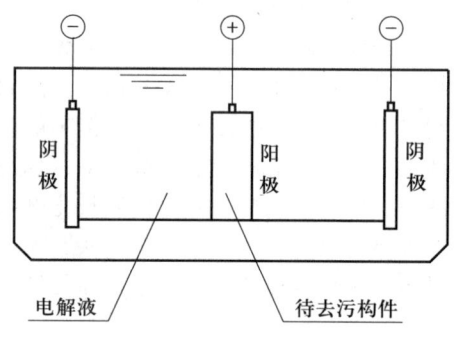

图 5-13　电化学去污技术原理图

1. 浸泡法

将浸泡在电解液中的待去污构件作阳极，石墨作阴极，通入直流电形成回路，从而实现去污。该法通常用于小物件的去污。

2. 电解隔离法

将待去污构件作阳极，以可移动式手柄（石墨）作阴极，阴极外加一个玻璃纤维绝缘套防止短路，电解液位于石墨与绝缘套之间的纤维层内。该法适用于局部区域（如部分工具或部件）或大面积表面（如乏燃料贮存池覆面）的去污。

3. 电解液抽吸法

在可移动的阴极周围加一个抽吸罩，使注入的电解液不断被抽走，循环利用。该法适用于反应堆主回路部件（如蒸汽发生器管头、管道）或其他与安全有关的部件的去污。电解隔离法和电解液抽吸法克服了去污表面需要用大量电解液浸泡的困难。

电压约为 10 V，电流约为 20 A，电极的电流密度为 100~400 A/cm²。电化学去污技术效率高、速度快、二次废物小，去污后构件表面的放射性水平可降低到接近本底水平。电化学去污技术仅适用于金属部件的去污。

五、熔炼去污技术

熔炼是一种冶金方法，依靠熔融使污染的金属中的放射性核素在钢锭、炉渣和过滤灰尘之间重新分配，原来的材料得到了去污。熔炼特别适合于复杂几何形状的设备的去污和减容。熔炼尾气经处理后，炉渣也要做适当处理。

熔炼后的金属达到清洁解控水平的，可有限制或无限制地使用。如果要流入社会无限制使用，那么需要严格控制，必须满足标准和获得审管部门的批准。如果返回核工业用来制造废物容器或屏蔽体，那么可放宽要求。

六、生物去污技术

生物去污技术使用经过特殊筛选培养的微生物菌种，与待去污的介质相互作用，利用微生物对特定核素的捕集能力，将放射性浓集以达到去污目的。

生物去污技术的机理尚不十分清楚，通常认为是细胞壁和细胞膜的吸附、沉积、离子交换、诱捕作用，以及甲基化、脱羟、氧化还原、催化和降解等作用。

生物去污技术适合于大体积、低浓度的放射性污染物表面的去污，目前尚未被大规模应用。

七、其他技术

近几十年开发和研究的放射性去污新技术主要有超临界流体萃取去污技术、气体法去污技术和爆炸去除技术等。

第七节　放射性污染事故应急防护

我国的辐射安全问题主要表现为：① 核设施泄漏将危及周边生态环境的安全和公众健康；② 放射源使用不当或丢失等引起的放射性污染事故；③ 铀（钍）矿和伴生放射性矿开发利用引起的放射性污染。

国内外大量实践表明，只要受照量低于国家标准规定的当量剂量或有效剂量限值，就不会影响健康。因此，必须严格执行国家标准和安全操作规程，加强放射性监测和辐射防护。辐射防护的一般措施见表 5-9。

表 5-9　辐射防护的一般措施

辐射类型	措施	说明
外受照的防护	距离防护	其他条件不变时，操作人员所受剂量的大小与距放射源距离的平方成反比，故实际操作应尽量远离放射源
	时间防护	其他条件不变时，操作人员所受剂量的大小与操作时间成正比，故操作人员须熟悉操作，并尽量缩短操作时间，从而减少所受辐射剂量
	屏蔽防护	屏蔽防护是射线防护的主要方法，依射线的穿透性能采取相应的屏蔽防护措施。对于 α 射线，戴上手套，穿好鞋袜，不让放射性物质直接接触到皮肤即可；对于 β 射线，用一定厚度（一般几毫米）的铝板、有机玻璃等轻质材料即可完全屏蔽；具有强穿透能力的 γ 射线是屏蔽防护的主要对象

续表

辐射类型	措施	说明
内受照的防护	防止呼吸道吸收	气体放射性核素如氡（Rn）、氚（^{3}H）等可由呼吸道进入人体而被吸收，吸收率的大小与放射性核素的溶解度成正比
	防止胃肠道吸收	被放射性核素沾污的食物、水等经口由胃肠道进入人体，吸收率的大小取决于放射性核素的化学特性，碱金属（如 ^{24}Na、^{137}Cs）、卤素（如 ^{18}F、^{36}Cl、^{131}I）的吸收率高达 100%，稀土元素和重金属元素的吸收率最低，为 0.001%～0.01%
	防止由伤口吸入	某些放射性核素 [如 Rn、^{3}H、^{131}I、^{90}Sr（液体）] 可透过完整皮肤进入人体，吸收率随时间增长缓慢，当皮肤上有伤口时，吸收率就增加几十倍以上，并使伤口沾污形成难以愈合的放射性损伤

发生放射性污染事故时，应及时对事故周围的居民及应急救援人员采取适合的防护以减少受照。防护可分为应急防护和长期防护。应急防护要求在事故发生后短时间内做出启动措施的决定，包括屏蔽、服用稳定性碘、撤离、个人防护、控制进出口通路等。长期防护包括临时性避迁、永久性移居、消除放射性污染、食品和水污染干预，以及医学处理等。

一、屏蔽

事故初期通常有大量的放射性核素释放到大气中，造成接触人员受照，此时人们可以躲避在建筑物内，关闭门窗和通风系统，并采取适当的个人防护措施，可减少放射性气溶胶 50%～90% 的外受照和吸入放射性核素的内受照，同时还可以减少沉降至地面的放射性核素的外受照。

屏蔽时受照量的减弱程度与建筑类型和人员位置密切相关，建筑物越大，屏蔽效果越明显，砖墙建筑物或大型商业结构可将外受照量降低一个数量级或更多。各类建筑物对外受照的平均屏蔽因数见表 5-10。

表 5-10　各类建筑物对外受照的平均屏蔽因数

建筑类型	屏蔽因数[①]
一、二层木结构建筑（无地下室）	0.4
一、二层砖结构建筑（无地下室）	0.2
地下室（一面或两面墙受照） 一层（受照墙面积少于 1 m^2） 二层（受照墙面积少于 1 m^2）	 0.1 0.05
三层或四层建筑（每层面积为 500～1 000 m^2）	
一层、二层	0.05
地下室	0.01

续表

建筑类型	屏蔽因数[①]
多层建筑（每层面积>1 000 m^2）	
地面各层	0.01
地下室	0.005

注：① 屏蔽因数为屏蔽后受照量率与屏蔽前受照量率的比值。

在无法实施预防性撤离时，屏蔽是较易实施、有效的措施，困难及代价都比较小。然而，屏蔽需要事先进行周密计划，屏蔽时间一般不宜超过 2 天。

二、服用稳定性碘

碘进入人体后主要蓄积在甲状腺，在放射性碘摄入前服用稳定性碘使甲状腺达到饱和状态，可以阻止其对放射性碘的吸收。注意：服用稳定性碘仅能防护放射性碘，对其他放射性核素几乎没有防护效果。服用稳定性碘常与屏蔽、撤离等措施同时进行。

一次服用 100 mg 碘（以碘计），一般在 5~30 min 可阻止甲状腺对放射性碘的吸收，约一周后恢复对碘的正常吸收。服用碘时间对防护效果有明显影响，在摄入放射性碘前或摄入后立即服用效果最好，最迟应在摄入 6 h 内服用，但在放射性碘持续或多次摄入情况下，服用稳定性碘的时间不受上述限制。一般来说，摄入放射性碘前 6 h 内服用，防护效果可达到 100%；摄入的同时服用，防护效果可达 90%，摄入 6 h 后服用，防护效果可达 50%；摄入 12 h 后服用几乎没有防护效果。

WHO 推荐不同年龄组服用的碘化钾剂量：青少年及成人（≥12 岁）每次服用 130 mg；3~12岁儿童服用量为成人的 1/2；1 个月至 3 岁儿童服用量为成人的 1/4；新生儿（出生 1 个月内）服用量为成人的 1/8。稳定性碘通常服用一次，特殊情况下连续服用不超过 10 次。

三、撤离

事故导致大量放射性核素释放时，撤离是最有效的防护对策，但也是各种对策中难度最大的一种，特别是在事故早期，如果处理不当，就可能会付出较大的代价。撤离前应制定周密的计划，避免撤离时造成人群接受比其他防护（如屏蔽）更大的受照量。制订撤离计划时，必须考虑多方面的因素，如事故大小和特点、撤离人员数量及具体情况，可利用的道路、运输工具和撤离所需时间，可利用的收容中心、地点、设施及气象条件等。

四、个人防护

个人防护主要是对呼吸道和体表的防护。普通人可采用简易办法对呼吸道进行防护，如用手帕、毛巾、布料等捂住口鼻，可减少约 90% 的吸入放射性核素的内受照；对体表的防护可用各种日常服装，如帽子、头巾、雨衣、手套和靴子等。简易方法的防护效果与放射性核素的物理状态、粒子分散度、防护材料特点及防护物周围的泄漏情况等密切相关。简易个人防护措施一般不会引起伤害，代价也比较小，但可能对有呼吸系统疾病或心脏病的人员造成不利影响。

在开始屏蔽或屏蔽时必须外出，或由污染区撤离时，应尽可能采取上述简易防护措施，避免体表或皮肤直接暴露在受放射性污染的空气中。

已受到或疑似受到放射性污染的人员，应尽快进行去污。去污方法可采用水淋浴，并将受污染的衣服、鞋、帽子等封存，后续交由专门人员监测并处理。在实际操作中，要避免因人员去污而延误撤离或避迁，同时尽可能防止将放射性污染扩散到未受污染的地区。

五、控制进出口通路

受放射性污染地区的人群屏蔽、撤离或避迁，应采取控制进出口通路的措施，可减少放射性核素由污染区向外扩散，同时避免进入污染区的人员受照。

核事故发生后，为了控制放射性污染的扩散，应在事故点周围设定警戒区，禁止未经许可的人员进入，同时设立临时返家申请中心，安排临时返家事宜。

申请临时返家人员应填写并确认声明书，内容包括：进入警戒区后全程听从管理者的指挥；严守各项注意事项；离开警戒区后，要接受核辐射检查，封存被确认污染的物品；警戒区内要保持安全意识。

返家需要工作人员全程陪同，工作人员责任：监测人员随时监控核辐射数值的变化，警察负责保障警戒区内的治安问题，消防员负责提醒警戒区内的危险路段，政府工作人员则负责返家人员的联系工作。

返家人员从避难所来到集合点进行各种准备，包括签署确认书，参加说明会，领取测量仪、步话机和防护服，穿戴好全身的防护服，用胶带将腿脚和袖口封闭，直到全副武装坐上统一的交通工具进入警戒区。两小时后再乘坐交通工具返回集合点，进行去污和检测，最终结束返回各自住处。

为了保障临时返家的绝对安全，应规定临时返家的程序及对返家人员的要求：必须穿长袖衣服；返家途中不可以喝水（避免如厕导致污染）；不可以把家禽和宠物及食品带出；儿童和行动不便的老人不可以返家等。

六、临时性避迁

临时性或暂时性避迁与撤离的主要区别在于采取行动的时间长短不同，如果受照率未达到需及时撤离，但长时间的累积受照量又较大，此时就需要有控制地将人群从受污染地区避迁，避免或减少未来几个月内接受地面沉积的放射性核素的高剂量辐射。

临时性避迁的紧迫性小于撤离。随着时间的推移，放射性衰变和自然过程（如雨水冲刷和气候风化作用）会降低事故地区的污染水平，使人员能返回并恢复在该地区的活动。可以在临时性避迁的同时采取恢复措施（包括土地及建筑物、用品去污）以缩短临时性避迁的时间。

如果受污染地区人口众多，执行临时性避迁的代价和困难就比较大。主管部门要充分了解污染程度及范围，并及时告知公众是否要避迁，若确需避迁，则应认真做好组织和思想工作。

七、永久性移居

长寿命放射性核素产生的辐射剂量率下降较缓慢，为避免或减少受该类核素辐射的长期累积剂量，可以考虑从受污染地区迁出。如果预计在 1~2 年的月累积剂量不会降至 10 mSv，那么可以考虑实施永久性移居。当预计终身受照量可能会超过 1Sv 时，也应考虑实施永久性移居。

永久性移居所需资源包括人员及财产运输，新住房及其基础设施，以及新基础设施建成之前收入的暂时损失。

八、消除放射性污染

消除放射性污染，主要包括建筑物和土壤去污、污染物固定、隔离和处置等，使其尽可能恢复到事故发生前的状况，从而减少地面沉积放射性核素的外受照，减少放射性核素向人体、动物和食品转移，降低放射性核素悬浮和扩散的可能性。因去污后可以恢复某些活动，故去污通常要比长期封闭污染区的破坏性小。

通常，去污越早，效率越高。然而，推迟去污可以充分利用放射性衰变和气候风化作用降低放射性污染水平，从而减少去污人员的集体剂量，所需费用也可以降低。

去污的困难、风险和代价在于：

① 去污作业人员因外受照和吸入放射性核素而增加受照量，故相关工作人员必须采取防护措施。

② 去污面积较大时，不仅费用较高，贮存或处理大量放射性废物也很困难。

福岛核事故的放射性污染处理包括：在事故起始阶段和事故发生过程中，使怀疑受到一定程度放射性污染的人员脱除衣物，用肥皂和水进行去污。事故发生后，采取恢复措施，对主要公共场所如厂矿、学校等的建筑物和泥土进行去污。

九、食品和水污染干预

为控制食品和水污染，一般在事故的中后期根据污染程度确定干预措施，包括以下内容：

① 事故发生后应对食品和水进行监测，根据实际情况采取相应措施以降低食品和水的污染水平。

② 干预可安排在食品生产和分配的不同阶段进行：对植物或土壤直接处理，可避免放射性核素被吸收到农作物和动物饲料中；改用干净的饲料或避免家畜在野外放牧，以及对动物进行特殊的处理，可减少放射性核素转移到食品中；在出售前对食品进行适当处理，如蒸煮、洗涤、去皮，或在低温下保存，使短寿命放射性核素自行衰变，降低其污染水平；若上述方法都不能使食品放射性降低到可接受的水平，则应该禁止销售该食品。

③ 对于受污染的水，原则上禁止其作为饮用水源；然而，当污染事故区无替代的饮用水源时，可用混凝、沉淀、过滤、离子交换等方法去污后饮用，并随时监测水质放射性指标。

④ 如果能够获得未受污染的食品和饮用水，那么应禁止销售及食用和饮用受放射性污染的食品和水。

联合国粮食及农业组织食品法典委员会发布的 CAC/GL5—2006，对进入国际贸易的核污染食品，规定了放射性核素活度浓度的指导水平（表5-11）。

表5-11　联合国粮食及农业组织食品法典委员会规定的食品中放射性核素活度浓度的指导水平

食品类别	代表性核素	指导水平/($Bq \cdot kg^{-1}$)
婴儿食品	^{238}Pu、^{239}Pu、^{240}Pu、^{241}Am	1
	^{90}Sr、^{106}Ru、^{129}I、^{131}I、^{235}U	100
	^{35}S、^{60}Co、^{89}Sr、^{103}Ru、^{134}Cs、^{137}Cs、^{144}Ce、^{192}Ir	1 000
	$^{3}H^{*}$、^{14}C、^{99}Tc	1 000

续表

食品类别	代表性核素	指导水平/(Bq·kg^{-1})
成人食品	^{238}Pu、^{239}Pu、^{240}Pu、^{241}Am	10
	^{90}Sr、^{106}Ru、^{129}I、^{131}I、^{235}U	100
	^{35}S、^{60}Co、^{89}Sr、^{103}Ru、^{134}Cs、^{137}Cs、^{144}Ce、^{192}Ir	1 000
	^{3}H*、^{14}C、^{99}Tc	10 000

十、医学处理

在核事故中的受照量超过剂量限值时，少数人可能会引起不同类型、不同程度的损伤，需在不同水平的医疗单位进行分级处理。对皮肤污染要及时进行去污，对体内污染的促排应在专门的医学监护下进行。

对小剂量受照人员，医务人员应做好解释工作，以消除顾虑。

对采取防护措施地区以外的人员，虽然未受干扰，风险也很小，但是他们会产生担忧，医务人员也需要做好解释工作。

对事故受照人员，应进行登记、分类，并根据受照量进行长期医学监督，分析随机性效应（致癌和遗传效应）及对事故的精神心理反应。

第八节　放射性污染控制应用实例

自人类和平利用核能以来，截至 2022 年 12 月共发生 30 多次放射性物质的泄漏事故，甚至造成人员伤亡，其影响深远，民众谈"核"色变。三哩岛、切尔诺贝利和福岛核泄漏是最严重的三次特大核事故，其中后两者为七级特大核事故。

一、三哩岛核事故处理

（一）事故原因

1979 年 3 月 28 日凌晨 4 时（当地时间），美国宾夕法尼亚州的三哩岛核电站 2 号机组的堆芯压力和温度骤然升高，2 小时后，大量放射性物质溢出。

事故原因：工人检修后错误关闭了蒸汽给水系统的阀门，蒸汽发生器的水烧干后引起冷却水的温度、压力升高，系统自动排出冷却水进行泄压后，安全阀出现故障未能自动关闭，致使冷却水继续排出，之后的一系列错误操作导致堆芯上部的燃料熔化，造成放射性物质泄漏。

（二）事故处理

1. 紧急处置

事故发生后，核电站陆续采取补救措施。3 月 28 日 6：22，操作人员关闭了安全阀和稳压器之间的切断阀，阻止冷却水通过安全阀流失。当日下午开始向核反应堆冷却系统高压注水，19：55 恢复了核反应堆堆芯的强制冷却。3 月 29—30 日，操作人员将气体输送至废气衰变罐时，压缩机导致一些放射性气体泄漏。

从 3 月 30 日到 4 月 1 日，操作人员定期打开核反应堆冷却系统的排气阀，6 天后核反应堆温度开始下降，氢气爆炸的威胁解除。4 月 27 日实现冷却水的自然对流循环，核电站最终处于"冷停堆"状态，即水温在大气压下低于 100 ℃。

由于核反应堆有多道安全屏障，只有事故现场的 3 人受到了略高于半年容许剂量的辐射。美国政府紧急将附近约 20 万居民陆续撤离，时任总统吉米·卡特访问事故现场，宣布"美国不会再建设核电站"。

2. 事故机组的安全拆除

据统计，受损核反应堆系统的清理工作耗时近 12 年。清理工作在技术上具有独特的挑战性，如植物表面去污，清洁期间使用和储存的水去污，移除约 100 t 受损的燃料，并要求不会对清理工作人员或公众造成危害。

拆除工作始于 1979 年 8 月，第一批低水平放射性废物被运往华盛顿州里奇兰市。1985 年 10 月至 1990 年 4 月，水下的受损燃料被取出并装入包裹在混凝土中的 342 个燃料罐中，运送到爱达荷州国家实验室长期储存。

1991 年，美国对核反应堆容器无法接近部分的剩余燃料进行了最终测量，约 1% 的燃料和碎片留在容器内部，同年最后一批剩余的污染水从受损机组中抽出。清理工作于 1993 年 12 月结束。

2 号机组清理计划被美国专业工程师协会命名为 1990 年美国完成的最高工程成就之一。

（三）事故影响

三哩岛事故有 60% 的燃料棒受到损坏，核反应堆最终陷于瘫痪，此次事故被定为 5 级核事故。

三哩岛核事故引发了人们对核电站周围区域辐射引发健康影响（主要是癌症）可能性的担忧。十多项独立研究评估了辐射释放对周围人员和环境的可能影响，最近的一项研究是对 32 000 人进行的为期 13 年的研究，均未发现任何可能与该事故有关的不利于健康的影响，如癌症。同时宾夕法尼亚州卫生部 18 年来一直保持着一份 30 000 多人的登记册，这些人在事故发生时居住在距三哩岛约 8 km 的范围内。该州的登记于 1997 年年中停止，没有任何证据表明该州存在异常的健康趋势。

培训改革是核事故最重要的成果之一。培训的重点是在任何条件下保护核电站的冷却能力，为操作人员在理解核电站运行的理论和实践方面奠定了基础。同时，建立了核电运行研究所（INPO）及核培训学院，在促进核电站卓越运营和认证其培训计划方面发挥了有效作用。

提高安全性和可靠性是核事故的另一个重要成果。从核事故教训发展而来的培训、操作和事件报告等制度，使核电行业的运行更加安全可靠。核电站重大事故的数量从 1985 年的每台核反应堆机组 2.38 起减少到 1997 年底的 0.10 起。在可靠性方面，核电站的中位能力因数（即核电站能够产生的最大能量的百分比）从 1980 年的 65% 左右增加到 2000 年的 80% 以上。此外，通过跟踪美国核电站的其他指标，发现这些指标从 1980 年起得到大大改善。

二、切尔诺贝利核事故处理

（一）事故原因

1986 年 4 月 26 日 1：23（当地时间），切尔诺贝利核电站 4 号机组因人为操作失误启动了紧急停机，主要冷却系统停止工作，核反应堆温度迅速升高，导致蒸汽压力过大引发连续爆炸，散发出大量的放射性微粒和气态残骸（^{137}Cs 和 ^{90}Sr）。4 号机组爆炸的高温熔融物点燃了相邻 3 号机组的屋顶，引发了至少 5 处火灾。

（二）事故处理

从 1986 年 4 月 26 日到 1989 年 10 月，应急处理工作分为三个阶段：紧急处置突发事故，消除事故影响，开展国际合作。

1. 紧急处置突发事故

从 1986 年 4 月 26 日事故发生到 5 月 6 日基本控制放射性泄漏，苏联应急处理工作从忙乱转为有序。在关键的 11 天内，苏联政府迅速组建了灾害特别委员会、政治局工作组等机构，围绕"控制放射性物质泄漏"主题边调研边救助，先后采取了灭火、隔离事故核反应堆、疏散附近居民等紧急措施，基本控制了放射性物质的大规模释放，有效避免了更大灾害的发生。

（1）灭火

4 月 26 日凌晨，消防队员、急救人员和核电站值班人员在没有任何辐射防护的条件下，经过 5 小时 9 分钟扑灭了所有的外部火灾。

（2）封堵爆炸缺口

4 月 27 日早晨，空投碳化硼、白云石、沙子、黏土和铅等灭火材料，试图终止内部石墨火灾并吸收外泄的气溶胶颗粒。从 4 月 27 日至 5 月 10 日（主要集中在 4 月 28 日至 5 月 2 日），累计投下约 5 000 t 灭火材料并完全覆盖 4 号机组，放射性降低至每天几百居里，放射性物质大规模释放基本结束。

5 月 2 日，三名志愿者潜入淹没的 4 号机组地下室的冷却水池，打开了排水闸，并从 5 月 4 日开始注入液氮降温，到 5 月 6 日，地下室的温度已停止升高。至此，4 号机组的爆炸风险被初步消除。

（3）政府决策

4 月 26 日早晨，苏联部长会议主席得到信息后，立即组建灾害特别委员会并奔赴事故现场。4 月 28 日 21：00，苏联政府发布简讯，通报切尔诺贝利核电站事故。4 月 29 日，苏联部长会议主席牵头成立政治局工作组，全权负责救灾工作。5 月 2 日，苏联部长会议主席、苏联共产党中央书记处书记亲临现场实地调查。

（4）撤离居民

4 月 26 日夜间，苏联决定紧急疏散普里皮亚季镇的居民；4 月 27 日 14：00，普里皮亚季镇发布紧急疏散通知并实施撤离，经过 3 个小时约 4 万居民全部撤离。灾害特别委员会根据得到的数据，分别于 4 月 28 日和 5 月 2 日决定疏散半径 10 km 和 30 km 范围内的居民，并将 30 km 范围设为禁区。

苏联政府依靠强大的动员能力，紧急疏散共 13.5 万人（其中约 5 万人居住在切尔诺贝利核电站附近）。

（5）初步清理放射性污染

在撤离居民的同时，苏联政府向事故区调集了防化部队和民防人员进行重灾区的初步放射性清理工作。

2. 消除事故影响

5 月 6 日，放射性物质释放量迅速下降。从 5 月 7 日至 8 月中旬，应急工作重心转为开展消除事故影响，主要工作包括：消除放射性污染，实施医疗保障，调查事故原因。

虽然 4 号机组表面已被 5 000 t 灭火材料覆盖,但内部 195 t 核燃料仍在燃烧,一旦烧穿机组下方的水泥板,高温熔融物就会下渗到地下室的冷却水池,可能引发更具破坏性的爆炸,导致放射性物质进入地下水层,污染普里皮亚季河,进而污染第聂伯河甚至黑海。为解决该问题,苏联政府采取建造人工除热水平层和建造"石棺"两项措施:① 抽空 4 号机组冷却水池,然后挖隧道进入机组底部,建造人工除热水平层,防止熔融物下渗;② 用混凝土和钢壳封存事故机组,并安装通风过滤、辐射监测装置等,建造"石棺"。"石棺"于 1986 年 12 月建成;随着"石棺"的老化,2012 年 4 月至 2019 年 4 月,乌克兰在"石棺"外建成"钢棺",预计使用寿命为 100 年。

事故清理人员对 1—3 号机组进行清理、调试,以便重新启动。在核电站周围 30 km 范围内实施清理,尤其是居民区和街道,以便未来回迁居民。到 8 月 10 日,苏联政府完成切尔诺贝利核电站厂区约 87 万 m^2 的去污工作。

在实施医疗保障方面,苏联政府绘制了标有居民点和受污染状态的地图,对污染程度不同的农业区采取了不同的管理措施;着重研究去污后是否适合居民回迁的问题,并对居民回迁做了具体规定;建立了比较全面、系统的居民健康监督、保障体系,设立了切尔诺贝利登记处,更好地掌握居民的健康状况。

在调查事故原因方面,苏联政府对事故原因进行了技术性分析;苏联科学院针对事故后果开展了一系列的研究活动,其中以生态学方面的研究为主。

3. 开展国际合作

在消除事故后果方面,苏联政府接受了国外援助,愿意开展核电发展的国际交流,呼吁扩大国际原子能机构内部的合作。1986 年 8 月 25—29 日,苏联在国际原子能机构维也纳会议上全面介绍了切尔诺贝利事故及其后果。

在后续消除事故影响方面,苏联政府针对个别地区放射性污染清理不干净的严重问题,进行了调查和分析,采取了相关措施。与此同时,为居民建设了新城并建立了福利系统。在核安全建设方面,对事故核反应堆的安全性能进行了改进,全面停止该堆型建设,并研制新一代核反应堆;提出建立核动力安全发展的国际制度和防止核恐怖行为。在机构改革方面,苏联政府成立了国家工业及核电安全监督委员会、国家原子能动力部,还建立了一批核安全部门。

1989 年 10 月,苏联政府向国际原子能机构提出请求,希望对切尔诺贝利事故作一次国际专家评价。从此,对切尔诺贝利事故的处理由苏联的内部事务转变成国际化行为。

(三)事故影响

事故后距核电站 30 km 范围内被设为禁区,尽管辐射水平已不足以对健康造成影响,但仍作为预防措施进行隔离。大部分放射性尘埃沉积在乌克兰、白俄罗斯和俄罗斯,其他少量飘落到欧洲大部分地区,造成空气、土壤、水体等污染。

事故对居民的长期影响一直备受争议。2008 年联合国原子辐射效应科学委员会报告:134 名受高剂量辐射的急性辐射综合征患者,主要后遗症是皮肤损伤和白内障,其中 28 人于事故后几个月内死亡;1986—2006 年 19 名急性辐射综合征幸存者的死亡与辐射无关。1986 年饮用 ^{131}I 污染牛奶的儿童和少年的甲状腺癌发病率明显增加,1991—2005 年共报告 6 000 多例,且存在上升趋势,但仅有 15 人死亡,未发现普通公众与辐射相关的其他健康效应。有研究报道,1987—2002 年出生的 130 名儿童,其父母都接受过较高程度的辐射甚至曾患急性辐射综合征,但未发现电离辐射对生殖细胞 DNA 有代际影响。

此外许多撤离者已经返回并在 30 km 禁区内生活;2011 年乌克兰开放切尔诺贝利核电站废墟

周围地区，并将其作为旅游景点。

事故对生态系统的影响从伤害到增强变异均有发生，对环境影响的总效果是大幅提升了生物多样性和种群多样性。

三、福岛核事故处理

（一）事故原因

2011 年 3 月 11 日 14：46（当地时间），日本三陆海域发生 9 级地震并引发海啸，福岛核电站的两台应急柴油机被高达 14～15 m 的海啸淹没，造成福岛第一核电站 1—3 号机组停机，余热不能及时散发而导致锆水反应，产生大量氢气并发生爆炸，造成放射性物质泄漏。

（二）事故处理

日本政府的应对措施包括紧急处置及开展国际合作等。日本东京电力控股株式会社（东京电力）仅在事故初期对事故机组进行冷却，并处理部分废水，之后隐瞒放射性废水污染数据且任由废水继续泄漏。日本政府决定于 2023 年将上百万吨放射性废水排入太平洋，遭到国际社会、福岛县民众、日本媒体等强烈反对。

1. 紧急处置

从 2011 年 3 月 11 日发生 9 级大地震到 3 月 30 日基本控制事故的扩大化，日本政府迅速将事故周围区域的居民撤离，并划定禁区；紧急监测并限制受污染食品、饮用水进入流通环节，避免伤害公众健康。

（1）政府决策

日本政府于 3 月 11 日 19：03 宣布福岛第一核电站进入核紧急事态，在次日放射性物质泄漏后，于 3 月 17 日紧急出台《食品和饮用水摄入相关限值指标》，预防污染的食品或饮用水危害公众健康，并陆续限制福岛核电站周边地区的食品、饮用水流通，3 月 30 日宣布福岛第一核电站永久报废。

4 月 8 日，日本政府陆续解除对食品、饮用水的限制，11 日宣布建立"计划撤离区"和"应急撤离准备区"。因 1—3 号机组放射性物质的估算释放量（6.3×10^{17} Bq）远高于国际原子能机构规定的 1×10^{16} Bq，日本政府于 12 日将事故提高到 7 级。8 月，福岛核电站 20 km 以内的范围被划定为警戒区域。

（2）撤离居民

日本政府于 3 月 11 日 20：50 要求福岛第一核电站半径 2 km 范围内的居民撤离，随后将撤离范围扩大至 3 km，同时要求 3～10 km 范围内的居民屋内避难。12 日早晨，日本政府要求福岛第一核电站半径 10 km、第二核电站半径 3 km 范围内的居民撤离，下午要求福岛第二核电站半径 10 km、第一核电站半径 20 km 范围内的居民撤离。

根据事态发展，3 月 15 日，日本政府要求福岛第一核电站半径 20～30 km 范围内的居民屋内避难。4 月 21 日，撤离区域由福岛第二核电站半径 10 km 变为 8 km；4 月 22 日解除半径 20～30 km 范围内的屏蔽指令。

（3）现场处置

福岛第一核电站 1 号、3 号和 2 号机组分别于 3 月 12 日、14 日和 15 日发生氢气爆炸，4 号机组 3 月 17 日起火燃烧引发厂房侧壁被炸后，3 号机组附近的辐射最高达到 3 484 mSv/h，2 号机组 1.1 km 外的核电站西门附近辐射一度高达 351.5 μSv/h，东京电力向事故机组注入海水冷却，防止事态进一步扩大。

3 月 18 日，辐射首次下降，但核电站内部污染仍然严重，存在至少 5 种放射性物质，22 日福岛附近海域检出多种放射性物质，20 km 外强制疏散区的放射性比安全标准高 16.4 倍，有的海域甚至超标 127 倍。3 月 25 日，1、2 号机组地下积水的辐射是平常的 1 万倍。

核事故的最初一个多月，紧急救援行动跌宕起伏，虽多次曙光乍现，但始终不能完全控制局势；放射性物质的扩散并未得到有效抑制，机组取水口附近海水中放射性物质严重超标，附近地区的牛奶、蔬菜、粮食作物甚至地下水都遭到一定程度的污染，殃及日本西部地区乃至临近的其他国家。

2. 开展国际合作

3 月 14 日，日本政府向国际原子能机构求助派遣专家赴日本协助处理，并与联合国、世界卫生组织、国际红十字会等多个机构合作。中国、韩国、俄国、美国、法国等多个国家向日本派员参与核事故的救援工作，但仅有美国的 9 名专家获准进入距核电站 80 km 的避难区内开展工作。

（三）事故影响

事故早期向大气释放 $3.7 \times 10^{17} \sim 9.0 \times 10^{17}$ Bq 的气载放射性物质，其中 ^{137}Cs 有 80% 沉降到海洋中，18% 沉降到日本本土，2% 沉降到日本以外的陆地。

随着事故的发展，核电站积累的放射性废水向环境泄漏/排放，对周边海域环境产生不利影响。2011 年 4—5 月，向海洋泄漏/排放的放射性总活度为 4.70×10^{15} Bq。日本政府不顾全球多方反对，从 2023 年 8 月 24 日开始，将累积的约 134 万 t 放射性废水排入大海。

事故发生后，我国 30 个省、自治区和直辖市的空气中检测到放射性气溶胶，海水中检测到放射性核素。

思考题与习题

1. 配制 100 L 放射性活度浓度为 3.7×10^3 Bq/L 的 ^{238}U 废水，需要加入多少克 ^{238}U？

2. 受照量、吸收剂量、当量剂量、有效剂量之间有什么联系和区别？为什么引入集体有效剂量、待积有效剂量的概念？

3. 人体受到能量为 0.1 MeV 的 γ 射线辐射，测得体表处受照量为 3.0×10^{-2} μC/(kg · s)，人在该条件下能连续工作多长时间？

4. 水体内某点的 γ 射线（^{60}Co）的受照量为 5.18×10^{-2} C/kg，求该点的吸收剂量（^{60}Co 射线能量为 1.25 MeV）。

5. 什么是随机性效应和确定性效应？说明随机性效应和确定性效应的特征。

6. 剂量限制体系的主要内容是什么。剂量约束、剂量限值、参考水平、干预水平、导出限值有什么联系和区别？

7. 放射性评价方法和基本标准有哪些？

8. 放射性固体废物常用固化方法的适用性和优缺点有哪些？

9. 5 m^3 放射性废水的总放射性活度为 2.5 Ci，蒸发后的二次冷凝液的活度浓度为 370 Bq/L，则蒸发处理的去污因数是多少？

10. 放射性气体处理有哪些方法，存在什么问题？

11. 去污的定义是什么，为什么要去污？简述常用的去污剂及其去污作用。

12. 化学去污的方法有哪些，有什么优缺点？

13. 某工具被 β 放射性污染，测量 β 计数为 $1.56×10^6$ 粒子数/($1\ 000\ cm^2 \cdot 2\pi \cdot min$)，经擦洗去污后，β 计数为 $6.15×10^4$ 粒子数/($1\ 000\ cm^2 \cdot 2\pi \cdot min$)，则去污因数和去污率各为多少？该工具能否拿回车间使用？[控制水平小于 $30\ 000$ 粒子数/($1\ 000\ cm^2 \cdot 2\pi \cdot min$)。]

第六章　光污染及其控制

　　本章概述部分在介绍了光环境定义、影响因素、光的效果，光源的定义和类型的基础上，详细介绍了光污染的产生、来源、分类和危害。在光学基础部分介绍了光的基本物理量和电光源的基本技术参数。在光环境评价与质量标准部分介绍了天然与人工光环境的评价，以及光环境功能区域规划的相关内容。最后介绍了目前主要的光污染控制技术、控制措施和应用实例。

第一节　概　　述

一、光环境

（一）光环境的定义

　　光环境（luminous environment）是物理环境中的一个组成部分，它与色环境等并列，对于建筑物来说，光环境是由光照射于其内外空间所形成的环境，包括室内光环境和室外光环境。

　　室内光环境主要是由光（照度水平和分布、照明的形式和颜色）与颜色（色调、色饱和度、室内颜色分布、颜色显现）在室内建立的与房间形状有关的生理和心理环境。其功能是要满足物理、生理（视觉）、心理、人体功效学及美学等方面的要求。

　　室外光环境是在室外空间由光照射而形成的环境。它的功能除了要满足与室内光环境相同的要求外，还要满足如节能和绿色照明等社会方面的要求。对于建筑物来说，光环境是由光照射于其内外空间所形成的环境。光环境中的光源包括天然光源和人工光源。

（二）光环境的影响因素

　　光环境有以下的基本影响因素：

　　（1）照度和亮度

　　照度和亮度是明视的基本条件。保证光环境的光量和光质量的基本条件是照度和亮度。

　　（2）光色

　　光色指光源的颜色。按照国际照明委员会（CIE）标准表色体系，将三种单色光（如红光、绿光、蓝光）混合，各自进行加减，就能匹配出感觉与任意光的颜色相同的光。此外，人工光源还有显色性，表现出照射到物体时的可见度。在光环境中光还能激发人们的心理反应，如温暖、清爽、明快等。

　　混光是将两种不同光色的光源进行混合，通过灯具照射到被照对象上，呈现出已经混合的光。在光环境中往往也用混光。

（3）周围亮度

人们观看物体时，眼睛注视的范围与物体的周围亮度有关。根据实验结果，容易看到注视点的最佳环境是周围亮度大约等于注视点亮度。美国照明工程学会提出周围的平均亮度为视觉对象的 $1/3 \sim 3$。

就一般经验而论，周围环境较暗，容易看清楚物体；周围环境过亮，则不容易看清楚物体。因此在光环境中周围亮度比视觉对象暗些为宜。

（4）视野外的亮度分布

视野外的亮度分布指室内顶棚、墙面、地面、家具等表面的亮度分布。在光环境中其各自的亮度不同，构成丰富的亮度层次。

（5）眩光

在视野中由于亮度的分布或范围不当，或在时空方面存在着亮度的悬殊对比，以致引起不舒适感觉或降低观看细部或目标的能力，这种现象称为眩光。眩光在光环境中是有害因素；应设法控制或避免。

（6）阴影

在光环境中，无论光源是天然光源还是人工光源，当光存在时，就会存在阴影。在空间中由于阴影的存在，才能突出物体的外形和深度，因而有利于光环境中光的变化，丰富了物体的视觉效果。在光环境中希望存在较为柔和的阴影，而避免浓重的阴影。

（三）光环境中光的效果

在光环境中以光为主体产生下列效果：

（1）光的方向性效果

光的方向一般有顺光、侧光、逆光、顶光、底光。在光环境中光的方向性效果主要表现在增强室内空间的可见度，增强或减弱光和阴影的对比，增强或减弱物体的立体感。在室内光环境中只要调整光源的位置和方向，就能获得所要求的方向性效果。这种效果对建筑功能、室内表面、人物形象及人们的心理反应都起着重要作用。

（2）光的造型立体感效果

由于光的明暗变化，物体表面上会产生光的造型立体感效果，简称立体感。在光环境中室内外表面的细部、浮雕、雕塑等都会体现光的这种效果。在室内光环境中，人物形象、表面材料等受光照射后都能表现出立体感，会使人们获得美好的感受。

（3）光的表面效果

在室内空间中，光在各表面上的亮度分布或有无光泽，构成光的表面效果。

① 表面亮度。在室内空间中，光在各表面上的反射程度取决于表面与背景之间的亮度比。这种亮度比能为眼睛提供信息，有利于眼睛适应，使视觉功效与工作行为相互协调，并能降低室内眩光。为了获得良好的室内光环境，顶棚、墙面、门、窗、地面、工作面及工作对象等表面之间应力求获得最佳的亮度比。

② 表面光泽。在室内空间中，光照射到表面时，在它的定向反射方向射出强烈的反射光，同时在其他方向因散射而出现少量光，由于反射光在空间分布而呈现出表面的外观性质，称为表面光泽。

（4）光的色彩效果

① 光和色彩。光和色彩属于不可分开的领域，对室内光环境来说，光和色彩起着相辅相成的作用。色彩的明度与光的反射比直接相关，如表6-1所示。可见光的反射比越大，色彩的明度也越大。

② 色彩效果。在室内光环境中，通过光的照射，各种材料的表面会呈现出色彩效果。为了获得明亮的光环境，一般高明度色彩用于室内上部以取得明亮效果，低明度色彩用于室内下部以取得稳定效果，因此在光环境中，光除了可以获得视觉效果以外，还可以获得如感情、联想等心理效果。

表 6-1　色彩的明度与光的反射比的关系

明度/°	0	1	2	3	4
反射比	0	1.21	3.13	6.56	12.00
明度/°	5	6	7	8	9
反射比	19.77	30.05	43.06	59.10	78.66

二、光源及其类型

光源分为天然光源和人工光源。天然光源指日光和月光；人工光源就其发光机理，可归纳为热辐射光源、气体放电光源和其他光源（激光光源、场致发光光源、半导体光源等），下面对常见光源分别介绍。

（一）热辐射光源

热辐射光源是依靠电流通过灯丝发热到白炽程度而发光的电光源，主要有白炽灯、卤钨灯。

1. 白炽灯

普通白炽灯显色性好、光谱连续、结构简单、易于制造、价格低廉、使用方便，是最早被广泛利用的一种电光源。但其主要缺点是能量转换效率低，大部分能量转化为红外辐射损失，可见光不多、发光效率低、使用寿命短。近年发展起来的涂白白炽灯、氪（Kr）气白炽灯和红外反射膜白炽灯发光效率提高，寿命延长。

2. 卤钨灯

卤钨灯是灯泡内含有一定比例卤化物的改进型白炽灯。卤钨丝在灯泡内除充填惰性气体外，还充入少量的卤族元素，如氟（F）、氯（Cl）、溴（Br）、碘（I）或与其相应的卤化物，使之在灯泡内形成卤钨再循环过程，以防止钨沉积在玻璃内壳上，降低灯丝的老化速度。卤钨灯与普通白炽灯相比，发光效率可提高到30%左右，高质量的卤钨灯寿命可提高到普通白炽灯寿命的3倍左右。卤钨灯在公共建筑、交通和影视照明等方面得到了广泛的应用。

（二）气体放电光源

气体放电光源是电极在电场作用下，电流通过一种或几种气体或金属蒸气而发光的电光源。气体发电光源按充气压力大小可分为高压气体放电灯和低压气体放电灯。高压气体放电灯主要有高压汞灯和高压钠灯，使用最多的高压气体放电灯是高压汞灯和金属卤化物灯两种。低压气体放电灯主要有荧光灯和低压钠灯，使用最多的荧光灯是直管型、环管型和紧凑型荧光灯。气体放电光源比热辐射光源的发光效率高得多，应用广泛。

1. 高压汞灯

高压汞灯是利用汞放电时产生的高气压获得可见光的电光源，内部充有汞和氩气，有的内壳涂以荧光粉，有的是完全透明的。其发光效率与普通荧光灯差不多，使用寿命却比较长。其缺点是显色性差，发出蓝绿色的光，缺少红色成分，除照到绿色物体上外，照到其他物体上多呈灰暗色，而且不能瞬时启动。

2. 金属卤化物灯

金属卤化物灯是通电后，使金属汞（Hg）蒸气和钠（Na）、铊（TI）、铟（In）、钪（Sc）、镝（Dy）、铯（Cs）、锂（Li）等金属卤化物分解物的混合体辐射而发光的电光源，是在高压汞灯的基础上发展起来的一个新灯种，结构与高压汞灯相似，但发光效率高得多，显色性较好，使用寿命也较长，为避免影响光电特性，在使用中有位置朝向要求。金属卤化物灯除可替代高压汞灯外，还可在要求显色性较好的场所中使用。

3. 荧光灯

荧光灯是利用低压汞（Hg）蒸气放电产生的紫外线，激发涂在灯管内壁上的荧光粉而转化为可见光的电光源，又称为日光灯。其发光效率是普通白炽灯的 3 倍以上，使用寿命大约为普通白炽灯的 4 倍，且灯壁温度很低，发光比较均匀柔和，应用领域极为广泛。其缺点是在使用电感镇流器时的功率因数偏低，且存在频闪效应。

直管荧光灯有粗管灯（直径 38 mm）和细管灯（直径 26 mm）两种类型。粗管灯的灯管内壁一般涂以卤磷酸盐荧光粉，细管灯的灯管内壁一般涂以三基色荧光粉，三基色荧光粉能把紫外线转换成更多的可见光，因而后者的发光效率高。

紧凑型荧光灯是镇流器和灯管一体化的新型电光源，可以配电感镇流器，也可以配电子镇流器。我国常把配电子镇流器的紧凑型荧光灯称为电子节能灯。这种灯使用三基色荧光粉，可获得很高的发光效率和明显的节电效果，显色性好，大幅改善频闪效应，提高启动性能，兼有白炽灯和荧光灯的主要优点。

4. 高压钠灯

高压钠灯是利用高压钠蒸气放电发光的电光源，发光管内除充有适量的汞和氧气或氙（Xe）气外，还加入过量的钠，钠的激发电位比汞低，故以钠的放电发光为主，称为高压钠灯。高压钠灯发出的是金黄色的光，是发光效率很高的一种电光源，发光效率比高压汞灯高出 1 倍左右，使用寿命也比高压汞灯长。其主要缺点是显色性差，但已有比普通型高压汞灯显色性好的改进型和高显色型钠灯问世。

5. 低压钠灯

低压钠灯是利用低压钠蒸气放电发光的电光源，在玻璃外壳内涂敷红外线反射膜，是光衰较小和发光效率最高的电光源。低压钠灯发出的是单色黄光，显色性很差，用于对光色没有要求的场所。但其透雾性好，能使人清晰地看到色差比较小的物体。为保证正常工作和避免减少使用寿命，点燃时不宜移动，尽量减少开闭次数。低压钠灯也是替代高压汞灯节约用电的一种高效灯种，应用场所也在不断扩大。

（三）其他光源

1. 激光光源

激光是某些物质的原子中的粒子在受到光或电的激发时由低能级的原子跃迁为高能级的原子，由于后者的数目大于前者的数目，在从高能级跃迁回低能级时，便放射出相位、频率、方向完全相同的光，它的颜色的纯度极高，能量和发射方向也非常集中。激光光源可按其工作物质（也称为激活物质）分为固体激光源（晶体和钕玻璃）、气体激光源（包括原子、离子、分子、准分子）、液体激光源（包括有机染料、无机液体、螯合物）和半导体激光源 4 种类型。其主要优势是亮度高、色彩好、能耗低、寿命长且体积小。激光常用于舞厅、歌厅及节日庆典的光环境中。

2. 场致发光光源

场致发光光源，又称为电致发光光源或本征电致发光光源，是两电极之间的固体发光材料在电场激发下发光的电光源。

场致发光光源的结构像一个平板电容（见图 6-1）。在两个紧靠的平板电极中，有一个是透明导电膜电极。两电极之间夹有荧光粉发光层和介质层。发光层材料一般是在高纯的硫化锌中添加一定量的激活剂铜、银、金或锰，介质层材料可以是环氧树脂、搪瓷粉等。透明导电膜电极材料是氧化锡或氧化铟，其基底材料可以是玻璃、不锈钢或塑料等。电极间施加工作电压一般为 100~250 V。

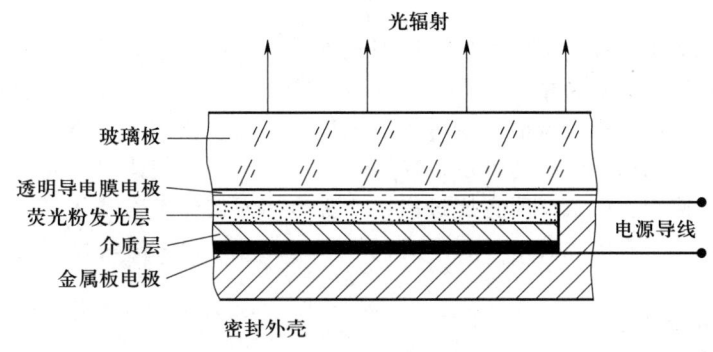

图 6-1　场致发光光源的结构

场致发光光源按其激发方式和发光层结构分为交流粉末、直流粉末、交流薄膜和直流薄膜场致发光光源 4 种，后两种用得较多。薄膜场致发光层是用真空薄膜技术制成的，厚度约为 1 μm。交流薄膜发光层与各电极之间有一层绝缘薄膜，如 Y_2O_3、Si_3N_4、Al_2O_3 和 SiO_2 等。直流薄膜发光层与电极直接接触，工作电压只需 20 多伏特就有良好的发光。

场致发光光源的发光亮度随激励电压的增加而迅速提高，随电压频率的增加呈线性提高，约到数千赫兹时，出现饱和趋势，甚至亮度下降。交流场致发光光源的最大发光效率已达 10~14 lm/W，寿命在 1 万 h 以上，它是一种低照度的面光源，主要用作特殊环境的指示和照明，如影视剧场、医院病房夜间照明，军事训练夜间环境模拟，以及飞机、车辆等的仪表照明；还可以作为数字、图像、符号、文字的显示及用作大屏幕电视，或者用于图像增强、存贮或转换。

3. 半导体光源

半导体光源利用半导体的 PN 结将电能转换成光能，常用的半导体光源有半导体发光二极管（LED）和激光二极管（LD）。其中 LED 光源体积小，可以实现平面封装，工作时发热量低、节能高效，产品寿命长、反应速度快，而且绿色环保无污染，还能开发成轻薄短小的产品，一经问世就迅速普及，成为新一代的优质照明光源，目前已经广泛地应用在我们的生活中，如交通指示灯、电子产品的背光源、城市夜景美化光源、室内照明等各个领域。

三、光污染

（一）光污染的产生

光污染是现代社会中伴随新技术的发展而出现的环境问题。当光辐射过量时，就会对人们的生活、工作环境及人体健康产生不利影响，称为光污染。

狭义的光污染指干扰光的有害影响，其定义是"已形成的良好的照明环境，由于逸散光而产生被损害的状况，又由于这种损害的状况而产生的有害影响"。逸散光指从照明器具发出的，使本不应是照射目的的物体被照射到的光。干扰光指在逸散光中，由于光量和光方向，人的活动、生物等受到有害影响，即产生有害影响的逸散光。广义的光污染指由人工光源导致的违背人的生理与心理需求或有损于生理与心理健康的现象，包括眩光污染、射线污染、光泛滥、视单调、视屏蔽、顿闪等。广义的光污染包括了狭义的光污染的内容。

光污染是局部的，随距离的增加而迅速减弱；在环境中不存在残余物，光源消失，污染即消失。

（二）光污染的来源

随着我国现代化城市建设的不断发展，特别是越来越多的城市大量兴建玻璃幕墙建筑和实施"灯亮工程""光彩工程"，城市的"光污染"问题日益突出。光污染主要来自两个方面：一是城市建筑物采用大面积镜面式铝合金装饰的外墙、玻璃幕墙所形成的光污染；二是城市夜景照明所形成的光污染，随着夜景照明的迅速发展，特别是大功率高强度气体放电光源及新型节能灯光源（如 LED 灯）的广泛使用，夜景照明亮度过高，严重影响人们的工作和休息，形成"人工白昼"，使人昼夜不分，打乱了正常的生物节律，形成光污染。此外，由家庭装修引起的室内光污染也开始引起人们的重视。

1. 玻璃幕墙形成的光污染

由玻璃幕墙导致的光污染产生的特定条件是：① 使用了大面积高反射率镀膜玻璃；② 在特定方向和特定时间下产生，即玻璃幕墙相对太阳照射的方向，或与人所成的特定角度。由于太阳对地球的相对位置总是在不断变化的，产生的特定角度也是有特定时限的；光污染的程度与玻璃幕墙的方向、位置及高度有密切关系。人的视角在 2 m 高左右与 $150°$ 夹角之内的影响最大，光反射的强度与反射物到人眼距离的平方成反比。因此，直射日光的反射光的产生方向取决于玻璃面对太阳的几何位置关系。

2. 夜景照明形成的光污染

随着城市夜景照明的迅速发展，特别是大功率高强度气体放电光源的泛光照明和五彩缤纷、闪烁耀眼的霓虹灯照明，过高的亮度及夜景照明泛滥使用形成了严重的光污染，主要包括大气光污染、侵扰光污染、眩光污染、颜色污染等，成为一种新的城市污染源。

（1）大气光污染

地面发出的人工光在尘埃、空气或其他大气悬浮粒子的散射作用下进入大气层，形成城市上空的大气光污染。

（2）侵扰光污染

夜景照明中未投至投射对象的部分散逸光和建筑（或墙面）的反射光，透过门窗射向住宅、医院、旅馆等场所，形成侵扰光污染。侵扰光污染直接影响人们的睡眠与健康。

（3）眩光污染

视野中的道路照明、广告照明、体育照明、标志照明等产生的直接眩光和雨后地面、玻璃幕墙等光泽表面的反射眩光都会引起视觉的不适、疲劳及视觉障碍，严重时会损害视力甚至造成交通事故。

（4）颜色污染

视场中颜色的对比常常引起视觉的不适应，这种不适应将导致视觉对物体颜色的感觉出现差异或不敏感。夜景照明中的有色光易引起驾驶员对交通信号灯及衣着不鲜艳的行人失去正确的判断，从而造成交通事故。

3. 室内光污染的成因

室内光污染的成因主要可概括为三个方面：

① 室内装修采用镜面、釉面砖墙、磨光大理石及各种涂料等装饰反射光线，明晃白亮，炫眼夺目。

② 室内灯光配置设计得不合理性，使室内光线过亮或过暗。室内的一些常用光源其照明亮度和眩光效应各不相同，光源选择不合理会造成不同程度的眩光污染；另外，人眼感觉到的眩光与光源的位置有很大关系，室内光源布置不合理也会产生眩光污染。

③ 夜间室外照明，特别是建筑物的泛光照明产生的干扰光，有的直射到人的眼睛造成眩光，有的通过窗户照射到室内，使房间亮度过高，影响人们的正常生活。

上述原因导致室内产生了不同程度的眩光，造成了严重的光污染，影响了人们的视觉环境，进而影响人类的健康生活和工作效率。

（三）光污染的分类

目前光污染一般可分成以下八类，即：白亮污染、人工白昼、彩光污染、眩光污染、视觉污染、激光污染、红外线污染和紫外线污染。

1. 白亮污染

当阳光照射强烈时，城市里建筑物的玻璃幕墙、釉面砖墙、磨光大理石和各种涂料等装饰反射光线，明晃白亮，炫眼夺目。现代不少建筑物采用大块镜面或铝合金装饰门面，有些建筑物甚至全部采用这种镜面装饰，也有一些建筑物采用钢化玻璃、釉面砖墙、铝合金板、磨光花岗岩、大理石和高级涂料装饰。据测定，白色的粉刷面光反射系数为 $69\% \sim 80\%$，而镜面玻璃的反射系数达 $82\% \sim 90\%$，比绿色草地、森林、深色或毛面砖石装修的建筑物的反射系数大 10 倍左右，大大超过了人体所能承受的范围。长时间在白亮污染环境下工作和生活的人，视网膜和虹膜都会受到不同程度的损害，视力急剧下降，白内障的发病率达 $40\% \sim 48\%$，使人出现头昏心烦、失眠、食欲下降、情绪低落、身体乏力等类似神经衰弱的症状。

2. 人工白昼

在夜间，广告灯、霓虹灯闪烁夺目，强光束甚至直冲云霄。夜间照明过度，使得夜晚如同白天一样，即所谓的人工白昼。在这样的"不夜城"里，人们夜晚难以入睡，有 2/3 的人认为人工白昼影响健康，84% 的人认为影响睡眠，导致白天工作效率低下，还时常会出现安全方面的事故。人工白昼也会伤害鸟类和昆虫，强光可能破坏昆虫在夜间的正常繁殖过程，甚至鸟类和昆虫也可能被强光导致的高温烧死。

3. 彩光污染

舞厅、歌厅等安装的黑光灯、旋转灯、荧光灯及闪烁的彩色光源构成了彩光污染。黑光灯所产生的紫外线强度远高于太阳光中的紫外线，且对人体的有害影响持续时间长。如果人体长期接受这种照射，就可诱发流鼻血、脱牙、白内障，甚至导致败血症和其他癌变。彩色光源让人眼花缭乱，不仅对眼睛不利，而且干扰大脑中枢神经，使人感到头晕目眩，出现恶心呕吐、失眠等症状。彩光污染不仅有损人的生理功能，还会影响心理健康。

4. 眩光污染

汽车夜间行驶时照明用的远光灯、厂房中不合理的照明布置等都会造成眩光污染。某些工作场所（如火车站、机场及自动化企业的中央控制室）复杂的信号灯系统也会造成工作人员视觉锐度的下降，从而影响工作效率。焊枪所产生的强光，若无适当的防护措施，则会伤害人的眼睛，长期在强光条件下工作的工人（如冶炼工人、熔烧工人、吹玻璃工人等）眼睛易受损。

5. 视觉污染

视觉污染指的是城市环境中杂乱的视觉环境。例如，城市街道两侧杂乱的电线、电话线、杂乱不堪的垃圾废物、随意摆放的货摊和五颜六色的广告招贴等。

6. 激光污染

激光污染也是光污染的一种特殊形式。激光具有方向性好、能量集中、颜色纯等特点，而且激光通过人眼晶状体的聚焦作用后，到达眼底时的光强度可增大几百至几万倍，因此激光对人眼的伤害作用较大。激光光谱的一部分属于紫外线和红外线范围，可伤害眼结膜、虹膜和晶状体，大功率的激光可危害人体深层组织和神经系统。近年来，激光在医学、生物学、环境监测、物理学、化学、天文学及工业等多方面的应用日益广泛，激光污染越来越受到人们的重视。

7. 红外线污染

红外线是一种热辐射，对人体可造成高温伤害。随着近年来红外线在军事、人造卫星、工业、卫生、科学研究等方面的广泛应用，红外线污染问题也随之产生。较强的红外线可造成皮肤损伤，其情况与烫伤相似，最初是灼痛，然后造成烧伤。红外线对人眼的伤害有几种不同情况，波长为 7 500~13 000 Å 的红外线对眼角膜的透过率较高，可造成眼底视网膜的损伤，尤其是 11 000 Å 附近的红外线，可使人眼的前部介质（眼角膜、晶状体等）不受损害而直接造成眼底视网膜烧伤。波长大于 19 000 Å 的红外线，几乎全部被眼角膜吸收，会造成眼角膜烧伤（混浊、白斑），波长大于 14 000 Å 的红外线的能量绝大部分被眼角膜和眼内液吸收，透不到虹膜，只有波长小于 13 000 Å 的红外线才能透到虹膜，造成虹膜损伤。人眼如果长期暴露于红外线就可能引起白内障。

8. 紫外线污染

不同波长紫外线的污染效应不同，波长为 1 000~1 900 Å 的真空紫外部分，可被空气和水吸收；波长为 1 900~3 000 Å 的远紫外部分，大部分可被生物分子强烈吸收；波长为 3 000~3 300 Å 的近紫外部分，可被某些生物分子吸收。

紫外线主要损伤人体的眼角膜和皮肤。波长为 2 500~3 050 Å 的紫外线可造成眼角膜损伤，其中波长为 2 880 Å 的紫外线损伤作用最强。眼角膜多次暴露于紫外线，并不增加对紫外线的耐受能力。紫外线对眼角膜的损伤表现为畏光眼炎的眼角膜白斑，除了产生剧痛外，还会引发流泪、眼睑痉挛、眼结膜充血和睫状肌抽搐等症状。紫外线对皮肤的伤害主要表现为红斑和小水疱，严重时会使表皮坏死和脱皮。人体胸、腹和背部皮肤对紫外线最敏感，其次是前额、肩和臀部，再次为脚掌和手背。此外，过量的紫外线可伤害水中的浮游生物，使陆生生物（如某些豆类）减产，加快塑料制品的分解速度，缩短其室外使用寿命。

（四）光污染的危害

光污染的危害主要体现在对人的影响和对动物、植物的影响两个方面。

1. 对人的影响

（1）对附近居民的影响

当商业、公益性广告或街道和体育场等处的照明设备的出射光线直接侵入附近居民的窗户时，很可能对居民的正常生活产生负面影响。这些影响包括：① 照明设备产生的入射光线干扰居民正常睡眠；② 商业性照明产生闪烁的光线或停车场上进出车辆的灯光使房屋内的居民感到烦躁，影响正常的工作和生活。

（2）对行人的影响

当道路照明或广告照明设备安装不合理时，会对附近的行人产生眩光，导致降低或完全丧失正常的视觉功能，不仅影响行人对周围环境的认知，还增加了发生犯罪或交通事故的危险性。具体的危害表现在：① 安装不合理的道路照明或广告照明设备，其本身产生的眩光使行人感到不舒适，甚至降低视觉功能；② 当照明设备本身的亮度或照明设备照射路面等处产生的高亮度反射面出现在行人的视野范围内时，行人将无法看清周围较暗的地方，使之成为犯罪分子的藏身之处，不利于行人及时发现并制止犯罪。

（3）对交通系统的影响

各种交通线路上的照明设备或附近的体育场和商业照明设备发出的光线都会对车辆的驾驶者产生影响，降低交通的安全性。主要表现在：① 灯具或亮度对比很大的表面产生眩光，影响驾驶者的视觉功能，使驾驶者应对突发事件的反应滞后，还使各种交通信号的可见度降低，从而更容易发生交通事故。② 规则布置的灯具会对高速行驶的车辆的驾驶者产生闪烁，当闪烁的频率出现在一定的范围内时，会使驾驶者产生不舒适感，甚至产生催眠作用。在隧道等场所的照明中应尽量避免这种闪烁引起的视觉功能的下降。③ 光污染影响轮船和飞机驾驶，由于这两种交通方式在夜间对灯塔等灯光导航系统有较强的依赖性，不合适的照明设备会对驾驶人员产生误导。安装在道路或桥梁上的灯具发出的光线，经水面反射后也会对驾驶人员产生影响，使其无法看清道路，易于引发交通事故。

（4）对天文观测的影响

天文观测依赖于夜间天空的亮度和被观测星体的亮度，夜间天空的亮度越低，就越有利于天文观测的进行。各种照明设备发出的光线经过空气和大气中悬浮尘埃的散射使夜间天空亮度增加，从而对天文观测产生影响。

2. 对动物、植物的影响

（1）对动物的影响

很多动物受到过多的人工光源照射时其生活习性和新陈代谢都会受到影响，有时会因此引发一些异常行为，例如，马和羊等牲畜的繁殖具有明显的季节性，当人工光源的照射使它们失去对季节的感知时，其生殖周期就会被破坏，无法正常繁殖；光污染改变了鸟类的生活习性，影响鸟的飞行方向；田地、森林或河流湖泊附近的人工光源会吸引更多的昆虫，从而危害当地的自然环境和生态平衡；在捕鱼业中经常使用人工光源来吸引鱼群，过量光线对鱼类和水生态环境也会造成影响。

（2）对植物的影响

种植在街道两侧的树木、绿篱或花卉会受到路灯的影响。当植物在夜间受到过多的人工光源照射时，其自然生命周期受到干扰，从而影响植物的正常生长。例如，夜间人工光源的照射可推迟水稻的成熟期，导致生长状态比未受到人工光源照射的水稻差；菠菜在夜间受到过多人工光源照射时，会过早结种，产量降低。

需要指出的是，与光污染造成的直接的光线浪费相对应的是对电能的浪费，从而就需要更多的电力供应，电厂排出的大量 CO_2、SO_2 和其他有害物加重了环境的污染，直接影响地球生态环境。

最新研究显示，全球光污染在 1992—2017 年的 25 年间至少增加了 49%。这个数字只包括通过卫星可见的光，科学家估计，真正的增加幅度远不止如此。在进行数据校正后，科学家表示全球光污染增加幅度高达 270%，在某些地区高达 400%。研究发现，亚洲、南美洲、大洋洲和非洲的光污染持续增加。在欧洲，检测到的光污染在 2010 年左右增加并趋于平稳。北美洲成为唯一一个光污染得到改善的地区。许多研究表明，来自路灯和其他来源的光污染会对自然环境产生重大影响。这种污染对昆虫的活动和繁殖会造成巨大的干扰作用，可能是近年来全球昆虫数量大幅减少的原因之一。

第二节　光 学 基 础

一、光的基本物理量

表示光的基本物理量有光通量、发光强度、照度、亮度、曝光量、明度等。

（一）光通量

光通量，即以人眼的光感觉量为标准来评价光的辐射通量，常用 φ 来表示，单位为 lm（流明），由下式计算：

$$\varphi(\lambda) = P(\lambda)V(\lambda)K_m \tag{6-1}$$

式中：$\varphi(\lambda)$——波长为 λ 的光通量，lm；

$P(\lambda)$——波长为 λ 的辐射能通量（辐射源在单位时间内发射的能量），W；

$V(\lambda)$——波长为 λ 的光谱光视效率，由图 6-2 给出；

K_m——最大光谱光视效能，对明视觉来说，在 $\lambda = 555$ nm 处，其值为 683 lm/W。

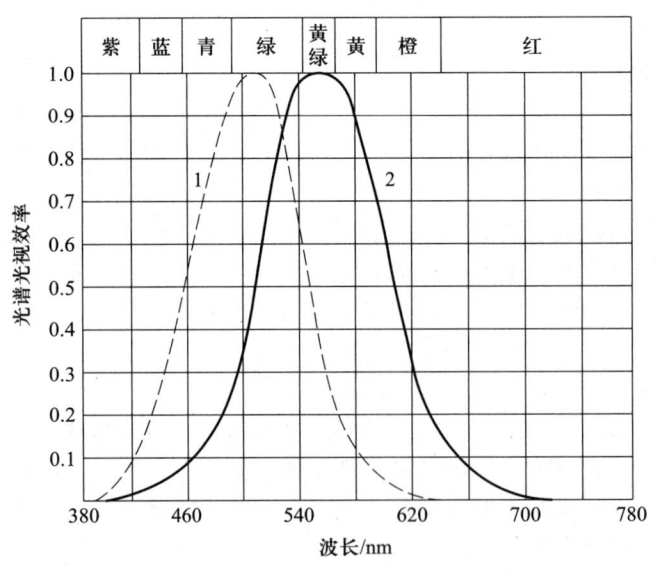

1. 暗视觉；2. 明视觉

图 6-2　光谱光视效率曲线

多色光的光通量为各单色光之和，即

$$\varphi(\lambda_n) = \varphi(\lambda_1) + \varphi(\lambda_2) + \cdots = K_m \sum [P(\lambda)V(\lambda)] \qquad (6-2)$$

光通量指某一光源向四周发射的光能总量。不同光源发出的光通量在空间分布是不同的。例如，一个 100 W 的白炽灯，发出 1 250 lm 光通量，用灯罩罩住后，灯罩将光向下反射，使向下的光通量增加，桌面会更亮一些。

【例题 6-1】 已知钠光灯发出的单色光波长为 589 nm，其辐射能通量为 10.3 W，试计算其发出的光通量。

解： 从图 6-2 的光谱光视效率曲线中可以查出，对应于波长 589 nm 处的 $V = 0.78$，则该单色光源发出的光通量为

$$\varphi_{589} = 10.3 \times 0.78 \times 683 \text{ lm} \approx 5\ 487 \text{ lm}$$

（二）发光强度

光通量在空间的分布状况，即光通量的空间密度，称为发光强度。若光源在某一方向的单位立体角 $d\Omega$ 内发出的光通量为 $d\varphi$，则该方向的发光强度 I 为

$$I = \frac{d\varphi}{d\Omega} \qquad (6-3)$$

式中：φ——光通量，lm；

$\quad\Omega$——立体角，sr；

$\quad I$——发光强度，cd（坎德拉）。

若取平均值，则有

$$I = \frac{\varphi}{\Omega} \qquad (6-4)$$

因此，发光强度的含义是光源在某一方向单位立体角内所发出的光通量，表示光源在 1 sr 立体角内发射出 1 lm 的光通量，即

$$1 \text{ cd} = \frac{1 \text{ lm}}{1 \text{ sr}}$$

立体角（Ω）的含义为球的表面积 S 对球心所形成的角，即以表面积 S 与球的半径平方之比来度量：

$$\Omega = \frac{S}{r^2} \qquad (6-5)$$

当 $S = r^2$ 时，对球心所形成的立体角 $\Omega = 1$ sr。

为了区别不同的部位，在发光强度符号 I 的右下角标注角度数字，如 40 W 的白炽灯在光轴线处，即正下方处的发光强度表示为 $I_0 = 30$ cd，而 $I_{180} = 0$，则表示沿光轴线往上转 180° 即正上方处的发光强度。用这些数字可清楚地表明光源向四周空间发射的光通量分布情况。

（三）照度

1. 照度的定义

照度（E）表示被照面上的光通量密度，即被照面单位面积 S 上所接受的光通量数值，用以表示被照面的照射程度。定义式为

$$E = \frac{\varphi}{S} \tag{6-6}$$

照度的常用单位是勒克斯（简称勒，符号为 lx），1 勒克斯等于 1 流明的光通量均匀分布在 1 平方米的被照面上：

$$1 \ \text{lx} = \frac{1 \ \text{lm}}{1 \ \text{m}^2}$$

平面照度只说明在某一平面上的光通量密度，不能反映照度在整个空间的分布情况。如某一房间具有暗色墙壁和天棚（表面反射系数很低），即使水平照度很高，在视觉上仍感到昏暗。因此，常出现以下一些照度形式：

（1）照度矢量

某点的照度矢量是以该点为中心的微圆盘两侧的照度最大值，而在这个最大值的法线方向就是矢量照度的方向。照度矢量不仅有量的概念，还带有方向性，这对说明阴影状况更为有利。

（2）平均球面照度

平均球面照度又称为标量照度，为了求得空间某点的被照射量，可用此点上一小球表面上的平均照度来表示。它给出照度的无方向量，较接近立体物件的视感。

（3）平均柱面照度

平均柱面照度表示一个小垂直圆柱表面上的平均照度，更接近对室内照明丰满度的主观感觉。

2. 照度和光强的关系

由式（6-4）、式（6-5）、式（6-6）得

$$E = \frac{I}{r^2} \tag{6-7}$$

式（6-7）表明，某表面上的照度与点光源在该方向上的光强 I 成正比，与表面和点光源距离的平方 r^2 成反比。这是计算点光源产生照度的基本公式，称为距离平方反比定律。

以上是指光线垂直入射到被照面即入射角为零时的情况。当入射角不为零时，光线与被照面的法线成 α 角（图 6-3），此时，照度由下式计算：

$$E = \frac{I}{r^2} \cos \alpha \tag{6-8}$$

式（6-8）表明，光线与被照面法线成 α 角处的照度，与光线至点光源距离的平方成反比，与光源在 α 方向上的光强和入射角 α 的余弦成正比。

因此，对同一光源来说，光源离被照面越远，被照面上的照度越小；光源离被照面越近，被照面上的照度越大。光源与被照面距离一定的条件下，垂直照射的照度大；光线越倾斜，照度越小。

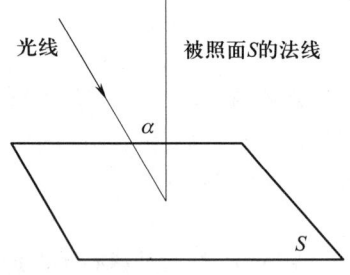

图 6-3　光线与被照面不垂直

【例题 6-2】 如图 6-4 所示，在桌面上方 2 m 处挂一盏带搪瓷伞形罩的 40 W 白炽灯。发光强度 $I = 73$ cd，求灯下桌面点 1 处照度 E_1 及点 2 处照度 E_2。

解： 40 W 带搪瓷伞形罩的白炽灯的发光强度 $I = 73$ cd，由图 6-4 及式（6-8）得

$$\cos \alpha = \frac{2}{\sqrt{2^2 + 1^2}} \approx 0.894\ 4$$

在点 1 处

$$E_1 = \frac{I}{r_1^2} = \frac{73}{2^2} \text{ lx} = 18.25 \text{ lx}$$

在点 2 处

$$E_2 = \frac{I}{r_2^2} \cos \alpha \approx \frac{73}{2^2 + 1^2} \times 0.894\,4 \text{ lx} \approx 13.06 \text{ lx}$$

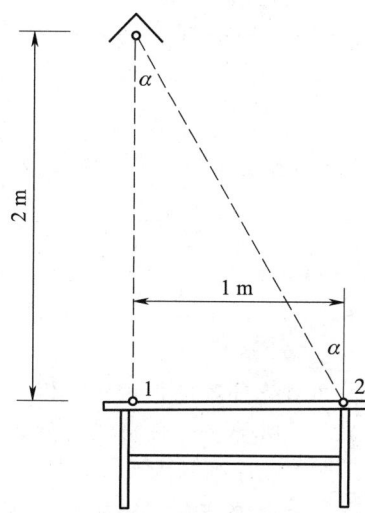

图 6-4　点光源在桌面上的照度

（四）亮度

在所有的光度学量中，亮度是唯一能直接引起眼睛视感觉的量，定义为发光体在视线方向单位面积上的发光强度。

发光体在视网膜上成像所形成的视感觉与视网膜上物像的照度成正比，物像的照度越大，人就会感觉越亮。而该物像的照度与发光体在视线方向的投影面积成反比，与发光体在视线方向的发光强度成正比。故亮度 L_α 可表示为

$$L_\alpha = \frac{\mathrm{d}I_\alpha}{\mathrm{d}S \cos \alpha} \tag{6-9}$$

对于平均值，则有

$$L_\alpha = \frac{I_\alpha}{S \cos \alpha} \tag{6-10}$$

由于物体的表面亮度在各个方向上不一定相等，因此常在亮度符号的右下侧注明角度 α，指明物体表面的法线与光线之间的夹角。亮度的曾用国际单位为 nit（尼特），意义为 1 m^2 表面积上，沿法线方向（$\alpha = 0°$）产生 1 cd 的发光强度，即

$$1 \text{ nit} = 1 \text{ cd/m}^2$$

有时也用另一个较大单位 sb（熙提）表示 1 cm^2 表面积上发出 1 cd 发光强度时的亮度单位：

$$1 \text{ sb} = 10^4 \text{ nit}$$

一些常见光源的亮度见表 6-2。

表 6-2　一些常见光源的亮度

光源名称	亮度/sb	光源名称	亮度/sb
太阳表面（正午）	225 000	阴天天空（平均值）	0.2
太阳表面（近地平线）	160 000	白炽灯灯丝（真空灯泡）	200
晴天天空（平均值）	0.8	白炽灯（充气灯）	1 200

（五）曝光量

被照面的照度 E 对被照时间 t 的积分称为该被照面的曝光量，符号为 H：

$$H = \int_0^t E \mathrm{d}t \tag{6-11}$$

曝光量的单位为 lx·s（勒克斯·秒）或 lx·h（勒克斯·小时）。

（六）明度

以上几种单位都是光度学单位，在对光环境的评价中可以定量给出光的明亮程度，但是，为了有一个舒适的光环境，还需要对另一个要素——色彩进行评价。目前，国际通用的色彩分类方法，主要是依据有彩色系与无彩色系两大色序列的内在共性逻辑划分的。

有彩色系指光源色、反射光或透射光能够在视觉中显示出某一种单色光特征的色彩序列，可见光中的红、橙、黄、绿、青、蓝、紫七种基本色及其之间不同量的混合色都属于有彩色系。

无彩色系指光源色、反射光或透射光未能在视觉中显示出某一种单色光特征的色彩序列，如黑色、白色及两者按不同比例混合所得的深浅各异的灰色系列等。

在有彩色系中，颜色的基本度量单位包括明度、色调和饱和度（纯度），而无彩色系中则只有明度。下面介绍最基本的明度。

明度也称为色阶、光度或色度，指色彩的明暗程度。从光的物理性质来看，色彩的明度来自光波中振幅的大小，振幅越大，进光量越大，物体对光的反射率越高，因此明度也就越高；反之，振幅越小，明度也就越低。明度包含的内容是：① 颜色本身的明度；根据约翰内斯·伊顿设计的十二色相环可以发现，黄色明度最高，而紫色明度最低，其他各色基本处于灰与深灰之间，属于中间明度；② 同一色相的颜色具有不同的明度，如红色色相中橘红、朱红比深红、玫瑰红的明度更亮，而大红、土红的明度则处于中间值；③ 某种颜色由于光照的强度变化可产生不同明暗的变化。

计算明度的基准，目前国际通用灰度测试卡。在孟赛尔色系中黑色被指定为 0（指几乎不反射光），白色被指定为 10（指几乎反射全部光），在 0—10 等间隔地分为 9 个阶层。无论是有彩色系还是无彩色系，它们各自的明暗度在灰度测试卡上都对应着一定的值。

此外，明度具有较强的对比性效果，只有在对比的情况下，其明暗关系不变、渐变或突变才能显现。

二、电光源的基本技术参数

电光源的技术特性参数从照明节电角度出发，主要有发光效率、光源寿命、光源颜色和光源启动性能。

1. 发光效率

发光效率，简称为光效，是电光源发出的光通量和所用电功率之比，单位是 lm/W（流明每瓦），光效是评价电光源用电效率最主要的技术参数。光通量指单位时间内光辐射量的大小，用流明来表示。光通量越大，光效越高。

2. 光源寿命

光源寿命，又称为光源寿期。电光源的寿命通常用有效寿命和平均寿命两个指标来表示。有效寿命指灯开始点燃至灯的光通量衰减到额定光通量的某一百分比时所经历的点灯时数，一般规定为70%~80%；平均寿命指一组试验样灯，从点燃到其中50%的灯失效时，所经历的点灯时数。

寿命是评价电光源可靠性和质量的主要技术参数，寿命长表明其服务时间长，耐用度高，节电贡献大。

3. 光源颜色

光源的颜色，简称为光色，用色温和显色指数两个指标来度量。

（1）色温

当光源的发光颜色与把黑体（能全部吸收光能的物体）加热到某一温度所发出的光色相同（对于气体放电等为相似）时，该温度称为光源的色温。色温用热力学温度来表示，单位是开尔文，符号为 K。

光源的色温是灯光颜色给人直观感觉的度量，与光源的实际温度无关。不同的色温给人不同的冷暖感觉（见表6-3）。一般来说，在低照度下采用低色温的光源会感到温馨快乐；在高照度下采用高色温的光源则感到清爽舒适。在比较热的地区宜采用高色温冷感光源，在比较冷的地方宜采用低色温暖感光源。

表6-3　色温与感觉的相关性

色温/K	>5 000	3 300~5 000	<3 300
感觉	冷	中间	暖

（2）显色指数

显色指数指在光源照射到物体后，与参照光源相比（一般以日光或接近日光的人工光源为参照光源）对颜色相符程度的度量参数，是衡量光源显色性优劣或在视觉上失真程度的指标。参照光源的显色指数定为100，其他光源的显色指数均小于100，符号是 Ra。Ra 越小，显色性越差，反之显色性越好。

国际照明委员会（CIE）用显色指数把光源的显色性分为优、良、中、差四组，并作为判别光源显色性的等级标准（见表6-4）。

表6-4　显色性的等级标准

显色性组别	优	良	中	差
显色指数范围	80~100	60~79	40~59	20~39

显色性是选用光源的一项重要因素，对显色性要求很高的照明用途，例如，美术品、艺术品、古玩、高档衣料等的展示销售，为避免颜色失真，不宜采用显色性较差的光源。但在显色性要求

不高，而要求彩色调节的场所，可利用显色性的差异来增加明亮提神的气氛。表 6-5 给出了各类光源的光效和显色指数（Ra）的对照。光源中光效最高的是低压钠灯，几乎没有显色性（计算得出的是无意义的负值）；相反，白炽灯及卤钨灯显色性极好（Ra=100），但光效很低。

4. 光源启动性能

光源启动性能指灯的启动和再启动特性，用启动和再启动所需要的时间来度量。一般来说，热辐射电光源的启动性能最好，能瞬时启动发光，也不受再启动时间的限制；气体放电光源的启动特性不如热辐射电光源，不能瞬时启动。除荧光灯能快速启动外，其他气体放电光源的启动时间在 4 min 以上，再启动时间最少也需要 3 min。

表 6-5　各类光源的光效和显色指数的对照

光源类型	光效/$(lm \cdot W^{-1})$	显色指数
白炽灯 150 W(1 000 h)	14.4	100
卤钨灯 150 W(2 000 h)	17	100
多荧光粉	65	95
三基色荧光粉	93	80
陶瓷金属卤化灯 150 W	90	85
高压钠灯 150 W 高显色性	86	60
高压钠灯 150 W 高光效	116	25
低压钠灯 131 W	206	-45
高压汞灯 120 W（3 500 h）	54	50

第三节　光环境评价与质量标准

光环境分为天然光环境和人工光环境，对于光环境的评价与质量标准也分别从这两个方面进行阐述。

一、天然光环境的评价

天然光强度高、变化快，不易控制，因而天然光环境的质量评价方法和评价标准有许多不同于人工光环境的地方。

采光设计标准是评价天然光环境质量的准则，也是进行采光设计的主要依据。工业发达国家大都通过照明学术组织编制本国的采光设计规范、标准或指南。国际照明委员会（CIE）1970 年曾发表有关采光设计计算的技术文件，其后又组织各国天然采光专家合作编写了《CIE 天然采光指南》。我国 2001 年发布了《建筑采光设计标准》（GB/T 50033—2001），并于 2013 年修订，编号为 GB/T 50033—2013，自 2013 年 5 月 1 日起执行，原 GB/T 50033—2001 标准同时废止。2022 年 4 月 1 日起执行的《建筑环境通用规范》（GB 55016—2021），对有关采光等级和设计标准做了进一步的规范和要求，同时废止了《建筑采光设计标准》（GB 50033—2013）中第 4.0.2、4.0.4、4.0.6 条涉及的有关采光标准的部分内容。下面讨论有关天然光照明质量评价的主要内容。

（一）采光系数

在利用天然光照明的房间里，室内照度随室外照度即时变化，因此，在确定室内天然光照度水平时，须同室外照度联系起来考虑，通常以两者的比值作为天然采光的数量指标，称为采光系数，符号为 C，以百分数表示。采光系数定义为室内某点直接或间接接受天空漫射光所形成的照度与同一时间室内无遮挡的该天空半球在室外水平面上产生的天空漫射光照度之比，即

$$C = \frac{E_n}{E_w} \times 100\% \tag{6-12}$$

式中：E_n——室内某点直接或间接接受天空漫射光所形成的照度，lx；

E_w——与 E_n 同一时间，室内无遮挡的该天空半球在室外水平面上产生的天空漫射光照度，lx。

应当指出，两个照度均不包括直射日光的作用，在晴天或多云天气，在不同方位上的天亮度有差别。因此，按照上述简化的采光系数概念计算的结果与实测采光系数会有一定的偏差。

（二）采光系数标准值

作为采光设计目标的采光系数标准值，是根据视觉工作的难度和室外有效照度确定的。室外有效照度也称为临界照度，是人为设定的一个照度值。只有当室外照度高于临界照度时，才考虑室内完全用天然光照明，以此规定最低限度的采光系数标准值。

表 6-6 列出我国视觉作业场所工作面上的采光系数标准值，这是一个最低限度的标准值，是在天然光视觉试验及对现有建筑采光状况普查分析的基础上，综合考虑我国光气候特征及经济发展水平而制定的。侧面采光房间的天然光照度随与窗户距离的增大而迅速降低，照度分布很不均匀，因此采光系数标准值采用最低值 C_{min}；顶部采光房间的天然光照度能达到相当好的均匀度，因此取采光系数平均值 C_{av} 作为标准值。此外，开窗位置和面积常受建筑条件的限制，因此采光标准的视觉工作分级较人工光照度标准粗一些。

民用建筑的采光系数标准值多数是按照建筑功能要求规定的。例如，德国的采光规范（DIN 5034）规定住宅室内 0.85 m 高水平面上，位于 1/2 进深处，距两面墙 1 m 远的两点采光系数最低值不得小于 0.75%，且其平均值至少应达到 0.9%，如果相邻的两面墙上都开窗，那么上述两点的采光系数平均值不应小于 1.0%。

表 6-6　视觉作业场所工作面上的采光系数标准值

采光等级	视觉作业分类		侧面采光		顶部采光	
	作业精确度	识别对象的最小尺寸 d/mm	室内天然光临界照度/lx	采光系数 C_{min}/%	室内天然光临界照度/lx	采光系数 C_{av}/%
I	特别精细	$d \leqslant 0.15$	250	5	350	7
II	很精细	$0.15 < d \leqslant 0.3$	150	3	225	4.5

续表

采光等级	视觉作业分类			侧面采光		顶部采光	
	作业精确度	识别对象的最小尺寸 d/mm		室内天然光临界照度/lx	采光系数 $C_{min}/\%$	室内天然光临界照度/lx	采光系数 $C_{av}/\%$
Ⅲ	精细	$0.3<d\leqslant1.0$		100	2	150	3
Ⅳ	一般	$1.0<d\leqslant5.0$		50	1	75	1.5
Ⅴ	粗糙	$d>5.0$		25	0.5	35	0.7

注：1. 表中所列采光系数标准值适用于我国Ⅲ类光气候，采光系数标准值是根据室外临界照度为5 000 lx 制定的。

2. 亮度对比小的Ⅱ、Ⅲ级视觉作业，其采光等级可提高一级。

二、人工光环境的评价

为了建立人对光环境的主观评价与客观的物理指标之间的对应关系，世界各国的科学工作者进行了大量的研究工作，通过大量视觉功效的心理、物理实验，得到了评价光环境质量的客观标准，为制定光环境设计标准提供了依据。

下面讨论优良光环境的基本要素与评价方法。

（一）适当的照度水平

对办公室和车间等工作场所在各种照度条件下感到满意的人数百分比调查结果表明，随着照度的增加，满意人数百分比也增加，最大人数百分比对应的照度为 1 500～3 000 lx，照度超过此范围，满意人数反而减少。不同工作性质的场所对照度的要求不同，适宜的照度应当是在某具体工作条件下，大多数人都感觉比较满意且保证工作效率和精度均较高。照度过大，会使物体过亮，容易引起视觉疲劳和眼睛灵敏度的下降。例如，夏日在室外看书时，若亮度超过 16 sb，则会感到刺眼，不能长时间工作。

1. 照度标准

确定照度标准要综合考虑视觉功效、舒适感与经济、节能等因素。照度并非越高越好，提高照度水平对视觉功效只能改善到一定程度。无论是从视觉功效还是从舒适感考虑而选择的理想照度，最终都要受经济水平，特别是能源供应的限制。因此，实际应用的照度标准大都是折中的标准。

在没有专门规定工作位置的情况下，通常以假想的水平工作面照度作为设计标准。对于站立的工作人员，水平工作面距地 0.90 m；对于坐着的人，水平工作面距地 0.75 m（或 0.80 m）。

任何照明设备的照度在使用过程中都会逐渐降低。因此，一般不以初始照度作为设计标准，而采取使用照度（service illuminance）或维持照度（maintenance illuminance）制定标准。使用照度是在一个维护周期内照度变化曲线的中间值，西欧一些国家采取使用照度标准；维持照度是在必须更换光源或在预期清洗灯具和清扫房间周期终止前，或者同时进行上述维护工作时所应保持的平均照度。通常维持照度不应低于使用照度的 80%。美国、俄罗斯和我国采用维持照度标准。

根据韦伯定律，主观感觉的等量变化大体是由光量的等比变化产生的。因此，在照度标准中以 1.5 左右的等比级数划分照度等级，而不采取等差级数。例如，CIE 建议的照度等级（单位为 lx）为 20、30、50、75、100、150、200、300、500、750、1 000、1 500、2 000、3 000、5 000 等。

CIE 为不同作业和活动都推荐了照度标准，并规定了每种作业的照度范围，以便设计师根据具体情况选择适当的数值。

2. 照度均匀度

对一般照明的评价还应当提出照度均匀度的要求。照度均匀度是表示给定平面上照度分布的量。照度均匀度可用工作面最小照度与平均照度之比表示。规定照度的平面（参考面）往往就是工作面，通常假定工作面是由室内墙面限定的距地面 0.70~0.80 m 高的水平面。一般照明是为照亮整个工作面而设的均匀照明，不考虑特殊局部的需要，工作面上的照度应该尽可能均匀，否则易引起视觉疲劳。照度均匀度不得低于 0.7，CIE 建议值为 0.8，此外，CIE 还建议工作房间内交通区的平均照度一般不应小于工作区平均照度的 1/3，相邻房间的平均照度相差不超过 5 倍。

3. 空间照度

在交通区、休息区、大多数的公共建筑，以及居室等生活用房，照明效果往往用人的容貌是否清晰和自然来评价。在这些场所，适当的垂直照明比水平面的照度更为重要。近年来已经提出两个表示空间照明水平的物理指标：平均球面照度与平均柱面照度。实践表明，后者有更大的实用性。

空间某点的平均柱面照度定义为：在该点的一个假想小圆柱体侧面上的平均照度，圆柱体的轴线与水平面垂直，并且不计圆柱体两端面上接受的光量。实际上，它代表空间某点的垂直面平均照度，以符号 E_c 表示。

（二）舒适的亮度比和亮度分布

舒适的亮度比和亮度分布是对工作面照度的重要补充。人眼的视野很宽，在工作房间里，除了视看对象之外，工作面、顶棚、墙、窗户和灯具等也会进入视野，这些物体的亮度水平和亮度比构成人眼周围视野的适应亮度，若亮度相差过大，则会加重眼睛瞬时适应的负担，或产生眩光，降低视觉功效；此外，房间主要表面的平均亮度，形成房间明亮程度的总印象，其亮度分布使人产生不同的心理感受，因此，舒适并且有利于提高工作效率的光环境还应具有合理的亮度分布。

在工作房间，作业近邻环境的亮度应当尽可能低于作业本身亮度，但最好不低于作业亮度的 1/3，而周围视野（包括顶棚、墙、窗户等）的平均亮度，应尽可能不低于作业亮度的 1/10。灯和白天的窗户亮度，则应控制在作业亮度的 40 倍以内，要实现这个目标，需要统筹考虑照度和反射比这两个因素，因为亮度与两者的乘积大致成正比。

（三）适宜的光色

良好的光环境离不开颜色的合理设计。光源的颜色质量常用两个性质不同的术语，即光源的表观颜色（色表）和显色性来表征，前者常用色温定量表示，后者指灯光对被照物体颜色的影响作用，两者都取决于光源的光谱组成。但不同光谱组成的光源可能具有相同的色表，而其显色性却大不相同；色表完全不同的光源可能具有相同的显色性。

CIE 采用一般呈色指数 Ra 为指标，对光源的显色性能进行分类，提出了每一类显色性能适用的范围，可供设计时参考。

（四）避免眩光干扰

眩光俗称"晃眼"，CIE 对眩光的定义为：眩光是一种视觉条件。由于亮度分布不适当，使亮度变化的幅度太大，或空间、时间存在着极端的对比以致引起不舒适或观察重要物体的能力降低，或同时产生这两种现象，即形成眩光。

眩光按产生方式不同分为直接眩光（direct glare）和反射眩光（reflected glare）。前者是光线直接进入眼内而产生的，后者是光线被物体表面反射后进入眼内而形成的。反射眩光又分为光幕反射、伸展反射、弥漫反射和混合反射。根据眩光对视觉的影响程度，可分为失能眩光和不舒适眩光。失能眩光可导致视力下降，甚至丧失视力。不舒适眩光使人感到不舒服，影响注意力的集中，时间长会增加视觉疲劳，但不会影响视力。对室内光环境来说，遇到的基本上都是不舒适眩光。只要将不舒适眩光控制在允许限度以内，就不会产生失能眩光。

眩光是评价光环境舒适性的一个重要指标。近年来，许多国家对不舒适眩光问题各自提出了实用的眩光评价方法。其中主要有英国的眩光指数法（BGI）、美国的视觉舒适概率法（VCP）、德国的亮度曲线法，以及澳大利亚标准协会（SAA）的灯具亮度限制法等。CIE 总结各国的研究成果，推荐一个国际通用的眩光指数（CGI）公式，并获得各国赞同。

CIE 眩光指数公式以眩光指数（CGI）为定量，评价不舒适眩光的尺度。三个单位整数是一个眩光等级。一个房间内照明设备的眩光指数计算规则以观测者坐在房间中线上靠后墙的位置并平视作为计算条件，即

$$CGI = 8 \lg 2 \left[\frac{1 + \frac{E_d}{500}}{E_i + E_d} \sum \frac{L^2 W}{P^2} \right] \qquad (6-13)$$

式中：E_d——全部照明设备在观测者眼睛垂直面上的直射照度；

$\quad E_i$——全部照明设备在观测者眼睛垂直面上的间接照度；

$\quad W$——观测者眼睛与某灯具构成的立体角；

$\quad L$——此灯具在观测者眼睛方向上的亮度，cd/m^2；

$\quad P$——考虑此灯具与观测者视线相关位置的一个系数。

上式计算的结果与英国眩光指数法（BGI）计算的结果十分接近（差值不大于 1 个整数单位）。因此，可以用与 BGI 相同的评价方法说明不舒适眩光的主观效应与控制标准，见表6-7。

表6-7　眩光指数与不舒适眩光感觉的关系表

眩光等级	眩光效应评价标准	眩光指数	眩光等级	眩光效应评价标准	眩光指数
A	刚好不能忍受	28	C	刚好能接受	16
B	刚好有不舒适感	22	D	刚好有感觉到	8

（五）立体感

在照明领域，三维物体在光的照射下会呈现具有立体感的造型效果，这主要是由光的投射方向及直射光与漫射光的比例决定的。对造型效果的主观评价，往往是心理因素决定的。但为了指

导设计，可采用以下三种评价造型效果的物理指标定量表达人们对三维物体的造型满意程度，同时提供相应的计算和测量方法来预测并检验室内光环境的造型效果。

1. 矢量照度与标量照度之比

1967 年英国 Cuttle 等提出，用矢量照度与标量照度之比定量表示照明的方向性效果，并证明这一比值能起到"造型指数"的作用。

矢量照度 E 是对空间某点照明方向性的表述，其量值等于在该点的一个小球径面正反两方面最大的照度差，矢量方向是从高照度一侧指向低照度一侧。标量照度即平均球面照度 E_s。

空间某点的 E_s 是在该点的一个小球球面上的平均照度。因此，用半径为 r 的小球接受光通量为 φ 的一束光所获得的标量照度 E_s 为

$$E_s = \frac{\varphi}{4\pi r^2} \tag{6-14}$$

而在半径为 r 的圆平面上获得的矢量照度 E 为

$$E = \frac{\varphi}{\pi r^2} \tag{6-15}$$

造型指数的数值为 $0\sim4$。一般情况下，$E/E_s = 1.2\sim1.8$ 的造型效果比较好。更详细的评价见表 6-8。

此外，矢量照度 E 应当有向下斜照的方向（最好与向下垂线成 $45°\sim75°$），人的容貌才显得自然。

表 6-8 造型指数（E/E_s）与照明方向性评价

E/E_s（方向性强度）	照明方向性评价
3.0（很强烈）	对比强烈，看不清阴影中的细节
2.5（强烈）	有清晰的方向性效果，适用于商业上的陈列，人脸一般显得太生硬
2.0（中等）	在正式交往或保持一定距离接触时，人的容貌感觉较好
1.5（较好）	在非正式交往或近距离接触时，人的容貌感觉较好
1.0（弱）	对比柔和，较弱的光影效果
0.5（很弱）	平淡、无阴影，不能认为有方向性效果

2. 平均柱面照度与水平面照度之比

平均柱面照度与水平面照度之比 $0.3 \leqslant E_c/E_h \leqslant 3$ 时，可获得较好的造型效果。以 E_c/E_h 作为造型效果的评价指标，不用另外规定光的照射方向。因为当光线从上向下直射时，$E_c = 0$，$E_c/E_h = 0$；当光线仅来自水平方向时，$E_h = 0$，$E_c/E_h \to \infty$，所以给出的量值已包含了光线方向的因素。

3. 垂直照度与水平照度之比

这是最简单的一种表达照明方向性效果的指标，为了达到可以接受的造型效果，在主要视线方向上，E_v/E_h 至少应为 0.25；获得满意的效果则需要 0.50。

以上讨论的三个指标中 E/E_s 较为完善。但 E 的计算相当复杂，难以得到准确的结果，这使它的推广应用受到限制。因此，E_c/E_h 的评价指标有较大的实用价值，它的计算和测量问题均已获得解决。

除造型效果以外，光的方向性对作业可见度的影响也不容忽视。一般来说，照明光线的方向性不能太强，否则会出现生硬的阴影，令人心情不愉快。

三、光环境功能区域规划

控制光污染需对光环境进行管理。管理光环境可以从污染源和环境两个方面入手：在污染源方面，区分不同光照的目的，对光源进行分类管理，根据实际应用提出光照限值；在环境方面，进行光环境功能区域规划，针对不同的光环境功能制定相应的环境标准。根据各类区域对光的不同要求，对选定区域进行合理划分，并制定相应的光环境目标，从而使光环境在符合人们需要的同时又尽可能降低负面影响。

光环境功能区域规划的一般原则如下：

① 以有效地控制光污染的程度和范围，保护生活环境和生态环境，保障人体健康及动植物正常生存和生长为宗旨。

② 不得降低现有的使用功能，以主导功能划定区域。

③ 统筹考虑各个功能区之间的衔接。

④ 实用可行，管理方便。

参照英国对光环境进行分类管理的做法，可以将夜间光环境划分为以下四类：

① 近无光区：不需要照明的场所。如农业种养区或自然保护区及天文观测站周围区域等。

② 暗视觉区：需要一定照明满足安全目的，但同时又不影响夜间休息的场所。如动物园、农村生活区、文教区、居住区等。

③ 中视觉区：需要较亮的照明，但同时又较少在夜间休息的场所。如道路、商业区、居民商业混杂区、医院、工业区（无室外作业）等。

④ 明视觉区：需要照明来满足室外工作的场所，可以完全识别物体。如施工场地、工业区（有室外作业）、港口等。

具体见表 6-9。

表 6-9 光环境功能区划分类别（夜间室外）

类别	功能区	范围
A	近无光区	非常幽静的区域。如国家公园、自然保护区、农业种养区，以及不明亮的风景区、天文观测站周围区域等
B	暗视觉区	低亮度环境的地方。如动物园、远离商业闹市的居民区、农村生活区、文教区、疗养区、别墅区、高级宾馆区等特别需要较低照明的区域，位于城郊和乡村的一类区域可视情况参考执行
C	中视觉区	中等亮度环境的地方。如道路、居民商业混杂区、娱乐区、医院、工业区（无室外作业）、商业区等
D	明视觉区	高亮度环境的地方。如施工场地、工业区（有室外作业）、港口等

第四节 光污染控制技术

光污染按照光波波长分为可见光污染、红外线污染和紫外线污染三类，分别采用不同的控制技术。

一、可见光污染控制

可见光污染中危害最大的是眩光污染。眩光污染是城市中光污染的最主要形式，是影响照明质量最重要的因素之一。

眩光程度主要与灯具发光面大小、发光面亮度、背景亮度、房间尺寸、视看方向和位置等因素有关，还与眼睛的适应能力有关。因此眩光的控制应分别从光源、灯具、照明方式等方面进行。

（一）直接眩光的控制

控制直接眩光主要指控制光源在 γ 角为 $45°\sim90°$ 的亮度（图6-5），一般有两种方法：一种是用透光材料减弱眩光；另一种是用灯具的保护角加以控制。此两种方法可单独使用，也可同时使用。透光材料控制法采用透明、半透明或不透明的格栅或棱镜将光源封闭起来，控制可见亮度。用保护角可以控制光源的直射光，做到完全看不见光源，有时也可以把灯安装在梁的背后或嵌入建筑物等。通常将光源分成两大类：一类亮度在 $2\times10^4\ \mathrm{cd/m^2}$ 以下，如荧光灯，可以用前述两种方法控制眩光，但由于荧光灯亮度较低，在某些情况下允许明露使用；另一类亮度在 $2\times10^4\ \mathrm{cd/m^2}$ 以上，如白炽灯和各种气体放电灯。当功率较小时，以上两种控制眩光方法均可使用，但对大功率光源几乎无例外地采用灯具保护角控制。此时不但要注意亮度，还应考虑观察者视觉的照度。保护角与灯具的光通量、安装高度有关。

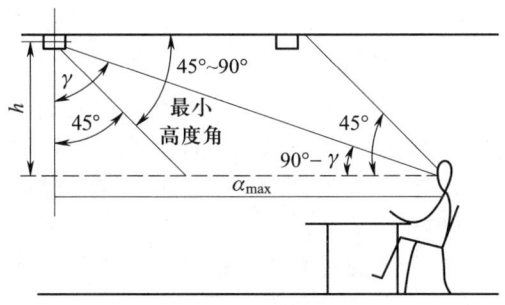

图6-5 需要控制亮度的照明设备发光区域

控制直接眩光，除了可以通过控制灯具的亮度和表面面积，使灯具具有合适的安装位置和悬挂高度，保证必要的保护角外，还可以采用增大眩光源的背景亮度或作业照度的方法。当周围环境较暗时，即使是低亮度的眩光，也会给人明显的感觉。增大背景亮度，眩光作用就会减小。但当眩光光源亮度较大时，增大背景亮度不仅控制眩光，还会成为新的眩光源。因此，为了减小灯具发光表面与邻近顶棚间的亮度差别，适当降低亮度对比度，建议顶棚表面应有较高的反射比，可以采用间接照明，如倒伞形悬挂式灯具，使灯具有足够的上射光通量，经过一次反射后使室内亮度分布均匀。此外，浅色饰面通过多次反射也能明显提高房间上部表面的照度。

（二）　反射眩光和光幕反射的控制

高亮度光源被光泽的镜面材料或半光泽表面反射，会产生干扰和不适。这种反射在作业范围以外的视野中出现时叫作反射眩光；在作业范围以内呈现时叫作光幕反射。反射光的亮度与光源亮度几乎一样，在观察物体方向或接近物体方向出现的光滑面包括顶棚、墙面、地板、桌面、机器或其他用具的表面。当视野内若干表面上都出现反射眩光时，就构成了眩光区。反射眩光常比直接眩光影响更大，因为它紧靠视线，眼睛无法避开，而且往往减小对工件的对比能力和对细部的分辨能力。一般情况下出现的反射眩光和特殊情况下出现的光幕反射，不仅与灯具的亮度和它们的布置有关，而且与灯具相对于工作区域的位置和当时的照度水平有关，此外还取决于所用材料的表面特性。

控制反射眩光，首先，光源的亮度应比较低，且应与工作类型和周围环境相适应，使反射影像的亮度处于容许范围，可采用在视线方向反射光通量小的特殊配光灯具。其次，如果光源或灯具亮度不能降到理想的程度，那么可根据光的定向反射原理，妥善地布置灯具，即求出反射眩光区，将灯具布置在该区域以外。如果灯具的位置无法改变，那么可以变换工作面的位置，使反射角不处于视线内。但是，这种条件实际上难以实现，特别是在人多的房间内。常用的办法是不把灯具布置在与观察者的视线相同的垂直平面内，力求使工作照明来自适宜的方向。再次，可通过增加光源的数量来提高照度，使得引起反射的光源在工作面上形成的照度，在总照度中所占的比例减小。最后，适当提高环境亮度，减小亮度对比。例如，玻璃陈列柜中照度过低，明亮的灯具的反射影像就可能在玻璃上出现，黑暗的柜面背景使反射影像更加突出，影响观看效果。这时，用局部照明增加柜内照度，它的亮度接近或超过反射影像，就可弥补有害反射造成的损失。由于柜内空间小，提高照度较易办到。对反射眩光单靠照明解决有困难时，需要精心设计物体的饰面，使地板、家具或办公用品的表面材料无光泽。

光幕反射是目前被普遍忽视的一种眩光，它在原本呈现漫反射的表面上又附加了镜面反射，以致眼睛无法看清物体的细节或整个部分。

光幕反射的形成取决于反射物体的表面（即呈定向扩散反射，如光滑的纸、黑板及油漆表面）、光源面积（面积越大，它形成光锥的区域越大）、光源、反射面、观察者三者之间的相互位置及光源亮度。为了减小光幕反射，不在墙面上使用反光太强烈的材料；尽可能减弱干扰区的光，加强干扰区以外的光，以增加有效照明。干扰区指顶棚上的一个区域，在此区域内光源发射的光线经由作业表面规则反射后均可能进入观察者视野。因此，应尽量避开在此区域布置灯具，或者使作业区避开来自光源的规则反射。

眩光是衡量照明质量的主要特征，也是环境是否舒适的重要因素。应按照控制眩光的要求来选择灯具的型号和功率，考虑它在空间的效果及舒适感，使灯具有一定的保护角，并选择适当的安装位置和悬挂高度，限制其表面亮度。同时把光引向所需的方向，而在可能引起不舒适眩光的方向减少光线，以期创造一个舒适的视觉环境。

二、红外线、紫外线污染控制

对这两种类型污染的控制措施有两方面：① 对有红外线和紫外线污染的场所采取必要的安全防护措施。应加强管理和制度建设，对紫外消毒设施要定期检查，发现灯罩破损要立即更换，并确保在无人状态下进行消毒，更要杜绝将紫外灯作为照明灯使用。对产生红外线的设备，也要定期检查和维护，严防误照。② 佩戴个人防护眼镜和面罩，加强个人防护措施。对于从事电焊、玻璃加工、冶炼等产生强烈眩光、红外线和紫外线的工作人员，应十分重视个人防护工作，可根据具体情况佩戴反射型、光化学反应型、反射-吸收型、爆炸型、吸收型、光电型和变色微晶玻璃型等不同类型的防护镜。

第五节　光污染控制措施

仅仅有控制各类光污染的技术是远远不够的，治理光污染，还需要行之有效的光污染控制措施，如此才能更好地控制光污染的发生，解决光污染问题。

从政府管理决策的角度上来说，针对光污染的控制要做好两点：

① 要尽快制定防治光污染的法规。目前我国还没有专门防治光污染的法律法规，也没有相关部门负责解决灯光扰民的问题。国外早在 20 世纪 70 年代就已经为限制光污染而制定法规、规范和指南，而我国一直处在"光污染"环境立法的空白点。虽然对玻璃幕墙的建设已经制定了一些规范，并且也取得了一定的防治光污染的效果，但大量其他光污染源仍然没有明确的法律法规来约束。有关光污染的处理依据主要存在于以下法律条文中：

《中华人民共和国环境保护法》第 42 条规定：排放污染物的企业事业单位和其他生产经营者，应当采取措施，防治在生产或者其他活动中产生的废气、废水、废渣、医疗废物、粉尘、恶臭气体、放射性物质以及噪声、振动、电磁辐射等对环境的污染和危害。

《中华人民共和国民法典》物权编第 294 条规定：不动产权利人不得违反国家规定弃置固体废物，排放大气污染物、水污染物、土壤污染物、噪声、光辐射、电磁辐射等有害物质。

总体而言，目前我国有关光污染侵害的法律依据，从《环境保护法》到《民法典》均缺乏有关防治光污染直接、具体的规定。我们要加强光污染的治理，保护光污染受害人的权益，必须及时制定相应的专门的法律、法规。通过法律条文详细阐述光污染的法律定义并根据光污染的不同分类规定光污染的环境标准、排放标准、管辖主体、救济途径、相应罚则等，为光污染的防治奠定原则性法治基础。

② 要加强建设、设计管理。防治光污染应做到事前合理规划，事后加强管理，合理的城市规划和建筑设计可以有效地减少光污染。限建或少建带有玻璃幕墙的建筑并尽可能避开居民居住区。装饰高楼大厦的外墙、装修室内环境，以及生产日用产品时应尽量避免使用刺眼的颜色。已经建成的高层建筑尽可能减少玻璃幕墙的面积并避免太阳光反射光照到居民区。应选择反射系数较小的材料。加强城市绿化也可以减少光污染，对夜景照明，应加强生态设计，加强灯火管制。区分生活区和商业区，关闭夜间电影院、广场、广告牌等的照明，减少过度照明，降低光污染和能量损失。通过科学合理的规划（如城市绿化生态空间及色彩规划）减少光污染。

由于光污染对人体和环境的影响在短期内不易被觉察，光污染的认定缺乏相应的法律和可供参考的环境标准，目前主要采取预防的防治方法。世界各国在光污染防治方面已开展很多有益的尝试和探索。

1998 年，上海市颁布的《关于在建设工程中使用幕墙玻璃有关规定的通知》（已废止）中规定："在内环线以内的建设工程，除建筑物的裙房外禁止设计和使用幕墙玻璃；在内环线、外环线之间的建设工程，适度控制设计和使用幕墙玻璃，即建筑物使用幕墙玻璃面积不得超过外墙面建筑面积的 40%"。1999 年，天津市颁布《城市夜景照明技术规范》，这是我国第一个有关夜景照明的技术规范。2004 年，上海市制定了我国首部限定灯光污染的地方标准《城市环境（装饰）照明规范》，2004 年 9 月 1 日起正式实施，被誉为上海市乃至全国首部限制光污染的地方性标准。2010

年，北京市第一部《室外照明干扰光限制规范》于12月1日正式实施，规定非商业区和非文化娱乐区不宜设置频繁变换模式的照明，并应限制商业区、娱乐区、体育场馆等场所区域的照明对此类区域外的环境产生的干扰光。2012年12月，厦门市政府通过的《厦门市建筑外立面装饰装修管理规定》第21条规定："新建建筑采用玻璃幕墙、金属幕墙，可能会对周围环境产生光照污染的，应当采用低辐射率镀膜玻璃、非抛光金属板，不得采用镜面玻璃、抛光金属板等材料"。

2022年6月，青海省出台中国首部暗夜星空保护地方性法规——《海西蒙古族藏族自治州冷湖天文观测环境保护条例》，于2023年1月1日起正式实施。该条例共22条，将冷湖天文观测环境区域划分为暗夜保护核心区和暗夜保护缓冲区，并规定冷湖天文观测环境暗夜保护核心区内禁止规划建设对当地大气环境产生影响的项目，禁止开展影响天文观测环境的活动，重点保护核心区的夜间光学观测环境。

捷克2002年颁布的《保护黑夜环境法》是世界上首部光污染防治法，该法首次对城市光污染做出详细规定，它将光污染定义为各种散射在指定区域之外，尤其是高于地平线以上的人工光源的照射，而且规定了公民和组织有义务采取措施防止光污染。

瑞典在1995年修订的《环境保护法》对光污染这种造成环境污染的情形做了明确规定。该法第1条规定：本法适用于对可能受到大气污染、噪声污染、振动污染、光污染或其他类似方式干扰的土地、建筑物或设施的保护，但暂时性干扰除外。

美国国家公园管理局1988年出台的《国家公园管理政策》首次明确暗夜星空概念，强调其自然、文化等多重价值。同年，美国成立国际暗天协会，教育大众认识光害问题，提升对自然夜间景观的价值认知。美国多个州制定了有关光污染的法规。1996年，美国密歇根州制定了《室外照明法案》；2003年，犹他州制定了《光污染防治法》，美国新墨西哥州和阿肯色州分别制定了《夜空保护法》和《夜间天空保护法》，印第安纳州制定了《室外光污染控法》。这些法规均对光污染做出了相关防治规定，规定室外照明要安装适当合理的装置防治光污染，并对违法者处以罚款。

法国《民法典》将社会生活中的近邻妨害，如烟雾、音响、振动、声、光、电、热、辐射、粉尘等不可量物侵入邻地造成干扰性妨害，邻地的日照、通风、电波干扰，以及因挖掘、排水致邻人侵害等纳入"近邻妨害制度"，并以判例的方式确认光侵害为近邻妨害侵权。

德国对光污染没有做明文规定，但其《民法典》规定了不可量物侵害制度，该制度实际上包含了光污染这种侵权类型。《民法典》赋予法官自由裁量权，在司法实践中以判例的方式确定"类似干涉的侵入"的具体类型，其中包括"光的有意图侵入"。

德国采取了多种有效措施来降低光污染程度。在许多城市已使用光线比较柔和的水银高压灯代替容易诱引昆虫的钠蒸气灯，对昆虫的诱引率降低了90%，新一代经过改进的钠蒸气灯降低了功率，采用了让人舒适的光色，对固定照明设计进行合理的遮盖，并将散射光的圆形灯改为不散光的平底灯，让灯光照向需要照射的地方，照向天空的光源都得到了纠正。为了避免昆虫和鸟类误撞灯而死亡，德国发明了可调节光线强度的技术，并根据昆虫和鸟类活动的规律安装了警戒装置等。

日本于1994年正式确认光污染的存在，在2002年编写了《合理使用灯具指南》，于2006年发布了《光污染管制指引》。日本各地也相继出台防治光污染的条例，推广安装向路面聚光的街灯，实施禁止探照灯向空中照射等各种防治光污染的措施。最早出台防治光污染条例的是冈山县，该县规定禁止使用探照灯向空中照射，违反者将受到处罚。熊本县城南町安装了一种路灯，其光源处装有反光板，上方不漏光，由于反光板的聚光作用，灯光不再四处扩散，而路面却变得更加明亮，同时还能节约能源。

第六节　光污染控制应用实例

【实例1】深圳市玻璃幕墙光污染控制

深圳市福田区某小学的操场正对相邻的由玻璃幕墙组成的邮政综合楼，每到日出时分，上千平方米的玻璃幕墙向操场和校园反射出强烈的光线，孩子们在操场上活动时常会出现目眩和视线模糊情形。2013年，深圳市某公司在综合考虑邮政综合楼内采光和使用的基础上，在国内首次采用在外墙玻璃上梅花状涂刷具有良好耐久性和耐候性纳米涂液的方法，将镜面反射变为漫反射，较好地解决了原有玻璃幕墙的眩光漫射问题。经过处理的玻璃呈磨砂效果，使邮政综合楼所用玻璃的镜面反射率由18%降至6%，达到了较好的光污染防治效果。

【实例2】《城市照明专项规划（2021—2035）》

2021年8月，深圳市出台《城市照明专项规划（2021—2035）》（以下简称《规划》），首次将暗夜保护区（严格限制人工光污染的区域，通常围绕公园或天文台建立）纳入城市照明规划结构，强调落实暗夜保护，制定暗夜保护要求，落实光污染整治规定，引领深圳夜间的生态修复与暗夜经济的创新发展。《规划》同时提出了全生命周期的绿色照明管理要求，在兼顾城市空间夜景形象塑造的同时，有效控制城市照明能耗。在智慧照明控制方面，《规划》指引了市、区两级的智慧照明系统建设，引入城市大数据分析，推动景观照明分模式精细化管控；在功能照明的智慧化方面，指引了依托多功能智能灯杆的智慧街道照明建设；在景观照明的智慧化方面，指引了互动照明设施建设，积极探索城市照明与公共艺术、科学技术的有机良性结合。

【实例3】《上海市环境保护条例》

2022年8月1日，新修正的《上海市环境保护条例》（以下简称《条例》）正式实施。《条例》强化居住环境保护，除了外滩、北外滩和陆家嘴地区，明确禁止对直接射向住宅居室窗户的投光、激光等景观照明。这是我国首部纳入光污染治理条款的地方性环境保护法规。

《条例》在严格控制建筑物外墙采用反光材料等原有措施的基础上，新增了以下四个方面的规定：

① 强化源头管控，道路照明、景观照明等城市照明相关规划应当明确分区域亮度管理措施，对不同区域的照明效果和光辐射控制提出要求。

② 强化绿色照明，明确住房和城乡建设、绿化市容等部门应当依据城市照明相关规划和节能计划，完善城市照明智能控制网络，推广使用节能、环境友好的照明新技术、新产品，提高照明的绿色低碳水平。

③ 强化设置规范，规定道路照明、景观照明，以及户外广告、招牌等设置的照明光源不符合照明限值等要求的，设置者应当及时调整，防止影响周围居民的正常生活和车辆、船舶安全行驶；公安、交通等部门在监控设施建设过程中应当推广应用微光、无光技术，防止监控补光对车辆驾驶员和行人造成眩光干扰。

④ 强化居住环境保护，明确在居民住宅区及其周边设置照明光源的，应当采取合理措施控制光照射向住宅居室窗户外表面的亮度、照度；禁止设置直接射向住宅居室窗户的投光、激光等景

观照明，在外滩、北外滩和陆家嘴地区因营造光影效果确需投射的，市绿化和市容行政管理部门应当合理控制光照投射时长、启闭时间，并向社会公布；施工单位进行电焊作业或者夜间施工使用灯光照明的，应当采取有效的遮蔽光照措施，避免光照直射居民住宅。

【实例4】《汕头经济特区城市景观照明条例》

2022年8月1日，《汕头经济特区城市景观照明条例》正式实施。该条例规定在设置灯光秀时严格控制在具备良好景观视角、不影响周边居民住户、交通通行和生态环境等条件下进行选址，并严格控制启闭时间；设置商业街区景观照明时应遵守商业街区局部建筑允许使用的彩色光源，以及法律、法规规定的其他设置要求；设置居民区景观照明应符合照明亮度、发光强度、光污染控制要求，不影响居民正常生活；照明设施与居住建筑窗户距离较近的，应当采取遮光措施，不得有灯光直射居住建筑窗户等情形。

思考题与习题

1. 什么是光环境，其影响因素有哪些？
2. 已知氙灯发出的单色光波长为530 nm，其辐射通量为25 W，试计算其发出的光通量。
3. 什么是光污染，光污染的主要类型有哪些？
4. 试说明光通量与发光强度、照度与亮度之间的区别和关系。
5. 试述天然光环境评价的主要内容。
6. 试述人工光环境评价的标准及主要内容。
7. 什么是眩光污染？试述其产生原因、危害及控制措施。
8. 试举例说明红外线和紫外线污染的控制措施。
9. 调查一下你所在城市光污染的主要形式、产生的危害和已采取的控制措施。

第七章　热污染及其控制

　　本章概述部分介绍热环境、热量来源和热传递的基本概念，在此基础上详细介绍高温环境、人体与环境的关系，以及如何通过建筑隔热与节能来改善热环境，并介绍热污染的定义、类型、成因及危害；在水体热污染部分，介绍水体热污染的定义、成因、影响与控制；在大气热污染部分介绍城市热岛效应和温室效应；在热污染评价与标准部分介绍水体热污染评价与标准和大气热污染评价与标准；在热污染控制技术部分，介绍从源头的清洁能源开发技术、能源利用过程中的节能技术、能源利用后的余热回收技术，以及与温室效应相关的二氧化碳固定技术。

第一节　概　　述

一、热环境

（一）定义

　　为了获得适宜的生产和生活温度环境，人们主要依靠穿衣和营造居室来获得生存所需要的热量，否则人类健康和生命会受到威胁。热环境指自然环境、城市环境和建筑环境的热特性，其为人类生产、生活及生命活动的生存空间提供了温度环境。热环境分为天然热环境和人工热环境（表7-1）。热环境虽然以温度环境的表现最为直接，但也与湿度环境紧密相关，因此也称为热湿环境。如果在一定的稳定条件下，空气湿度相对变化很小，那么此时的热环境可称为温度环境。

表 7-1　热环境的分类

名称	热源	特征
天然热环境	太阳	热特性取决于环境接收太阳辐射的情况，并与环境中大气同地表之间的热交换有关，也受气象条件的影响。
人工热环境	房屋、火炉、机械等设施	人类为了防御和缓和外界环境剧烈的热特性变化，创造的更适于生存的热环境。人类的各种生产、生活及生命活动都是在人类创造的人工热环境中进行的。

（二）地球上的热量来源

　　人类生产、生活及生命活动的主要空间是地球，其热量来源主要有两大类：一类是天然热源，即太阳向地球辐射的能量，环境的热特性不仅与太阳辐射能量的多少有关，还取决于环境中大气同地表之间的热交换状况;另一类是人为热源,即人类在生产和生活过程中产生的热量。

1. 天然热量

常见的天然热量来源于太阳,它以电磁波的方式不断向地球辐射能量。太阳表面的有效温度为 5 497 ℃,其辐射通量又称为太阳常数,指在地球大气圈外层空间垂直于太阳光线束的单位面积上单位时间内所接受太阳辐射能量的大小,其值约为 1.95 cal/(cm^2·min)(1 cal ≈ 4.18 J)。太阳辐射能量分配状况见图 7-1。

(1)太阳辐射能量的影响因素

影响地球接受太阳辐射的因素主要有两方面:一是地壳以外的大气层;二是地表形态。

从地球接受来自太阳辐射能量的途径可以看出,地壳以外的大气层是影响地球接受能量的一个重要原因。这主要取决于大气的成分组成,即大气中臭氧、水蒸气和二氧化碳的含量。距地表 20~50 km 的高空为臭氧层,它主要吸收太阳辐射中对地球生命系统构成极大危害的紫外线波段辐射能量,从此意义上说,臭氧层成为地球的护身符。太阳辐射中到达地表的主要是短波辐射,其中量较少的长波辐射被大气层中的水蒸气和二氧化碳吸收(表 7-2)。

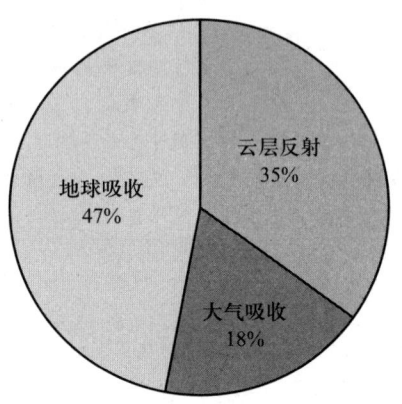

图 7-1 太阳辐射能量分配状况

地表的形态类型是影响地表接受太阳辐射能量的另一个重要因素。地表在吸收部分太阳辐射的同时,又对太阳辐射起反射作用,而且吸热后温度升高的地表同样以长波形式向外辐射能量。地表的形态类型决定其吸收和反射太阳辐射能量之间的比例关系。

自然环境的温度变化较大,而满足人体舒适要求的温度范围相对较窄,不适宜的热环境会影响人的工作效率、身体健康及生命安全。舒适的热环境有利于人的身心健康,可以提高工作效率。为了维持人类生存较为适宜的温度范围,创造良好的热环境,除太阳辐射的能量外,人类还需要各种能源产生的能量。人类的各种生产、生活及生命活动都是在人类创造的人工热环境中进行的。

表 7-2 大气中的主要物质吸收辐射的波长范围

物质种类	吸收辐射的波长范围/μm		
N$_2$、O$_2$、NO	<0.1	短波	距地表 100 km,对紫外线完全吸收
O$_2$	<0.24	短波	距地表 50~100 km,对紫外线部分吸收
O$_3$	0.2~0.36	短波	在平流层中,吸收大部分的紫外线
	0.4~0.85	长波	
	8.3~10.6	长波	对来自地表的辐射少量吸收
H$_2$O	0.93~2.85	长波	
	4.5~80	长波	距地表 6~25 km,对来自地表的辐射吸收能力较强
CO$_2$	4.3附近	长波	
	12.9~17.1	长波	对来自地表的辐射完全吸收

（2）热环境换热方程

地表和大气之间以辐射方式进行的能量交换称为潜热交换，而以对流和传导方式进行的能量交换称为显热交换。地表和大气之间不停地进行这两种能量交换，地表热环境的状况取决于这两种热交换的结果。可以假设一个柱体空间，其上表面为太空，下表面为无限延伸至竖向热流为零的表面。柱体空间区域与外界热交换的方程为

$$G = (Q+q)(1-a) + I_{进} - I_{出} - H - L_E - F \qquad (7-1)$$

式中：G——柱体空间区域总能量；

Q——太阳直接辐射能量；

q——大气微粒散射太阳辐射能量；

a——地表短波反射率；

$I_{进}$——到达地表的长波辐射能量；

$I_{出}$——地表向外的长波辐射能量；

H——地表与大气交换的显热量；

L_E——地表与大气交换的潜热量；

F——柱体空间与外界水平方向交换的热流能量。

该空间区域的净辐射能量为

$$R = (Q+q)(1-a) + I_{进} - I_{出} = G + H + L_E + F \qquad (7-2)$$

全球不同纬度地区的热环境系数 R、H、L_E、F 不同（表7-3）。

表7-3 全球不同纬度地区的热环境系数

纬度	海洋				陆地				地球			
	R	H	L_E	F	R	H	L_E	F	R	H	L_E	F
80°—90°（N）	—	—	—	—	—	—	—	—	−9	−10	3	−2
70°—80°（N）	—	—	—	—	—	—	—	—	1	−1	9	−7
60°—70°（N）	23	16	33	−26	20	6	14	—	21	10	9	−7
50°—60°（N）	29	16	39	−26	30	11	14	—	30	14	28	−12
40°—50°（N）	51	14	53	−16	43	21	24	—	48	17	38	−17
30°—40°（N）	83	13	86	−16	60	27	23	—	73	24	39	−10
20°—30°（N）	113	9	105	−1	69	49	20	—	96	24	73	−1
10°—20°（N）	119	6	99	14	71	42	29	—	106	16	81	9
0°—10°（N）	115	4	80	31	71	24	48	—	105	11	72	22
0°—90°（N）	—	—	—	—	—	—	—	—	72	16	55	1
0°—10°（S）	115	4	84	27	72	22	50	—	105	10	76	19
10°—20°（S）	113	5	104	4	73	32	41	—	104	—	90	3
20°—30°（S）	101	7	100	−6	70	42	28	—	94	—	83	−5

续表

纬度	海洋				陆地				地球			
	R	H	L_E	F	R	H	L_E	F	R	H	L_E	F
30°—40°（S）	82	8	80	−6	62	34	28	—	80	—	74	−5
40°—50°（S）	57	9	35	−7	41	20	21	—	36	—	53	−7
50°—60°（S）	28	10	31	−13	31	11	20	—	28	—	31	−14
60°—70°（S）	—	—	—	—	—	—	—	—	13	—	10	−8
70°—80°（S）	—	—	—	—	—	—	—	—	−2	—	3	−1
80°—90°（S）	—	—	—	—	—	—	—	—	−11	—	0	−1
0°—90°（S）	—	—	—	—	—	—	—	—	72	—	62	−1
全球	82	8	74	0	49	24	25	—	72	—	59	0

注：表中正值表示系统吸热，负值表示系统放热。

2. 人为热源

热环境中的人为热量来源主要包括以下几种：

① 设备散热。各种大功率的电器机械装置在运转过程中，可向环境释放热能，如电机、发电机和各种电器等。

② 化学放热。放热的化学反应过程，如化工厂的化学反应炉和核反应堆中的化学反应，太阳辐射能量实际就是化学反应氢核聚变产生的。

③ 人群辐射。密集人群可向环境释放辐射能量。一个成年人对外辐射的能量相当于一个 146 W 的发热器所散发的能量。例如，在密闭潜艇内，人体辐射和烹饪等产生的能量积累可以使舱内温度达到 50 ℃。

（三）热量传递方式

热量传递有三种基本方式，即热传导、热对流和热辐射。

1. 热传导

热传导是能量传递的一种方式，是自然界中普遍存在的一种物理现象。热传导又称为导热，属于接触传热，是连续介质就地传递热量且各部分之间没有相对宏观位移的一种传热方式。它是由系统的热力学状态不平衡（温度梯度的存在）引起的。热传导过程进行的方向总是使物质体系趋于平衡态。在固体内部，只能依靠导热的方式传热；在流体中，尽管也有导热现象发生，但通常被对流运动所掩盖。

2. 热对流

热对流又称为对流，指流体各部分之间发生相对位移，冷热流体相互掺混引起热量传递的方式。热对流是液体和气体中热传递特有的方式，气体的热对流现象比液体更明显。热对流可分为自然热对流和强迫热对流。自然热对流通常是自然发生的，而且主要是由于温度不均匀引起的。

强迫热对流是由于外界的影响对流体扰动而形成的。提高液体或气体的流动速度能加快热对流传热的过程。例如，在建筑发生火灾过程中，通风孔洞面积越大，热对流速度越快；通风孔洞所处位置越高，热对流速度越快。热对流对初起火灾的发展起重要作用。

3. 热辐射

热辐射是物体以电磁波的形式向外界辐射能量的过程。与导热和热对流不同的是，热辐射在传递能量时不需要互相接触，其中最典型的例子是太阳向地球表面传递热量的过程。一个物体表面在单位时间内单位面积上发出的辐射能量与物体表面的性质和温度有关。低温物体辐射率低，辐射波长较长；高温物体辐射率高，辐射波长较短。

（四）热力学定律

热力学定律是描述物理学中热学规律的定律，包括热力学第零定律、热力学第一定律、热力学第二定律和热力学第三定律。其中热力学第零定律又称为热平衡定律，热力学第一、第二定律被发现后人们才认识到这一规律的重要性。

1. 热力学第一定律

作为自然界的基本规律之一，能量守恒与转换定律指出："自然界中的一切物质都具有能量，能量不可能被创造，也不可能被消灭；但能量可以从一种形态转变为另一种形态，且在能量的转化过程中能量的总量保持不变。"

热力学第一定律是能量守恒与转换定律在热现象中的应用，它确定了热力过程中热力学系统与外界进行能量交换时，各种形态能量数量上的守恒关系。在任何一个热力学变化过程中，系统所吸收的热量等于系统内能的增加与对外所做的功之和。

2. 热力学第二定律

热力学第二定律是阐明与热现象相关的各种过程进行的方向、条件及限度的定律。由于热现象普遍存在于工程实践中，热力学第二定律应用范围极为广泛。例如，热量传递、热功互变、化学反应、燃料燃烧、气体扩散、混合、分离、溶解、结晶、辐射、生物化学、生命现象、信息理论、低温物理、气象及其他许多领域。

1824年，卡诺最早提出了热能转化为机械能的根本条件："凡有温度差的地方都能产生动力。"实质上，它是热力学第二定律的一种表达方式。随着蒸汽机的出现，人们在提高热机效率的研究中认识到，只有一个热源的热动力装置是无法工作的，要使热能连续地转化为机械能至少需要两个温度不同的热源。通常以大气中的空气或环境温度下的水作为低温热源，还需要有高于环境温度的高温热源，如高温烟气。1850年，克劳修斯从热量传递方向性的角度提出，不可能把热从低温物体传递到高温物体而不产生其他影响。1851年，开尔文等人从热能转化为机械能的角度提出更为严密的表述，即热力学第二定律的开尔文表述：不可能从单一热源吸热，使之完全变为有用的功而不产生其他影响，也可表述为第二类永动机是不可能的。

热力学第二定律的克劳修斯表述实质上指热传递过程是不可逆的。热力学第二定律的开尔文表述实质上指功转变为热的过程是不可逆的。两种表述的等效性实质上反映了各种不可逆过程的内在联系。正是这种内在联系使热力学第二定律有多种表述形式，其应用也远远超出了热功转化的范围。

根据热力学第二定律的定性表述，可以证明系统存在一个态函数——熵。熵表示分子热运动混乱的程度。熵的变化规律是物态实际变化过程的方向性标志。

3. 热力学第三定律

1912 年，能斯特根据其所提出的热定理推论得出：绝对零度不可能达到，即不可能应用有限个方法使物系的温度达到绝对零度。热力学第三定律反映了物质性质变化的客观规律。物质在低温下的许多性质，都是由热力学第三定律推导出来的。根据能斯特热定理，物系在接近绝对零度下进行定温过程时，物系的熵不变。物系的熵不变的过程为孤立系统的可逆绝热过程。因此，当温度趋近于绝对零度时，物质的膨胀系数和压强都趋近于零，任意过程的比热容也趋近于零。即在接近绝对零度时绝热过程也具有了定温的特性，这时就不可能再依靠绝热过程来进一步降低物系的温度以达到绝对零度。

4. 热力学第零定律

如果两个热力学系统中的每一个热力学系统都与第三个热力学系统处于热平衡状态（温度相同），那么它们彼此也必定处于热平衡状态。这一结论称为"热力学第零定律"。热力学第零定律的重要性在于它给出了温度的定义和温度的测量方法。处在同一个热平衡状态的所有热力学系统都具有一个共同的宏观特征，这一特征是由这些互为热平衡系统的状态决定的一个数值相等的状态函数，这个状态函数被定义为温度。而温度相等是热平衡的必要条件。根据热力学第零定律，人们不再需要将各个物体直接接触，而只用一个参考物（如温度计）即可比较它们各自的温度。

（五）人体与热环境

1. 人体内热量平衡关系

人体每天与所处的环境之间不断地进行热交换，如分解食物消耗能量和维持体温需要释放部分能量等。人体在体温调节机制的调控下，产热过程和散热过程处于平衡状态，即体热平衡。人体内热量平衡关系式为

$$S = M - (\pm W) \pm E \pm R \pm C \tag{7-3}$$

式中：S——人体蓄热率，W/m^2；

　　　M——食物代谢率，W/m^2；

　　　W——外部机械功率，W/m^2；

　　　E——总蒸发热损失率，W/m^2；

　　　R——辐射热损失率，W/m^2；

　　　C——对流热损失率，W/m^2。

人体与环境之间的热交换一般有两种方式：一种是对外做功（如人体运动过程及各种器官有机协调过程的能量消耗）；另一种是转化为体内热，并不断传递到体表，最终以热辐射或热传导的方式释放到环境中。如果体内热不能及时得到释放，人体就要依靠自身的热调节系统（如皮肤、汗腺分泌）加强与环境之间的热交换，从而建立与环境之间的热平衡以保持体温稳定。

2. 人体热量调节方式

（1）冷却区

如果外界环境温度过低，即进入人体冷却区，人体的各种生理功能就难以协调发挥作用。有记载的人体存在的最低环境温度为 -75 ℃，而穿着高效保温服能保证进行正常工作的最低温度为 -35 ℃。

（2）中性区

人体的最适温度范围（25~29 ℃）称为中性区。人体的各种生理机能在中性区能够得到较好的发挥，从而达到较高的工作效率。中性区的中点称为人的中性点。

（3）行为调节区

空气温度的下降和空气流速的增加都会增加人体对外的散热量。为了保持体温稳定，人体会发生自然的生理反应，通过血管收缩，减小流向皮肤的血液流量，从而减小皮层的传热系数，降低体内热的外辐射量。如果环境温度继续降低，人就要加快体内物质代谢速率以提供体内热，或依靠衣物及外部的能量补给，阻止体温进一步降低。此时人体的生理反应为肌肉伸张，表现为打寒战，这一温度区间称为行为调节区。

（4）抗热血管温度调节区和蒸发调节区

环境温度高于中心点以上有一个较窄的温度范围，此温度范围称为抗热血管温度调节区。在此温度范围内，人体会加大传至体表的血液流量（比在中性点时高 2~3 倍血液流量），此时体表的温度仅比体内低 1 ℃，从而加大体表外辐射量。环境温度继续升高时，人体将借助体表分泌和蒸发更多汗液，以潜热的方式向环境释放体内热，此温度范围称为蒸发调节区。在此温度范围内，环境的水蒸气分压和体表的空气流速是影响身体调节功能发挥效果的决定性因素。随环境温度的进一步升高，人体将进入受热区，人体处于热量的耐受状态。

（六）高温环境

超过人类生产、生活和生命活动所需要的适宜环境温度中性点的温度环境都可称为高温环境。但是只有环境温度超过 29 ℃时，才会对人体的生理机能产生影响，降低人的工作效率。高温环境会对人体产生危害，包括高温灼伤、高温反应及热射病。

1. 高温环境对人体的危害

（1）高温灼伤

当皮肤温度高达 41~44 ℃时，人就会产生灼痛感。如果温度继续升高，就会伤害皮肤基础组织。

（2）高温反应及热射病

如果长时间在高温环境中停留，由于热传导的作用，体温就会逐渐升高。当体温高达 38 ℃以上时，人就会产生高温不适反应，甚至导致热射病。人的深部体温是以肛温为代表的。人体可耐受的肛温为 38.4~38.6 ℃，在做体力劳动时，此值为 38.5~38.8 ℃。高温极端不适反应的肛温临界值为 39.1~39.5 ℃。当高温环境温度超过这一限值时，汗液和皮肤表面的热蒸发都不足以满足人体和周围环境之间热交换的需要，从而不能将体内热及时释放到环境中，人体对高温的适应能力达到极限，将会产生高温生理反应。体内温度超过正常值（37 ℃）2 ℃时，人体的机能就开始丧失。体温升高到 43 ℃以上，只需要几分钟，就会导致人的死亡。高温生理反应的主要表现症状为头晕、头痛、胸闷、心悸、视觉障碍（眼花）、恶心、呕吐、癫痫抽搐等；体征表现为虚脱、肢体僵直、大小便失禁、昏厥、烧伤、昏迷，甚至死亡。

2. 高温热环境的防护

为防止高温热环境对人体的局部灼伤，一般穿戴由隔热耐火材料制成的防护手套、头盔和鞋袜等防护物进行防护。对于全身性高温环境，其防护措施为穿戴可全身性降温的防护服。研究表明，头部和脊柱的高温冷却防护对提高人体的高温耐力具有重要的价值和意义。

全身冷水浴和大量饮水也可以有效对抗高温。另外，有意识地经常性在高温环境中锻炼，人体就会产生"高温习服"现象，从而更加耐受高温环境。高温习服的上限温度为 49 ℃。随着科技水平的不断发展，高温环境中的工作将会逐渐由机械完成（如机器人），在必须有人类参与的高温环境中，普遍采用环境调节装置调节环境温度，以更适于人类生产、生活和生命活动。

（七）建筑隔热与节能

1. 建筑物的保温隔热

自古以来，人们对建筑物保温和隔热取暖采取了许多相应的措施。人们大多根据当地的气候状况就地取材，各具特色。南方茅草屋，冬暖夏凉；蒙古包用毛毡抗寒防风。即使到了砖瓦结构时代，各地也有所不同。寒冷的地区墙很厚，例如，哈尔滨俄式建筑的墙体厚度是现代建筑墙体的几倍，从而达到保温和隔热的目的。

2. 墙体节能

在建筑中，外墙保温至关重要，外围护结构的热损耗较大，外围护结构中墙体又占了很大份额。因此建筑墙体改革与墙体节能技术的发展是建筑节能技术的最重要环节，发展外墙保温技术及开发节能材料则是建筑节能的主要实现方式。

（1）外墙内保温和外墙外保温

外墙内保温就是在建筑空间内部墙体附加保温材料，以达到节能的目的。在我国墙体节能技术发展的起步阶段，外墙内保温应用比较广泛（因为当时外墙外保温技术尚不成熟）。外墙内保温具有以下优点：施工方便灵活、造价较低、施工技术及检验标准比较完善。但其缺陷在于易形成墙体裂缝及过多占用室内使用面积。外墙内保温在技术上的不合理性，决定了它仅仅是特定时期的过渡性措施，必然被淘汰。

外墙外保温是将保温隔热体系置于外墙外侧，从而使建筑达到保温的施工方法。外墙外保温使主体结构所受温差作用大幅度下降，温度变形减小，对结构墙体起到保护作用，并可有效地阻断冷（热）桥，有利于延长结构寿命。外墙外保温还可避免装修对保护层带来的破坏，可增加房屋使用面积，便于对旧建筑物进行节能改造，无须临时搬迁，基本不影响用户的室内生活和正常生活。

（2）复合墙体

多年来，我国建筑墙体一般采用单一的材料，如空心砌块和加气砼墙体等。近年来，由于建筑节能的推行，单一材料导热系数过大，通常是高效保温材料的几十倍，无法满足保温隔热的要求，因此常常采用承重材料与高效保温材料（聚苯板等）组成复合墙体。复合墙体是将一些功能材料夹于两片由多种建筑材料复合而成的墙板之间，使之具有防火、保温和隔热、隔音等优点的新型墙体。其生产过程中能耗不高，节能效率较突出，是理想的节能型墙体。

（3）节能壁板结构墙体

节能壁板结构墙体主要由预制节能复合墙板与隐形外框及楼盖现浇而成。边框柱（连接柱）和暗梁形成的隐形框架连接并约束节能复合墙板，形成节能复合墙体，是新型壁板结构的主要受力构件。在节能壁板结构体系中，节能复合墙板不仅起围护、分隔空间和保温作用，而且与隐形框架一起承担结构的竖向及水平荷载。节能壁板结构独特的构造使其能够在小震、中震及大震作用下依次发挥主要作用，分阶段释放地震能量，具有多道抗震防线，是一种基于结构地震反应控制技术的新型能耗结构体系。

3. 门窗节能

门窗是建筑保温中最薄弱的环节，门窗耗能主要表现在传热方面。因此通过先进技术或者材料提升门窗的保温性，可以有效降低建筑门窗的长期使用能耗。

（1）影响门窗节能的因素

影响门窗节能的因素包括：① 门窗用玻璃的类型。门窗用玻璃的种类较多，从结构上划分有单层玻璃、中空玻璃、三层中空玻璃和夹层玻璃等；单片玻璃又分为透明玻璃、吸热玻璃和镀膜玻璃等。门窗节能在很大程度上取决于所用玻璃的类型和加工工艺。② 门窗框材料种类。门窗框材料约占整个窗户面积的 25%，选用隔热性能好的材料非常重要。目前，门窗框所用型材种类主要有木型材、铝合金型材、塑料型材、铝塑复合型材和木塑复合型材等。③ 门窗扇和玻璃密封条的安装及性能。若材料出现断裂、收缩、低温变硬等缺陷，使得门窗的密封性能下降，则会大幅降低门窗的保温性能。除了门窗本身的材料因素之外，门窗安装质量也是影响门窗节能情况的重要因素。门窗框与墙体（附框）缝隙虽然不是能耗的主要部位，但是处理不好会严重影响门窗节能。

（2）节能门窗的结构与材料

门窗材料的选择是影响门窗节能的重要因素，边框是门窗的支承体系，由金属型材、非金属型材或复合型材加工而成。根据研究结果，铝的导热系数为 203，钢为 58，PVC 塑料为 0.14，导热系数决定热传导的效率。在门窗材料的选择上，塑料门窗的阻热性优于其他材料。

型材断面最好选择多腔结构，腔壁垂直于热流方向分布，型材内的多道腔壁可以对通过的热流起多重阻隔的作用，能有效地实现节能。腔体越多的型材保温效果越明显，因此可以选择多腔型材。

（3）隔热保温玻璃

玻璃属于非金属材料，虽然导热系数并不高，但是由于我国目前使用的门窗玻璃厚度较薄，其本身热阻非常小，如果玻璃面积占窗户的比例较大，那么能耗将很可观，提高玻璃质量是改善门窗保温性能较好的方法。对玻璃进行镀膜也是降低普通玻璃辐射耗能的有效方法，实验证明对玻璃进行镀膜能够有效改善中空玻璃的热工作性质。在玻璃的制作工艺方面也可进行选择，目前市场上较为常见的中空玻璃为双道密封的，使用热塑性的丁基橡胶作内层密封，聚硫橡胶作外层密封。玻璃边缘框架的导热性优于玻璃中间部分，丁基橡胶是热的不良导体，在玻璃制作中丁基橡胶的填充能够有效降低玻璃的导热性。惰性气体的活跃性很低，因此传热性也很差，在中空玻璃中填充惰性气体能够使玻璃更有效阻热。

二、热污染

人类在开发和利用能源过程中，由于热传递效率不可能达到 100%，热量会以不同的方式散失和传递。另外，能源利用过程中还会产生 CO_2、水蒸气和颗粒物等对人体虽无直接危害，但对环境产生不良影响的物质，引起热污染。

（一）定义

热污染指自然活动和人类活动中的热排放导致环境温度异常升高，破坏环境温度的稳定和平衡，对人类和其他生物、环境、气候造成不良影响的一种物理性污染现象。造成热污染的根本原因是能量未能被最有效、最合理地利用，这些能量破坏了环境热力学系统固有的温度平衡态。燃料的大量消耗干扰了地球环境的热平衡，使环境遭受热污染。燃料燃烧排放出大量 CO_2，产生温室效应；城市人口密集，燃料消耗量大，在城市区域出现了城市热岛效应等，这些都是热污染的表现。热污染导致的环境温度异常升高，使人类和其他一切生物生存的最佳温度环境发生改变，对人类和其他生物的正常生存和发展构成直接的或间接的、潜在的或现实的威胁。

（二）热污染类型

根据热污染对象的不同，可将热污染分为两类：水体热污染和大气热污染。

随着工业化的推进和人口不断增长，环境热污染日趋严重。目前热污染正逐渐引起人们的重视，但至今仍没有固定的指标以衡量其污染程度，也没有关于热污染的控制标准。因此，尚需进一步研究热污染对生物的直接或潜在威胁及其长期效应，并应加强对热污染的控制与防治。

（三）热污染成因

环境热污染主要是由人类活动造成的。如表 7-4 所示，人类活动对热环境的改变主要通过直接向环境释放热量、改变大气层组成和结构、改变地表形态来实现。

表 7-4　热污染的成因

成因		说明
直接向环境释放热量		能源未能有效利用，余热排入环境后直接引起环境温度升高；根据热力学原理，转化成有用功的能量最终也会转化成热，而传入大气
改变大气层组成和结构	CO_2 含量剧增	CO_2 是温室效应的主要贡献者
	颗粒物大量增加	大气中的颗粒物可对太阳辐射起反射作用，也有对地表长波辐射的吸收作用，对环境温度的升降效果主要取决于颗粒物的粒径、成分、停留高度、下部云层和地表反射率等多种因素
	对流层水蒸气增多	在对流层上部，亚声速喷气式飞机飞行排出的大量水蒸气积聚可存留 1~3 年，并形成卷云，白天吸收地面辐射，抑制热量向太空扩散；夜晚又会向外辐射能量，使环境温度升高
	平流层臭氧减少	平流层的臭氧可以过滤掉大部分紫外线，现代工业向大气中释放的大量氟氯烃（CFCs）和含溴卤代烃哈龙（Halon）是造成臭氧层破坏的主要原因
改变地表形态	植被破坏	地表植被破坏，增强地表的蒸发强度，提高其反射率，降低植物吸收 CO_2 和太阳辐射的能力，减弱了植被对气候的调节作用
	下垫面改变	城市化发展导致大面积钢筋混凝土建筑物取代了田野和土地等自然下垫面，地表反射率和蓄热能力，以及地表和大气之间的换热过程改变，破坏环境热平衡
	海平面受热性质改变	石油泄漏可显著改变海平面的受热性质，冰面或水面被石油覆盖，使其对太阳辐射的反射率降低，吸收能力增加

（四）热污染危害

1. 直接危害水生生物

火力发电厂、核电站和钢铁厂的循环冷却系统排出的热水，以及石油、化工、铸造和造纸等工业排出的主要废水中均含大量废热，排入地表水体后，导致水温快速升高，以致水中溶解氧减少。水体处于缺氧状态，同时又因水生生物代谢率增高而需要更多的氧，造成一些水生生物在热效力作用下发育受阻或死亡，从而影响环境系统和生态平衡。如果含有废热的废水包含其他污染物，就会加剧危害水生生物及生态。

2. 气候异常

大气中的含热量增加，还可影响天气与气候的变化。按照大气热力学原理，现代社会生活中的其他能量都可转化为热能，使地表反射太阳热能的反射率增高，吸收太阳辐射热能减少，促使地表上升的气流相应减弱，阻碍水汽凝结和云雨的形成，导致局部地区干旱少雨，影响农作物生长。

3. 生存陆地减小

近一个世纪以来，地球大气中的 CO_2 不断增加，气候变暖导致海水热膨胀和极地冰川融化，海平面上升，部分生物物种濒临灭绝。一些沿海地区及城市将被海水淹没，一些本来炎热的城市高温热浪风险加剧。

4. 危害人类健康

气温升高将会降低人们的工作效率，对人类生活和生产活动造成不良影响。而气温的异常升高还可能危害人们的身体健康。在高温环境里，人体的免疫功能下降，对疾病的抵抗力减弱，容易罹患各种疾病。与此同时，致病病毒或细菌对抗生素的耐药性却越来越强，从而加剧各种新、老传染病的流行。热污染使温度上升，为蚊子、苍蝇、蟑螂、跳蚤和其他传染病昆虫及病原体微生物等提供了最佳的滋生繁衍条件和传播机制，形成一种新的"互感连锁效应"，导致疟疾、登革热、血吸虫病、恙虫病、流行性脑脊髓膜炎等病毒病原体疾病的扩大流行和反复流行。

5. 增加能源消耗

热污染会导致气温升高，并进一步使空调等电器不断地向城市大气中排放热量，导致城市气温更高。

第二节 水体热污染

一、定义

向自然水体排放温热水导致其升温，当温度升高到影响水生生物的生态结构时，就会发生水质恶化，影响人类生产和生活用水，即为水体热污染。

二、水体热污染的成因

（一）工业冷却水

工业冷却水是水体热污染的主要热源，以电力工业冷却水为主，其次为冶金、化工、石油、造纸和机械行业的冷却水。

在美国，每天所排放的冷却水达 $4.5×10^8$ m³，接近美国全国用水量的 1/3；废热水含热量约为 $2.5×10^{11}$ kJ，足够 $2.5×10^8$ m³ 的水温升高 10 ℃。例如，佛罗里达州的一座火力发电厂，其热水排放量超过 2 000 m³/min，导致附近海湾 10~12 hm² 的水域表层温度上升 4~5 ℃。我国发电行业的冷却水用量也占总冷却水用量的 80% 左右。各行业冷却水排放量对照见图 7-2。

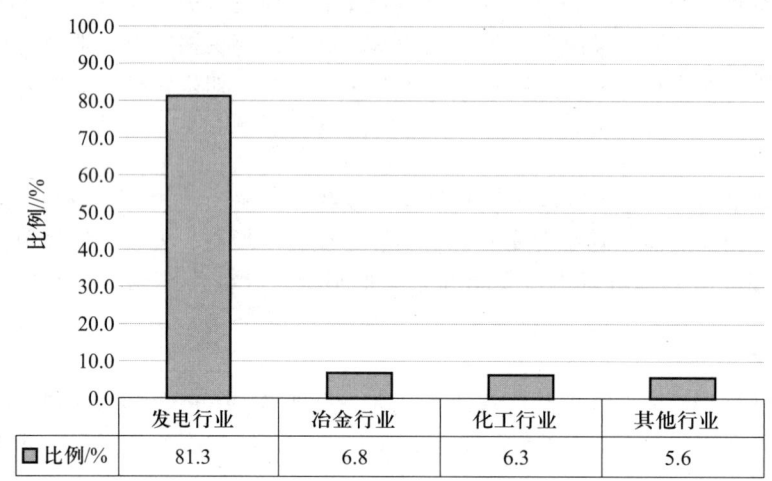

	发电行业	冶金行业	化工行业	其他行业
比例/%	81.3	6.8	6.3	5.6

图 7-2　各行业冷却水排放量对照

（二）核电站用水

核电站用水也是水体热污染的主要热量来源之一。一般轻水堆核电站的热能利用率为 31%~33%，而剩余约 2/3 的能量都以热（冷却水）的形式排放到周围环境。

三、水体热污染的影响

（一）降低水体溶解氧浓度、加剧水体污染

随温度升高，水黏度降低，这将影响水体中固体物质的沉降作用。水中溶解氧（DO）浓度也会随温度的升高而降低，水中 DO 浓度随温度的变化情况如表 7-5 所示。随温度升高，水中的 DO 浓度是逐渐降低的，而微生物分解有机物的能力随温度升高而增强。因此，随温度升高，水体自净能力加强，提高了其生化需氧量，导致水体严重缺氧，加剧了水体污染。

表 7-5　水中 DO 浓度随温度的变化情况

温度 T/℃	DO 浓度/(mg·L⁻¹)	温度 T/℃	DO 浓度/(mg·L⁻¹)	温度 T/℃	DO 浓度/(mg·L⁻¹)
0	14.62	5	12.80	10	11.33
1	14.23	6	12.48	11	11.08
2	13.84	7	12.17	12	10.83
3	13.48	8	11.87	13	10.60
4	13.13	9	11.59	14	10.37

温度 $T/\mathrm{℃}$	DO 浓度/($\mathrm{mg \cdot L^{-1}}$)	温度 $T/\mathrm{℃}$	DO 浓度/($\mathrm{mg \cdot L^{-1}}$)	温度 $T/\mathrm{℃}$	DO 浓度/($\mathrm{mg \cdot L^{-1}}$)
15	10.15	21	8.99	27	8.07
16	9.95	22	8.83	28	7.92
17	9.74	23	8.63	29	7.77
18	9.54	24	8.53	30	7.63
19	9.35	25	8.38		
20	9.10	26	8.22		

注：表中数据为 1 atm 下的数据。

（二）导致藻类生物群落更替

蓝藻的增殖速度很快，不仅不是鱼类的良好饵食，而且其中有些还具有毒性。它们的大量存在还会降低饮用水水源的水质，产生异味，阻塞水流和航道。优势藻类群落随温度变化情况如表 7-6 所示。

表 7-6　优势藻类群落随温度变化情况

温度 $T/\mathrm{℃}$	优势藻类群落	温度 $T/\mathrm{℃}$	优势藻类群落
20	硅藻	35~40	蓝藻
20	绿藻		

（三）加快水生生物的生化反应速度

在 0~40 ℃，温度每升高 10 ℃，水生生物生化反应速度增加 1 倍，这样就会加剧水中化学污染物（如氧化物和重金属离子等）对水生生物的毒性。

（四）破坏鱼类生存环境

温度是水生生物繁殖的基本要素，温度变化将会影响从卵的成熟到排卵的许多环节。例如，许多无脊椎动物有在冬季达到最低水温时排卵的生理特点，水温的上升将会阻止营养物质在其生殖腺内的积累，从而限制卵的成熟，降低其繁殖率。即使温升范围在产卵的温度范围内，也会导致产卵时间的改变，从而可能使得孵化的幼体因为找不到充足的食物来源而自然死亡。同时，适宜的温升范围也有可能导致某些水生生物的爆发性生长，从而导致作为其食物来源的生物群体急剧减少，甚至种群灭绝，限制其自身种群的发展。鱼类的洄游是依据环境水温的变化而进行的，水体的热污染必将破坏它们的洄游规律。

在热带和亚热带地区，夏季水温高，废热水的稀释较为困难，且会导致水温的进一步升高；在温带地区，废热水稀释升温幅度相对较小，而扩散要快得多，因此热污染对热带和亚热带地区水生生物的影响更大。

四、水体热污染的控制

对水体热污染的控制，主要通过技术手段和法律手段两方面来进行。技术手段主要通过改进冷却方式和利用废热两种途径进行。在法律手段方面，国内外相关法律法规对水体热污染和水质标准中的水温等进行了量化和规范。

（一）技术手段

1. 改进冷却方式

一般电厂（站）的冷却水，应根据自然条件，结合经济和可行性两方面的因素采取相应的控制措施。在不具备采用一次通过式冷却排放条件时，冷却水常采用冷却池或冷却塔系统，使水中废热散逸，并返回到冷凝系统循环使用，提高水的利用效率。

（1）冷却池

冷却水在流经冷却池的过程中，达到冷却效果。这种方案投资小，但占地面积较大，一个 1×10^6 kW 发电能力的电站需要配备 $400 \sim 1\,000$ hm² 的冷却池。采用把冷却水喷射到大气中雾化冷却的方式，可以提高蒸发冷却速率，减少用地面积（减少20%左右）。但是由于穿经喷淋水滴的空气易于饱和，当水池的尺寸较大且冷却幅度大于 10 ℃时，这种方法不经济。

（2）冷却塔

冷却塔分为干式（图7-3）、湿式（图7-4）和干湿式（图7-5）三种。干式冷却塔是封闭系统，通过热传导和对流来达到冷却水的目的，其基建费用较高，现已极少采用。湿式冷却塔通过水的喷淋和蒸发进行冷却，目前应用较为广泛。

根据塔中气流产生的方式不同，又可将湿式冷却塔分为自然通风和机械通风两种类型。为了保证气流充足的抽吸力，并使形成的水雾到达地面时能够弥散开，自然通风型冷却塔要求塔体较大，造成其基建费用较高。在气温较高、湿度较大的地区常采用机械通风型冷却塔，基建投资较小，而运行费用较高。

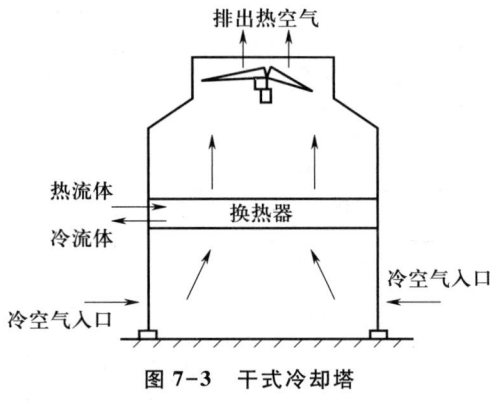

图 7-3　干式冷却塔

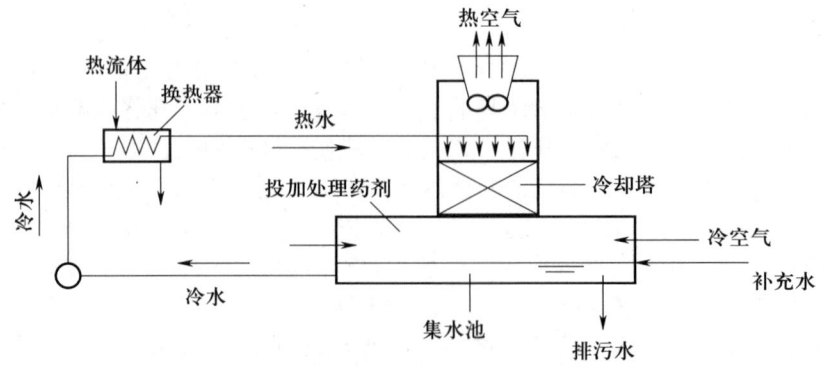

图 7-4　湿式冷却塔

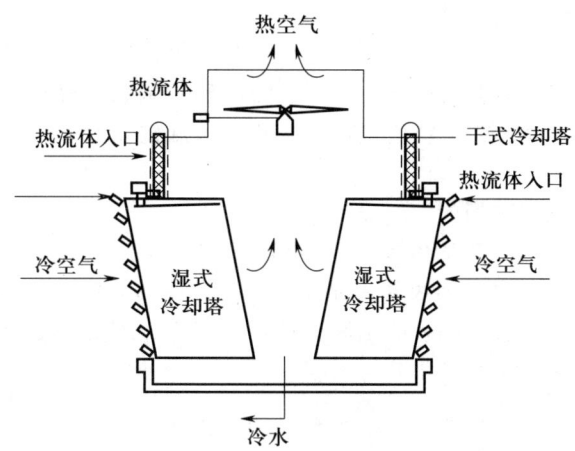

图 7-5　干湿式冷却塔

冷却池和冷却塔在使用过程中产生的大量水蒸气，一方面会导致冷水的散逸，需要进行冷却水的补充（如冷却池一般为水流量的 3%~5%）；另一方面，在气温较低的冬天，易导致下风向数百米以内的区域大气中产雾、路面结冰。排出的水蒸气对当地的气候将会产生较大影响。为了降低这种影响，研究人员开发了一种在一般湿式冷却塔上部设置翅管形热交换器的干湿式冷却塔，又称为除雾式冷却塔。它的工作原理是温热水先进入热交换器管内加热湿式冷却塔排气，再进入湿式冷却塔喷淋、蒸发。在湿式冷却塔内空气被加热、增湿达到饱和状态，然后在干式冷却塔内被进一步加热到过热状态，由于塔顶风机的抽力，在干式冷却塔内就有一部分空气和湿式冷却塔排气相混合，适当调节干、湿式冷却塔两段空气量的分配率，可避免形成水雾。

在冷却水循环使用过程中，为了避免化学物质和固体颗粒物过多积累，系统中需要连续或周期性地"排污"，排出一部分冷却水（约为总循环量的 5%），这部分水的排放同样会造成水体热污染，在排放时须加以控制。

2. 利用废热

利用废热的措施主要包括充分利用工业余热和温热水等。

（1）充分利用工业余热是减少热污染的最主要措施

生产过程中产生的工业余热种类繁多，有高温烟气余热、高温产品余热、冷却介质余热和废气废水余热等。这些余热都是可以利用的二次能源。在冶金、发电、化工和建材等行业，通过热交换器利用余热来预热空气、原燃料、干燥产品、生产蒸汽和供应热水等。此外还可以调节水田水温和港口水温以防止冻结。

在冷却介质余热的利用方面，主要是电厂和水泥厂等冷却水的循环使用，改进冷却方式，减少冷却水排放。

对于压力高、温度高的废气，需要通过汽轮机等动力机械直接将热能转为机械能。

目前国内外都在利用电厂排放的温热水对一些水产物进行养殖试验。另外，用温热水延长牡蛎、螃蟹的产卵和淡菜的生长期也取得了应用性成果。

（2）农业是温热水有效利用的途径之一

在冬季，利用温热水灌溉能够促使种子发芽和生长，从而延长适于作物种植的时间。在温带的暖房中用温热水浇灌，还能培植一些热带或亚热带的植物。但是，大量应用温热水灌溉还有一些问题，在电厂停止运行期间，温热水的应用企业会受到影响，相应解决措施有待探索，且温热水灌溉本身也有季节性限制。

利用电厂排出的温热水，在冬季供暖、在夏季作为吸收型空调设备的能源前景非常乐观。温热水作为区域性供暖，早期在瑞典、德国、芬兰、法国和美国都已经取得成功，我国也存在不少工程应用。电厂温热水的排放，在一些地区可以防止航道和港口结冰，但在夏季会对生态系统产生不利影响。

（3）污水处理也是温热水利用的较好途径之一

温度是水生微生物的重要生理学指标，活性污泥微生物的生理活动与周围的温度密切相关，适宜的温度范围（20~30 ℃）可以加快其酶促反应速率，提高其降解有机物的能力，从而增强其水处理的效果。特别是在冬天水处理系统温度较低的情况下，若能将温热水排放的热量引入污水处理系统中，则将是一举两得的处理方案。

（二）法律手段

水体热污染控制的重要指标是废热水排入扩散后的水体温升和热污染带规模。水体温升指热污染带向下游扩散经过一定距离至接近完全混合时，河水温度比自然水温高出的温度。水体温升多少，应在保护环境和经济合理这两者之间做出适当的选择。

我国相关法律法规对水体热污染作出了明确要求和规范。例如，《中华人民共和国环境保护法》第 42 条规定："排放污染物的企业事业单位和其他生产经营者，应当采取措施，防治在生产建设或者其他活动中产生的废气、废水、废渣、医疗废物、粉尘、恶臭气体、放射性物质以及噪声、振动、光辐射、电磁辐射等对环境的污染和危害。"《中华人民共和国水污染防治法》第 35 条规定："向水体排放含热废水，应当采取措施，保证水体的水温符合水环境质量标准。"《中华人民共和国海洋环境保护法》第 54 条规定："向海域排放含热废水，应当采取有效措施，保证邻近自然保护地、渔业水域的水温符合国家和地方海洋环境质量标准，避免热污染对珍稀濒危海洋生物、海洋水产资源造成危害。"《地表水环境质量标准》（GB 3838—2002）规定："人为造成的环境水温变化应限制在：周平均最大温升≤1 ℃，周平均最大温降≤2 ℃。"

美国国家科学技术委员会（NSTC）对水质标准中水温做了较为详细的规定，例如，对于淡水中的温水水生生物，热排放要求如下：一年中的任何月份，向河水中排放的热量不得使河水温升超过 2.8 ℃，湖泊和水库上层升温不得超过 1.6 ℃，禁止温热水湖泊浸没排放；必须保持天然的日温和季温变化；水体温升不得超过主要水生生物的最高可适温度。

第三节 大气热污染

一、城市热岛效应

城市热岛效应指在人口稠密、工业集中的城市地区，由于人类活动排放的大量热量与其他自然条件共同作用，导致城区气温普遍高于周围郊区的现象。城市热岛效应是城市化气候效应的主要特征之一，是人类在城市化进程中无意识地对局部气候产生的影响，也是人类活动对城市区域气候影响最为典型的代表。

城市热岛效应源于城市和乡村地区地面、地下和空气中冷却与升温速率的差异。这些速率的改变是由地表能量平衡变化引起的。因此，城市热岛效应不应被看作单一的现象，根据测量、描述、解释或模拟等的不同，城市热岛类型可分为地表城市热岛、冠层城市热岛、边界层城市热岛和地下城市热岛。

地表城市热岛指城市户外大气与固体界面处的温度与乡村大气与地面界面处温度的差异。理想情况下，这些界面包括它们各自的总体表面。冠层城市热岛指城市冠层（城市地表至屋顶高度之间）的空气温度与乡村近地层对应高度的温度差异。边界层城市热岛指城市冠层顶部与城市边界层顶部之间空气的温度与周围乡村地区大气边界层相同海拔高度的温度差异。地下城市热岛指城市地面下温度分布的差异，包括城市土壤和地下建筑材质，以及周围乡村地区的温度差异。

（一）城市热岛效应的成因

城市热岛效应形成的根本原因是城市发展改变了该区域的能量平衡。白天，在太阳辐射下建筑物表面迅速升温，积蓄大量热能并传递给周围大气，夜晚又向空气中辐射热量，使近地层继续保持相对较高的温度。此外，由于建筑密集，地表长波辐射在建筑物表面多次反射，使得向宇宙空间散失的热量大幅减少，日落后降温也很缓慢。随着城市化进程加快，城市热岛效应愈加明显。

1. 城市下垫面特性的影响

城市下垫面是影响气候变化的重要因素。随着城市化进程加快，林地、草地、农田和水域等自然生态用地逐渐被水泥、沥青、砖、石、土、陶瓷、玻璃和金属等材料的人工地貌所取代，使城市下垫面的热力学和动力学特征改变，具体表现为城市对太阳辐射的反射率低（10%～30%）、热导率高、热容量大和储热能力强。城市中植被面积减小，不透水层面积增大，导致储水能力降低，蒸发（蒸腾）强度减小，从而蒸发消耗的潜热少，地表吸收的热量大都用于下垫面增温。同时，由于城市构筑物增加，下垫面粗糙度增大，阻碍空气流通，风速减小，不利于热量扩散。

2. 人为热的释放

人为热指人类活动及生物新陈代谢所产生的热量。工业生产、家庭炉灶、采暖制冷、机动车辆和人群代谢等使城市地区增加了大量额外热量摄入，从而改变了城市地区的热量平衡，是城市热岛效应形成的重要原因之一。

3. 城市大气成分的变化

城市地区能源消耗量大，且以化石燃料为主，燃烧过程排放大量的 CO_2、CO、SO_2、NO_x 和 CH_4 等气体和颗粒物，导致城市上空大气组成改变，降低了城市空气透明度，使其吸收太阳辐射和地表长波辐射的能力增强，造成大气逆辐射增强，加剧了温室效应，从而强化了城市热岛效应。

（二）城市热岛效应的影响

城市热岛效应给人类带来的影响总体上利少弊多。其主要影响表现为：

① 一方面，城市热岛效应使得城区冬季缩短，霜雪减少，有时甚至出现城外降雪、城内降雨的现象，从而可以降低城区冬季采暖耗能。另一方面，城市热岛效应导致夏季持续高温，而采取空调降温又会增加城市耗能并进一步加剧城市热岛效应。

② 城市热岛效应在夏季加剧城区高温天气，不仅降低人们的工作效率，还会引起中暑和死亡人数增加。医学研究表明，环境温度与人体生理活动密切相关，当温度高于 28 ℃ 时，人会有不舒适感；温度更高易导致烦躁、中暑和精神紊乱等；气温高于 34 ℃ 并加以热浪侵袭还可引发一系列疾病，特别是心脏病、脑血管和呼吸系统疾病，使死亡率显著增加。

③ 城市热岛效应可能引起暴雨、飓风和云雾等异常天气现象，即所谓的"雨岛效应""雾岛效应"和"城市风"。受城市热岛效应影响，夏季经常发生城区降雨而远离城区干燥的现象。卫星观测数据显示，城市顺风地带的月均降雨次数比顶风区多 28%～51%，而降雨强度可高出 48%～

116%。城市云雾是由工业生产和生活排放污染物所形成的酸雾、油雾和光化学烟雾等的混合物，城市热岛效应阻碍了这些物质向宇宙太空逸散，从而加重它们的危害。城区中心空气受热上升，周围郊区冷空气向城区汇流补充，而城区上升的空气在向四周扩散的过程中又在郊区沉降下来，从而形成城市热岛环流，不利于污染物向外迁移扩散，会加剧城市大气污染。

④ 城市热岛效应可能造成局部地区水灾。城市产生的上升热气流与潮湿的海陆气流相遇，会在局部地区上空形成乱积云，而后降下暴雨，每小时降水量可达 100 mm 以上，从而在某些地区引发洪水，造成山体滑坡和道路塌陷等。

⑤ 城市热岛效应会导致气候、物候失常。例如，某些大城市近年来出现的樱花早开、红叶迟红、气候亚热带化等现象都是城市热岛效应导致的。

此外，城市热岛效应还会加剧城市供水紧张，导致火灾多发，为细菌、病毒等的滋生蔓延提供温床，甚至威胁一些生物的生存并破坏整个城市的生态平衡。

（三）城市热岛效应的综合防治

在城市尺度上防治城市热岛效应的对策主要有以下几个方面。

1. 选择紧凑型多中心城市发展模式，构造通畅的空间结构

我国很多城市在发展过程中都出现由城郊用地向城市建设用地的快速转变。大规模城市建设多在城市周边地区进行，城市建成区快速向郊区拓展，工业企业及高等院校不断迁往郊区，经济开发区和高等教育园区成为建设用地空间扩张的最直接方式。低密度快速扩张的建设用地开发模式大范围地改变了城市周围地区下垫面的性质，导致城市热岛效应加剧。因此，应该控制建设用地空间扩张的规模和速度，适当鼓励采用中高密度土地开发利用模式，避免摊大饼式的发展模式。

要限制城市区域盲目扩展，科学划定城市发展边界，控制城市用地规模。在某些用地区域，应当采取激励措施，鼓励适当的中高密度土地混合开发，使城市功能紧凑，降低城市运转的能源消耗。在城市空间布局结构上，在保证交通便利的前提下，城市主干道应尽量与夏季盛行风向一致，有江、河、湖、海分布的城市，要充分利用江、河、湖、海的自然风及水体降温增湿特点，在沿岸留出足够的空间，形成"风道"，让风和水汽通过"空中走廊"进入城市；同时，要特别控制城市上风向的建筑高度和密度，防止因建筑过高和过密对风的阻挡导致大量温室气体和热量的滞留。易于通风、散热的城市空间结构，不仅有利于缓解城市热岛效应，还有利于城市污染物的扩散。

2. 开展合理的城市能源规划，推进城市节能减排

现代城市生活、生产过于依赖石油等化石燃料类不可再生能源，释放大量的热是城市热岛效应的重要原因。合理制定城市能源规划及相应的能源政策是降低城市热岛效应的关键环节。发展太阳能、风能和水电等清洁能源，能减少对环境的热污染。在进行能源优化的过程中，应积极推进用风能、太阳能等清洁能源逐步取代煤炭、石油等化石燃料，开发利用新型高效环保能源。新能源和可再生能源包括以下类型：

① 太阳能是以电磁辐射形式从太阳向外传播的一种能量。

② 风能是流动空气具有的一种动能。在地球表面一定的范围（全球、全国或某地区）内，经过长期测量、调查与统计获得平均风能密度的概况，是该范围内风能利用的依据。

③ 地热能是一种在地球内部蕴藏的热，通常指地下热水或地下蒸汽，以及用人工方法从干热岩体中获得的热水与蒸汽所携带的能量。

④ 生物质能是生物质通过生物转化、热分解和气化转化而成的气态、液态和固态燃料所具有

的能量。

⑤ 潮汐能是一种从海平面昼夜间上涨和降落中获得的能量；波浪能又称为海浪能，因为海水在波动中，水质点以一定的速度运动，所以具有动能。水质点的垂直位置相对于它的轨迹中心不断发生变化，故具有势能。

⑥水能是由于自然界的水受重力作用而具有的做功能力。

3. 在城市色彩规划中纳入对城市热岛效应的考量

城市色彩，指城市公共空间中所有裸露物体外部被感知的色彩总和，由自然色和人工色两部分构成。由于长期以来在城市色彩领域观念上的滞后和研究水平上的差距，我国城市色彩处于随意的状态，造成了"色彩"在城市景观中的缺失。近年来，城市色彩规划引起了城市规划部门及专家们的重视，然而在确定城市的主色调时，专家们主要考虑的是城市色彩是否传承了历史文脉，是否和谐美观，较少考虑色彩对城市热岛效应的影响。例如，使用多种明度较高的色彩可以体现商业区的现代化气息，而如果在商业区内规划较深的颜色，就容易造成城市热环境进一步恶化。

城市热岛效应与城市色彩的相互关系主要通过色彩的反射率来体现，不同颜色的物体对光的反射率不一致，从而导致城市热平衡不一致。一般白色物体的反射率为 64%～92.3%，灰色物体的反射率为 10%～64%，黑色物体的反射率不足 10%。研究表明，不同颜色的水泥反射率也不同，深灰色水泥对太阳光的反射率是 13.23%，浅灰色水泥对太阳光的反射率是 32.76%，褐色水泥对太阳光的反射率是 30.06%，石棉水泥对太阳光的反射率是 39.35%。城市下垫面颜色深、反射率低，吸收的太阳辐射多，吸收的太阳辐射又通过长波辐射的形式释放到近地面大气，使近地面大气升温，城市热岛效应增强。

密集的城市混凝土建筑物和沥青柏油路面具有明显的增温效应。浅色的建筑材料和地面铺张材料能够有效地减弱城市热岛效应，深色的建筑物在吸收大量热量的同时，增加了室内空调的能耗，也导致城市热岛效应加剧。因此，在城市色彩规划中，除了考虑历史文脉与和谐美观外，还应考虑色彩与城市热岛效应的关系，尽量用浅色的材料和涂料。

4. 提高城市绿地规划的热环境改善效应

植物能起到调节地区气温的作用。绿地能吸收太阳辐射能量，而所吸收的辐射能量又有大部分用于植物蒸腾耗热和在光合作用中转化为化学能，从而使用于增加环境温度的热量大幅减少。通过蒸腾作用，绿地中的植物不断从环境中吸收热量，降低环境空气的温度。每公顷绿地平均每天可从周围环境中吸收 81.8 MJ 热量，相当于 189 台空调的制冷作用。植物光合作用吸收空气中的 CO_2，每公顷绿地平均每天可以吸收 1.8 t CO_2，从而削弱温室效应。盛夏季节，草地、水面的气温比水泥路面温度低 10 ℃以上。在阳光的照射下，建筑物只能吸收 10%的热量，而树木却能吸收 50%的热量。在夏季，绿化区的温度一般可比建筑物地区低 10 ℃。

城市绿地是城市中的主要自然因素，因此大力发展城市绿化是减弱城市热岛效应的关键措施。研究表明，城市绿化覆盖率与城市热岛效应强度成反比，城市绿化覆盖率越高，城市热岛效应强度越低；城市绿化覆盖率大于 30%时，城市热岛效应将得到明显的减弱；城市绿化覆盖率大于 50%时，绿地对城市热岛效应的削减作用极其明显。规模大于 3 hm^2 且城市绿化覆盖率达到 60%以上的集中绿地，城市温度基本与郊区自然下垫面的温度相当，即消除了城市热岛效应，在城市中形成了以绿地为中心的低温区域，成为人们户外游憩活动的优良环境。例如，新加坡等花园国家（城市）基本不存在城市热岛效应。深圳和上海浦东新区绿化布局合理，草地、花园和苗圃星罗棋布，城市热岛效应弱于其他城市。

在提高城市绿化覆盖率的基础上，应根据不同下垫面进行有针对性的植被规划和建设。例如，在工业区，针对其排热量大的特点，沿道路、供热管道及热源厂区的屋顶、墙壁、地面构建多层次立体植被覆盖层；在商务区或密集住宅区，以种植行道林荫树为主，鼓励垂直绿化和屋顶绿化。均衡布置绿地斑块，协同周边乡村绿地构筑绿地网络。城市绿化方式应改集中为均匀，布局在城市化推进地带。应当尽量减少绿地间距离，并将城区中的绿地与郊区的天然林地、湿地、农田等结合成环形、楔形等插入城市内部，形成绿化廊道。乔木、灌木草类合理搭配，以代替大面积草坪。

除了绿地能够有效缓解城市热岛效应之外，水面、风等也是缓解城市热岛效应的有效因素。水的比热容大，在吸收相同热量的情况下，升温最少，比其他下垫面温度低。水面蒸发吸热，也可降低水体温度。风能带走城市中的热量，通过建设城市通风廊道也可以在一定程度上缓解城市热岛效应。

二、温室效应

温室效应（greenhouse effect）指大气通过对辐射的选择吸收来防止地表热能耗散的效应。在晴空地区，大部分太阳短波辐射可以透过大气而被地表吸收，地表吸收大量的太阳短波辐射而升温，并以长波形式向外辐射能量。地表发射的大部分长波辐射又被大气吸收，大气被加热后以长波形式向外辐射能量并返回地表，使地表温度不会下降太快。由于大气的存在，地表的辐射平衡温度远高于它不存在时的辐射平衡温度。因此，自然温室效应创造了适宜于生命存在的地球热环境。

大气中并非每种气体都能强烈吸收地表长波辐射，地球大气中能够引起温室效应的气体统称为温室气体（greenhouse gas，GHGs）。在 1997 年签订的《京都议定书》中，二氧化碳（CO_2）、甲烷（CH_4）、氧化亚氮（N_2O）、氢氟碳化物（HFCs，氟利昂是其中一类）、全氟碳化物（PFCs）和六氟化硫（SF_6）被列为温室气体。

温室气体作为大气中的微量气体，在大气中所占比例很小（除水蒸气外，所有温室气体总和只占大气总体积混合比的 0.1% 以下），但由于它们吸收和发射长波或红外辐射，在地球能量收支中起重要作用。其中，CO_2 的全球增温潜势最小，但其含量远超过其他气体，因此是对气候变化影响最大的温室气体。它产生的增温效应占所有温室气体总增温效应的 63%，且在大气中的停留时间很长，最长可达到 200 年。

大气中的水蒸气是自然的温室气体。水蒸气体积约占大气总体积的 1%，其含量远高于其他温室气体的总和。自然温室效应主要是水蒸气起作用，只有部分波长的红外线不能被其吸收，而 CO_2 等温室气体恰好吸收这段波长的红外线。在中纬度地区晴朗天气条件下，水蒸气对温室效应的影响占 60%~70%，CO_2 仅占 25%。但由于水蒸气在大气中的含量相对稳定，目前普遍认为大气中的水蒸气不直接受人类活动的影响。相反，大气中的 CO_2 浓度却在持续上升，并成为最受关注的温室气体。

（一）温室效应加剧的原因

自然条件下，温室气体在大气层中的含量不足 1%，但由于人类活动的影响，大气中温室气体的含量不断增加，使更多的长波辐射返回地表，人们开始认识到温室效应的加剧及其潜在的重要影响，如对气候、生态环境及人类健康等的负面影响，从而成为一个全球性的生态环境问题。

温室气体的源和汇是温室气体收支的重要组成部分。温室气体的源指向大气排放各种温室气体、气溶胶和温室气体前体物的过程，例如，燃烧过程向大气排放 CO_2，农业生产活动向大气排放

CH_4，则燃烧过程与农业生产活动就各自构成 CO_2 和 CH_4 的源；在大气中一些物质经过化学过程转化为某种气体成分，例如，大气中的 CO 被氧化成 CO_2，则对于 CO_2 来说也称其为源。温室气体的汇指从大气中清除温室气体、气溶胶或温室气体前体物的各种过程、活动或机制，例如，植物通过光合作用吸收大气中的 CO_2；也可以指温室气体在大气中经过化学过程转化为其他物质成分，例如，N_2O 在大气中发生光化学反应而转变为 NO_x，对 N_2O 就构成了汇。

1. 温室气体排放量增加

由化石燃料燃烧、土地利用变化、工业生产等释放 CO_2，是 CO_2 的主要源。20 世纪 80 年代，由化石燃料燃烧和工业生产排放的 CO_2 总量为 54 亿~55 亿 t。土地利用变化（如毁林）排放的 CO_2 为 16 亿~17 亿 t。预计到 2050 年，大气中 CO_2 浓度将达到 1.09 mg/L（0 ℃，标准大气压），即工业化之前的 2 倍。

温室气体在大气中的含量都呈现加速增长的趋势。目前 N_2O 的年增长量约为 $3.9×10^6$ t，预计 CH_4 浓度在 2050 年将增至 $1.78×10^{-3}$ mg/L（0 ℃，标准大气压），该数值是 1950 年的 2 倍，其可能成为温室效应的主因。

2. 植被破坏，温室气体吸收量降低

绿色植物光合作用可以消耗 CO_2，海洋中的浮游生物也可以吸收 CO_2，但仅占地球表面 6%~7% 的森林吸收 CO_2 的量，比占地球表面约 70% 的海洋的吸收量多 1/4。据估计，进入大气中的 CO_2 约有 2/3 可被植物吸收，但人类大量砍伐森林，特别是热带雨林面积急剧减少，吸收 CO_2 能力大幅减弱，导致大气中 CO_2 浓度日趋升高。

（二）温室效应的影响

温室效应的加剧必然导致全球变暖。最新监测和归因研究结果表明，1951—2010 年全球平均变暖约 0.7 ℃，大部分可归因于人类活动（其中温室气体排放的贡献为 0.5~1.3 ℃，气溶胶等其他人为因素的贡献为 -0.6~0.1 ℃）。温室效应保障了地表温度的稳定性，为地表生物的生存提供了必要条件。同时，温室效应带来了更高的地表温度、更多的降水，也为人类的生存、农业发展带来了积极影响。然而，由于人类活动带来的过于剧烈的温室效应，造成了严重的气候问题，限制了人类的生存和发展。

1. 冰川消退，海平面上升

根据冰川反馈理论可知，温室效应导致的气温上升和冰川消退之间是一种正反馈的关系。全球变暖的直接后果便是高山冰雪融化、两极冰川消融和海水受热膨胀，从而导致海平面上升。长期观测结果表明，由于近百年来海温升高，海平面已经上升了 2~6 cm。由于海洋比热容大，相对不易增温，陆地气温上升幅度将会大于海洋，其中又以北半球高纬度地区上升幅度最大，因为北半球陆地面积较大，所以全球变暖对北半球的影响更大。已有的统计资料表明，格陵兰岛的冰雪融化已使全球海平面上升约 2.5 cm。冰川的存在对维持全球能量平衡起至关重要的作用，对全球液态水量的调节也起决定性的作用。如果两极冰川持续消融，那么其所带来的后果对地球生态环境是毁灭性打击。此外，近年来某些地区地下水过量开采造成的地面沉降导致海水倒灌和土地盐渍化问题，将使人类进一步失去立足之地。

2. 气候带北移，引发生态问题

据估计，若气温升高 1 ℃，则北半球的气候带将平均北移约 100 km；若气温升高 3.5 ℃，则北半球气候带的纬度将向北移动 5° 左右。这样一来，占陆地面积 3% 的苔原带将不复存在，冰岛的

气候可能与苏格兰相似，而我国徐州、郑州冬季的气温也将接近现在的武汉或杭州。

如果物种迁移适应的速度落后于环境变化，那么该物种就可能濒临灭绝。据世界自然保护基金会报告，若全球变暖的趋势不能有效遏制，则到 2100 年全世界将有 1/3 的动植物栖息地发生根本性变化，这将导致大量物种因不能适应新的生存环境而灭绝。

气候变暖很可能造成某些地区虫害与病菌传播范围扩大，昆虫群体密度增加。温度升高会使热带虫害和病菌向较高纬度地区蔓延，使中纬度地区面临热带病虫害的威胁。同时，气温升高可能使这些病虫的分布区扩大、生长季节延长，并使多代害虫繁殖代数增加，一年中的危害时间延长，从而加重农林灾害。

3. 加剧区域性自然灾害

全球变暖会增加海洋和陆地水的蒸发速度，从而改变降水量和降水频率在时间和空间上的分配。研究表明，一方面，全球变暖使世界上缺水地区的降水和地表径流减少，加剧了这些地区的旱灾，也加快了土地荒漠化速度；另一方面，气候变暖使雨量较大的热带地区降水量进一步增大，从而加剧洪涝灾害。此外，全球变暖还会使局部地区在短时间内发生急剧的天气变化，导致气候异常，加剧高温、热浪、热带风暴、龙卷风等自然灾害。

4. 危害人类健康

温室效应导致极热天气出现的频率增加，使心血管和呼吸系统疾病的发病率上升，同时还会促进流行性疾病的传播和扩散，从而直接威胁人类健康。

当然，全球变暖、CO_2 含量升高，有利于植物的光合作用，可扩大植物的生长范围，从而提高植物生产力。但从整体上看，温室效应及其引发的全球变暖弊大于利，因此必须采取各种措施来控制温室效应，减缓全球变暖。

（三）温室效应的综合防治

基于温室效应的成因，其防治措施主要从以下三个方面入手：一是控制温室气体排放，二是增加温室气体的吸收，三是法律途径和国际合作。

1. 控制温室气体排放

应对气候变化的减排措施指通过经济、技术、生物等各种政策和手段，控制温室气体的排放，增加温室气体的吸收，其中控制温室气体的排放是关键，能源供应部门的重大转型与结构调整是控制温室气体排放的根本保证。

① 能源供应部门：发电装置实现脱碳，来自可再生能源、核能，以及使用碳捕集与封存技术（CCS）的化石能源等零碳或低碳能源供给占一次能源供给的比重需大幅度提升，尽可能淘汰不使用碳捕集与封存技术的煤电。我国是能源消费大国，居世界首位，不断增长的能源需求及以化石能源为主的能源消费结构导致我国 CO_2 排放量一直处于高位。2021 年，我国一次能源消费中化石能源占比约为 83.4%，其中煤炭占比高达 56%。煤炭、石油等化石燃料燃烧排放大量温室气体，其排放量在能源活动总温室气体排放量中占较大比重。因此，能源供应部门应加快淘汰煤电落后产能，适度发展清洁煤电，推进煤电清洁化高质量发展。大力发展非化石能源（主要包括水电、风电、核电、太阳能、生物质能等），因地制宜发展生物质能源、水电（开发建设抽水蓄能电站），积极开发陆上及海上风电、光伏发电，安全稳妥开发核电，提高非化石能源消费占总能源消费中的比重，控制温室气体排放，助力实现碳达峰、碳中和。

② 能源应用领域：我国的高碳排放行业除了发电行业，还有钢铁、水泥、化工、交通等行业。根据国际能源署（IEA）的数据，中国电力和热力生产贡献了超过 50% 的化石能源碳排放，钢铁行

业、化工行业等高耗能行业贡献了将近 30% 的化石能源碳排放，交通行业大概贡献了 10% 的碳排放。可以通过使用先进技术，对高能耗的行业进行升级换代，淘汰落后产能。交通运输部门要加快推动电气化，优化交通运输结构，提高交通运输工具效率和提升低碳能源的利用水平。其他行业则要加快发展服务业、高技术产业，缓解高能耗、高排放行业过快增长的压力，通过优化产业结构实现减排目标。第一产业导致的温室气体排放量较低，但从历史趋势与未来发展来看，第一产业产值在生产总值中所占的比例将持续下降；第二产业导致的温室气体排放量最高，远高于第一和第三产业温室气体排放量，未来第二产业在经济总量中的占比仍将继续下降，是低碳经济中应关注的重点领域；第三产业总体来看具有高附加值、低排放量的优势，发展第三产业有助于在提高经济竞争力的同时降低温室气体排放，未来第三产业在经济总量中的占比仍将持续上升，应为鼓励发展的重点方向。依靠节能技术、交通工具改进、行为变化、基础设施改进和城市发展，尤其对工业生产的用能结构进行调整，减少用能的需求；应用新技术、知识、制定发布能效政策、建筑法规和标准，减少建筑部门能源使用；工业部门通过技术升级改造、换代等措施，在现有基础上提高能效、降低单位能源排放、回收利用材料、减少产品需求。

③ 农业和林业领域：造林、减少砍伐和可持续的森林管理是有效的减排手段。农业领域最有效的减排手段是农田、牧场管理和恢复有机土壤。城市化带来收入增长的同时也带来高能耗和高排放，要采用提高能效和优化土地规划、跨部门协同措施实现减排。

④ 跨部门协同：能源供应与能源终端用户部门之间的减排步调具有很强的相互依赖性，及早实施系统的、跨部门的减排战略，可以减少成本、提高成效。

此外，碳排放交易作为一种重要的市场手段，通过规定碳的实价或隐含价的政策能刺激生产商和消费者大量投资温室气体低排放量的产品、技术和流程，有助于减少排放。

2. 增加温室气体的吸收

增加温室气体吸收的途径主要有植树造林和采用固碳技术。其中，植树造林是通过绿色植被吸收大气中的 CO_2 并将其固定在植被或土壤中，从而减少大气中的 CO_2 浓度。固碳技术指把燃烧排放气体中的 CO_2 分离、回收，然后深海弃置和地下弃置或者封存，或者通过化学、生物及物理方法固定。

保护森林资源，通过植树造林提高森林覆盖面积可以有效提高植物对 CO_2 的吸收。实验表明，每公顷森林每天可以吸收大约 1 t CO_2，并释放 0.72 t O_2。这样地球上所有植物每年为人类处理的 CO_2 可达近千亿吨。2014 年，中国温室气体排放总量为 111.86 亿 t CO_2 当量，森林温室气体净吸收量为 8.40 亿 t CO_2 当量，碳汇量约占中国全年温室气体排放量的 7.5%。此外，森林植被可以防风固沙、滞留空气中的粉尘，进一步抑制温室效应。每公顷森林每年可滞留 2.2 t 粉尘，降低大气含尘量约 50%。改进土地利用方式，加强森林资源的保护和管理，结合国家重点生态建设综合治理工程，大力推进植树造林。加强农田和草场的管理，加强农业基础设施建设，大力治理和控制水土流失，推广生态农业模式，使农业和林业固碳能力显著提高。

加强 CO_2 固定技术的研究。CO_2 固定技术的原理是将 CO_2 从大气中分离出来，通过化学或生物反应将其转化为固态或液态，继而加以安全储置或再利用的方式，达到 CO_2 减排的目标。固定技术可分为化学固定法、生物固定法和物理固定法。

① 化学固定法：利用离子液体性质稳定、无挥发、CO_2 溶解能力强、产物易于分离、循环使用性高等特点的溶剂吸收回收利用 CO_2 或者将 CO_2 转变成无机碳酸盐。

② 生物固定法：通过植物和植物衍生物的吸收利用，将 CO_2 最终转变成碳水化合物，从而减少大气中的 CO_2 浓度，并释放出 O_2。

③ 物理固定法：通过物理技术，如冷凝、气液池和吸附，将大气中的 CO_2 吸附在某种特定的表面上，并将 CO_2 储存于海洋、地下含水层、废弃煤矿区、耗乏天然气矿区和耗乏原油矿区等。

但是，CO_2 固定技术具有一定的局限性，如技术成本高、投资规模大、技术发展不足等。因此，为了更好地实施 CO_2 固定技术，未来技术研发过程中要进一步降低成本，提高技术效率，提供更加经济有效的 CO_2 固定技术。

3. 法律途径和国际合作

全球气候治理需要构建更加公平合理、合作共赢的全球气候治理体系。积极参与全球气候治理，坚持多边主义，坚定维护《联合国气候变化框架公约》《京都议定书》和《巴黎协定》及其实施细则确定的全球气候治理的框架和原则，坚持公平、"共同但有区别的责任"和各自能力的原则。

全球气候治理最早可追溯到 1972 年的联合国人类环境会议。作为会议的重要成果文件，《人类环境行动计划》正式提出："建议各国政府注意那些具有气候风险的活动。"1987 年，世界环境与发展委员会发布了《我们共同的未来》报告，报告提出气候变化是国际社会面临的重大挑战，呼吁国际社会采取共同的应对行动。1988 年 11 月，世界气象组织和联合国环境规划署联合成立联合国政府间气候变化专门委员会（IPCC），开展气候变化科学评估工作。1990 年 12 月 21 日，第 45 届联合国大会通过了《为今世后代保护全球气候》的决议，决定设立政府间谈判委员会（INC），制定一项有效的气候变化框架公约。1992 年 5 月 9 日，政府间谈判委员会最终通过了《联合国气候变化框架公约》。1992 年 6 月 11 日，联合国环境与发展大会在巴西里约热内卢举行，《联合国气候变化框架公约》于 1994 年 3 月正式生效。《联合国气候变化框架公约》为国际社会合作应对气候变化奠定了坚实的法律基础，是全球气候治理的基石，标志全球气候治理时代的正式到来。在《联合国气候变化框架公约》之后的《京都议定书》和《巴黎协定》被视为全球气候治理的两大标志性成果。

《京都议定书》于 1997 年 12 月在日本京都由联合国气候变化框架公约参加国三次会议制定，其目标是"将大气中的温室气体含量稳定在一个适当的水平，进而防止剧烈的气候改变对人类造成伤害"。《京都议定书》规定发达国家从 2005 年开始承担减少碳排放量的义务，而发展中国家则从 2012 年开始承担减排义务。中国于 1998 年 5 月签署并于 2002 年 8 月核准了该议定书。《巴黎协定》于 2015 年 12 月 12 日在巴黎气候变化大会上通过，于 2016 年 4 月 22 日在联合国总部签署，该协定为 2020 年后全球应对气候变化行动作出安排。《巴黎协定》的长期目标是将全球平均气温较工业化前的水平上升幅度控制在 2 ℃以内，并努力将温度上升幅度限制在 1.5 ℃以内。中国于 2016 年 4 月 22 日在《巴黎协定》上签字。2016 年 9 月 3 日，全国人民代表大会常务委员会批准中国加入《巴黎协定》，成为完成了批准协定的缔约方之一。针对全球气候变化问题，中国主动承担国际责任，逐渐成为国际气候治理引领者。

中国高度重视应对气候变化。作为世界上最大的发展中国家，中国克服自身经济、社会等方面的困难，实施一系列应对气候变化的战略、措施和行动，参与全球气候治理，应对气候变化取得了积极成效。党的十八大以来，在习近平生态文明思想指引下，中国贯彻新发展理念，将应对气候变化摆在国家治理更加突出的位置，不断提高碳排放强度削减幅度，不断强化自主贡献目标，以最大努力提高应对气候变化力度，推动经济社会发展全面绿色转型，建设人与自然和谐共生的现代化。自"十二五"开始，将单位国内生产总值（GDP）CO_2 排放（碳排放强度）下降幅度作为约束性指标纳入国民经济和社会发展规划纲要，并明确应对气候变化的重点任务、重要领域和重大工程。2015 年修订的《大气污染防治法》专门增加条款，为实施大气污染物和温室气体协同控制和开展减污降碳协同增效工作提供法治基础。在 2015 年第 21 届联合国气候变化大会上，中国明确将在 2030 年前后使 CO_2 排放达到峰值并争取尽早实现，2030 年单位国内生产总值 CO_2 排放比 2005 年下降 60%~65%。《国民经济和社会发展第十四个五年规划和 2035 年远景目标纲要》将"2025 年单位国内生产总值 CO_2 排放较 2020 年降低 18%"作为约束性指标。2020 年 9 月 22 日，中国国家主席习近平在第七十五届联合国大会一般性辩论上郑重宣示：中国将提高国家自主贡献力度，采取更加有力的政策和措施，CO_2 排放力争于 2030 年前达到峰值，努力争取 2060 年前实现碳中和。2021 年 12 月 28 日，国务院印发《"十四五"节能减排综合工作方案》，明确要求到 2025 年，全国单位国内生产总值能源消耗比 2020 年下降 13.5%，能源消费总量得到合理控制，化学需氧量、氨氮、氮氧化物、挥发性有机物排放总量比 2020 年分别下降 8%、8%、10% 以上、10% 以上。党的二十大报告中强调积极稳妥推进碳达峰碳中和。实现碳达峰碳中和是一场广泛而深刻的经济社会系统性变革。立足我国能源资源禀赋，坚持先立后破，有计划分步骤实施碳达峰行动。完善能源消耗总量和强度调控，重点控制化石能源消费，逐步转向碳排放总量和强度"双控"制度，积极参与应对气候变化全球治理。

第四节　热污染评价与标准

一、水体热污染评价与标准

《中华人民共和国水污染防治法》第 35 条规定："向水体排放含热废水，应当采取措施，保证水体的水温符合水环境质量标准。"《地表水环境质量标准》（GB 3838—2002）中规定人为造成的环境水温变化应限制在：周平均最大温升 $\leqslant 1$ ℃；周平均最大温降 $\leqslant 2$ ℃。水温的测定方法详见《水质　水温的测定　温度计或颠倒温度计测定法》（GB/T 13195—91）。以下简单介绍该标准的制定依据。

制定水体的温度限制值需要兼顾社会、经济和环境三方面的效益，由冷却水排放造成的水体热污染的控制标准通常以鱼类生长的最高周平均温度（maximum weekly average temperature，MWAT）来确定。该指标是根据最高起始致死温度（upper incipient lethal temperature，UILT）和最适温度制定的一项综合指标。计算式为

$$\text{MWAT} = \text{最适温度} + \frac{\text{UILT} - \text{最适温度}}{3} \tag{7-4}$$

起始致死温度为 50% 的驯化个体能够无限期存活下去的温度值，通常以 LT_{50} 表示。随驯化温度升高，LT_{50} 亦升高，但是驯化温度升至一定程度时 LT_{50} 将不再升高，而是固定在某一温度值上，即最高致死温度。

最适温度即最适宜鱼类生长的温度，各种鱼在不同生活阶段的最适温度也各不相同。由于最适温度的测定条件（光照、饲料量、溶解氧等）很苛刻，测试时间也很长，通常以与活动或代谢有关的某种特殊功能的最适温度来代替。

实际上最理想的高温限值应该是零净生长率温度（鱼的同化速率与异化速率相同时的温度）和最适温度的平均值，此值至少可以保证鱼的生长速率不低于最高值的 80%。但由于这一数值很难获得，而生长的最高周平均温度被认为很接近该平均值，因此在国内外将最高周平均温度作为水体的评价标准。

二、大气热污染评价与标准

大气热环境在很大程度上受湿度和风速的影响，因其反映环境温度的性质不同，测量方法主要有三种。三种方法测量的温度值各代表一定的物理意义，其值之间存在较大差异。因此在表示环境温度时，必须注明测量时所采用的方法（表7-7）。

表7-7　大气热环境温度的测量方法

测量方法	说明
干球温度（T_a）法	将水银温度计的水银球不加任何处理，直接放置到环境中进行测量，即得到大气的温度，又称为气温
湿球温度（T_w）法	将水银温度计的水银球用湿纱布包裹起来，放置到环境中进行测量，所测温度为饱和湿度下的大气温度，干球温度与湿球温度的差值反映了环境的湿度状况
黑球温度（T_g）法	将温度计的水银球放入一个直径为15 cm、外表面涂黑的空心铜球中心进行测量，所测温度可以反映出环境热辐射的状况

环境温度对人体生理效应的影响，除与环境温度的高低有关外，还与环境湿度、风速等因素有关。环境生理学上常采用温度-湿度-风速的综合指标来表示环境温度，并称为生理热环境指标。常用的生理热环境指标主要有以下几种。

1. 有效温度（ET）

有效温度是将干球温度、湿度、空气流速对人体温暖感或冷感的影响综合成一个单一数值的任意指标，在数值上等于产生相同感觉的静止饱和空气的温度。有效温度在低温时过分强调了湿度的影响，而在高温时对湿度的影响强调得不够，现在已不再推荐使用。

其替代形式——新有效温度（或标准有效温度，SET）是Gagge等人根据人体热调节系统数学模型提出的，指相对湿度为50%的假想封闭环境中产生相同作用的温度。该指标同时考虑了辐射、对流和蒸发三种因素的影响，将真实环境下的空气温度、湿度和平均辐射温度规整为一个温度参数，是一个等效的干球温度，主要用于确定人的热舒适标准，进而指导室内热环境设计。

2. 干-湿-黑球温度

此值是干球温度法、湿球温度法和黑球温度法测得的温度值按一定比例的加权平均值，可以反映出环境温度对人体生理影响的程度。

① 湿球黑球温度指数（wet black globe temperature index，WBGT），计算式如下：

$$WBGT = 0.7T_{nw} + 0.2T_g + 0.1T_a \text{（室外有太阳辐射）} \tag{7-5}$$

或

$$WBGT = 0.7T_{nw} + 0.2T_g \text{（室内外无太阳辐射）} \tag{7-6}$$

式中：T_{nw}——自然湿球温度，即把湿球温度计暴露于无人工通风的热辐射环境条件下测得的湿球温度值。

WBGT是综合评价人体接触作业环境热负荷的一个基本参量，用以评价人体的平均热负荷。当人体代谢水平不同时，同样的WBGT给人的热负荷也不同，因此其评价标准与人的能量代谢有关（表7-8）。

表 7-8 WBGT 评价标准

平均能量代谢率等级	WBGT/℃			
	好	中	差	很差
0	≤33	≤34	≤35	>35
1	≤30	≤31	≤32	>32
2	≤28	≤29	≤30	>30
3	≤26	≤27	≤28	>28
4	≤25	≤26	≤27	>27

② 温湿指数（temperature humidity index，THI），计算式为

$$\text{THI} = 0.4(T_w + T_a) + 15 \tag{7-7}$$

或

$$\text{THI} = T_a - 0.55(1-f)(T_a - 14.47) \tag{7-8}$$

式中：f——湿度，%。

THI 评价标准见表 7-9。

表 7-9 THI 评价标准

THI/℃	感觉程度
>28.0	炎热
27.0~28.0	热
25.0~26.9	暖
17.0~24.9	舒适
15.0~16.9	凉
<15.0	冷

3. 操作温度（operative temperature，OT）

操作温度是平均辐射温度和空气温度关于各自对应的换热系数的加权平均值，即

$$\text{OT} = \frac{h_\gamma T_{wa} + h_c T_a}{h_\gamma + h_c} \tag{7-9}$$

式中：T_{wa}——平均辐射温度（舱室墙壁温度）；

h_γ——热辐射系数；

h_c——热对流系数。

4. 预测平均热反应指标（predicted mean vote，PMV）

PMV 由丹麦工业大学 P. O. Fanger 等在 ISO-7730 标准《室中热环境 PMV 与 PPD 指标的确定及热舒适条件的确定》中提出，其计算式为

$$PMV = [0.303\exp(-0.036M)+0.0275]S \tag{7-10}$$

式中：M——人体的总产热量。

PMV 的值为 $-3 \sim +3$，负值表示产生冷感觉，正值表示产生热感觉。PMV 代表了公认的较有普遍意义的热舒适评价标准，根据其结果可对室内热环境做出评价（表 7-10）。

表 7-10　PMV 对室内热环境的评价

PMV	-3	-2	-1	0	1	2	3
评价	很冷	冷	凉	适中	温暖	热	很热

5. 热平衡数（heat balance，HB）

HB 由我国学者叶海等（2004 年）提出，表示显热散热占总产热量的比值，可以用于普通热环境的客观评价，也可以作为 PMV 的一种简易计算方法，计算式为

$$HB = \frac{33.5-[A \cdot T_a+(1-A) \cdot T_{wa}]}{M(I_{cl}+0.1)} \tag{7-11}$$

式中：I_{cl}——服装的基本热阻。

HB 包含了影响热舒适的 5 个基本参数（空气温度、平均辐射温度、风速、活动量和服装热阻），其值为 $0 \sim 1$，值越高表示环境给人的热感觉越凉（表 7-11）。

表 7-11　HB 的热感觉等级

HB	热感觉	PMV
0.91	稍凉	-1
0.83	略凉	-0.69
0.75	微凉	-0.83
0.65	热中性	0
0.55	微暖	0.38
0.46	略暖	0.69
0.38	稍暖	1

第五节　热污染控制技术

热污染是人类在开发和利用能源过程中的热量散失导致的，因此其控制技术包括生物质能技术、节能技术、余热回收与利用技术，以及二氧化碳固定技术。

一、生物质能技术

能源领域作为全球温室气体排放的首要贡献者，已成为世界各国推进碳中和行动的重要改革领域，清洁能源技术的开发利用已成为全球发展趋势。清洁能源技术包括风能、太阳能、氢能、

核能、生物质能等。生物质能是一种绿色、可再生能源。生物质在生长过程中固定大量 CO_2，因此生物质能的利用可被看作"碳中性"的过程。推广生物质能的利用，可有效减少化石能源利用产生的温室气体，对减轻热污染带来的环境危害起重要作用。

（一）生物质能的特点及开发现状

生物质能即以生物质为载体的能量，是太阳能以化学能形式贮存在生物中的一种能量形式。生物质能的载体是有机物，是以实物形式存在的，也是唯一一种能够贮存和运输的可再生能源。以生物质能替代化石燃料，不仅可以减少化石燃料的消耗，同时也可减少 CO_2、SO_2 和 NO_x 等污染物的排放量。另外，生物质能分布广泛，不受天气和自然条件的限制，经过转化后几乎可应用于人类工业生产和社会生活的各个方面，因此生物质能的开发和利用对常规能源具有很大的替代潜力。

生物质包括植物、动物及其排泄物、有机垃圾和有机废水几大类。目前其开发利用主要集中在三方面：一是建立以沼气或者生物质热解气化燃气为中心的农村新能源；二是建立"能量林场""能量农场"和"海洋能量农场"，发展生物质能及相关的化学品、材料；三是种植甘蔗、木薯、海草、玉米、甜菜、甜高粱等，在发展食品、饲料工业的同时，用残渣制造燃料乙醇（酒精）、航空生物燃油等燃料来代替石油。

（二）生物质压缩成型技术

由于植物生理方面的原因，生物质原料的结构通常比较疏松，密度较小，利用各种模具可制成不同规格尺寸的成型燃料品。生物质成型燃料在固体废物排放量、对大气的污染和锅炉的腐蚀程度、使用费用等各方面的性能都优于生物质原料本身，也优于煤炭。生物质热压成型工艺流程见图 7-6。

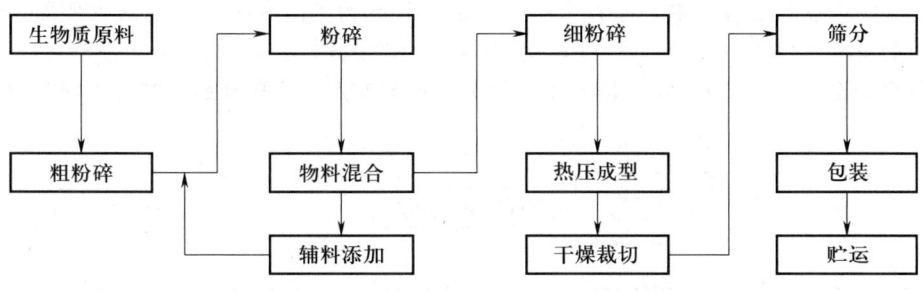

图 7-6　生物质热压成型工艺流程图

（三）生物质气化技术

生物质气化是在一定的热力条件下，将组成生物质的碳氢化合物转化为含 CO 和 H_2 等可燃气体的过程，其工艺系统见图 7-7。生物质经气化后排出的燃气称为粗燃气，常含有一些杂质，直接进入供气系统会影响供气、用气设施和管网的运行，因此必须进行净化。整个系统的运行、启动和停止均由燃气输送机控制，同时提供使燃气流动的压力。

生物质化学链气化（biomass chemical looping gasification，BCLG）技术是通过合理控制载氧体供氧量，在反应炉适当引入气化介质（H_2O 或 H_2O/CO_2），将生物质或半焦转化为合成气或富氢燃气。BCLG 相比于传统气化具有如下优势：通过引入载氧体可以省去空分设备从而降低系统投资；

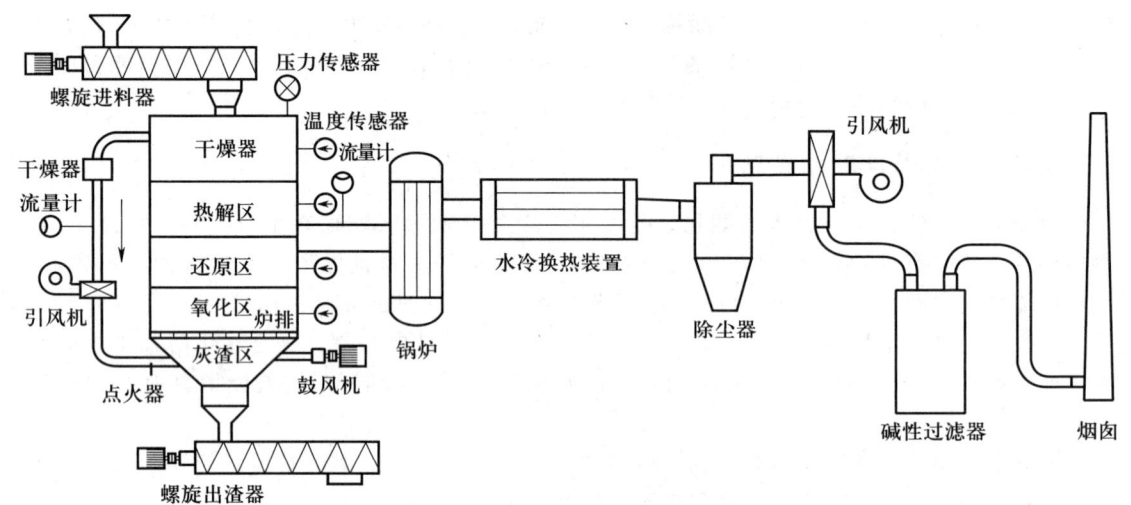

图 7-7　生物质气化工艺系统示意图

载氧体在为气化反应供热的同时可催化焦油转化；通过把燃料反应器分为热解区及气化区，并在不同区引入水蒸气可以有效调节合成气的碳氢比，此外也可以考虑利用生物质自身含水量高的特点来调节碳氢比。基于碳中和的零碳排放目标，也有研究者考虑将碳捕集与利用和生物质气化相结合，不仅实现碳减排，同时提升气化效率。

（四）生物液体燃料技术

生物质转化为燃料乙醇、航空生物燃油也是生物质利用的重要方法，目前在美国、巴西、德国等国家应用较多，我国也有一些应用。含有木质纤维素的生物质废弃物，以及甜高粱、木薯等能源作物，是生产燃料乙醇的主要原料来源。油脂及其废物是航空生物燃油的主要原料。燃料乙醇燃烧排放的有害气体比汽油少得多，CO_2 净排放量也很少。汽油中掺入 10%~15% 的燃料乙醇可使汽油燃烧更完全，减少 CO 排放，因此也可作为添加剂使用。木质纤维素制备燃料乙醇工艺流程见图 7-8。

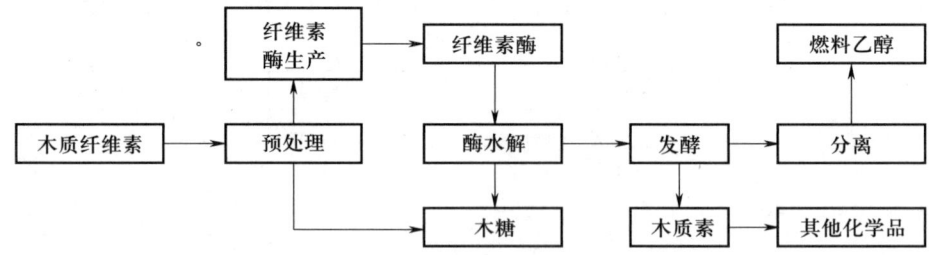

图 7-8　木质纤维素制备燃料乙醇工艺流程图

（五）生物质热裂解液化技术

生物质热裂解是生物质在完全缺氧或有限氧供给的条件下热裂解为生物质液体油、可燃气体和固体生物质炭三个组成部分的过程。控制热裂解条件（主要是反应温度、升温速率、停留时间等）可以得到不同的热裂解产品。生物质热裂解液化则是在中温（500~600 ℃）和极短气体停留时间（约 2 s）的条件下，将生物质直接裂解，产物经快速冷却或激冷，使中间液态产物分子在进一步断裂生成气体之前冷凝，得到高产量生物质液体油的过程，初级液体产率（质量比）可高达70%~80%。气体产率随温度和加热速率的升高及停留时间的延长而增加，而较低的温度和加热速率会导致物料碳化，使固体生物质炭的产率增加。

图 7-9 为内循环流化床生物质热裂解系统工艺流程图。整个系统由进料系统、通风系统、反应系统、样品采集系统和数据采集系统五部分组成。沿热解炉高共设置 9 个温度和压力测量点。炉底采用 5 mm 孔板作为通风板，保证气流分布均匀，床层物料有效流化。床的高度设置为 300 mm。给料口位于通风板上方 600 mm 处。该系统所需秸秆原料由螺旋给料机给料，给料速度由给料机转速控制，实验所需的蒸汽由蒸汽发生器提供。在点火过程中，首先将床料加热到 150~200 ℃，然后将木炭放入炉中点燃，随后投入秸秆原料。当温度升高到 500 ℃ 时，改变流化空气量和原料进料量，逐渐提高床温，从而设定操作温度。在此过程中，调节引风机的风量使炉内保持负压状态，防止原料进料不畅甚至喷出。为防止气体中的液体油过早凝结，在烟道出口处设置加热带。将生物质直接裂解的产物经冰水浴冷却，使中间液态产物分子在进一步断裂成气体之前冷凝，得到高产率生物质液体油。

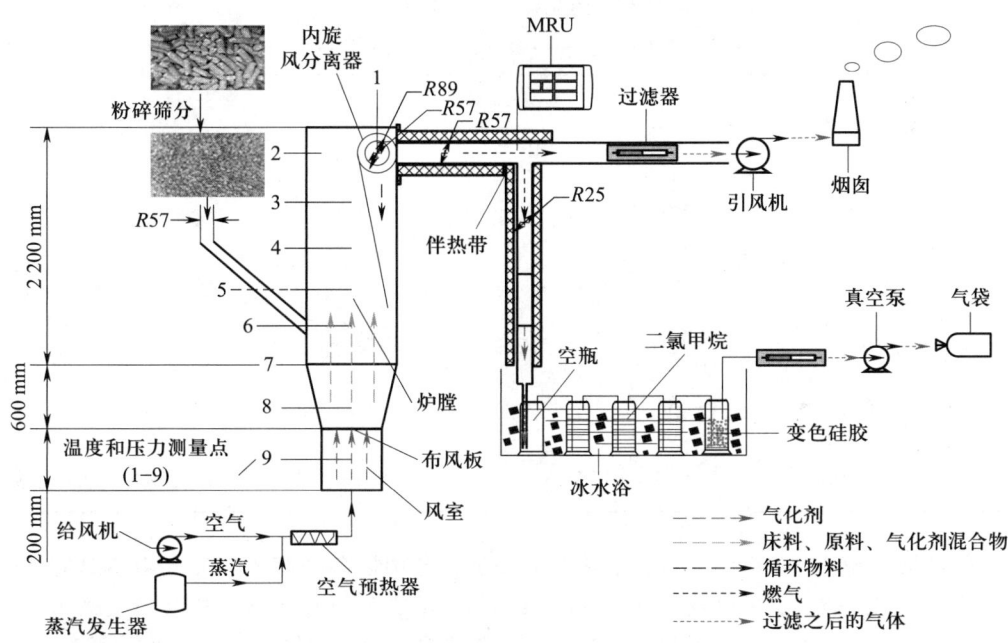

图 7-9　内循环流化床生物质热裂解系统工艺流程图

二、节能技术

（一）热泵

热泵是将热由低温位传输到高温位的装置，是一种高效、节能、环保技术。它利用机械能、热能等外部能量，通过传热工质把低温热源中无法被利用的潜热和生活生产中排放的余热，通过热泵机组集中后再传递给要加热的物质（图 7-10）。早期热泵主要用于住宅取暖和提供生活热水，在北美洲和欧洲的应用最早最广（表 7-12 是 2000 年欧洲一些国家热泵机组的应用情况）。我国热泵技术发展很快，推广应用普及也快。在工业中，热泵技术可用于食品加工中的干燥、木材和种子干燥及工业锅炉的蒸汽加热等。

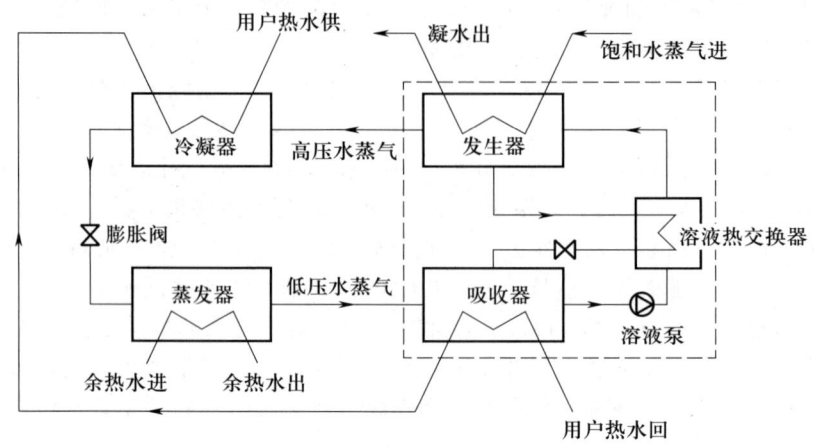

图 7-10 余热回收热泵原理示意图

表 7-12 2000 年欧洲一些国家热泵机组的应用情况

国家	2000 年总量	热泵类型			应用
		地源	水源	空气源	
德国	100 000	72%	11%	17%	63%用于住宅供暖
荷兰	29 500	—	—	—	43%用于住宅供暖
瑞典	370 000	72%	12%	16%	90%用于住宅供暖
瑞士	67 000	40%	5%	55%	91%用于住宅供暖
法国	30 000	15%	—	85%	95%用于住宅供暖

热泵的热量来源可以是空气、水、地热和太阳能。其中以各种废水、废气为热源的余热回收型热泵，不仅可以节能，也可以直接减少人为热排放，减少环境热污染。热泵与直接用电加热相比，可节电 80%以上；对于 100 ℃以下的热量，采用热泵比用锅炉供热可节约燃料 50%。

（二）热管

热管是利用密闭管内工质的蒸发和冷凝进行传热的装置，最早由美国洛斯阿拉莫斯国家实验室的 G. M. Grover 于 1963 年发明。常见的热管由热管壳、吸液芯（毛细多孔材料构成）和工质（传递热能的液体）三部分组成。热管一端为蒸发段，另外一端为冷凝段。当一端受热时，吸液芯中的液体迅速蒸发，蒸汽在微小的压力差作用下流向另外一端，并释放出热量，重新凝结成液体，液体再沿吸液芯靠毛细作用流回蒸发段（图 7-11）。如此循环下去，便可将各种分散的热量集中起来。

与热泵相比，热管不需从外部输入能量，具有极高的导热性、良好的等温性，而且热传输量大，可以远距离传热。目前，热管已广泛用于余热回收，主要用作空气预热器、工业锅炉和利用余热加热生活用水。此外，在太阳能集热器、地热温室等方面都取得了很好的效益。

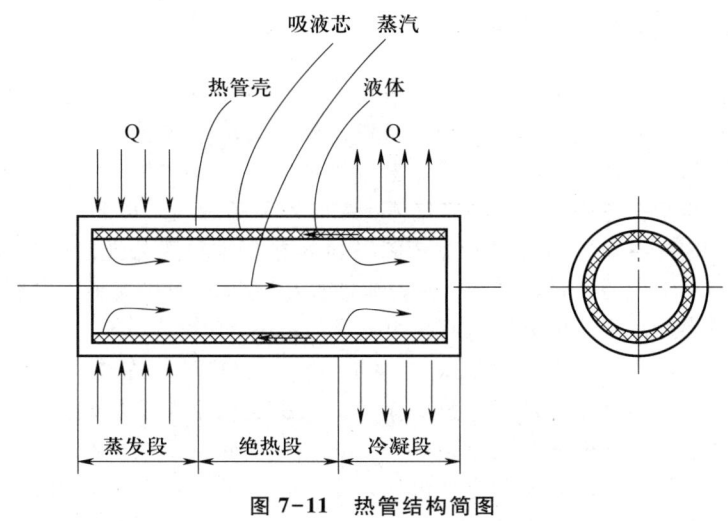

吸液芯　蒸汽

热管壳　液体

Q

Q

蒸发段　绝热段　冷凝段

图 7-11　热管结构简图

（三）隔热材料

设备及管道不断向周围环境散发热量，有时可以达到相当大的数量，因此隔热保温不仅节约能源，也可在一定程度上减少热污染。另外，在高温作业环境中使用隔热材料，还能显著降低对人体的伤害。

1. 隔热材料的种类

隔热材料按其内部组织和构造的差异，可分为多孔纤维质隔热材料、多孔质颗粒类隔热材料、发泡类隔热材料等三类。

2. 隔热材料的基本性能

隔热材料的主要性能参数包括热导率、密度（表观密度和压缩密度）、强度等。热导率是隔热材料最基本的指标，是衡量隔热效果的主要参数，通常热导率越低越好，例如，空心微珠热导率仅为 $0.08 \sim 0.1 W/(m \cdot K)$，其隔热性能极好。密度过高会增加隔热层质量，强度太低则易导致变形，因此隔热材料的密度一般都比较小，而且需要具备一定的强度。

（四）空冷技术

工业过程中的冷却大多采用水冷方式，如火电厂的冷凝器、冷却塔、化工设备中的洗涤塔、大型活塞式压缩机的中间冷却器等。而冷却水排放正是造成水体热污染的主要污染源，采用空冷技术可以显著节约水资源，同时有助于控制水体热污染。但空冷技术耗电量大，会增加燃料消耗，因此比较适用于能源丰富而水源短缺的地区。

三、余热回收与利用技术

热污染有时也对人们的生产和生活有利，例如，煤炭、石油、各种可燃气等一次能源用于冶炼、加热、转换等工艺过程后，会产生各种形式的余热，因此余热属于二次能源。矿物的焙烧、化工流程中的放热反应也会产生大量余热。这些余热寄存于气体、液体和固体等三种物态形式之中，其中绝大部分的余热都是以物质的物理显热形式出现的，以气体和液体形式包含的余热有时也含有一部分可燃物质。余热利用对改善环境、节约能源、助力双碳具有重要意义。

（一）工业炉窑高温排烟余热的利用

工业上用的各种炉窑、化工设备、动力机械，由于燃料和生产过程不同，它们的排烟温度及排烟的性质也有所不同。从烟气的性质来说，从以重油、天然气或煤气等作为燃料的设备排出的烟气是相对比较干净的，但是冶炼炉、玻璃熔窑、水泥窑、电极熔化炉等由于炉料的因素，排出的烟气中含有大量的粉尘，还伴有各种有害气体，属于不易处理的一类高温烟气。

工业炉窑高温排烟气态余热的利用相对于固态和液态余热利用来说，比较容易实现。其主要的余热利用设备为预热空气的换热设备和加热热水或产生蒸汽的余热锅炉。安装余热利用设备后，不仅可以使设备热效率提高，还可以提高系统的燃料利用率。

有些工业炉窑，如纯氧炼钢炉、硫铁矿焙烧炉、电极加热炉、炼油厂裂解炉、制氢设备等，都产生高温烟气，均可利用余热锅炉回收排烟余热，以提高整个系统的燃料利用率。即使已经利用余热预热空气的炉窑，通常也需要通过余热锅炉进一步回收排烟余热。对于需要用能用热的部门来说，余热锅炉更是提高经济效益的有效办法。余热锅炉的工作介质是水和蒸汽，水的比热容大，设备的体积相对来说比较小，用材（主要是碳钢）不受高温烟气的限制。

工业炉窑余热锅炉有烟道式和管壳式两大类。烟道式的余热锅炉烟气侧处于负压或微压状态。管壳式余热锅炉的受热面均在内外受压的状况下运行。烟道式余热锅炉要保证主要生产过程在停用锅炉的情况下仍能正常运行，为此，在系统布置上要注意在工业炉窑和余热锅炉之间设置旁通烟道（也有特例）。余热锅炉的特点是单台设计，这主要由于与之配套的工业炉窑不同。

（二）冶金烟气的余热利用

1. 有色冶金余热利用现状

煤炭是我国目前的主要动力资源，与人民生活密切相连，在国民经济中占有重要的地位。冶金工业为耗煤大户，约占全国燃料分配总量的 1/3（不含炼焦用煤），冶金余热资源相当丰富（如有色冶炼中各种炉窑产出烟气的热值约占总热值的 30%~50%，甚至更高），主要来自高温烟气余热、汽化冷却和水冷却余热、高温产品和高温炉渣的余热、可燃气体余热等。利用这些余热资源，可直接加热物料，蒸汽发电或直接作燃料、化工原料，以及生活取暖用气等。因此，加强余热利用，对节约燃料、减轻运输量、节省运输费用、减少大气污染、改善劳动条件、减少占地面积、增加产量、提高质量、提高冶金炉的热效率、促进企业内部热力平衡、降低生产成本等都具有十分重要的意义。

有色金属冶炼厂的余热利用虽取得较好成效，但余热利用的巨大潜力仍有待于进一步挖掘。目前余热利用主要是在有色冶金炉及烟道上装设汽化冷却器或余热锅炉来生产蒸汽，供生产和生活使用，有些冶炼厂将余热用于发电。

2. 有色冶金余热锅炉

对于大多数火法冶炼厂而言，在生产过程中都会产生大量有害的高温烟气。这些烟气对操作人员的身体健康、周围环境及农作物等都有不同程度的影响，而且高温烟气中的有价金属粉尘，必须经过冷却才能净化回收。过去，大多数烟气都采用水冷却，既浪费热能，又消耗大量冷却水，还消耗大量电能。在水质不良的情况下，由于水耗大、水处理费用高，水不经处理就使用，致使设备损坏比较严重，检修周期短，维护频繁，消耗钢材多，给生产带来不利影响。由于有色冶金炉所排出的高温烟气的烟气量、烟气温度及烟气性质等，随冶金炉结构、冶炼精矿（渣）成分、产量、使用的燃料种类等变化，且其腐蚀性大，烟尘黏结性也较强，故在利用时有一定困难。经过不断的生产实践和技术发展，余热锅炉的设计日趋完善，余热利用日益增多。

有色冶金余热锅炉是以工业生产过程中产生的余热（除前已涉及的高温烟气余热外，还有化学余热、可燃废气余热、高温产品余热等）为热源，吸收其热量后产生一定压力和温度的蒸汽和热水的装置。余热锅炉结构与一般锅炉相似，但由于余热载体成分、特性等与燃料燃烧所生成的烟气有显著差异，并且各种余热载体也千差万别，所设计的余热锅炉在不同的应用场所也各具特色，在结构上存在一定差异。

根据有色冶炼烟气特性，余热锅炉有多通道和单通道之分。多通道采用强制循环或混合循环，翅片管受热面，轻型炉墙，采用伸缩清灰或振打清灰；单通道多属于卧式，有强制或自然循环，全膜式冷壁敷管炉墙，全振打清灰。

近年来，余热锅炉在钢铁、石油、化工、建材、有色、纺织、轻工、煤炭、机械等行业的应用日趋广泛。但因技术难度高，设备造价贵，限制了专用余热锅炉在冶金烟气余热利用中的应用。因此，应尽快研制生产出适应冶金烟气特性、价格适宜的专用余热锅炉去开拓余热利用的广阔天地。

（三）城市固体废物的焚烧处理和余热利用

随着社会经济发展，大量城市垃圾的处理非常重要，随着垃圾产生量逐年增长，越来越多的国家采用焚烧处理技术，其所占比例较大。

经过焚烧处理，固体废物及下水污泥达到了稳定化、减容化、无害化，焚烧时产生的热量的利用问题一直备受关注。目前垃圾焚烧产生的热量主要用于发电，也有一些用于供暖或供蒸汽。

1. 焚烧处理城市垃圾的设施及热利用的特点

目前焚烧处理城市垃圾的设施根据其燃烧方式的不同，可分为火格子（炉排炉）燃烧、固定床燃烧、流化床燃烧、浮游式燃烧及喷雾式燃烧等。

在焚烧设施的热回收利用方面，除考虑热利用方式的选择、发热量与回收热量的变化、设施的运转条件及设施容量外，还应考虑提高回收热利用率。此外，还应考虑以下几个方面。

① 应该以焚烧处理为第一目的。即可燃性垃圾达到减容化、稳定化的目的，且无二次污染发生。

② 在降温过程中强化热回收利用，降温过程（从 850~950 ℃降至 300 ℃）产生的大量热量除部分用于预热燃烧空气、加温热水外，主要通过余热锅炉尽可能回收利用余热蒸汽。

③ 要防止排放空气带来的影响。例如，排放空气中含水率高造成对金属的腐蚀，以及烟尘的堆积堵塞通风管道等。此外，还要特别关注二噁英这种剧毒物质的处理。

2. 焚烧处理垃圾的热利用及技术发展方向

焚烧处理垃圾的热利用形式有回收热量（如热气体蒸汽、热水）、发电及直接转换为动力三大类型。

回收利用焚烧炉的热形式有蒸汽供热、高温水供热及低温水供热等形式。

世界上用于发电的垃圾焚烧设施数量逐年增长。2017 年，日本共有各类垃圾焚烧设施 1 103 座，是世界上垃圾焚烧厂最多的国家，其中 34% 的垃圾焚烧厂都配备垃圾发电设施，年发电量达 $9.2×10^9$ kW·h。我国是垃圾焚烧发电增长最快的国家，目前垃圾焚烧处理超过 60%。

垃圾焚烧处理的余热利用要适应社会经济发展，通过各种方式利用余热的同时提高利用率，这始终是技术发展的方向。

四、二氧化碳固定技术

全球变暖是一种自然现象，是温室效应不断积累导致的。大气中 CO_2、甲烷、水蒸气等温室气体，首先会吸收地球的红外辐射，然后再释放所吸收的能量，将周围的空气和地面加热，使得地气系统吸收与发射的能量不平衡，从而导致温度上升，造成全球变暖。实际上，温室气体只占地球干燥大气的一小部分。大气的主要成分是氮气和氧气，约占总体积的 99%，CO_2 仅占 0.04%。最强大的温室气体是水蒸气，大气中水蒸气的量高度依赖于温度，从而形成反馈机制。大气中的 CO_2 越多，温度越高，从而使更多的水蒸气滞留在空气中，加剧温室效应，使温度进一步升高。若 CO_2 浓度下降，一些水蒸气则会凝结，温度将下降。人们无法控制大气中水蒸气的浓度，但可以通过一些手段，在一定程度上控制 CO_2 的浓度。CO_2 在特殊的催化体系下，可与其他化学原料发生许多化学反应，从而被固定。该技术的关键是利用适当的催化体系活化惰性 CO_2，从而作为碳或碳氧资源加以利用。目前，CO_2 的活化方式主要有生物活化、配位活化、光化学辐射活化、电化学还原活化、热解活化及化学还原活化等。目前 CO_2 捕集、封存、利用的主要技术如图 7-12 所示。

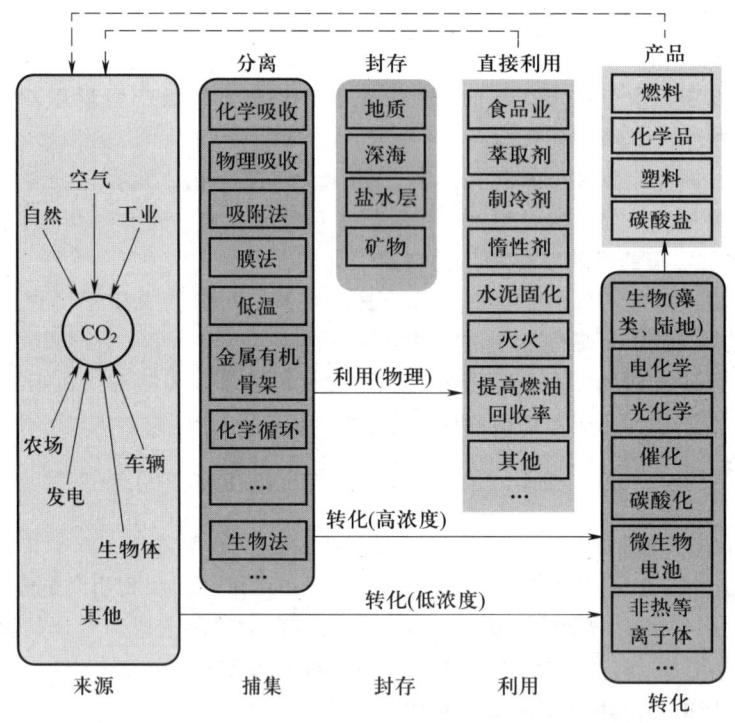

图 7-12　CO_2 捕集、封存、利用的主要技术示意图

思考题与习题

1. 什么是热环境，其来源有哪些？
2. 热量传递方式有哪些？
3. 热力学定律有哪些？
4. 什么是热污染，热污染分为哪几种类型？

5. 分析引起热污染的主要成因，并说明热污染的主要危害有哪些。

6. 水体热污染通常发生在什么样的水体，最根本的控制措施是什么？

7. 什么是温室效应，主要的温室气体有哪些？

8. 什么是碳达峰和碳中和？简述其重要意义。

9. 什么是城市热岛效应，它是如何形成的？

10. 应该如何综合防治城市热岛效应？

11. 常用的生理热环境指标的表示方法及相应的测定方法有哪些？

12. 热污染控制技术主要有哪些方面？你认为还有什么更有效的技术措施？

13. 生物质能利用和城市垃圾焚烧设施与热污染控制相关的内在联系是什么？请具体分析。

第八章　物理性污染控制工程系统与发展前沿

本章介绍物理性污染控制工程系统相关前沿技术的发展现状，在多污染协同控制概述部分介绍噪声污染与振动污染的协同控制、放射性污染与热污染的协同控制、光污染与热污染的协同控制；在工程系统的特点及应用实例部分介绍工程系统的八种特性并结合工程实例；在发展前沿部分介绍污染过程的模拟、先进材料的发展和智能控制的应用三个前沿发展方向。

第一节　多污染协同控制概述

多污染协同控制指同时控制两种或者两种以上有害污染的控制措施。多污染协同控制的效益一般来说高于单一污染控制，且一种污染的控制可能导致另一种污染环境浓度的关联变化，因此多污染协同控制是综合涉及所有关联污染的控制措施。生活中的多污染协同控制随处可见，例如，噪声污染与振动污染的协同控制、放射性污染与热污染的协同控制，以及光污染与热污染的协同控制等。

一、噪声污染与振动污染的协同控制

据初步统计，2019 年我国噪声与振动控制行业总产值约为 128 亿元，产值情况如表 8-1 所示。

表 8-1　2019 年我国噪声与振动控制行业产值情况

类别	交通	工业企业	社会生活	技术服务	其他
产值/亿元	50	16	20	8	34

我国城市轨道交通是噪声与振动控制行业市场的重要应用场景。截至 2019 年年末，我国的城市轨道交通运营总里程已突破 6 600 km，位居世界第一。作为城市轨道交通的重要组成部分，地铁、轻轨等与我们的生活密不可分，在为我们的出行带来便捷的同时，也引发了诸多噪声与振动污染问题。导致城市轨道交通噪声的主要因素有：

① 轮轨引起的噪声。例如，车轮与轨道的摩擦声、振动辐射噪声、相互撞击时形成的声音及制动时形成的尖鸣声等。

② 车辆设备引起的噪声。例如，车辆中齿轮箱、发电机、压缩机等设备在运行过程中形成的噪声。

③ 活塞风引起的噪声。例如，地铁列车运行的隧道，因封闭狭长，可能形成巨大的气流噪声。

④ 由于高架结构发生振动而产生的噪声。

⑤ 通过承重柱体向邻近建筑物传递的噪声。

⑥ 集电弓与架空接触网之间产生的摩擦声。

除了会产生噪声污染，城市轨道交通工具在急速行驶的过程中，其各部位往往还会产生振动反应，进而产生振动污染。导致城市轨道交通产生振动的主要振动源有：

① 由于轨道不平顺产生的随机性振动源；

② 由于车轮偏心等周期性产生的振动源；

③ 由于车轮与道岔、钢轨间的相互碰撞而产生的振动源。

由振动源产生振动波通过桥梁、墩台传输到地基，再由地基传输至建筑物的基础，继而对附近的建筑物或者居民带来负面影响。

实际施工过程采取了一系列措施以应对城市轨道交通带来的噪声与振动污染问题。减少城市轨道交通中噪声污染的措施主要分为两方面：一是控制噪声源；二是控制噪声的传播途径。针对城市轨道交通噪声产生的主要因素，控制噪声源的主要措施有：

① 控制轮轨噪声。改善悬挂系统、减振措施及轨道结构，引入降噪车轮、弹性车轮等能够有效地控制轮轨的噪声，这是控制城市轨道交通噪声源的关键。

② 控制车辆设备产生的噪声。

③ 控制集电系统噪声。包括合理设置集电弓数量、安装集电弓外罩等。

控制噪声传播途径的主要措施有：

① 设置树障。若地带条件允许，则可在轨道设置乔木辅以灌木的树障。

② 设置屏障。具体设置于声源与收声点之间，当声波接触到屏障之后，会发生折射，而非由收声点直接接收。一般将吸声材料贴在靠近声源的一段，从而减少反射。

针对城市轨道交通产生振动的主要振动源，解决城市轨道交通振动污染问题的主要举措有：

① 采用无缝长钢轨线路，打磨钢轨顶面，避免不平顺、凹凸之处。

② 针对轨道结构各地段，采取分级减振措施，采用各型号的减振扣件。

③ 引入减振、隔振材料作为高架桥结构材料，采用橡胶支座作为桥梁支座，预防系统发生共振现象。

④ 尽量避免在精密仪器实验室、计量等防振要求较高的建筑物周围设置地铁、轻轨线路，有必要时需迁移建筑物。

2020年年初，虽受疫情影响，噪声与振动控制行业整体发展受限，行业总产值有所下滑，但各市场主体对该行业的技术创新仍日益重视，例如，阵列式消声器在轨道交通和工业企业得到大规模应用，轨道隔振降噪新技术不断涌现并得到工程应用，受轨道振动影响的建筑隔振技术方兴未艾。例如，"城市轨道交通装配式浮置隔振轨道关键技术及应用"获得2020年度环境技术进步奖一等奖，"噪声与振动远程在线监控系统""轻质宽温域高分子隔声材料"及"振动环境轻质隔声装备"被列入《国家鼓励发展的重大环保技术装备目录（2020年版）》。预计未来我国噪声与振动控制行业市场热点需求仍然集中在高速铁路、城市轨道交通等领域的消声、隔声和隔振方面，因此噪声污染与振动污染的协同控制仍是城市轨道交通领域的工作重点。

二、放射性污染与热污染的协同控制

随着化石燃料逐渐短缺，以及人类对全球变暖的重视，核电因其具有良好的可持续性及经济性得以发展，然而其所带来的放射性污染风险及热污染问题也日渐显著。本小节主要以海洋与港口应用场景为例，阐述其中放射性污染与热污染的来源、危害及其协同控制措施。

调查结果显示，海洋与港口中的人工放射性同位素主要有三个来源：核武器爆炸、核动力舰船活动和核设施的废物排放。核武器爆炸产生的同位素主要来源于爆炸碎片、活化产物、残渣及放射性同位素的传播和沉降；核潜艇的放射性废物来源主要有核反应堆冷却剂、净化系统中的离子交换树脂、屏蔽用水、冲洗、去污水、固体废物等；核电站在正常运行时，可排出部分活化产物和裂变产物。另外，同位素能源发生器，核爆破建港口、挖运河、创造地下水源，以及核潜艇、核电站发生事故和核装备在空中发生事故都会导致放射性物质污染海洋环境。

海洋与港口中的热污染主要是人类活动产生的过剩能量排入水体，使水体升温而影响水生态系统结构，进而造成水质恶化。核电站大部分设在海湾，其余热几乎全部由冷却水排出，约 2/3 核反应堆堆芯铀、钚裂变产生的热量释放到核电站附近水体中，对水体产生严重的热污染。

海洋环境中的放射性核素可通过水生生物的吸收、浓集作用而进入生物体内，并在特定的器官内积聚，参与生物体的代谢。这一过程势必对海洋生物的正常生理代谢产生影响，进而影响海洋生态系统的均衡性。放射性污染同样可危害人体健康，人们食用被污染的生物，放射性核素可通过生物链转移而进入人体，在体内造成内照射。不同核素由于其物理化学状态的不同，在人体内的转移定位情况及内脏组织摄取情况各异。例如，^{131}I 进入人体后，集中于甲状腺内，可诱发甲状腺癌，^{239}Pu、^{90}Sr 等亲骨性核素，进入人体后有诱发骨肉瘤的潜在危险。

热污染问题同样会对环境产生重大影响。热排放导致水温升高会引起水的多种理化性质的变化，其中溶解氧将受到很大影响。此外，热排放还有可能使水中氨氮含量增高，水质矿化度加强，总磷、总氮含量偏高，加速受纳水体的富营养化进程。对于底栖生物，因其迁移能力弱，在受到热排放冲击的情况下很难回避，易受到不利影响，主要反映为底栖动物在强增温区的消失；对于浮游生物，水温升高可引起蓝藻、绿藻数量增多，硅藻数量显著减少，抑制其他饵料生物生长，延长藻类生长期并使菌类活动增强，底泥中源营养物分解加速，有加剧水体富营养的作用；对于鱼类，温度急变对其繁殖、胚胎发育及幼苗的成活等均有不同程度的影响，热排放进入受纳水体后，会改变鱼类等水生生物在水体中的正常分布，甚至会引起鱼类异常发育事件的发生，如台湾核能第二发电站发生的秘雕鱼事件。

针对发展核能须面对的两大主要环境问题，应做到放射性污染和热污染协同控制，加强核废物尤其是高水平放射性废物的安全处置，关注核电站运行产生的放射性污染及热污染问题，加强对两种污染的研究，通过采取工程措施、完善相关的法律法规等管理手段降低核电站运行对生态环境的危害。

三、光污染与热污染的协同控制

随着建筑技术的发展，玻璃幕墙在建筑上得到应用，由于其鲜明的个性和美学特点，备受设计者的青睐，得到了飞速发展。然而在使用过程中，玻璃幕墙的一些弊病也逐渐显露。太阳辐射透过大面积的玻璃进入室内，恶化了室内的热环境与光环境，同时涂膜的镜面玻璃与镀膜玻璃的使用将大量辐射热反射到周围环境中，对周围环境造成了光污染和热污染。

高层建筑幕墙上由于使用涂膜的镜面玻璃与镀膜玻璃，当直射日光和天空光照射其上时，便产生反射光，反射光导致的眩光严重干扰人的正常视觉，造成道路安全的隐患。而当沿街两侧的高层建筑同时采用玻璃幕墙时，由于大面积玻璃出现多次镜面反射，反射光从多方面射出，造成光的混乱和干扰，对行人和车辆行驶都有害；玻璃幕墙的反射热还会对周围环境造成热污染，可造成植被枯萎等问题，干扰附近建筑中居民的正常生活。

随着现代科学技术的迅猛发展，玻璃幕墙也必将发生重大变革，伴随科技水平的提高和人们环保意识的增强，今后的玻璃幕墙建筑将呈现高智能化和生态型发展的趋势。要重视玻璃幕墙尤其是反射型的镜面玻璃给周围环境造成的热污染和光污染问题，在设计使用时应结合周围环境进行综合考虑，采取相应措施：

①　合理规划城市道路，保证建造玻璃幕墙建筑具有开阔的周围环境；

②　在建筑物周围和人行道旁种植树木，使反射光被树木吸收，降低反射光的危害；

③　调整玻璃面对太阳位置的几何位置关系，使反射光射向天空，避免入射至街道。

多污染协同控制的实例随处可见，但我国目前缺少相关的政策法规和多污染研究基础信息，以及协同控制理念和综合解决方案，因此多污染协同控制仍然面临诸多问题和挑战，协同控制尚处于研究和探索阶段，需要系统学习借鉴国际经验，加强多污染协同控制理论研究，完善地方协作机制，集成多污染协同控制创新技术，尽快开展试点示范工作。

第二节　工程系统的特性及应用实例

工程系统指由若干相互作用和相互联系的复杂工程组成的系统，属于人造系统。工程指根据自然科学原理，通过实验、研究，制造出某种用途的产品或建设某个项目。建立工程系统，能为有效地运用现代科学管理方法，充分发挥人力、物力和财力提供有利条件。工程系统具有以下八种特性：

①　整体性。整体性是工程系统的核心特性。

②　动态性。社会的变革与发展、内外环境的变化，以及工程系统自身运行的不确定使工程系统的动态性日益突出。

③　复杂性。现代工程系统除了属性与功能多样、系统与环境的关系紧密等特性之外，还存在着其内部结构与运行行为复杂的特性。

④　普遍性。随着科技、经济、社会的发展及人们认知能力、改造客观世界能力的提高，许多现实问题系统化、工程化和工程系统化等趋势日益明显，工程理念及系统思想逐渐普及。

⑤　目的性及多目标性。工程系统为人造系统，一般具有明确的目的和功能，力求实现系统的创新与发展。

⑥　开放性。工程系统是高度开放的系统，工程系统存在与外部环境的物质、能量、信息的频繁交流。

⑦　人本性。工程系统中人的因素凸显，人—机—环境关系是最基本的关系。这中间要考虑决策者、资源提供者、建设者、运营者、各种利益相关者等多重主体，相关利益和行为主体的态度及人与人的协作状态越来越重要。

⑧　战略性。现代大规模复杂的工程系统往往意义重大，对一个组织的发展，对区域社会、经济、科技、环境，甚至对国家战略，都会产生全局、稳定、持续、深层次的影响。

【实例1】大连中国石油大厦工程

大连中国石油大厦工程是工程系统应用的一个典型实例，体现了整体性、动态性、复杂性、目的性及多目标性、人本性等特性。该项目利用管理手段和技术革新，贯彻绿色施工、环境保护、安全文明、职业健康等理念，在项目总体规划中贯彻节能、节地、节水、节材精神，保证环境保障设施与场地设计同时进行。通过采用扬尘控制、噪声及振动控制、光污染及水污染控制、垃圾分类等措施，将"绿色"施工管理理念贯穿施工全过程，节省了资源，减小了对周边环境的影响，实现了经济效益、社会效益和环境效益的统一。

在环境保护方面，项目施工道路自动喷洒降尘系统采用分段式开关控制，可满足各路段不同时段、不同降尘程度的需要；施工现场出口设洗车槽和沉淀池，随时对车辆进行清洗，管理人员随时检查，降低施工尘土对外界的影响；项目施工时为混凝土输送泵等设备搭设机棚，机棚周围用密目网等封闭围护，以阻挡机械运转的噪声和油气污染；施工的装载土方全部采用有遮挡的排土车，以免扬尘及渣土散落造成二次污染；夜间施工照明灯加设聚光灯罩，调整投光方向及角度，使其集中在施工区域以节省能源并避免影响周围居民生活。

在材料资源利用方面，施工现场钢筋加工棚和木工加工棚等防护棚全部采用标准化的组装式构件，安装方便，可重复使用；施工用钢管柱所有焊缝均在加工厂加工成型，现场直接吊装就位，可减少现场焊接量，减少气体及光污染；建筑底板及外墙防水卷材全部采用 3+3 自粘防水卷材，可减少明火热熔施工，降低能源消耗并减少光污染、大气污染。

在水资源利用方面，部分结构采用塑料薄膜覆盖，表面保水进行"内循环养护"，可节约养护用水 461 m³；建筑办公及生活区全部采用节水型水龙头、便器；施工现场分别对生活用水与工程用水确定定额指标并分别计量管理。

在能源利用方面，施工现场分别设定生产、生活、办公和施工设备的用电控制指标，定期进行计量、核算和对比分析并有预防与纠正措施；安排施工工艺时，优先考虑耗用电能分时分配或选用其他能耗较少的工艺；优先使用国家或行业推荐的节能环保施工设备和机具。

该实例巧妙地运用了绿色施工技术，绿色施工技术指通过切实有效的管理制度和工作制度，最大限度地减少施工活动对环境的不利影响，减少资源与能源的消耗，实现可持续发展的施工技术。

目前在建筑行业影响绿色施工清洁生产的主要环境因素有：

（1）大气污染

在建筑企业生产和运输过程中产生的大量粉尘，化学建材中塑料的添加剂、助剂和涂料中的溶剂，以及黏合剂中有毒物质的挥发，都会给大气带来各种污染。

（2）垃圾污染

建筑垃圾是在建（构）筑物的建设、维修、拆除过程中产生的，包括新建工程施工的废弃料和旧建筑拆除的残骸料，大多为固体废物。大量的建筑垃圾不仅占用土地，而且污染环境。

（3）噪声、振动污染

建筑施工中建筑机械发出的噪声和强烈的振动对人的听觉、神经系统、心血管、胃肠功能都会造成损害，严重影响人体健康。

（4）光污染

高层建筑玻璃幕墙无框架，采用镀膜玻璃，具有较强的聚光和反光效果，在阳光的照耀下，发射出耀眼的光芒。刺眼的光束会破坏人眼视网膜上的感光细胞，影响视力，灼伤皮肤，造成严重的光污染。

（5）放射性污染

有些矿渣、炉渣、粉煤灰、花岗岩、大理石放射性物质超量，制成的建筑材料会对人体造成外照射和内照射的伤害。

针对以上环境因素进行控制和管理，提倡以节约能源、降低消耗、减少污染物的产生量和排放量为基本宗旨，现阶段我国实施绿色施工清洁生产的对策主要有：① 使用绿色建材，减少资源消耗；② 清洁施工过程，控制环境污染；③ 加强施工安全管理和工地卫生文明管理；④ 政策引导。

【实例 2】 天津港绿色港口建设工程

天津港绿色港口建设工程是绿色工程系统应用的典型案例，体现了整体性、动态性、复杂性、普遍性、目的性及多目标性、开发性、人本性、战略性八个特性。该项目以建设环境友好型港口、资源节约型港口、环境安全型港口、生态文明型港口为理念，明确要将天津港建设成为设施先进、功能完善、管理科学、运行高效、人文和谐、生态宜居的世界一流大港。该项目主要从以下几个方面进行绿色建设：

（1）环境保护基础设施建设

① 充分调查天津港现有环境保护基础设施的污染处理能力，对环境保护基础设施的最大效用、合理布局、工艺选择等方面提出相应的优化方案，充分发挥环境保护基础设施的效用。

② 加快煤炭、焦炭、铁矿石储运场的建设，完善散货封闭运输体系；建设露天堆场的防风网、墙，建设封闭式储煤罐；开展"油改电"工程，有效推动岸上电力设施建设，节能降耗的同时大大降低噪声。

③ 强化污水集中治理、污水调控与清污分流相结合的重点思路，优化污水处理工艺，加强污水处理厂及污水管网建设，完善北疆港区污水处理体系，加快东疆港区污水处理设施建设，在南疆港区开展污水回用工程。

④ 推进区域集中供热工程及新能源利用工程的建设，取缔分散小型供热锅炉。通过工艺技术革新，满足天津市"蓝天工程"及国家相关排放标准的要求。

⑤ 按照有关港口溢油应急设备配备要求，在各码头、港区配备符合标准的溢油应急设备，建立环境监测预警体系，准确预警各类环境突发事故，完善事故应急预案，提高应急处置能力与水平。

（2）环境污染防治

① 强化污染物排放总量和工业污染源控制。根据国家及天津市地方污染物排放标准与总量控制指标，实施天津港污染物排放总量控制和排污许可证制度。

② 推进水污染防治。实施碧水工程，在港区污水处理工程建设的基础上，注重提高污水处理率和再生水回用率；有效控制陆源污染和船舶废水的直接排放，加强沿海周边地区协作和海陆污染控制联动，改善港池海域水质。

③ 推进大气污染防治。实施蓝天工程，加快燃煤设施污染防治，控制工艺废气排放，重点防治煤炭、矿石露天堆场的粉尘污染；加强机动车尾气防治，鼓励使用清洁燃料机动车；强化建筑工地、交通道路扬尘的污染防治。

④ 推进噪声污染防治。实施安静工程，严格控制交通噪声和工业噪声，提高噪声达标区覆盖率；合理规划码头/作业区车辆运输路线，科学系统地疏导交通，使作业区交通井然有序；合理规划码头作业区和堆场，完善道路配套的绿化带建设。

⑤ 推进固体废物污染防治及资源利用。建立健全危险废物和医疗废物的收集、运输、处置的全过程管理监督体系；健全区域垃圾分类和回收网络体系，加大垃圾的资源化回收利用力度；推行生活垃圾袋装化，减少垃圾收集、转运过程中的二次污染。

（3）环境风险防范及管理

① 充分发挥天津港突发性环境污染事件应急领导小组职能，统一协调港区各企业及相关组织的应急反应行动。

② 建立天津港环境安全预警系统。建立重点污染源排污实时监控信息系统、突发事件预警系统；建立环境应急资料库和突发环境事件应急处置数据库系统；建立应急指挥技术平台系统，建立各类环境事件专业协调指挥中心及通信技术保障系统。

③ 加强对溢油事故的应急防范能力建设。在码头附近海域配备必要的导助航等安全保障设施，建立和完善船舶交通管理系统，加强码头装卸作业的安全管理并制定相应的防护对策，完善港口溢油应急设备设施，加强应急能力软环境建设。

④ 加强对库区储运事故的风险防范。通过设备的安全管理、液体化工物料输送流速的控制、贮罐/管道及其他设备永久性接地装置的设置，以及火源的管理等措施，有效预防火灾和爆炸事故的发生。

（4）生态环境建设

① 充分考虑天津港盐碱地不利的环境条件，结合港口现状、功能区划，因地制宜，处理好地下给排水、排盐，并采取换土处理及地上苗木栽培，确保港区绿化覆盖率达到交通部及天津市的有关要求。

② 超前规划、科学设计、合理施工，推进港区绿地建设。做到科学规划和合理布局，把点（附属绿地和街头绿地）、线（道路绿化）、面（块状绿地、野生植被区）连接起来，与周边防护带连成一体，构成天津港绿色环境保护网络。

③ 优化种植结构，提高绿地生态效益。在多年植物栽种的基础上，筛选适宜绿化的植物品种，确定骨干、先锋树种，在立体绿化、滩涂绿化、铁路区域绿化方面实现突破，设计中采用"高栽植密度、高覆盖率"的植物配置方式，迅速增加绿量，提高叶面积指数。

④ 健全管理体系，科学养护管理。注重养管队伍建设，加强绿地环境监测，包括土壤监测、水监测、排盐系统功能监测等；建立绿地养护管理的标准化体系，强化定额的制定和执行；以科学的养管提高绿地建设水平，向管理要效益。

⑤ 加强港区生态景观建设。在满足生产要求的基础上，充分利用原有的地形地貌，因地制宜，以自然为主，人工为辅，使绿地成为港区的绿色"基质"；港区建筑及设施的设计要全面达到绿色建筑要求，实现功能与景观的结合，努力创造整体绿色景观形象。

（5）环境管理体系建设

① 建立健全港口生态环境管理体系，实施全过程环境监督管理，不断完善和落实"政府引导、企业主体、社会参与、市场运作"的运营机制，推进规划建设项目环评、企业清洁生产审计和 ISO14000 认证工作。

② 健全环境管理机构。依托天津港环保卫生管理中心，进一步完善环境管理机构，强化天津港环境管理机构的作用和职能；建立和完善环保人才培养、选拔及绩效考核等一整套管理机制，人才库采取动态管理，构建起环境管理人才体系。

③ 完善天津港环境管理制度，建立环境管理信息平台，严格执行"三同时"环境管理要求；落实环境管理目标责任制，完善港口企业环保设施管理内部审核机制；建立公众参与机制，完善港口环保鼓励机制和投诉机制，并采取生态补偿措施。

④ 建设企业生态文化，提高管理人员的环保意识，增强环境保护责任感。实施绿色生产、绿色营销管理，树立企业绿色核心价值理念，让环保意识深入每一位员工的内心；以绿色为纽带把企业和社会、消费者、生态环境紧密联系起来，形成良性互动。

（6）绿色物流建设

① 以建成国际航运中心为目标，加快大型专业化码头建设和专业物流中心建设，推进天津港现代物流基地建设；通过技术改造与功能调整，实现由传统交通运输业向现代物流业转型，拓展物流、金融、旅游等业务，适应先进港口服务功能发展要求，实现港口产业升级。

② 建立天津港绿色物流运输体系，将港口绿色运输的理念贯穿到全部物流活动中，建立相关绿色环保制度，并通过采用合理选择运输工具和运输路线，开展"海铁联运"，完善运输体系，采用共同配送，优化配送路线，提高港口集疏运能力，提高配送效率。

③ 实施绿色包装，加强废弃物物流的管理。采用通用包装，实现包装材料的反复使用和梯级

利用；开发新的包装材料和包装器具，实现包装物的多功能化；建立包括生产、流通、消费的废弃物回收利用系统，降低废弃物物流，实现资源的再利用。

④ 加强绿色物流管理。充分发挥天津港现有通信网络及行业信息系统资源的作用，开发建设标准、安全、开放的港口物流信息平台；简化供应和配送体系，提高物流设施的利用效率；实施绿色运输管理，联合相关行业构筑天津港绿色物流系统。

该项目采用绿色港口的建设理念，将环保理念纳入港口日常运营和对未来码头的设计和建设，既能满足环保要求又能获得良好的经济效益。从源头减少污染物的产生到最终无害化处理全链条考虑，推进节能减排，资源节约和高效利用的可持续发展模式，全面建设生态文明港口。

第三节　发展前沿

当前，物理性污染控制技术的发展非常迅速，国内外发展前沿主要集中在污染过程的模拟、先进材料的发展和智能控制的应用三个方面。精确的过程模拟可以大大缩减实际过程所需要的人力物力和时间；先进的材料是工程应用的基础；智能的控制系统可以提高能效从而减少污染并有效控制污染。对此三方面进行系统了解，有利于掌握本领域研究的最新进展。

一、污染过程的模拟

随着城市化进程加速，城市道路交通噪声污染日益受到重视。在城市环境的各类噪声源中，交通源占比达33%以上，交通噪声污染已成为影响人们正常生活的主要环境问题之一。噪声虽然不会直接产生污染物，但是却会直接对人造成生理和心理上的影响。噪声对人体的主要影响如表8-2所示。

表8-2　噪声对人体的主要影响

噪声值/dB（A）	声源	生理影响
20	耳语、树叶声	—
30	听力检查室	—
40	—	脑电波会波动
50	安静的办公室、普通会话	—
60	—	计算能力发生减退
70	电视机、街道声音	血管收缩、高血压、注意力减退
75	—	人耳舒适度的上限
80	马路、嘈杂的办公室	—
85	—	重听、不会破坏耳蜗内的毛细胞
90	嘈杂的酒吧环境声音	—
100	地铁声、气压电钻机的声音	—
105	—	听力永久损伤
110	螺旋桨飞机起飞声音	脑电图改变

续表

噪声值/dB（A）	声源	生理影响
130	喷气式飞机起飞声音	耳朵很疼
140	—	鼓膜破裂

目前研究道路交通噪声量分布的方法主要有现场实验法、模型计算法和数值模拟法。现场实验法对实验条件的要求相对苛刻，容易受外界因素影响；模型计算法一般把车流视为等间距的线声源，该方法已在道路交通模拟方面取得一定的成果，但是结果不够直观；数值模拟法通过与微观交通仿真技术结合，模拟道路交通流动态变化，实现交通噪声的动态模拟，效果清晰直观。

常用的噪声模拟软件有德国 CadnaA 软件、SoundPLAN 软件等同类噪声模拟软件、普遍用于机场噪声预测的美国联邦航空管理局 INM 软件、专用于军用机场模拟的 NoiseMap 软件、可模拟多种交通噪声的 NMSim 软件、用于直升机模拟的 RNM 软件和用于日本机场噪声模拟的 JCAB 软件等。

根据建筑噪声污染数值模拟的时变性、复杂性、非线性等特点，有学者提出了一种基于自适应传递函数的建筑噪声污染数值模拟方法。通过构建基于物联网的建筑噪声污染监控系统，实时监测建筑噪声环境要素。利用自适应函数分析建筑噪声污染声源频谱，根据城市环境噪声标准，利用加速度有效值、振动加速度级和振动级衡量建筑噪声污染强度，并以此确定建筑噪声污染等级，完成建筑噪声污染数值模拟计算。

建筑噪声污染监控系统通过在建筑内设置环境监测仪器和传感器节点等感知设备，运用无线传感器网络的感知识别和无线传输功能，通过自主组网，提高获取运营环境信息的能力，实现智能监测建筑运营环境、分析与模拟，并通过管理控制站内设备设施，实现建筑环境的自适应监测。该系统的总体架构如图 8-1 所示。利用自适应传递函数完成了建筑噪声污染数值模拟计算，通过与传统方法进行对比，验证了此设计方法的精准性，证明此设计方法在工程应用中具有一定的可行性。

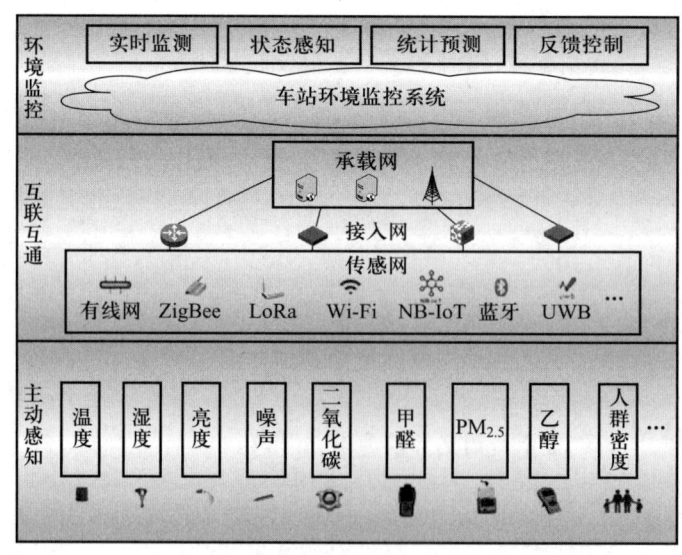

图 8-1　建筑噪声污染监控系统的总体架构

二、先进材料的发展

在利用核技术时，大量的放射性核素会通过采矿作业、核燃料循环，以及民用和军用核活动的意外泄漏而释放到环境中，威胁人类的健康生活和生态环境。如何有效从环境介质（如水和空气）中去除这些放射性核素［如铀（^{235}U）、铯（^{137}Cs）、锶（^{90}Sr）、分子碘（$^{129}I_2$）等］是具有重要现实意义的研究方向。吸附技术由于成本低、操作简便、可大规模使用等优点而被广泛用于放射性核素废水的处理。吸附过程的关键是选取高效和高选择性吸附材料，因此研制成本低、效率高、选择性好和环境友好的吸附材料仍是目前科学研究的热点。

金属有机骨架材料（metal-organic frameworks，MOFs）是一类通过配位键连接有机配体组成的多孔晶体材料，已经作为吸附材料实现各种放射性核素［如 Tc（Ⅶ）、Eu（Ⅲ）、U（Ⅵ）、Th（Ⅳ）等］的高选择性去除。

UiO-68 型材料（MOF-2 和 MOF-3）是 MOFs 最早作为吸附材料应用于放射性核素吸附的案例。在 pH=2.5 的水溶液和模拟海水中，MOF-2 对 U（Ⅵ）的吸附量分别可达 217 mg/g 和 188 mg/g，经 DFT 计算证明 U（Ⅵ）离子与磷酰脲功能基团形成了强络合物，U（Ⅵ）离子与两个磷酰氧基团形成配位键，增强了 UiO-68 对铀酰离子在酸性条件下的吸附能力。中国科学院高能物理研究所石伟群等制备了三种氨基功能化的 MIL-101 材料，包括 MIL-101-NH₂、MIL-101-ED（ED 为乙二胺）和 MIL-101-DETA（DETA 为二亚乙基三胺），表征结果（图 8-2）表明制备的材料具有八面体形貌、良好的结晶性、丰富的官能团和较大的表面积。

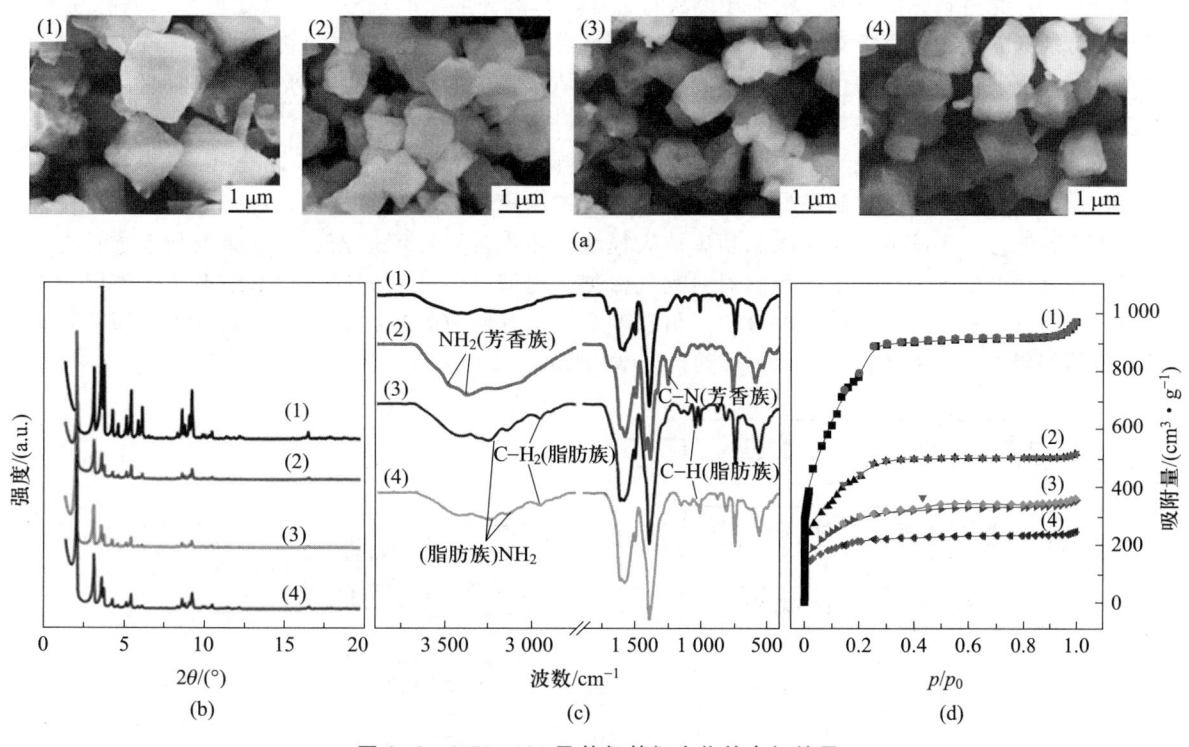

图 8-2　MIL-101 及其氨基衍生物的表征结果
（a）SEM 照片；（b）XRD 图谱；（c）FT-IR 谱图；（d）N₂ 吸脱附等温线

氨基能够有效提高 MOFs 材料对放射性核素的去除效率和吸附能力，这使三种材料的最大吸附能力呈现 MIL-101-DETA（350 mg/g）>MIL-101-ED（200 mg/g）>MIL-101-NH$_2$（90 mg/g）>MIL-101（20 mg/g）的规律。铀酰离子在溶液中可以看作一种强路易斯酸，对氢氧根和羧酸分子具有很强的亲和能力，因此羧基化的 MOFs 材料能够有效提高 MOFs 材料对铀酰离子的吸附能力，并且其他共存金属离子对铀酰离子的吸附干扰非常弱。

普鲁士蓝（Prussian blue analogues，PBA）是一类不溶于水的化合物，一般情况下碾碎后以不溶的粉末状态存在，对铯有高选择性，且成本相对较低，成为处理放射性废水中最常用的材料。但若将其直接投入废水中，则不但容易集聚从而降低除铯效率，而且容易造成二次污染。为解决此类问题，研究人员尝试用载体固定 PBA，制成复合材料从而提高吸附效率，克服回收难题。因此，选择合适的载体至关重要，载体应当具有物理化学稳定性好、结合位点多、结合能力强、易于分离、易于后处理和不降低 PBA 对铯的亲和力等特点。

目前常见的载体材料有磁性载体、碳基载体、高分子载体、离子交换树脂载体、胶体载体、氧化硅载体、膜材料载体等种类。选用不同的载体，可使 PBA 复合材料具备载体的优点，从而适用于不同类型和规模的含铯废水的处理。

三、智能控制的应用

我国城市的照明灯光和夜景建设日新月异，提高了城市的观赏价值和宜居度。但是夜景照明灯光的滥用导致城市光污染，危害人体健康，可能会引起焦虑、头痛、疲劳，增加压力。故需要对城市环境灯光进行智能控制，根据环境状态特征进行灯光的实时调节，降低城市光污染的危害，同时还可降低能耗，促进节能减排。研究城市夜景照明灯光污染智能控制技术，在城市照明设施建设和城市规划建设等领域中都具有重要的应用价值，相关的夜景照明灯光控制及照明设施设备的控制技术研究受到人们的重视。

设计城市夜景照明灯光污染智能控制系统主要由 A/D（analog to digital converter）模块、照明时间控制模块、照片功率控制模块，以及照明亮度控制模块等部分组成，系统采用上、下机位两部分组成智能控制系统的稳压模块和功率放大模块。城市夜景照明灯光污染智能控制系统首先进行城市环境亮度信息采样，采用传感器对天气数据、周围环境亮度数据、功率因素及人流因素等进行环境信息采集，进而进行数据分析、信息融合、信息集成处理，最终实现城市夜景照明灯光污染智能控制。根据上述设计原理，得到设计结构框图（图8-3）。

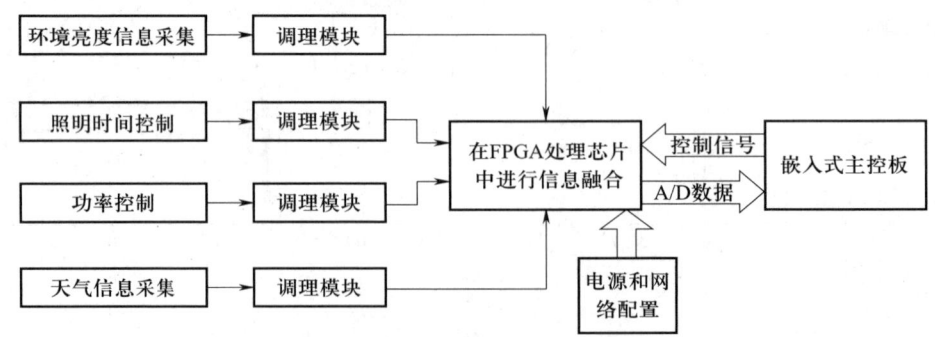

图8-3 城市夜景照明灯光污染智能控制系统的设计结构框图

根据图 8-3 给出的设计原理框图，选用 ADM706SARZ 单片机作为微处理器，结合 A/D 电路和时钟电路的模块化设计结果，实现对城市夜景照明灯光污染智能控制系统的集成电路设计，得到设计结果如图 8-4 所示。

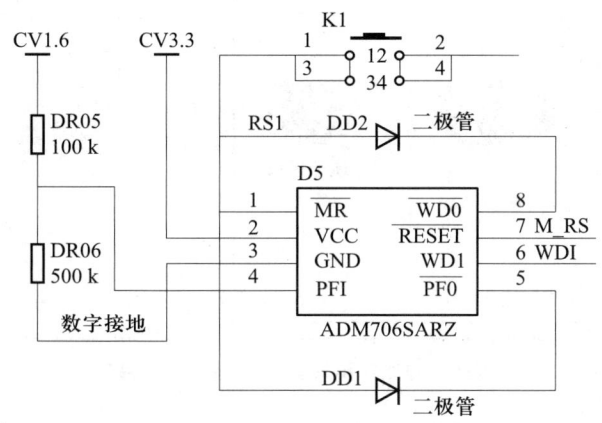

图 8-4　城市夜景照明灯光污染智能控制系统集成电路设计结果

随着社会的发展，光污染逐渐侵入船舶通航水域，严重影响夜航驾驶者的视觉效果，并降低航标灯的可识别性。在夜间航标灯识别度不高的情况下，易导致通航水域发生船舶航行安全事故。随着航运业的快速发展，通航水域的船舶交通流量逐年增大，对航道航行条件的保障要求也在不断提高，但目前存在部分航标位于光污染严重区域的情况，导致夜间航行船舶对航标灯辨识不清，在一定程度上增加了夜间航行事故的发生概率。虽然光污染问题逐渐成为研究热点，但对其在通航水域内航标及航行船舶影响的研究较少。

如图 8-5 所示，正常情况下发光航标能起到指示危险物位置和标示航道的界限等作用，船舶驾驶者在白天可看到航标的外观形状和顶标，夜间可观测到发光航标的颜色。但在通航水域受到光污染影响的情况下，发光航标在夜间助航的作用被弱化，视觉观测不明显，需增强其显色显形能力。

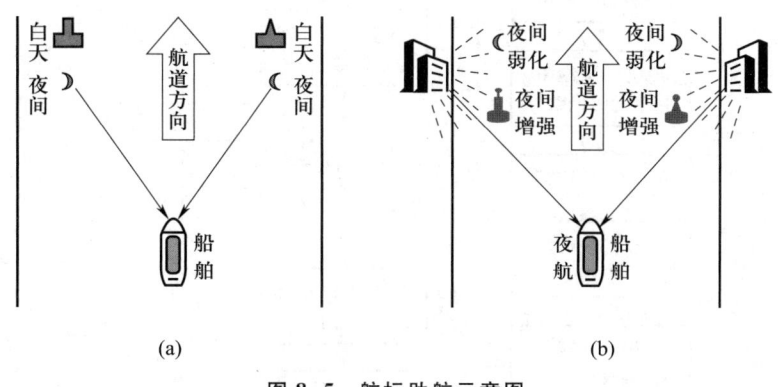

图 8-5　航标助航示意图
（a）正常情况下；（b）光污染情况下

智能航标增强系统由系统终端和云软件平台两部分组成。智能航标增强系统整体设计框架见图 8-6。

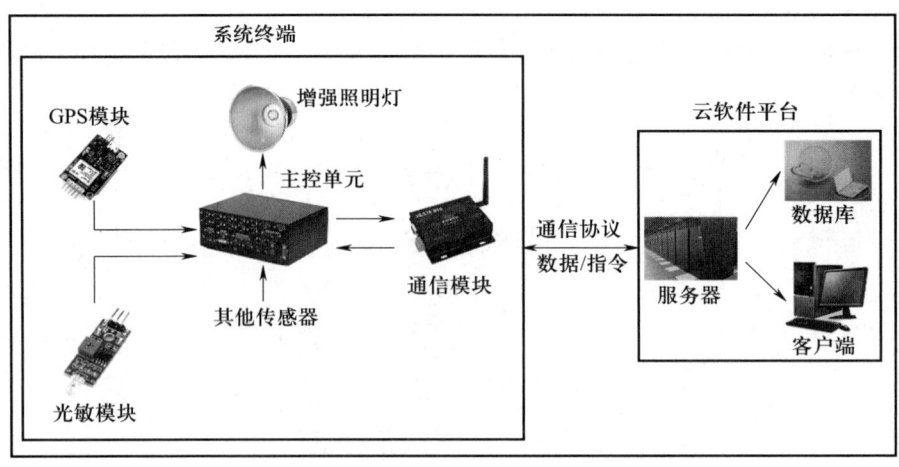

图 8-6　智能航标增强系统整体设计框架

　　系统终端安装在浮标上，以单片机作为系统终端的主控单元，主要完成对各功能模块的调度及对航标灯和增强系统灯的控制。智能航标增强系统整体工作流程如图 8-7 所示。

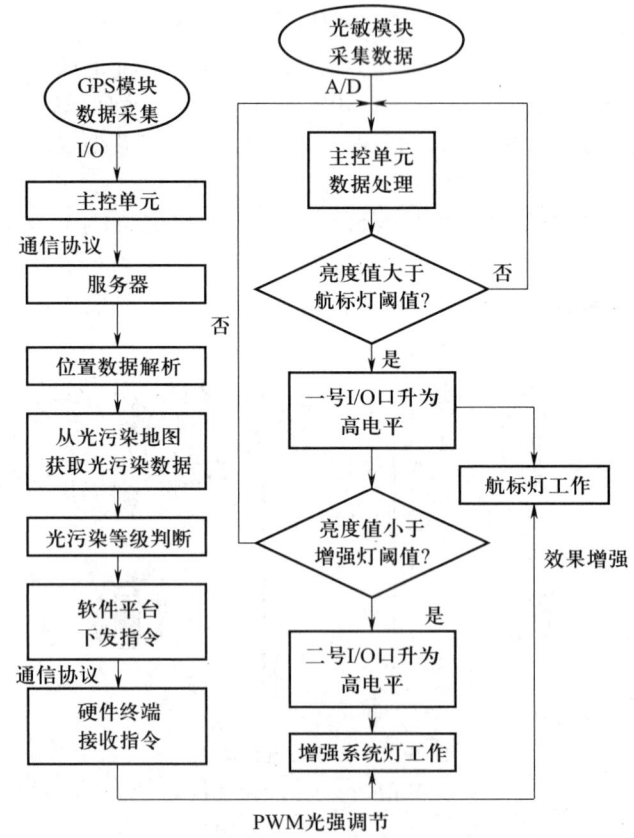

图 8-7　智能航标增强系统整体工作流程

智能航标增强系统的基本工作流程：

（1）单片机通过 A/D 转换接口对光敏模块采集的原始数据进行处理，得到浮标周围的亮度值。

（2）将亮度值先后进行 2 次阈值判断：第 1 次为航标灯工作阈值判断，当采集的光环境数据低于航标灯设定的工作阈值时，控制航标灯的 I/O（input/output）口升为高电平状态；第 2 次为增强照明灯工作阈值判断（增强照明灯是在航标灯工作的基础上对其进行效果增强，因此增强系统的阈值设定会低于航标灯的工作阈值），采集的光环境数据低于增强系统灯设定的工作阈值时，控制航标灯的 I/O 口升为高电平状态。

（3）主控单元分别输出 2 个 I/O 口的状态，分别控制航标灯和增强照明灯工作，实现航标灯的增强效果。

四、污染控制技术发展

随着我国生态文明建设和"碳达峰、碳中和"政策不断深化，低碳、高效的放射性污染控制技术是未来的发展趋势。

（一）以膜分离为核心的低碳型放射性污染控制技术

受益于膜材料技术的发展，以膜分离为核心的放射性污染控制技术日益受到重视，将成为未来技术前沿。

正渗透技术充分利用膜两侧溶液的自然渗透压差为驱动力，使水能自发地从废液一侧透过选择透过性膜到处理液一侧。该技术不需要外加驱动力，属于典型的低碳型污染控制技术。

膜蒸馏是采用疏水膜并以膜两侧蒸汽压力差为传质驱动力的膜分离过程，可用于放射性废液的高效浓缩，或者去除废液中的挥发性核素。该技术可充分利用工厂废热、太阳能或地热等作为热源，实用性很强。

新型高效选择性吸附材料可实现放射性废液特定组分的分离。过渡金属亚铁氰化物、磷钼酸盐等是废液中铯离子的高效吸附剂；纳米金属硫化物、金属有机骨架、钛酸盐等可以高效去除废液中的碱土金属和过渡金属核素离子；多巴胺改性介孔二氧化硅、正二（2-乙基己基）磷酸酯（HDEHP）等可以吸附废液中的铀。

吸附和高效过滤是放射性废气处理的有效手段。高吸附容量广谱吸附剂可以实现多种废气成分的有效吸附；选择性吸附剂也能用于废气的处理，可以实现废气中某些或某种组分的分离，如碳基纳米氧化亚铜等可以高效吸附废气中的放射性碘。气体膜分离技术可用于复杂废气的高效分离。

（二）以分离-嬗变为放射性污染控制发展的终极目标

针对以乏燃料后处理废液为代表的高水平放射性废液，分离其中的超铀元素、长寿命裂变核素及腐蚀活化核素，制成燃料元件或靶件送到核反应堆或加速器中，通过一系列核反应转变成短寿命核素或稳定同位素，降低高水平放射性废液地质处置的风险，并提高核燃料的利用效率。

（三）放射性污染去污全过程智慧管理

在放射性污染去污过程中，因核素辐射产生强烈的 γ 射线，对操作人员的健康伤害极大。利用先进的网络通信和人工智能技术，开发放射性污染控制智慧管理系统，实现放射性废液、废气、固体废物的处理全过程自动化。操作人员可以实时监控污染控制的进度、状态和效果。

思考题与习题

1. 噪声与振动污染协同控制的方法有哪些？
2. 城市光-热协同污染发生的场景有哪些？
3. 工程系统的主要特性有哪些？
4. 建筑行业影响绿色施工清洁生产的主要环境因素有哪些？
5. 新型吸附材料 MOFs 有什么特点，可以用于哪些物理性污染控制领域？
6. 智能控制系统在节能和城市污染控制方面有哪些应用？
7. 请尝试列举其他物理性污染协同控制的实例。

参 考 文 献

[1] 中国大百科全书总编辑委员会《环境科学》编辑委员. 中国大百科全书环境科学卷 ［M］. 北京：中国大百科全书出版社，1993.

[2] 沈濛，戴银华，陈定楚. 环境物理学 ［M］. 北京：中国环境出版社，1986.

[3] 朱岗昆. 大气污染物理学基础 ［M］. 北京：高等教育出版社，1990.

[4] 赫伯特·英哈伯. 环境物理学 ［M］. 任国周，赵瑞湘，译. 北京：中国环境出版社，1987.

[5] 周律，张孟青. 环境物理学 ［M］. 4版. 北京：中国环境出版社，2001.

[6] 左玉辉. 环境学 ［M］. 北京：高等教育出版社，2002.

[7] 张宝杰，乔英杰，赵志伟，等. 环境物理性污染控制 ［M］. 北京：化学工业出版社，2003.

[8] 陈秀娟. 工业噪声控制 ［M］. 北京：化学工业出版社，1981.

[9] 陈绎勤. 噪声与振动控制 ［M］. 北京：中国铁道出版社，1981.

[10] 郑长聚. 环境噪声控制工程 ［M］. 北京：高等教育出版社，1988.

[11] 李家华. 环境噪声控制 ［M］. 北京：冶金工业出版社，1995.

[12] 吕玉恒，王庭佛. 噪声与振动控制设备及材料选用手册 ［M］. 北京：机械工业出版社，1999.

[13] 盛美萍，王敏庆，孙进才. 噪声与振动控制技术基础 ［M］. 北京：科学出版社，2001.

[14] 洪宗辉. 环境噪声控制工程 ［M］. 北京：高等教育出版社，2002.

[15] 李连山，杨建设. 环境物理性污染控制工程 ［M］. 武汉：华中科技大学出版社，2009.

[16] 马大道. 噪声与振动控制工程手册 ［M］. 北京：机械工业出版社，2002.

[17] 方丹群. 噪声的危害及防治 ［M］. 北京：中国建筑工业出版社，1975.

[18] 陈杰瑢. 物理性污染控制 ［M］. 北京：高等教育出版社，2007.

[19] International Atomic Energy Agency. IAEA Safety Glossary Terminology Used in Nuclear Safety and Radiation Protection（2018 Edition）［S］. Vienna，Austria：IAEA Publishing Section，2019.

[20] 苏旭. 核和辐射突发事件处置 ［M］. 北京：人民卫生出版社，2013.

[21] 王祥云，刘元方. 核化学与放射化学 ［M］. 北京：北京大学出版社，2015.

[22] Valentin J. The 2007 Recommendations of the International Commission on Radiological Protection：Annals of the ICRP（IAEA Publication 103）［J］. Annals of the ICRP，2007，37：1-332.

[23] 国际原子能机构. 基本安全原则：安全基本法则 SF-1 ［S］. 维也纳：国际原子能机构出版社，2007.

[24] International Atomic Energy Agency. The Principles of Radioactive Waste：Safety Fundmentals No. 111-F ［S］. Vienna，Austria：IAEA Publishing Section，1995.

[25] 生态环境部（国家核安全局）. 中国核与辐射安全管理体系：总论 ［R］. 北京：国家核安全局，2018.

[26] 国家环保总局. 放射源分类办法 ［S］. 国家环保总局 2005 年第 62 号公告，2005-12-28.

[27] 环境保护部. 射线装置分类 ［S］. 环境保护部 2017 年第 66 号公告，2017-12-06.

［28］环境保护部，工业和信息化部，国防科技工业局. 放射性废物分类［S］. 环境保护部 2010 年第 31 号公告，2010-03-04.

［29］罗上庚. 放射性废物处理与处置［M］. 北京：中国环境科学出版社，2007.

［30］International Atomic Energy Agency. Classification of Radioactive Waste：Safety Guides NO. 111-G-1. 1［S］. Vienna，Austria：IAEA Publishing Section，1994.

［31］International Atomic Energy Agency. Clearance Levels for Radionuclides in Solid Materials：Application of Exemption Principles［R］. Vienna，Austria：IAEA Publishing Section，1996.

［32］郭志敏. 放射性固体废物处理技术［M］. 北京：原子能出版社，2007.

［33］郭喜量，徐春艳，杨卫兵. 放射性废物固化/固定处理技术［M］. 哈尔滨：哈尔滨工业大学出版社，2016.

［34］美国环保局辐射和室内空气办公室辐射防护部. 放射性污染表面去污技术指南［M］. 但贵萍，谭昭怡，康厚军，等，译. 北京：原子能出版社，2010.

［35］噪声与振动控制行业 2019 年发展报告［C］. 中国环境保护产业发展报告（2020）. 2020：161-172.

［36］全国人民代表大会. 中华人民共和国噪声污染防治法［M］. 北京：人民出版社，2022.

郑重声明

高等教育出版社依法对本书享有专有出版权。任何未经许可的复制、销售行为均违反《中华人民共和国著作权法》，其行为人将承担相应的民事责任和行政责任；构成犯罪的，将被依法追究刑事责任。为了维护市场秩序，保护读者的合法权益，避免读者误用盗版书造成不良后果，我社将配合行政执法部门和司法机关对违法犯罪的单位和个人进行严厉打击。社会各界人士如发现上述侵权行为，希望及时举报，我社将奖励举报有功人员。

反盗版举报电话　（010）58581999　58582371

反盗版举报邮箱　dd@ hep.com.cn

通信地址　北京市西城区德外大街 4 号

高等教育出版社知识产权与法律事务部

邮政编码　100120

读者意见反馈

为收集对教材的意见建议，进一步完善教材编写并做好服务工作，读者可将对本教材的意见建议通过如下渠道反馈至我社。

咨询电话　400-810-0598

反馈邮箱　hepsci@ pub.hep.cn

通信地址　北京市朝阳区惠新东街 4 号富盛大厦 1 座

高等教育出版社理科事业部

邮政编码　100029

防伪查询说明

用户购书后刮开封底防伪涂层，使用手机微信等软件扫描二维码，会跳转至防伪查询网页，获得所购图书详细信息。

防伪客服电话　（010）58582300

数字课程账号使用说明

一、注册/登录

访问 https://abooks.hep.com.cn，点击"注册/登录"，在注册页面可以通过邮箱注册或者短信验证码两种方式进行注册。已注册的用户直接输入用户名加密码或者手机号加验证码的方式登录。

二、课程绑定

登录之后，点击页面右上角的个人头像展开子菜单，进入"个人中心"，点击"绑定防伪码"按钮，输入图书封底防伪码（20 位密码，刮开涂层可见），完成课程绑定。

三、访问课程

在"个人中心"→"我的图书"中选择本书，开始学习。